JN429623

NCS기반

Power Train System
동력전달장치

저자약력

· **이상훈**

현)두원공과대학교 자동차과 교수

· **박장우**

현)아주네트웍스(주)재규어랜드로버

성산서비스지점장

NCS기반 동력전달장치

초판 인쇄 2025년 03월 10일
초판 발행 2025년 03월 20일

| 지 은 이 | 이상훈 박장우
| 발 행 인 | 조규백
| 발 행 처 | 도서출판 구민사
(07293) 서울특별시 영등포구 문래북로 116, 604호(문래동3가 46, 트리플렉스)
| 전　화 | (02) 701-7421
| 팩　스 | (02) 3273-9642
| 홈페이지 | www.kuhminsa.co.kr
| 신고번호 | 제 2012-000055호(1980년 2월 4일)
| I S B N | 979-11-6875-536-9 (93550)

| 정　가 | 25,000원

머 리 말

인류 문명의 3대 발명품 중의 하나인 바퀴는 기원전 4,000년 메소포타미아 문명에서 사용된 것으로 추정된다. 농업과 문명사회로 변화되어 기존의 이동수단에서 바퀴를 이용한 사람과 물자의 이동은 현재의 문명의 기초가 되었다고 생각된다. 바퀴의 발명은 마차 혹은 자전거라는 이동 수단 그리고 이를 토대로 1886년 독일에서 내연기관을 이용한 자동차 특허가 출원되었다.

한편, 국내에서는 1970년대 초반에 국내 고유 모델인 현대자동차의 포니가 생산을 시작하였다. 2016년 현대/기아자동차(주)는 세계 5대 자동차 업체로 세계 자동차 시장을 누비고 있다. 국내 자동차 산업은 1970년부터 지금까지 많은 이야기를 담고 있다.

자동차에서 새시는 동력전달장치, 현가장치, 조향장치, 제동장치, 휠 및 타이어 등으로 구성되어 있는 데, 본 내용은 동력전달 장치를 중심으로 내용을 구성하였다.

본 교재는 주로 대학에서 1-2학년 학생을 대상으로 학습에 도움이 되도록 하였으며, 다음 몇 가지 사항을 중점으로 구성하였다.

1. 각 장에서 학습 전에 자기 진단, 수업에 필요한 기초적인 사항을 점검하도록 하였다.
2. 각 장에서 학습 목표를 제시하여 각 분야의 전체를 파악할 수 있도록 하였다.
3. 각 장을 마친 후 수업에서 반드시 알아야 하는 부분을 제시하여, 학습 내용을 파악할 수 있도록 구성하였다.

이 책에서 제시하는 방향에 맞게 지속적으로 학습하기를 기원하며, 향후 기술 발전에 맞게 내용은 수정 보완을 약속 드립니다. 그리고 내용 중에 만약 잘못된 사항을 지적해 주시면 바로 잡도록 하겠습니다. 아울러 이 책의 출판에 애써주신 도서출판 구민사 조규백 대표님과 직원 여러분께 감사드리며, 독자 여러분의 건투를 기원합니다.

저자 씀

차 례

CHAPTER I 새시정비의 개요

학습목표

① 정비 작업의 내용을 알고 이를 설명할 수 있다.
② 공구 사용 및 작업 내용을 작성할 수 있다.
③ 정비의 정기 점검 항목과 내용을 설명할 수 있다.

사용공구 및 내용

정비 지침서, 개인공구, 작업 지시서 등

정비부품 및 장비

자동차, 일반 공구 세트, 리프트, 잭, 스탠드, 보안경, 안전화 등

안전 및 주의사항

① 작업장 일반 안전 사항
② 정비 작업시 일반 안전 사항

기 재 사 항

※주어진 항목에 맞게 기입하시오.

1.__________부품 정비 실습에 필요한 공구 및 장비를 기입하시오.

●개인 공구

●공용 공구 및 측정 장비

●정비 장비

●개인 안전 장비 및 장비

2. __________부품 정비실습에 사용할 부품의 주요 명칭과 기능을 설명하시오.

●부품의 명칭

● 부품의 기능

● 부품의 주요 점검 항목

01 새시정비의 목적

자동차의 오랜 사용으로 섀시 각부품의 마모 및 손상, 그리고 성능이 현저하게 저하하였을 때 성능을 점검한다. 문제가 예상되는 부품을 분해하여 각 부위를 점검·측정을 하고, 조정 및 교환을 한 후 조립하여 성능을 회복시키기 위하여 하는 일련의 작업을 말한다. 이에 따라 분해 정비는 각각 작업과정에서 작업의 정확도 및 숙련도에 따라 섀시성능의 회복 양·부를 결정하게 된다.

1.1. 자동차 정비 작업장

자동차 정비 업체는 국내에서 크게 1급 자동차 정비, 자동차 경정비, 그리고 기타 부속 장치 설치 업체 등으로 구분한다. 각급 정비업체는 법규에 의해 작업 내용이 규정되어 있다. 그림 1-1은 국내 경정비 업체의 한 경우를 나타낸 것이다

그림 1-1. 국내 자동차 경정비 업체

1.2. 자동차 정비 작업장의 구성

정비 작업장은 규모에 따라 작업장의 크기와 내용은 차이가 있지만, 크게 정비작업 영역, 부품보관 영역, 공구 및 장비보관 영역, 사무실, 고객 영역으로 구성되어 있다.

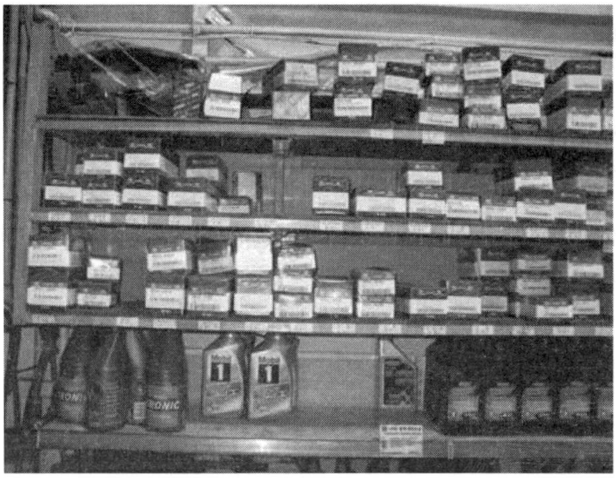

그림 1-2. 화성, 및 부품 정리

02 정비작업 전 준비사항

정비작업 전 안전을 위해서 개인의 안전공구를 확인 하여야 한다. 즉 작업복, 안전화, 보안경등이 이에 해당한다. 또한 작업장 내의 안전 장비의 배치 유무 및 작업시 필요한 안전공구도 확인 및 점검이 필요하다.

2.1. 섀시의 정비작업 전 준비사항

① 정비 지침서 : 정비 차량의 정비지침서를 준비하여 정비시 주의사항 및 유의사항을 준수하고 정비지침서의 순서대로 작업을 한다.

② 공구 : 작업에 필요한 공구를 개인공구, 공용공구에 따라 미리 준비한다.

③ 기록용지 : 작업 전 또는 작업 도중 필요한 사항을 규정된 작업용지에 기록한다.

④ 부품 정리대 : 작업의 능률과 분해된 부품 등이 손상되거나 분실되지 않도록 부품 정리대를 준비한다.

⑤ 안전 장비 : 작업시 작업자 및 작업의 비상 상황에 대처할 안전 장비를 준비한다.

2.2. 차량 식별번호판 위치

차량을 정비하기 전에 차량의 제작년도와 기본 차량의 상태를 확인하는 것이 좋다. 이것을 확인할 수 있는 것이 자동차등록증으로 정확히 확인할 수 있으나 등록증이 없는 경우에는 차량 식별 번호판으로 정비 차량의 제작년도와 기본 상태를 확인할 수 있다. 또한, 차량을 관리한 차계부가 있다면 더 정확하게 차량의 상태를 확인할 수가 있다.

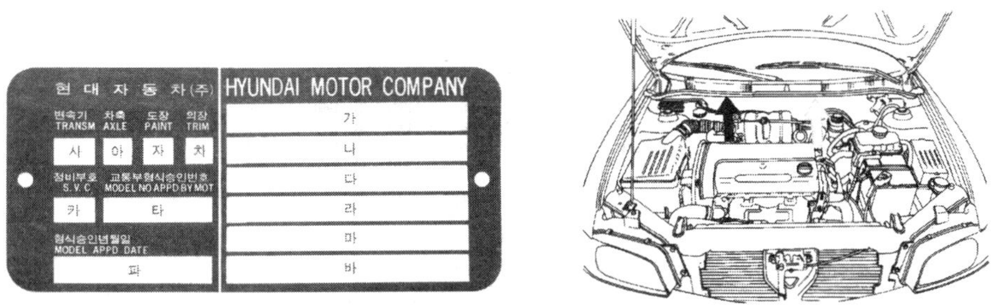

(a) 현대자동차

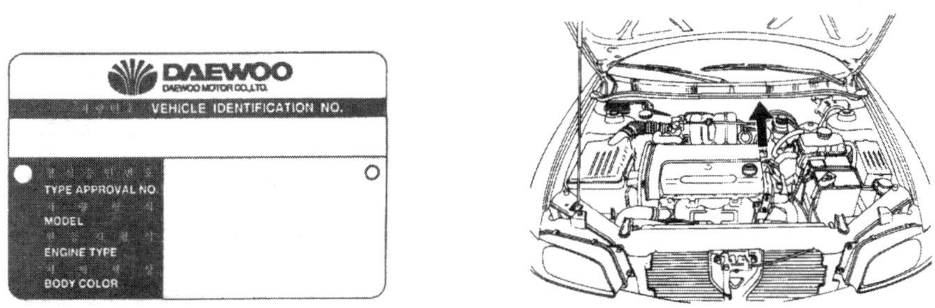

(b) 대우자동차

그림 1-3. 차량 식별번호판 위치 예

2.3. 정비작업시의 안전사항

① 정비를 하기 전에 차량의 보호를 위해 도장면 및 내장 부품들이 오손, 손상되지 않도록 하고 공구 등에 의해 손상되는 것을 방지하기 위하여 작업 커버(시트커버)로 차량을 보호하도록 한다. 그림 1-4는 그 예를 나타낸 것이다.

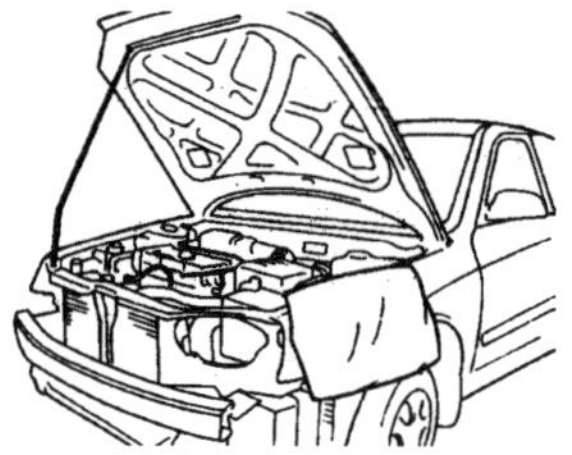

그림 1-4. 작업 커버사용 예

② 결함이 있는 부분 확인과 동시에 고장 원인을 규명하고 탈거, 분해할 필요가 있는지를 파악한 다음 정비지침서의 순서대로 작업한다. 또한 오 조립의 방지 및 조립 작업 용이화를 위해 펀치 마크 또는 일치 마크를 기능상, 외관상 나쁜 영향이 없는 부분에 한다. 부품 개수가 많은 부분 및 유사 제품 등을 분해할 때는 조립할 때에 혼동되지 않도록 정리하여 놓는다.

㉮ 탈거한 부품은 순서대로 잘 정리한다.

㉯ 교환 부품과 재사용 부품을 구분한다.

㉰ 볼트 및 너트류를 교환할 때는 반드시 지정규격품을 사용한다.

③ 특수공구를 사용하지 않고 다른 공구로 대용하여 작업을 실시하면 부품이 파손되거나 손상될 수 있으므로 특수공구의 사용을 지시하는 작업에는 반드시 특수공구를 사용하여 작업을 하도록 한다. 그림 1-3은 특수공구의 예를 나타낸 것이다.

(a) (b) (c)

그림 1-5. 특수공구의 예

④ 다음과 같은 부품을 떼어냈을 때는 반드시 신품으로 교환하도록 한다.

㉮ 오일 실

㉯ 개스킷(로커 커버 개스킷은 교환할 필요시)

㉰ 패킹

㉣ O-링

㉤ 록크 와셔

㉥ 분할 핀

그림 1-6는 교환시 반드시 신품으로 교환해야 할 예를 나타낸 것이다.

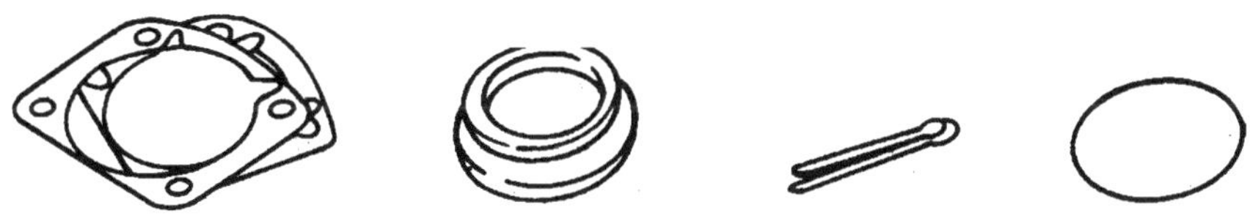

(a) (b) (c) (d)

그림 1-6. 교환하였을 때 신품으로 교환해야 할 부품 예

⑤ 부품을 교환할 때는 다음 사항에 따른다.

㉮ 보수용 부품에는 세트, 키트 부품을 갖추고 있으므로 세트와 키트 부품을 사용하도록 한다.

㉯ 보수용 부품으로 공급되는 부품은 부품의 통일화 등을 위해 차량에 조립되어 있는 부품과 차이가 있을 수 있으므로 해당 차량의 부품 카달로그를 잘 확인한 다음 정비작업을 실시하도록 한다.

⑥ 고압세척 장비나 스팀 장비를 사용하여 차량을 세척하는 경우에는 모든 플라스틱 부품과 도어, 트렁크 등과 같은 개방부품들로부터 최소한 300mm 가량의 거리를 두고 스프레이 호스를 사용하도록 한다. 그림 1-7은 그 예를 나타낸 것이다.

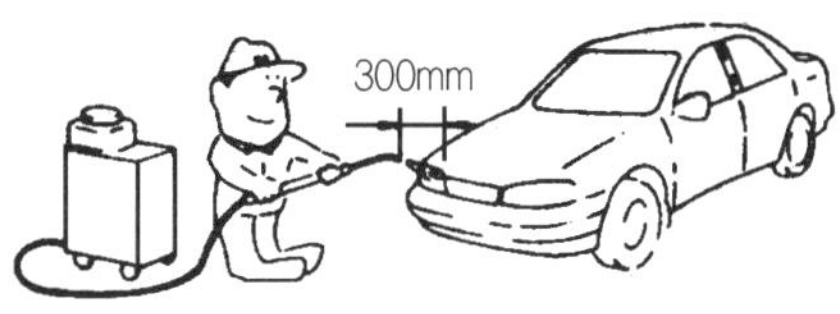

그림 1-7. 차량세척 방법 예

2.4. 고무부품 및 튜브(tube)

고무부품 및 튜브는 가솔린 및 오일에 접촉되지 않도록 주의한다. 그림 1-8은 그 예를 나타낸 것이다.

그림 1-8. 고무부품 및 튜브작업 예

2.5. 전기계통 작업

① 반드시 배터리 (-)터미널에서 배터리 케이블을 분리한다.

② 커넥터를 분리할 때에는 배선을 잡아당기지 않도록 한다.

③ 잠금식 커넥터를 끼울 때에는 '딸깍' 하는 소리가 나는지 확인한다.

④ 센서 및 릴레이 종류는 떨어뜨리거나 다른 부품에 부딪히면 손상될 수 있으므로 주의 깊게 다루도록 한다.

⑤ 고무 부품이나 호스 등에는 연료나 오일 등이 묻지 않도록 한다.

2.6. SRS(supplement restraint system) 에어백 부품에 대한 정보

알아두기

정확한 절차에 따른 정비를 하지 않을 경우 점검 중에 에어백이 작동하여 중대한 사고를 일으킬 수 있다. 만약 에어백 시스템의 점검을 정확하게 하지 못한 경우 에어백이 작동하지 않을 수도 있다. 부품을 떼어내거나, 부착, 검사 및 교환을 포함하여 정비하기 이전에 다음 사항을 숙지한 다음 정비 지침서에 설명된 정확한 절차에 따라야 한다.

① 작업은 시동스위치를 잠김(lock)위치로 하고, (-)케이블을 배터리로부터 분리하고 나서 약 30초 이상의 시간이 지난 다음 시작하여야 한다. 이때 에어백 시스템은 보조 전원이 있으므로 시동스위치를 잠김 위치로 하고, (-)케이블을 배터리로부터 분리하고 나서 약 30초 이내에 작업을 시작하면 에어백이 작동될 수도 있다.

일부 차종의 경우에는 (-)케이블을 배터리로부터 떼어내면 시계와 오디오시스템의 기억은 지워진다.

따라서 작업을 시작하기 전에 오디오시스템에 기억된 내용을 적어 두도록 한다. 작업이 끝났을 때 이전의 상태로 오디오시스템을 조정하고 시계를 맞춘다.

② 에어백시스템의 오작동 현상은 확인하기가 어려우므로 고장점검을 할 때에는 고장진단 코드가 가장 중요한 정보이다. 에어백시스템의 고장진단을 할 때, 고장진단 코드의 점검은 항상 배터리 케이블을 분리하기 전에 하여야 한다.

③ 다른 차량의 에어백부품은 절대로 사용하면 안 된다. 부품을 교환할 때에는 신품으로 교환한다.

④ 절대로 에어백 모듈, SRSCM 클럭 스프링 및 에어백 케이블의 재사용을 위하여 분해 및 수리를 하면 안 된다.

⑤ 만약 SRSCM 또는 에어백 모듈을 떨어뜨렸거나 케이스, 브래킷 또는 커넥터 등에 금이 가 있거나 찍힌 자국 또는 다른 결함이 있을 경우 신품으로 교환한다.

⑥ 에어백시스템의 작업이 끝난 다음 SRS점검을 한다.

2.7. 잭 및 리프트의 지지위치

그림 1-9는 잭 및 리프트의 지지위치를 나타낸 것이다. 검은 동그라미(•) 표시가 되어 있는 지점이 지지위치이다.

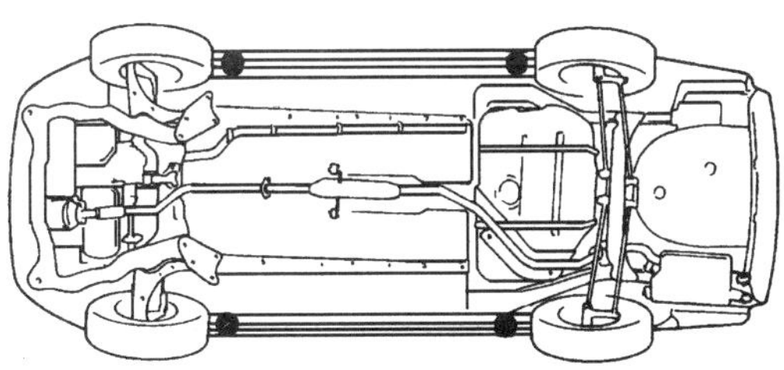

그림 1-9. 지지위치

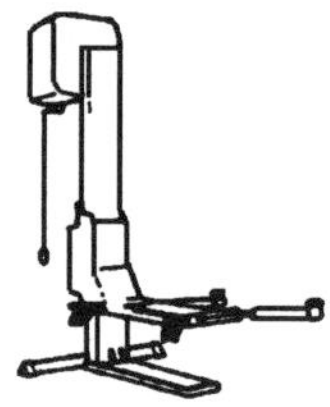

(a) 1개 리프트의 예

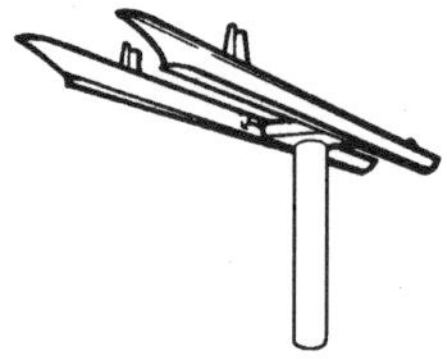

(b) H바 리프트의 예

(c) 쌍기둥 리프트의 예

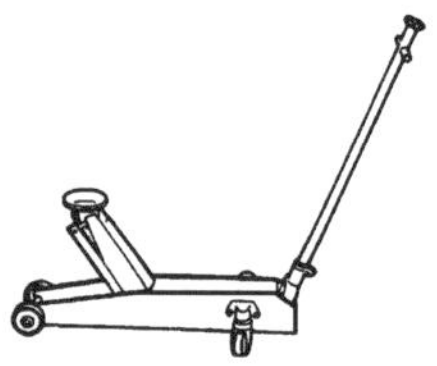

(d) 개러지 잭

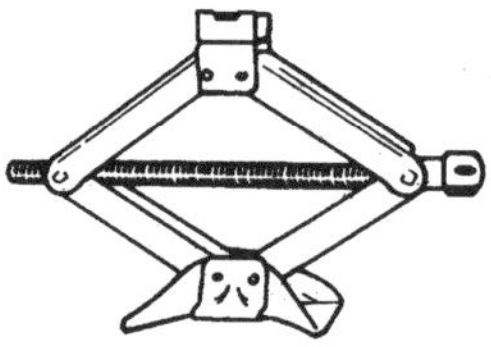

(e) 차량 휴대용 잭

그림 1-10. 잭 및 리프트의 지지위치 예

2.8. 작업용 공구

① 개인 정비공구 : 스패너, 소켓, 일자 · 십자드라이버, 플라이어 등

② 공용 정비공구 : 임펙트, 리프트, 엔진오일 저장고, 휠 발란싱 머신, 바퀴 탈 부착기 등

③ 안전장비 : 보안경, 분말(ABC)소화기 등

④ 측정공구 : 자, 버어니어 캘리퍼스, 마이크로미터, 두께 측정기, 깊이 측정기, 다이얼 게이지, 멀티미터, 압력 측정기, 공기압 측정기 등

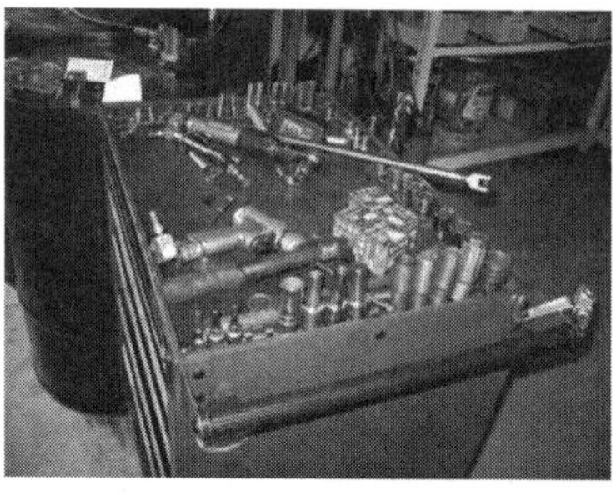

그림 1-11. 작업용 공구

2.9. 일반 조임 토크

아래의 표는 볼트의 조임 토크를 나타낸 것이다.

[일반 나사의 조임 토크 예]

나사규격	토크(kgf · m)	
	암나사 재질 : 경합금	암나사 재질 : 주철, 철강
NPTF 1/16	0.5~0.8	0.8~1.2
PT 1/8	0.8~1.2	1.5~2.2
PT 1/4	2.0~3.0	3.5~4.5
NPTF 1/4	2.0~3.0	3.5~4.5
PT 3/8	4.0~5.5	5.5~7.5
PT 1/2	7.0~10.0	12.0~16.0

[일반 볼트의 조임 토크 예]

볼트 공칭 직경(mm)	피치(mm)	조임 토크(kgf·m)	
		헤드 표시 4	헤드표시 7
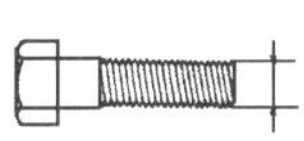		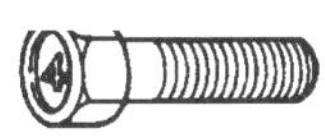	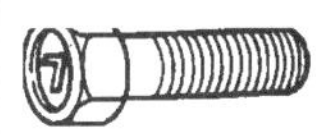
M5	0.8	0.3~0.4	0.5~0.6
M6	1.0	0.5~0.6	0.9~1.1
M8	1.25	1.2~1.5	2.0~2.5
M10	1.25	2.5~3.0	4.0~5.0
M12	1.25	3.5~4.5	6~8
M14	1.2	7.5~8.5	12~14
M16	1.5	11~13	18~21
M18	1.5	16~18	26~30
M20	1.5	22~25	36~42
M22	1.5	29~33	48~55
M24	1.5	37~42	61~70

※ 1. 표에 표시되어 있는 토크는 다음과 같은 조건일 때의 규정치이다.
- 볼트와 너트는 강철봉이며 아연도금이 되어 있는 것
- 아연 도금된 와셔가 삽입되어 있다.
- 볼트, 너트, 와셔는 건조한 상태이다.

2. 표의 토크는 다음과 같은 조건일 때는 적용되지 않는다.

- 스프링 와셔, 톱니와셔 등이 삽입되었을 때
- 플라스틱 부품이 고정되었을 때
- 나사부와 표면에 오일이 도포돼 있을 때

3. 다음과 같은 조건일 때는 표에 나타난 토크를 다음과 같이 낮추면 규정치가 된다.
   - 스프링 와셔를 사용할 때 : 85%
   - 나사부와 표면에 오일이 도포되었을 때 : 85%

알아두기 자동차를 들어 올릴 때 사항

① 레터럴 로드나 현가장치는 잭으로 지지하지 않는다.
② 센터 멤버의 손상을 방지하기 위하여 잭이 접촉하는 곳에 헝겊 같은 것을 넣는다.
③ 차량의 하부에는 개러지 잭으로 지지하지 않도록 한다.
④ 앞·뒤 바퀴 사이에 잭을 지지할 차량의 한쪽만을 들어 올리지 않도록 한다.

03 정기점검 일람표

3.1. 일반점검 항목

일반점검 항목은 아래의 표와 같다.

[일반점검 항목]

● : 교환, ○ : 점검하여 청소, 조정, 수리 필요시 교환

번호	점검내용	일일 점검	주간 점검	매5,000 km	매10,000 km	매20,000 km	매40,000 km	매60,000 km	매80,000 km
A	배터리상태	○							
1	자동변속기 오일	○				○	● ★(가혹시)		● (통상시)
2	브레이크 액, 클러치 액	○					● (또는 2년)		
3	파워 스티어링 오일 및 호스	○					● (또는 2년)		

번호	점검내용	일일 점검	주간 점검	매5,000 km	매10,000 km	매20,000km	매40,000 km	매60,000 km	매80,000 km
4	타이어 공기압 마모상태	○							
5	타이어 위치 교환				●				
6	브레이크 호스 및 라인의 누유					○			
7	앞 브레이크 패드 및 디스크				○				
8	뒤 브레이크 라이닝과 드럼					○			
9	서스펜션 볼트의 손상, 조임상태				○				
10	주행계열 각 연결부, 기어박스, 부트 손상여부				○				
11	드라이브샤프트와 부트				○				
12	휠너트의 조임상태				○				
13	수동변속기 오일 교환				● (최초)		●		
14	클러치 및 브레이크 페달 유격	상태에 따라 수시 점검 및 조정							
15	섀시 각부 조임 볼트				○				
16	휠 베어링의 청소 및 주유				○				
17	로워 암 볼 조인트 청소, 주유				○				
18	주차브레이크 행정				○				
19	도어 체커, 각 잠금장치, 각 힌지부 점검주유				○				
20	앞바퀴 정렬상태	상태에 따라 수시 점검 및 조정							

★ : 다음과 같은 가혹한 조건에서는 정기점검 주기를 앞당겨 주어야 한다.

① 짧은 거리를 반복하여 주행하였을 때
② 모래, 먼지가 많은 지역을 주행하였을 때
③ 공회전을 과다하게 계속 시켰을 때
④ 32℃ 이상의 온도에서 교통체증이 심한 곳을 50% 이상 주행하였을 때

3.2. 자동차 정비부품의 종류

자동차 정비 작업시 부품의 교환에 사용되는 부품은 크게 순정부품과 재생 부품으로 구분한다. 순정부품은 자동차 제작시 동일한 성능을 가진 부품업체에서 자동차 업체의 승인과 검사를 통과해서 정비에 사용되는 것이다. 부품에는 순정임을 증명하는 홀로그램과 부품 번호가 표시되어 있다.

그러나 재생부품은 기존의 중고 자동차에서 정비에 적용 가능한 부품을 세척, 일부 수리해서 제작된 부품이다. 재생부품은 자동차 부품 중에서 등속 조인트, 범퍼 등과 같이 일부만 사용 가능하다.

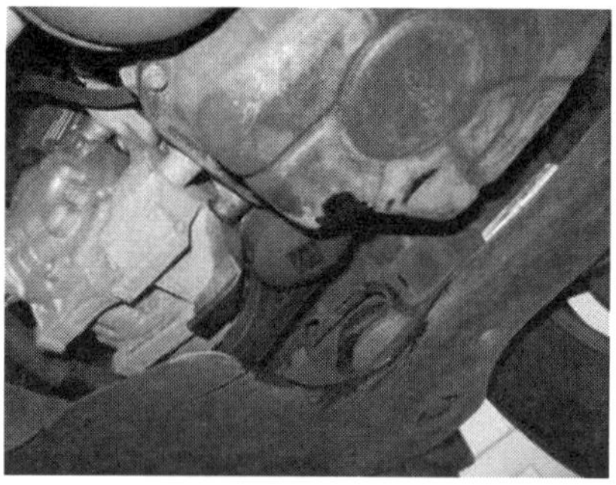

(a)

(b)

그림 1-12. 자동차 엔진오일 작업시 오일필터 순정부품

04 추천 윤활유량 및 유량

4.1. 윤활유의 종류

윤활유의 종류는 아래의 표와 같다.

[오일의 종류 및 유량 예]

항 목	규 정 오 일	비 고
수동 변속기 오일	API등급 GL-4	SAE 등급번호 SAE75W-90
자동변속기 오일	제작사 순정 자동변속기 오일 다이아몬드 ATF SP-Ⅱ M	
브레이크 액	DOT 3 또는 상당품	
변속기 연결부, 주차브레이크 케이블, 후드 록크 및 후크, 도어 래치. 시트 조정장치, 트렁크리드 래치, 도어힌지, 트렁크리드 힌지	다목적 그리스 NLGI 등급 #2	함유량 40%
파워 스티어링 액	PSF-3	

4.2. 윤활유의 유량

윤활유의 유량은 아래의 표와 같다.

[각부의 윤활유 유량 예]

(단위 : ℓ)

항 목	규 정 량		
	1.30L	1.5L	1.5L DOHC
수동변속기	2.15	←	←
자동변속기	6.70	←	←
파워 스티어링	0.90	←	←

학습정리

① 정비 작업의 공구 및 측정 공구를 사용할 수 있다.

② 정비 작업의 특징을 설명할 수 있다.

③ 정기점검을 항목과 내용을 설명할 수 있다.

종괄평가

1. 자동차 새시 정비시 정비 준비 사항을 설명하시오.

2. 차량의 식별 번호의 의미를 설명하시오.

3. 정비작업의 공구 종류를 구분하고 설명하시오.

4. 정비 작업의 안전 장비와 안전 사항을 설명하시오.

5. 리프트지지 위치를 표시하시오.

자기진단평가표

■ 점검항목(Check Lists)

다음 표는 자동차 정비시 해당 업무를 수행하는 데 필요한 능력수준을 스스로 확인할 수 있는 점검항목입니다. 본인의 평소 수준을 생각하여, 해당하는 항목에 √표시를 할 것.

■ 실습내용

자동차 동력전달장치__________부품

영역	문 항	우수하다	보통이다	미흡하다
실습 준비	1.실습 태도와 교재 등이 준비되어 있다.	③	②	①
	2. 관련 공구 및 장비의 용어를 이해한다.	③	②	①
	3. 관련 실습의 부품의 용어와 기능을 설명할 수 있다.	③	②	①
정비 실습	1.관련 정비 지침서를 이해할 수 있다.	③	②	①
	2.관련 정비 부품을 점검할 수 있다.	③	②	①
	3. 관련부품을 교환 할 수 있다.	③	②	①
	4. 교환 후 관련 부품을 점검 할 수 있다.	③	②	①
정비 실습평가	1.실습 내용을 설명할 수 있다.	③	②	①
정비 실습정리	1. 실습 내용을 관련 문서로 작성할 수 있다.	③	②	①
	2. 실습 후 관련 공구를 정리 정돈할 수 있다.	③	②	①

■ 예상 작업시간(시간   분)

CHAPTER Ⅱ 변속기 탈·부착

학습목표

① 차체에서 엔진 및 변속기 탈 부착을 설명할 수 있다.
② 엔진과 변속기 마우팅을 작업내용을 설명할 수 있다.
③ 공구사용, 엔진 및 변속기 주요부품의 용어와 기능을 설명할 수 있다.
④ 엔진과 변속기 마우팅을 작업내용을 작성할 수 있다.

사용공구 및 내용

정비 지침서, 개인공구, 작업 지시서 등

정비부품 및 장비

자동차, 공용 공구, 리프트, 잭, 스탠드, 보안경, 안전화 등

안전 및 주의사항

① 작업장 일반 안전 사항
② 정비 작업시 일반 안전 사항
③ 엔진과 변속기를 차체와 연결하는 마운팅 분리시 주변 부품 손상에 주의하고, 날카로운 부위에 상처 입지 않도록 주의한다.

기 재 사 항

※주어진 항목에 맞게 기입하시오.

1.__________부품 정비 실습에 필요한 공구 및 장비를 기입하시오.

- 개인 공구

- 공용 공구 및 측정 장비

- 정비 장비

- 개인 안전 장비 및 장비

2. __________부품 정비실습에 사용할 부품의 주요 명칭과 기능을 설명하시오.

- 부품의 명칭

- 부품의 기능

- 부품의 주요 점검항목

01 엔진 및 변속기 탈거시

엔진룸의 본넷을 떼어낸 후 엔진 호이스트(hoist)를 훅(hook)으로 걸어 들어 올려 인슐레이터에 하중이 걸리지 않도록 한 후 엔진 마운팅 인슐레이터, 트랜스 액슬 마운트, 앞쪽 롤 스톱퍼(front roll stopper), 뒤쪽 롤 스톱퍼(rear roll stopper) 등의 볼트를 헐겁게 푼 후 아래의 방법으로 엔진 룸에서 엔진과 변속기를 분리하도록 한다.

1.1. 엔진 마운팅의 구성부품

엔진 마운팅의 구성부품은 그림 2-1과 같다.

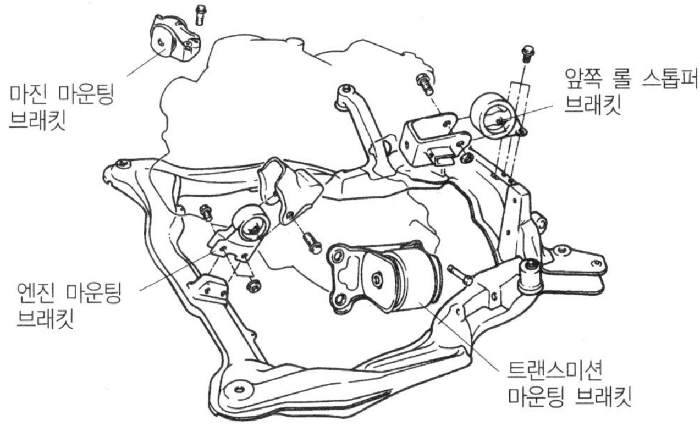

그림 2-1. 엔진 마운팅 구성부품

1.2. 엔진 및 변속기의 떼어내기

① 연료펌프 릴레이 또는 퓨즈를 떼어낸다.

② 엔진을 시동 걸어 정지할 때까지 둔다.

③ 시동이 정지된 후 연료라인의 잔압을 제거한다.

④ 배터리를 떼어낸다.

⑤ 그림 2-2와 같이 에어 덕트 및 레조네이터를 떼어낸다.

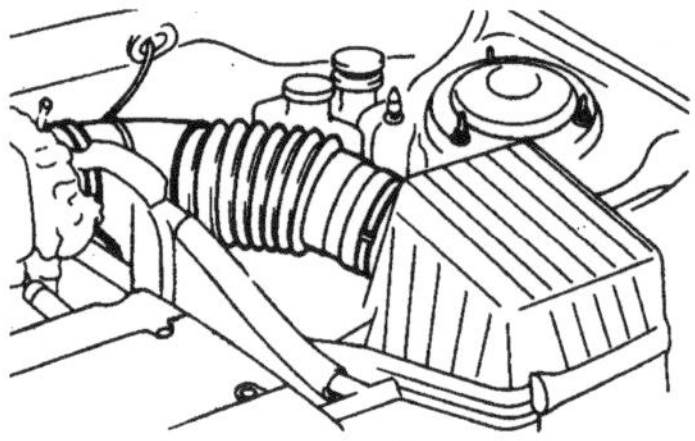

그림 2-2. 에어 덕트 및 레조네이터 떼어내기 예

⑥ 엔진과 연결된 각종 와이어링 하니스의 커넥터를 분리시킨다.

㉮ 엔진 익스텐션 와이어링 커넥터(알터네이터, 스타터 등)

㉯ 디스트리뷰터 커넥터, TPS 커넥터

㉰ 파워 스티어링 스위치 커넥터, 오일 압력게이지 커넥터

㉱ 백업 램프용과 엔진 하니스용 커넥터를 분리시킨다.

㉲ 자동변속기의 경우 자동변속기용 솔레노이드밸브, 인히비터 스위치 커넥터 등을 분리한다. 그림 2-3은 인히비터 스위치의 위치를 나타낸 것이다.

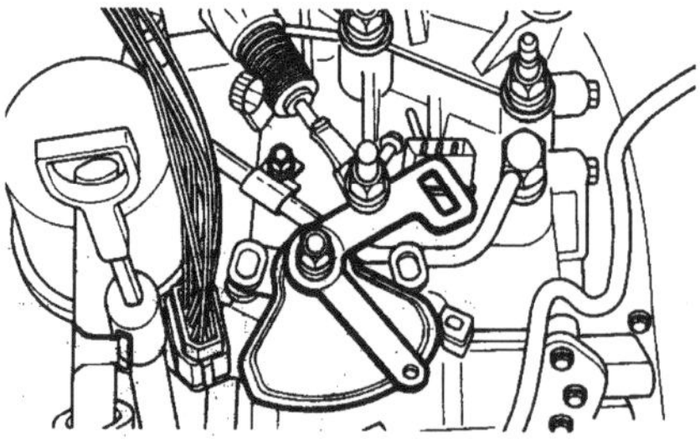

그림 2-3. 인히비터 스위치 장착 위치의 예

㉳ 수온센서 및 수온 게이지 커넥터를 분리시킨다.

㉴ 이그니션 코일, 파워 TR 커넥터를 분리시킨다.

㉵ 아이들 스피드 컨트롤밸브(ISCV) 커넥터를 분리시킨다.

㉶ 맵(MAP)센서 및 흡기 온도센서(ATS) 커넥터를 분리시킨다.

㉷ 산소센서 커넥터를 분리시킨다.

⑦ 라디에이터 하부 호스 클립을 풀고 엔진 냉각수를 배출한다.

⑧ 자동변속기 차량의 경우 라디에이터 하단의 오일쿨러 호스를 분리시킨다.

알아두기

① 호스를 분리시킨 다음 호스를 재조립할 때에는 혼동되지 않도록 식별표시를 하여 놓는다.

② 개방구에서 자동변속기 액이 흘러나오지 않도록 하며, 이물질이 들어가지 않도록 주의를 기울인다.

⑨ 그림 2-4와 같이 라디에이터 상부호스. 리저버 탱크로 가는 호스를 분리한 다음 상부 장착 브래킷을 풀고서 라디에이터 어셈블리를 위로 탈거한다.

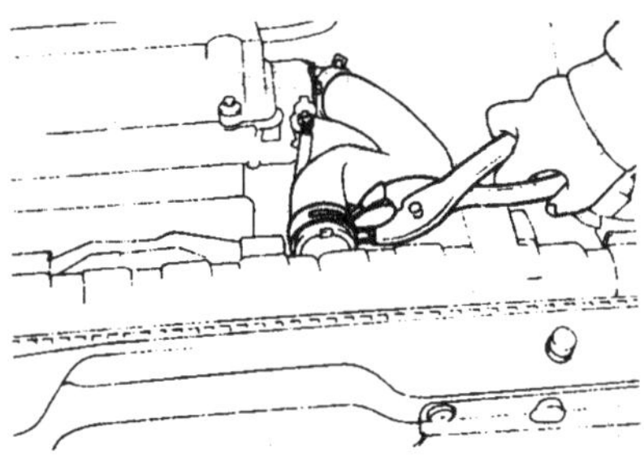

그림 2-4. 라디에이터 어셈블리 호스 분리의 예

⑩ 엔진에 연결된 접지부를 분리시킨다.

⑪ 그림 2-5와 같이 브레이크부스터와 연결되어 있는 진공호스를 분리시킨다.

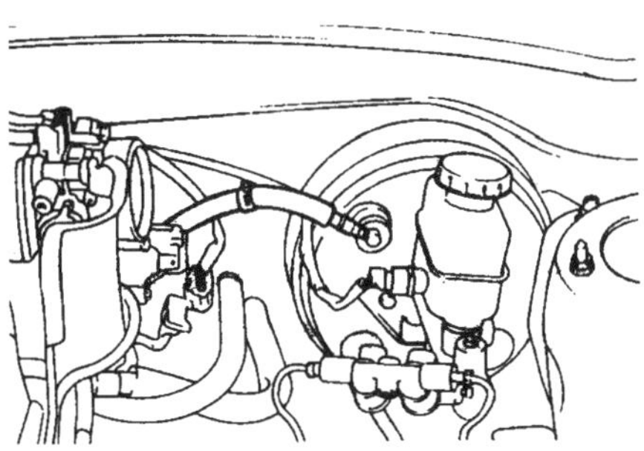

그림 2-5. 브레이크 부스터 진공호스 분리 예

⑫ 대시보드 쪽에서 흡입과 배출되는 히터 호스를 분리시킨다.

⑬ 그림 2-6과 같이 액셀러레이터 케이블을 분리시킨다.

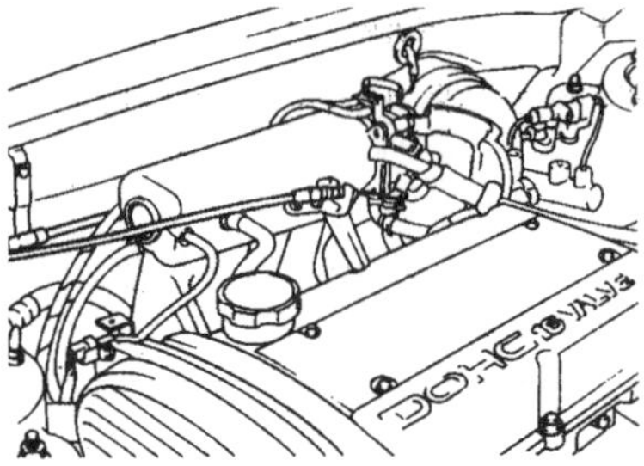

그림 2-6. 액셀러레이터 케이블 장착 예

⑭ 딜리버리 파이프에 연결된 공급과 리턴 연결 호스를 특수공구를 이용하여 분리시킨다.

⑮ 트랜스액슬에서 스피드미터 케이블을 분리시킨다.

⑯ 트랜스액슬에서 클러치 케이블이나 컨트롤 케이블을 분리시킨다.

⑰ 그림 2-7과 같이 파워 스티어링 탱크 및 파이프 마운팅 부위를 일체로 탈거하여 엔진 쪽에 묶어 놓는다.

⑱ 에어컨장치의 에어컨 고압 저압 포트에서 에어컨 냉매를 회수한 다음 엔진 및 트랜스액슬 에어컨 컴프레서 쪽에서 디스차지 호스, 석션 호스를 분리시킨 다음 이물질이 유입되지 않도록 헝겊 등으로 개구부를 막아 놓는다.

⑲ 그림 2-8에서와 같이 차량 실내에서 스티어링 더스트 커버를 떼어낸 다음 유니버셜 조인트의 볼트를 풀어서 기어박스가 분리되도록 해 놓는다.

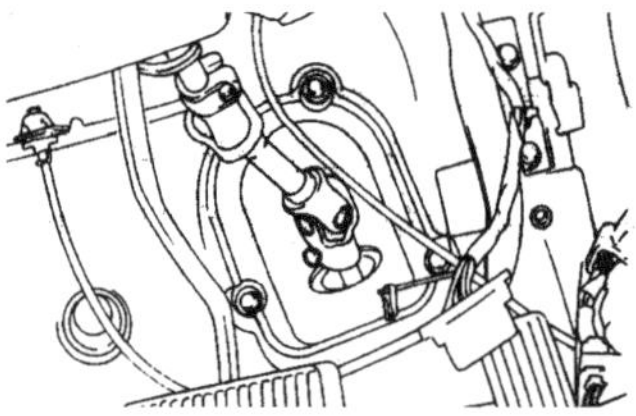

그림 2-7. 파워 스티어링 장착의 예

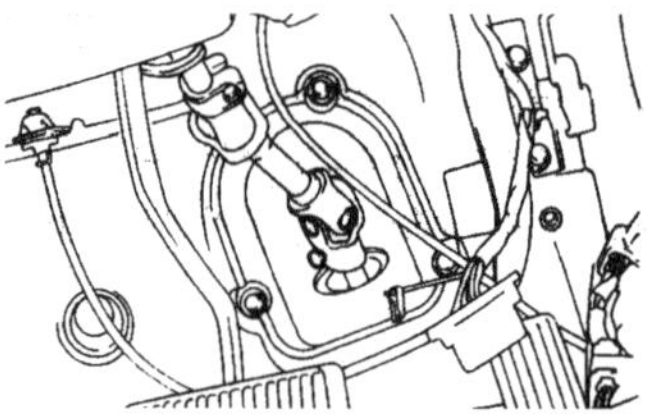

그림 2-8. 기어 박스 분리의 예

알아두기

분해하기 전에 반드시 유니버셜 조인트와 기어박스 사이에 마크를 해 놓아 조립을 할 때 맞추어 놓는다.

⑳ 차량을 리프트로 들어 올린 다음 프런트 타이어를 탈거한다.

㉑ 그림 2-9와 같이 캘리퍼 어셈블리를 너클에서 분리하여 위로 묶어 놓는다.

㉒ 그림 2-10과 같이 스트러트 하단 볼트 2개를 풀어서 너클과 분리시켜 놓는다.

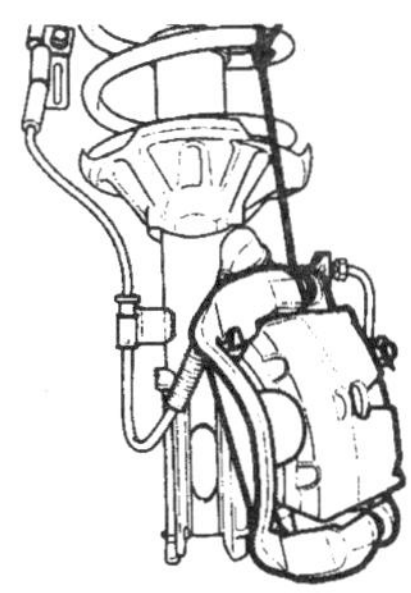

그림 2-9. 캘리퍼 어셈블리 분리 예

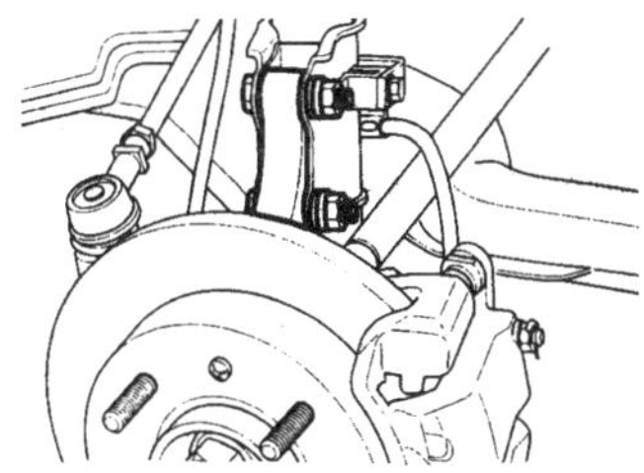

그림 2-10. 스트러트 하단 볼트 분리 예

㉓ 그림 2-11과 같이 변속기 오일을 드레인 플러그를 푼 다음 오일을 배출시킨다.

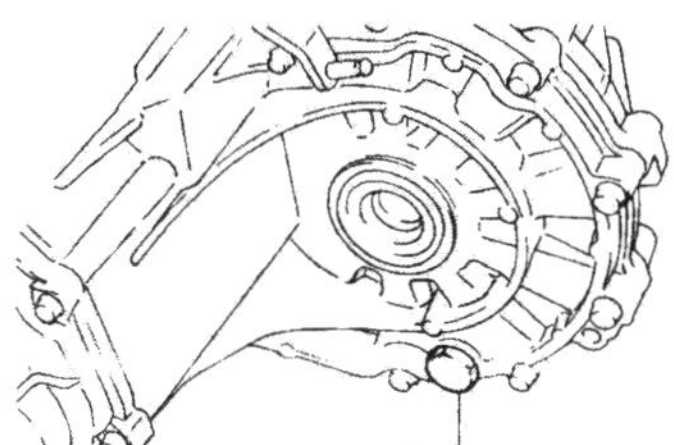

그림 2-11. 변속기 오일 플러그 장착 위치 예

㉔ 그림 2-12의 장착위치에서 볼트를 풀어 프런트 머플러를 떼어낸다.

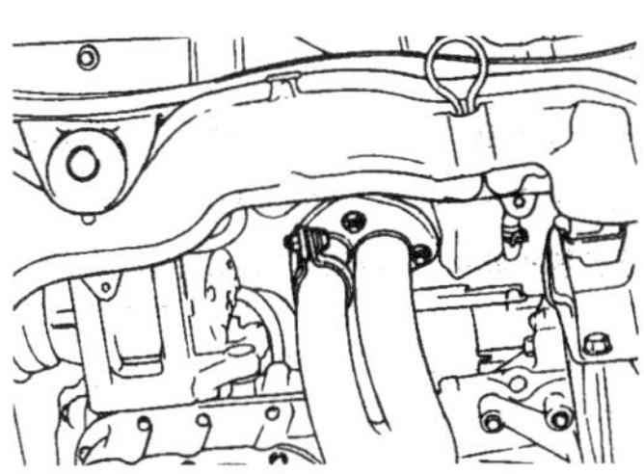

그림 2-12. 프런트 머플러 장착위치 예

㉕ 그림 2-13과 같이 수동변속기 장착 차량의 경우에는 변속 조절로드와 익스텐션 로드를 분리한다.

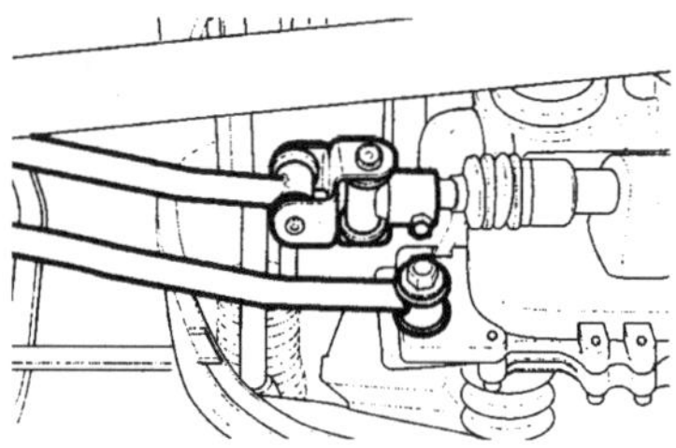

그림 2-13. 변속 조절로드와 익스텐션 로드의 분리 예

㉖ 그림 2-14와 같이 트랜스액슬 잭에 특수 다이를 올린 다음 서브 프레임에 천천히 맞춘다.

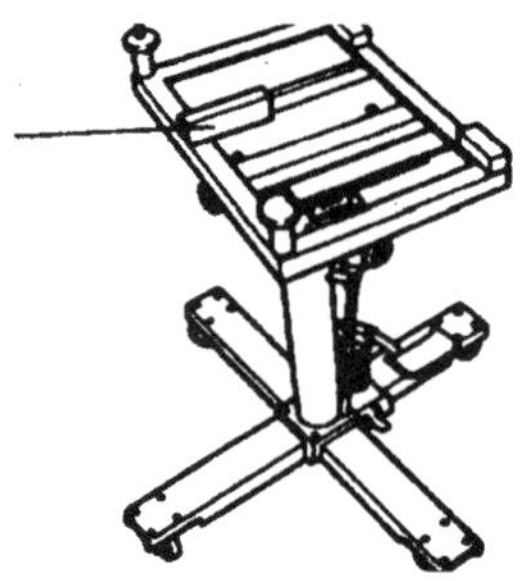

그림 2-14. 트랜스 액슬 잭

알아두기

엔진룸 내 모든 케이블, 하니스 커넥터, 호스가 엔진 및 트랜스 액슬 어셈블리에서 분리되었는지 확인한다.

㉗ 그림 2-15와 같이 서브 프레임 장착 볼트 4개를 푼 다음 서브 프레임, 엔진, 트랜스 액슬, 스티어링 기어박스, 드라이브 샤프트 일체형으로 밑으로 탈거한다.

㉘ 드라이브 샤프트를 분리한 다음 그림 2-16과 같이 호이스트를 이용하여 엔진 및 트랜스액슬 어셈블리를 행거에 걸어 둔 다음 엔진 및 트랜스액슬 장착 브래킷을 풀어서 서브 프레임을 탈거한다.

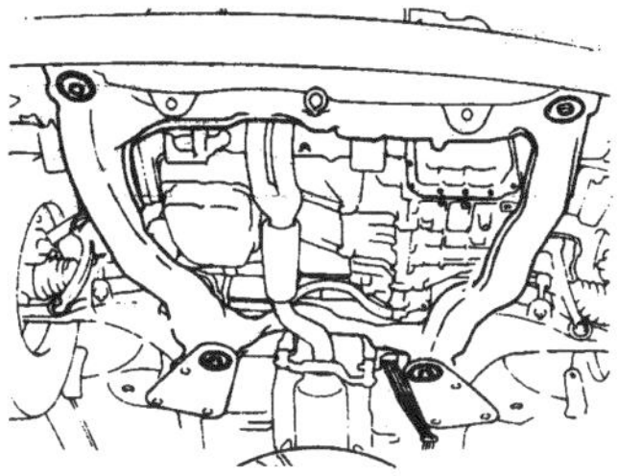

그림 2-15. 엔진 떼어내기

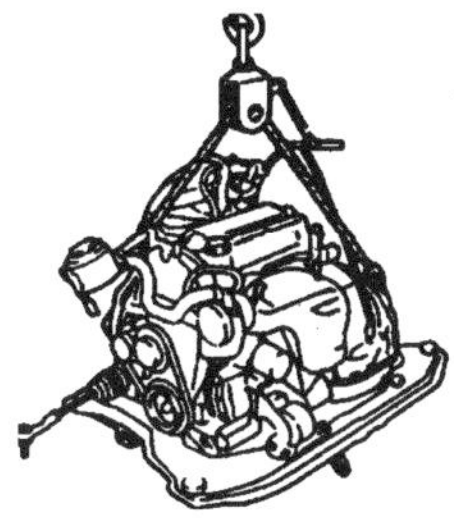

그림 2-16. 호이스트를 이용한 엔진의 분리 예

1.3. 엔진 및 변속기의 조립하기

① 하니스, 파이프, 호스 등의 연결 상태를 점검하고 엔진이나 트랜스액슬 어셈블리에 의해 끼이거나. 손상되지 않았는가를 확인한다.

② 그림 2-17과 같이 프런트 롤 스톱퍼를 브래킷에 가조립한다.

③ 그림 2-18과 같이 리어 롤 스톱퍼를 브래킷에 가조립한다.

그림 2-17. 프런트 롤 스톱퍼의 가조립 예

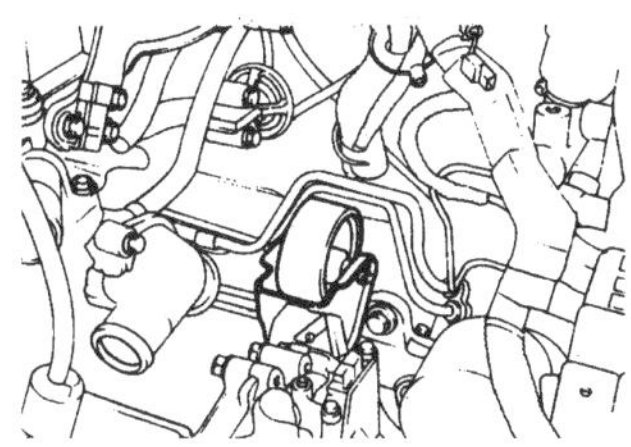

그림 2-18. 리어롤 스톱퍼 조립 예

④ 그림 2-19와 같이 트랜스액슬 마운팅 브래킷을 규정 토크로 조립한다.

⑤ 그림 2-20과 같이 엔진 마운팅 브래킷을 규정토크로 조립한다.

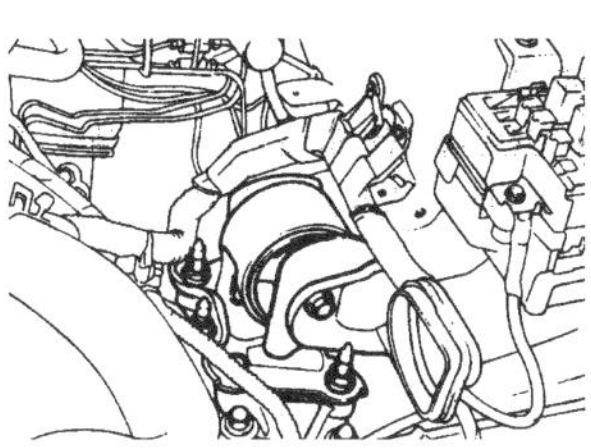

그림 2-19. 트랜스액슬 마운팅 브래킷 조립 예

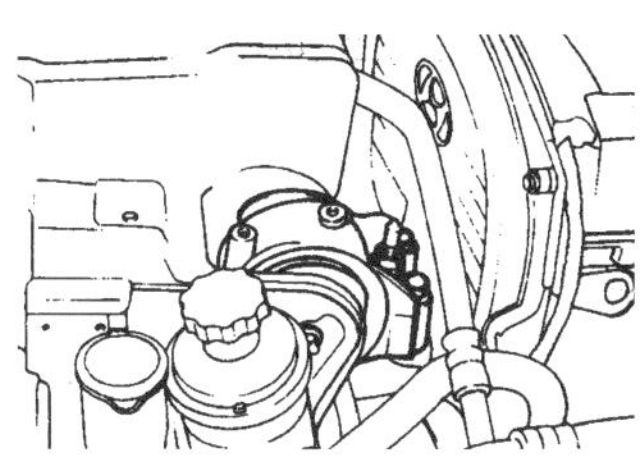

그림 2-20. 엔진 마운팅 브래킷 조립 예

⑥ 리어 롤 스톱퍼 및 프런트 브래킷에 스톱퍼를 규정토크로 조립한다.

⑦ 분해할 때 탈거한 모든 부품을 역순으로 재조립한다. 이때 연료, 커넥터, 호스, 파이프 등의 연결이 적정하게 되었는지 확인하도록 한다.

⑧ 냉각수를 주입하고 누수를 점검한다.

⑨ 트랜스액슬 오일을 주유한 다음 작동시키면서 성능 및 액 누설을 점검한다.

⑩ 트랜스액슬 컨트롤 케이블과 액셀러레이터 케이블의 작동상태를 점검하여 필요시에는 재조정한다.

⑪ 각종 게이지로 작동상태가 적절한가를 점검한다.

02 변속기 어셈블리 탈거시

① 배출 플러그를 탈거하여 트랜스액슬 오일을 배출시킨다.

② 배터리에서 케이블을 탈거하고 배터리를 차량에서 탈거한다.

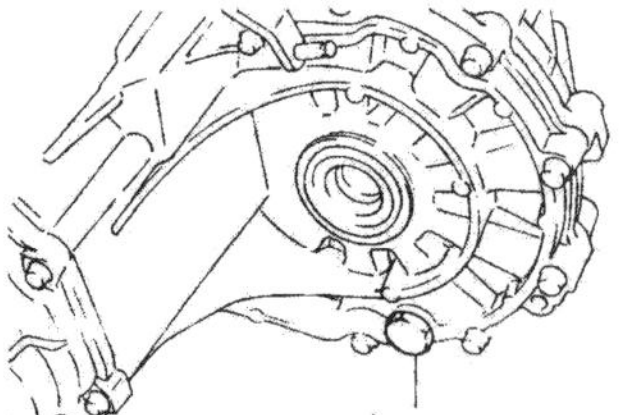

그림 2-21. 오일 배출 플러그

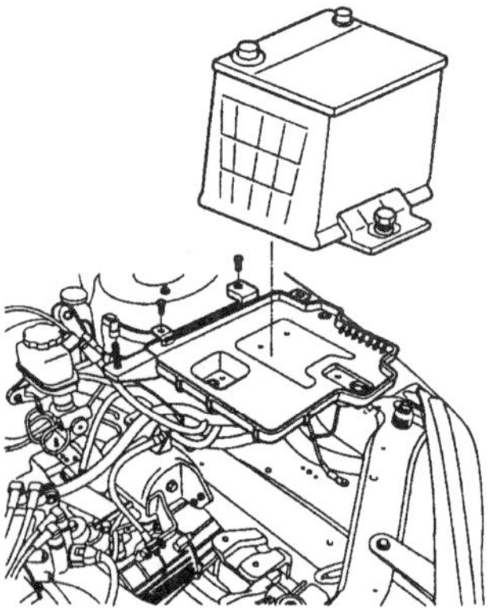

그림 2-22. 배터리 케이블 및 배터리 탈거

③ 에어 덕트 및 에어 클리너를 탈거한다.

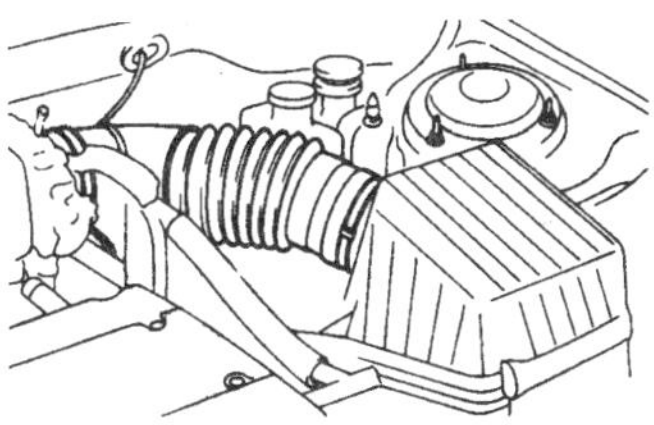
(a)

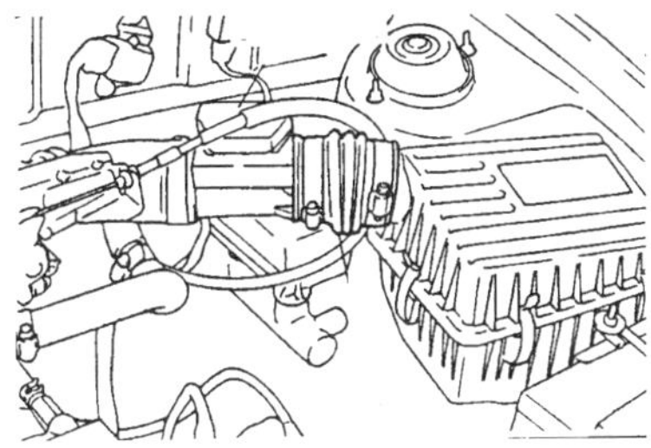
(b)

그림 2-23. 에어덕트 및 에어 클리너 탈거

④ 선택케이블과 변속케이블의 코터핀과 클립을 탈거한 후 선택케이블과 변속케이블을 탈거한다.

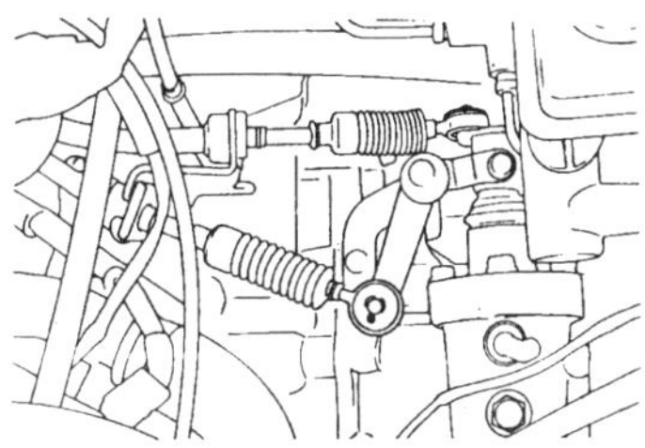

그림 2-24. 선택케이블과 변속케이블 탈거

⑤ 백업램프 스위치 및 스피드미터 케이블을 탈거한다.

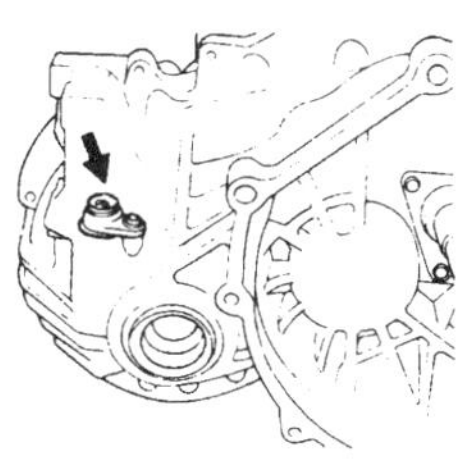
(a) 스피드미터 케이블

(b) 백업램프 스위치

그림 2-25. 백업램프 스위치 및 스피드미터 케이블 탈거

⑥ 엔진과 변속기 상부의 연결용 볼트를 탈거한다.
⑦ 타이어를 탈거한다.

⑧ 클러치 릴리스 실린더 고정볼트를 탈거한다.

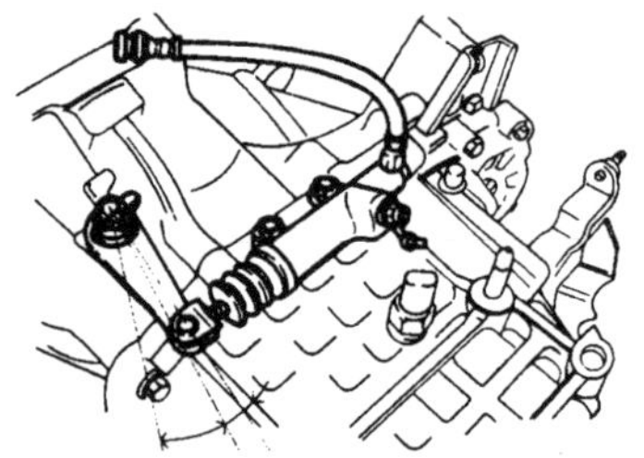

그림 2-26. 클러치 릴리스 실린더 탈거

⑨ 타이로드 엔드의 핀과 너트를 탈거 한 후 특수공구를 사용하여 타이로드 엔드를 탈거한다.

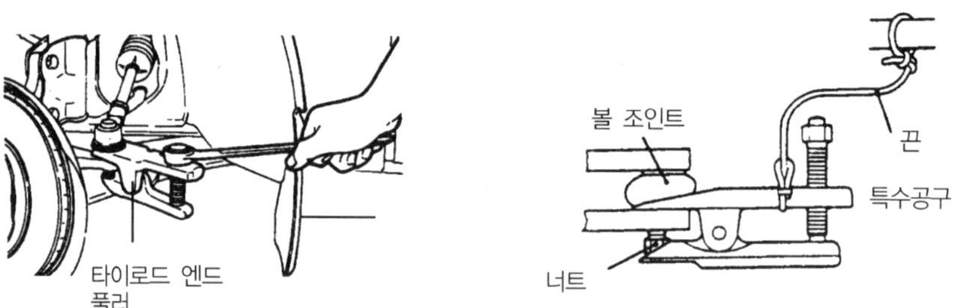

(a) (b)

그림 2-27. 타이로드 엔드 탈거

⑩ 허브 너트를 탈거한다.

⑪ 브레이크 호스나 튜브 클램프를 탈거한 후 너클 마운팅 볼트를 탈거한다.

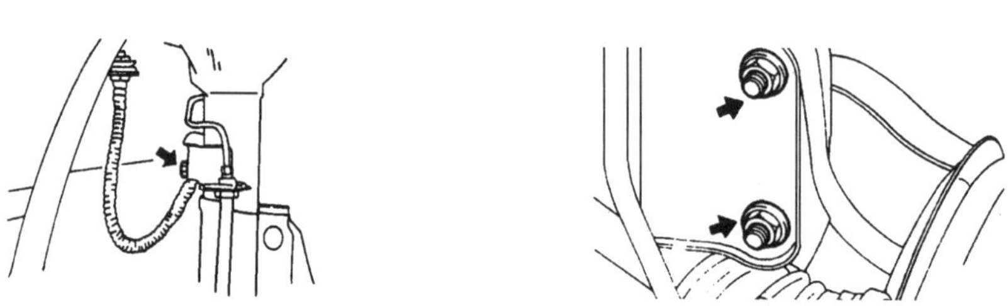

(a) 브레이크 호스 탈거 (b) 너클 마운팅 볼트 탈거

그림 2-28. 브레이크 호스 및 너클 마운팅 볼트 탈거

⑫ 드라이브 샤프트를 탈거한다.

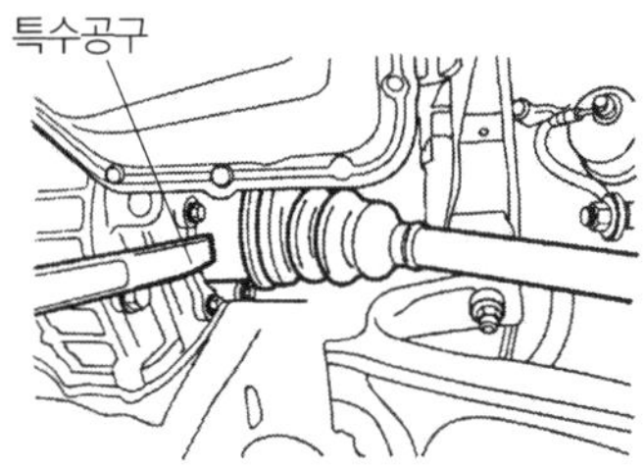

그림 2-29. 드라이브 샤프트 탈거

⑬ 엔진 지지용 특수 공구를 설치한다.

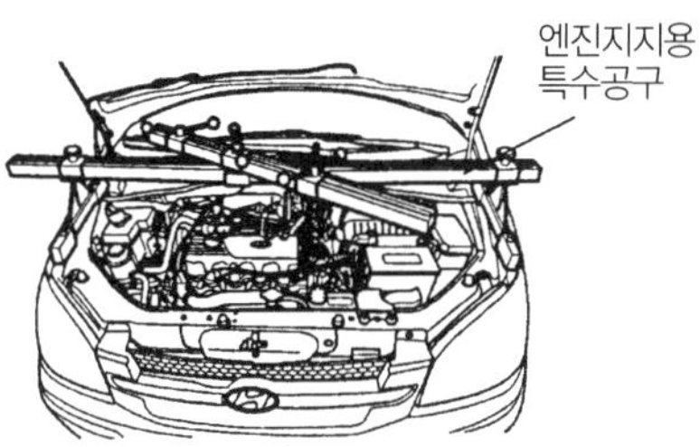

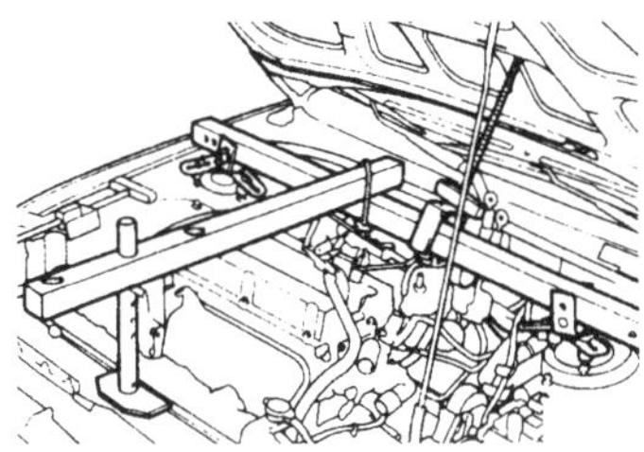

그림 2-30. 엔진 지지용 특수공구 설치

⑭ 스타팅 모터를 탈거한다.

⑮ 변속기 측 팬더 실드의 내측에서 캡을 탈거하고 변속기 마운트 브래킷을 탈거한다.

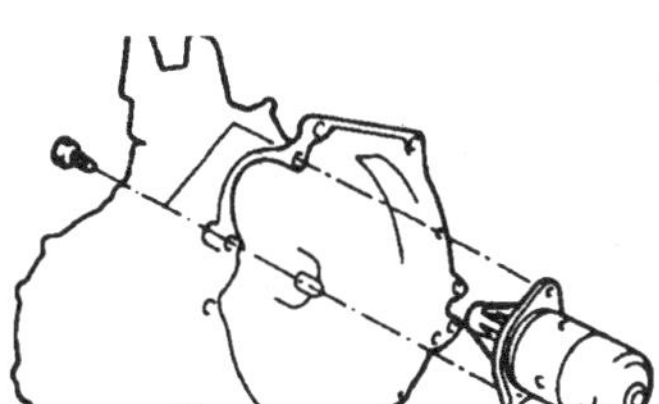

그림 2-31. 스타팅 모터 탈거

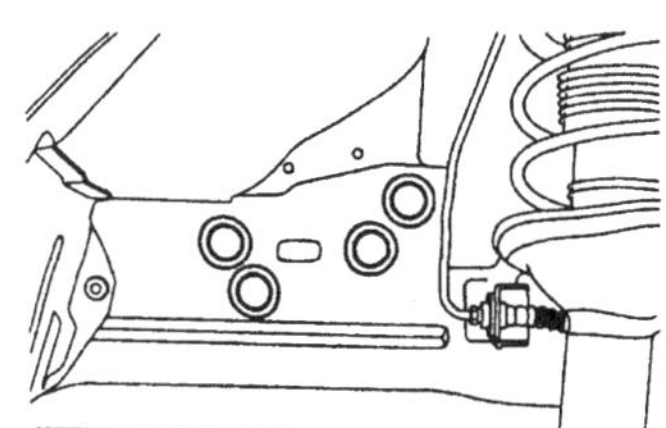

그림 2-32. 마운트 브래킷 탈거

⑯ 프런트 롤 스토퍼를 탈거한다.

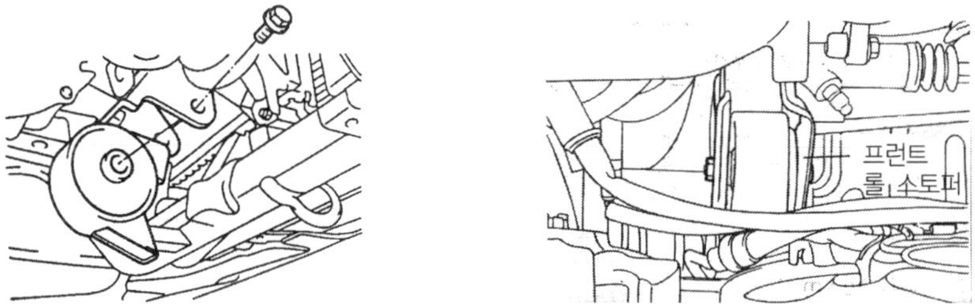

(a) (b)

그림 2-33. 프런트 롤 스토퍼 탈거

⑰ 리어 롤 스토퍼를 탈거한다.

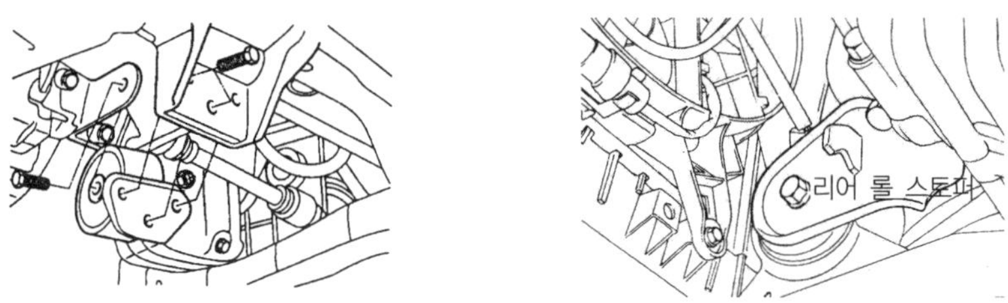

(a) (b)

그림 2-34. 리어 롤 스토퍼 탈거

⑱ 프런트 머플러를 탈거한다.

⑲ 벨 하우징 커버를 탈거한다.

⑳ 변속기 지지용 잭을 변속기 하단에 설치한다.

㉑ 서브 프레임 마운팅 볼트를 탈거한다.

㉒ 엔진과 변속기 하부 마운팅 볼트를 탈거한다.

㉓ 변속기를 탈거한다.

㉔ 특수공구를 클러치 스플라인부에 집어넣어 클러치 탈거 시 디스크가 떨어지지 않도록 고정시킨다.

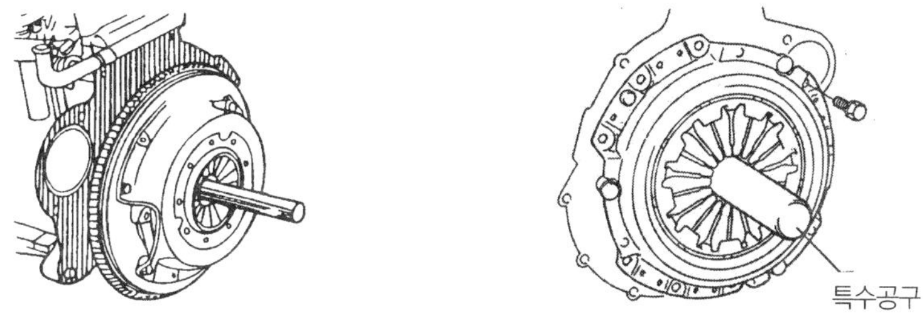

(a) (b)

그림 2-35. 디스크 고정

㉕ 플라이휠에 고정하는 클러치커버 볼트를 풀고 클러치커버 어셈블리를 탈거한다.

㉖ 장착은 탈거의 역순으로 한다.

학습정리

1. 정비 작업의 공구 및 측정 공구를 사용할 수 있다.
2. 정비 작업의 특징을 설명할 수 있다.
3. 정기점검을 항목과 내용을 설명할 수 있다.

종괄평가

1. 자동차 엔진 및 변속기 탈 · 부착시 정비 준비 사항을 설명하시오.

2. 엔진 마우팅의 구성부품을 설명하시오.

3. 엔진과 변속기 탈 · 부착시 사용공구의 종류를 구분하고 설명하시오.

4. 탈 · 부착의 정비순서를 설명하시오.

5. 탈 · 부착시 안전사항을 설명하고, 작업내용을 작업 규정에 따라 작성하시오.

자기진단평가표

■ 점검항목(Check Lists)

다음 표는 자동차 정비시 해당 업무를 수행하는 데 필요한 능력수준을 스스로 확인할 수 있는 점검항목입니다. 본인의 평소 수준을 생각하여, 해당하는 항목에 √표시를 할 것.

■ 실습내용

자동차 동력전달장치 부품

영역	문항	우수하다	보통이다	미흡하다
실습 준비	1. 실습 태도와 교재 등이 준비되어 있다.	③	②	①
	2. 관련 공구 및 장비의 용어를 이해한다.	③	②	①
	3. 관련 실습의 부품의 용어와 기능을 설명할 수 있다.	③	②	①
정비 실습	1. 관련 정비 지침서를 이해할 수 있다.	③	②	①
	2. 관련 정비 부품을 점검할 수 있다.	③	②	①
	3. 관련부품을 교환 할 수 있다.	③	②	①
	4. 교환 후 관련 부품을 점검 할 수 있다.	③	②	①
정비 실습평가	1. 실습 내용을 설명할 수 있다.	③	②	①
정비 실습정리	1. 실습 내용을 관련 문서로 작성할 수 있다.	③	②	①
	2. 실습 후 관련 공구를 정리 정돈할 수 있다.	③	②	①

■ 예상 작업시간(　　시간　　분)

CHAPTER Ⅲ

클러치[clutch]

학습목표

① 클러치의 어셈블리 및 조작 기구의 구조를 알고 이를 설명할 수 있다.
② 클러치를 떼어내기, 장착, 분해, 점검 및 조립할 수 있다.
③ 클러치의 작동 원리와 구조를 이해하고 정비할 수 있다.

사용공구 및 내용

클러치 커버 및 디스크, 클러치 마스터 실린더, 클러치 릴리스 실린더, 클러치 오일, 그리스, 걸레, 클러치액 회수통

정비부품 및 장비

수동변속기가 장착된 자동차, 클러치 디스크 가이드, 일반 공구 세트, 버니어 캘리퍼스, 마이크로미터, 다이얼 게이지, 실린더 게이지, 잭, 스탠드, 보안경

안전 및 주의사항

① 마스터실린더 보디와 피스톤 어셈블리가 손상되지 않도록 주의한다.
② 피스톤 어셈블리는 분해하지 않는다.
③ 클러치 마스터실린더를 검사할 때 수직방향으로 마스터실린더의 3곳(상부, 중앙, 하부)에서 내경을 측정한다.
④ 피스톤이 빠져 분실되는 것을 방지하기 위해 헝겊으로 막는다.
⑤ 브레이크액이 뿌려지는 것을 방지하기 위해서 압축공기를 서서히 가한다.
⑥ 클러치, 디스크 및 릴리스 베어링(그리스가 채워져 있음)은 세척 솔벤트나 오일로 청소하면 안 된다.
⑦ 클러치를 장착할 때 그리스를 각 부위에 발라야 하며 이 때 과도하게 바르지 않도록 한다. 그리스를 과도하게 바르면 클러치가 미끄러져 차량이 떨리게 된다.

기 재 사 항

※주어진 항목에 맞게 기입하시오.

1. ________부품 정비 실습에 필요한 공구 및 장비를 기입하시오.
   - ●개인 공구
   - ●공용 공구 및 측정 장비
   - ●정비 장비
   - ●개인 안전 장비 및 장비

2. ________부품 정비실습에 사용할 부품의 주요 명칭과 기능을 설명하시오.
   - ●부품의 명칭
   - ●부품의 기능
   - ●부품의 주요 점검 항목

01 클러치의 개요

클러치(clutch)는 플라이휠과 변속기(T/M, T/A)의 입력축 사이에 설치되며, 엔진의 동력을 변속기에 전달하거나 끊는 일을 한다. 즉, 엔진을 시동할 때나 기어를 변속할 때는 동력을 끊고, 출발할 때는 엔진의 동력을 서서히 연결하는 일을 하며, 그 조작은 운전석에서 자유로이 할 수 있도록 되어 있다. 클러치는 동력을 전달하는 방식에 따라 다음과 같이 분류된다.

- 클러치
  - 마찰 클러치
    - 단판 클러치 — 건식
      - 코일 스프링식
      - 다이어프램 스프링식
    - 다판 클러치
      - 건식
      - 습식
  - 유체 클러치
  - 전기 클러치
    - 자성 분체식
    - 전자 디스크식

02 클러치의 종류

2.1. 코일스프링 클러치

클러치 본체는 직접 동력을 단속하는 부분으로, 그 구조는 그림 3-1, 3-2와 같이 클러치 디스크, 압력판, 클러치 스프링, 릴리스 레버, 클러치 커버 등이 있으며, 이러한 부품은 플라이휠과 클러치 하우징에 부착되어 있다. 압력판은 클러치 스프링에 의해 플라이휠 쪽으로 밀려 클러치 디스크를 플라이휠에 압착시키고 있다. 클러치 디스크는 압력판과 플라이휠 사이에서 마찰력에 의해 플라이휠의 회전을 변속기에 전달하는 일을 한다.

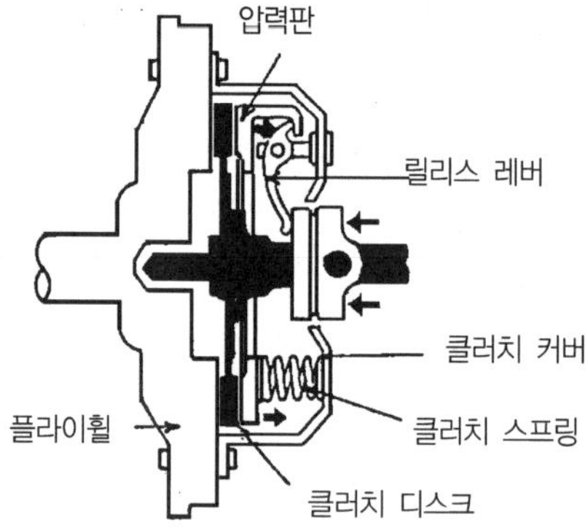

그림 3-1. 코일식 클러치

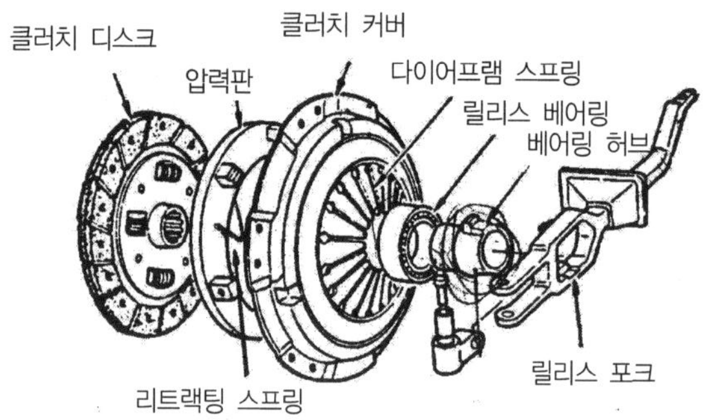

그림 3-2. 다이어프램식 클러치

2.2. 다이어프램 스프링식

이 형식은 소형 차량에서 클러치 스프링의 작용과 릴리스 레버의 작용을 겸하고, 코일 스프링식에 비하여 다음과 같은 특징이 있다.

① 각 부품이 원형으로 되어 있어 회전 평형이 좋고 압력판에 작용하는 압력이 균일하다.

② 고속 회전시 원심력에 의한 스프링 힘의 감소가 적다.

③ 클러치 페이싱이 어느 정도 마모되어도 압력판을 미는 힘의 변화가 적다.

④ 클러치 페달을 밟는 힘이 적게 든다.

다이어프램 스프링은 그림 3-3과 같이 2개의 피벗 링으로 클러치 커버에 결합되어 있고, 피벗 링을 지점으로 하여 스프링 둘레의 끝부분으로 압력판을 누르고 있기 때문에 클러치 페달을 밟으면 릴리스 베어링이 다이어프램 스프링의 플렌지 부분을 눌러 스프링 둘레의 끝부분이 압력판에 결합되어 있는 리트랙팅(retracting) 스프링을 당겨서 클러치가 끊어지게 된다.

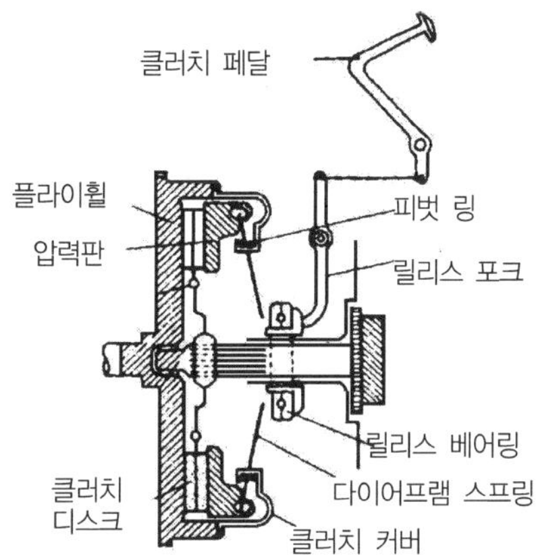

(a) 클러치 페달을 놓았을 때

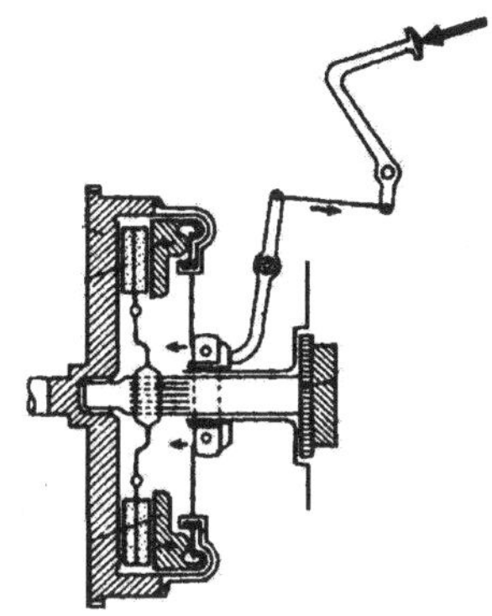

(b) 클러치 페달을 밟았을 때

그림 3-3. 클러치의 작동

03 클러치의 조작기구

3.1. 케이블식 클러치

케이블식 조작기구는 그림 3-4와 같이 케이블을 통하여 페달의 조작력을 릴리스 레버에 전달하도록 되어 있으며, 릴리스 레버는 클러치 하우징에 한 끝을 고정하여 지렛대 작용에 의해 릴리스 베어링을 누르는 작용을 한다. 이 형식은 기화기식 엔진을 장착한 차량에서 이용되고 있다.

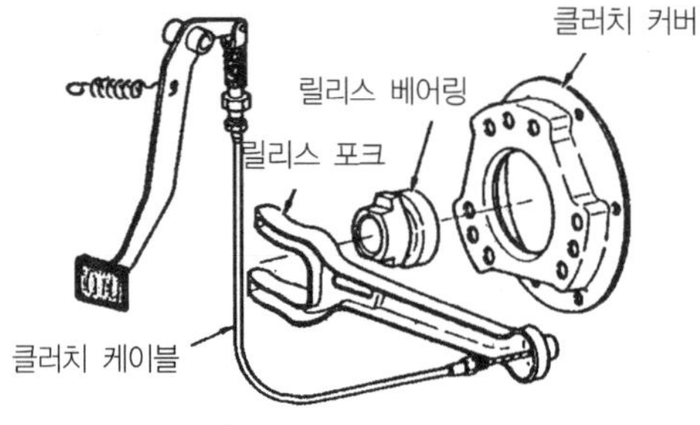

그림 3-4. 케이블식 클러치

3.2. 유압식 클러치

유압식 조작기구는 클러치 페달의 조작력을 가볍게 하기 위해 그림 3-5와 같이 마스터 실린더, 릴리스 실린더 및 연결 파이프로 구성되어 있다. 클러치 페달을 밟게 되면 마스터 실린더에서는 유압이 발생하여 파이프를 통해 릴리스 실린더에 압송되고, 릴리스 실린더는 이 유압에 의해 릴리스 레버를 밀게 되어 클러치의 작동이 이루어진다. 이 형식은 최근에 생산되는 거의 대부분의 엔진인 전자제어 엔진이 장착된 차량에서 이용되고 있는 형식이다.

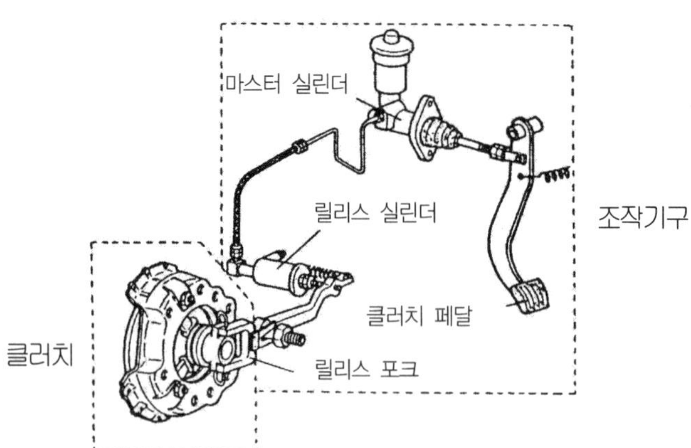

그림 3-5. 유압식 클러치

04 클러치의 정비 및 점검절차

4.1. 클러치 페달

① 그림 3-6과 같이 클러치 페달의 높이와 클러치 페달의 유격(페달 패드면에서 측정)을 측정한다. 클러치 페달의 유격은 6~13mm 정도이다.

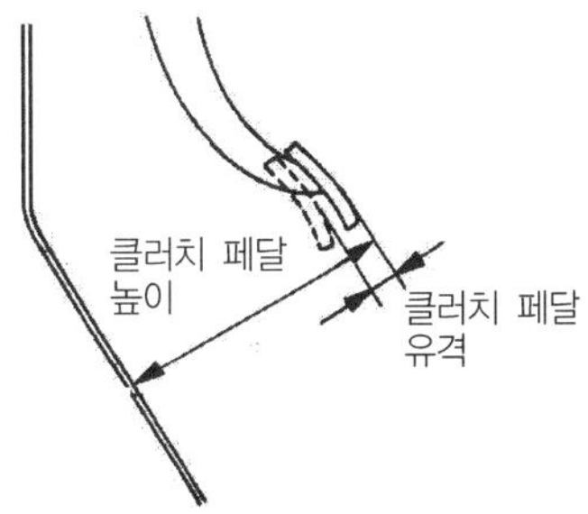

그림 3-6. 클러치 페달의 높이와 클러치 자유 유격

② 클러치 페달의 높이나 클러치 페달의 유격이 규정치 내에 있지 않으면 다음 순서로 조정한다.

㉮ 그림 3-7과 같이 볼트를 돌려 페달의 높이를 규정치 내로 조정하고 록크 너트를 완전히 조인다. 이때 페달의 높이가 규정치보다 낮으면 볼트를 풀고 푸시로드를 돌려 조정한다. 조정한 다음에 페달 스톱퍼에 닿을 때까지 조인 다음 록크 너트를 잠근다.

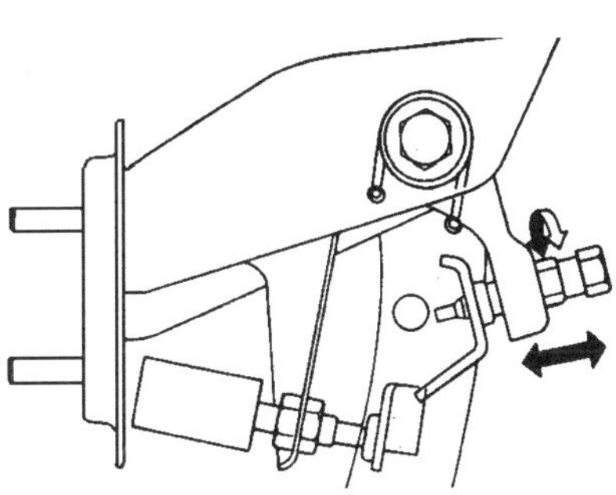

그림 3-7. 페달의 높이 조정

㈏ 푸시로드를 돌려 클러치 페달의 유격을 규정치로 조정하고 푸시로드를 록크 너트로 잠근다. 이때 클러치 페달의 높이나 클러치 페달의 유격을 조정할 때 푸시로드가 마스터 실린더 쪽으로 밀리지 않도록 주의한다.

㈐ 조정을 마친 다음에 클러치 페달의 자유유격(페달 패드면에서 측정)을 측정하고 클러치 페달(페달패드면)과 바닥과의 거리를 클러치가 분리되었을 때 측정하여 규정치 내에 있는가를 확인한다. 그림 3-8과 같이 이 때 클러치 페달 유격은 6~13mm 정도이고, 클러치 페달과 바닥과 거리(여유간극)는 40mm 정도이다.

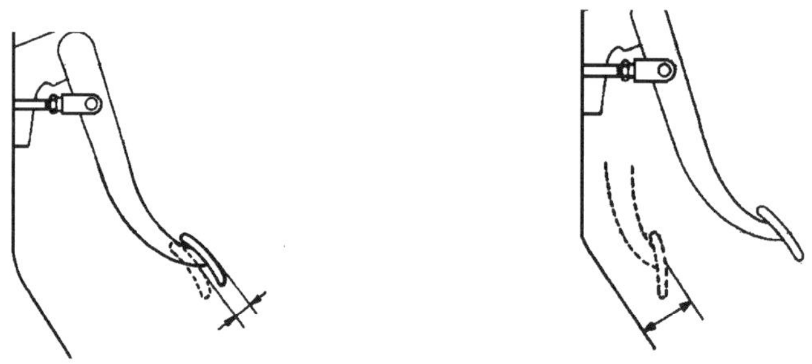

(a) 브레이크페달 자유 유격 (b) 페달과 바닥과의 간극

그림 3-8. 클러치 페달 유격과 페달과 바닥 사이의 거리

③ 클러치 페달의 자유유격이나 클러치가 분리되었을 때 클러치 페달과 바닥과의 사이의 거리가 규정과 일치하지 않을 때는 유압 계통에 공기가 유입되었거나 마스터 실린더 또는 클러치에 이상이 있는 것이므로 공기빼기 작업을 실시하거나 실린더 또는 클러치를 분해하여 검사한다.

4.1.1. 공기빼기

클러치 튜브, 클러치 호스, 클러치 마스터 실린더를 분리할 때만 또는 클러치 페달이 스펀지 현상을 나타낼 때는 계통의 공기빼기 작업을 실시한다. 이 때 규정된 브레이크액을 사용해야 하며 규정액과 기타 액을 혼합 사용하는 것을 금한다.

① 클러치 마스터 실린더의 오일탱크에 브레이크 오일을 충분히 보충한다.

② 클러치 릴리스 실린더에서 블리더 스크루에 비닐 튜브를 연결한 후 오일을 받을 용기에 연결한다.

③ 운전자와 보조자가 2인 1조로 하여 한 사람이 운전자석에서 클러치 페달을 여러 번 밟았다 논 후 페달을 밟은 상태에서 운전자의 신호에 의해 보조자가 에어 블리더 스크루를 푼 후 오일이나 기포가 빠지면 다시 잠근 후 운전자에게 신호를 보낸다.

④ 기포가 나오지 않고 오일만 나올 때까지 ①~③항을 반복한다.

⑤ 규정된 브레이크액을 클러치 마스터 실린더에 채운다. 이때 공기빼기 작업을 할 때 그림 3-9와 같이 항상 "A" 점까지 완전히 복원시킨 다음 재 조작해야 하며 급속하게 반복조작하면 안된다. 페달의 그림 3-9의 C구간 사이에서 급속하게 반복 조작할 경우 유압 클러치 장치의 특성상 릴리스 실린더의 푸시로드가 밀려 나올 수 있으므로 주의해야 한다.

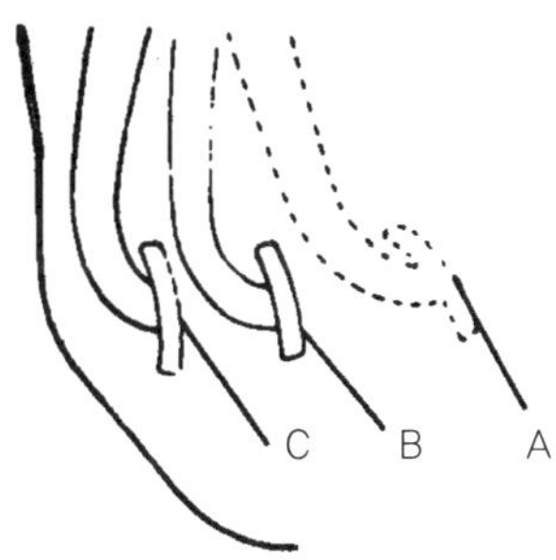

그림 3-9. 공기빼기 작업의 예

4.1.2. 구성부품

그림 3-10은 클러치 페달의 구성부품을 나타낸 것이다.

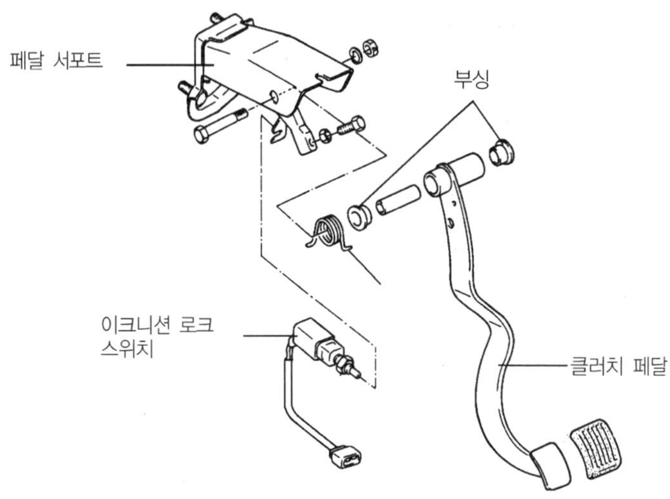

그림 3-10. 클러치 페달의 구성부품

4.1.3. 떼어내기

① 스플리트 핀, 와셔, 클레비스 핀을 분리한다.

② 그림 3-11과 같이 클러치 페달 장착볼트를 푼다.

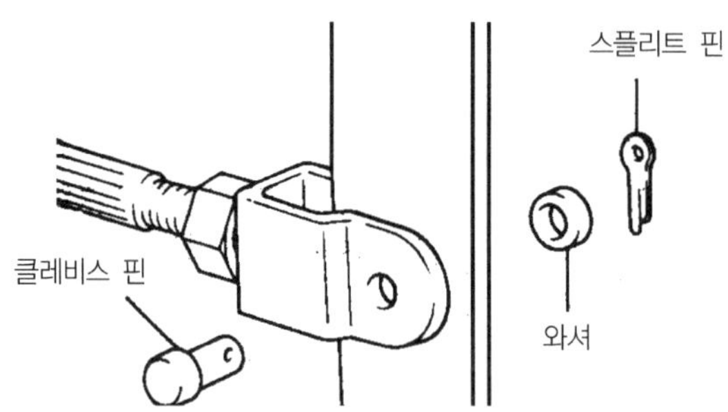

그림 3-11. 클러치 페달 장착볼트 품

4.1.4. 검 사

① 페달 샤프트와 부싱의 마모를 점거한다.

② 클러치 페달의 휨과 비틀림을 점검한다.

③ 리턴 스프링의 손상과 약화를 점검한다.

④ 페달 패드의 손상과 마모를 점검한다.

4.2. 이그니션 록크 스위치 검사

① 커넥터를 분리한다.

② 그림 3-12와 같이 커넥터 터미널 1과 2가 눌렀을 때 OFF, 놓을 때 ON으로 확실히 통전되었는지 점검한다.

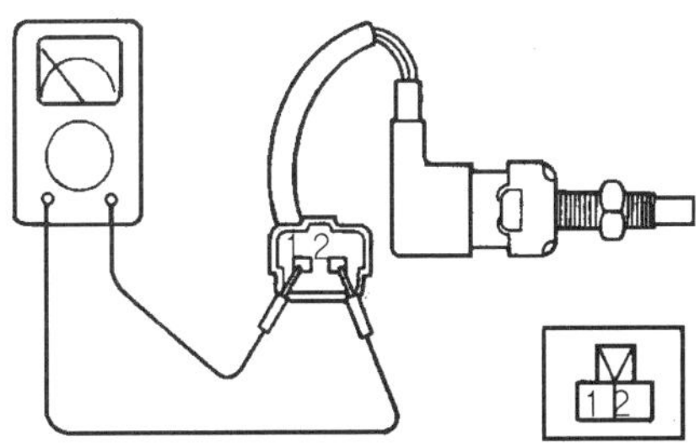

그림 3-12. 커넥터 터미널 1과 2 통전 점검

4.2.1. 장 착

① 그림 3-13과 같이 부싱에 다목적 그리스를 바른다.

② 그림 3-14와 같이 클레비스 핀과 와셔에 다목적 그리스를 바른다.

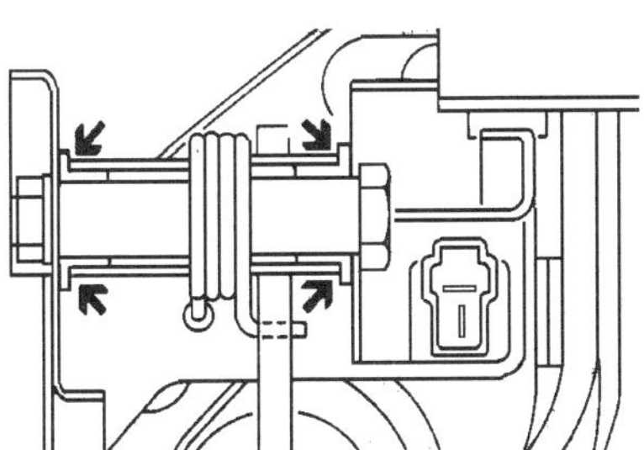

그림 3-13. 부싱에 다목적 그리스 바름

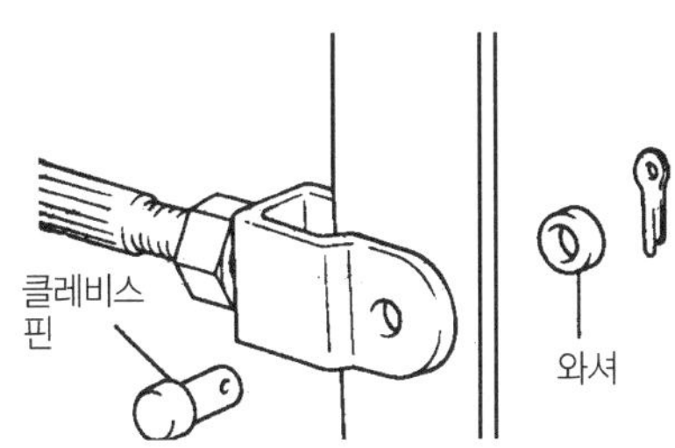

그림 3-14. 클레비스 핀과 와셔에 다목적 그리스 바름

4.3. 클러치 컨트롤

4.3.1. 구성부품

그림 3-15는 클러치 컨트롤의 구성부품을 나타낸 것이다.

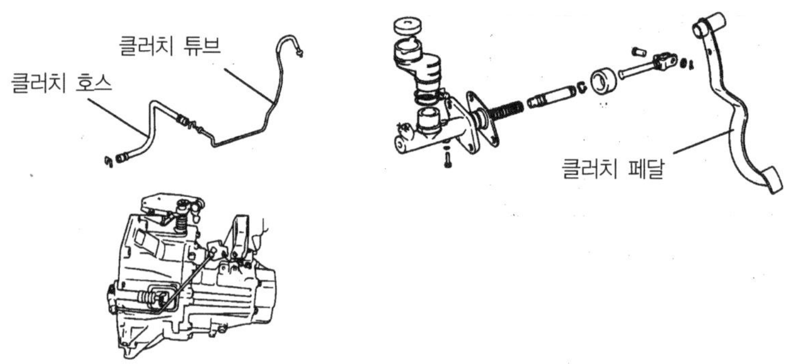

그림 3-15. 클러치 컨트롤의 구성부품

4.3.2. 떼어내기

① 블리드 스크루를 통해 클러치 액을 배출한다.

② 클레비스 핀, 와셔, 스플리트 핀을 떼어낸다.

③ 클러치 라인을 분리한다.

④ 그림 3-16과 같이 마스터 실린더 장착 볼트를 푼다.

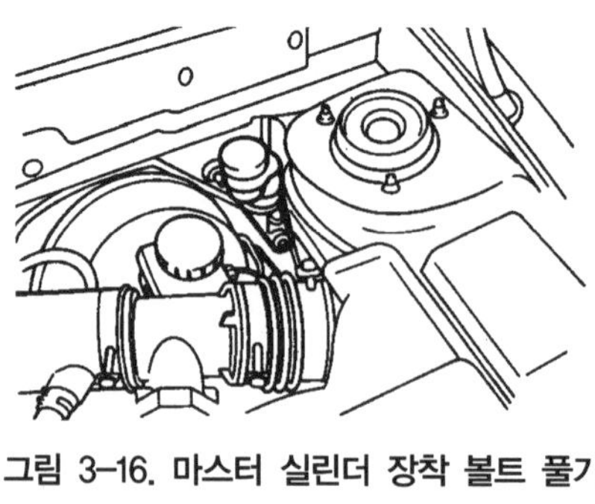

그림 3-16. 마스터 실린더 장착 볼트 풀기

⑤ 클러치 라인 클립을 떼어낸다.

⑥ 그림 3-17과 같이 클러치 호스의 너트를 고정시키고 클러치 튜브측 플레어 너트를 푼다.

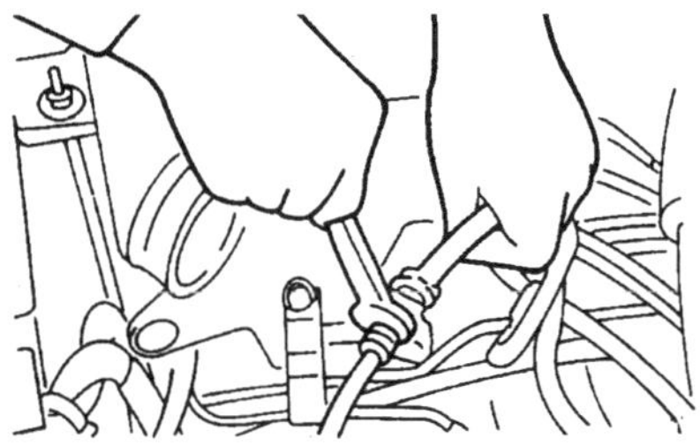

그림 3-17. 클러치 튜브측 플레어 너트 품

⑦ 클러치 호스에서 클립을 분리한 다음 브래킷에서 클러치 호스를 떼어낸다.
⑧ 그림 3-18과 같이 클러치 라인을 분리한다.
⑨ 그림 3-19와 같이 클러치 튜브(릴리스 실린더측)를 분리시킨다.

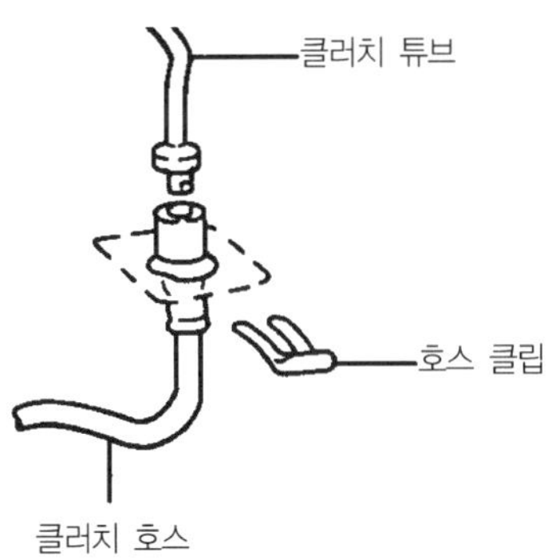

그림 3-18. 클러치 라인 분리

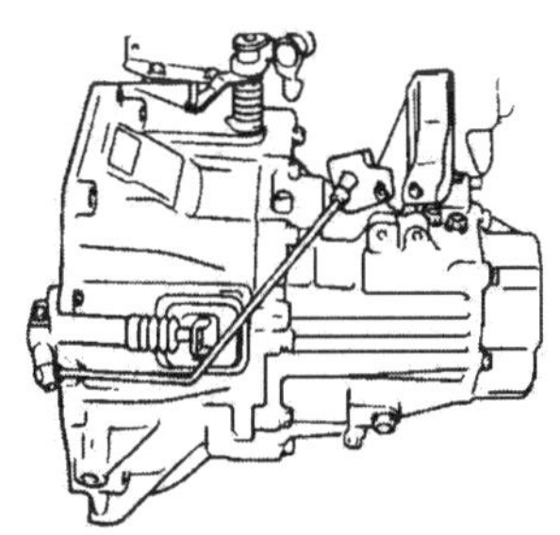

그림 3-19. 클러치 튜브 분리

4.3.3. 검사

클러치 호스와 튜브의 균열 및 막힘을 점검한다.

4.3.4. 장착

① 그림 3-20과 같이 클러치 튜브(릴리스 실린더측)를 연결한다.

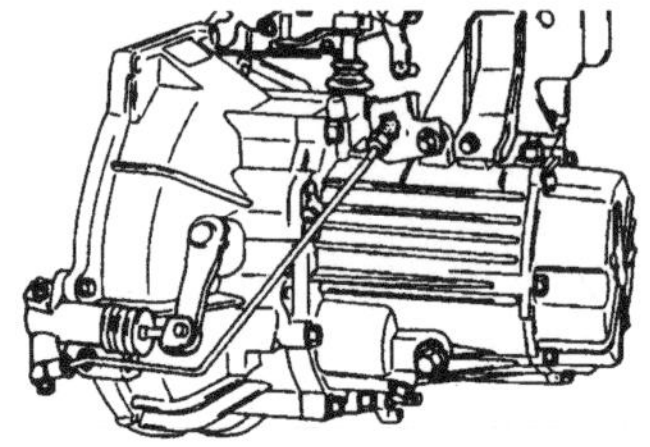

그림 3-20. 클러치 튜브 연결

② 그림 3-21과 같이 임시로 플레어 너트를 손으로 조이고 나서 호스가 뒤틀리지 않도록 주의하면서 규정토크로 조인다.

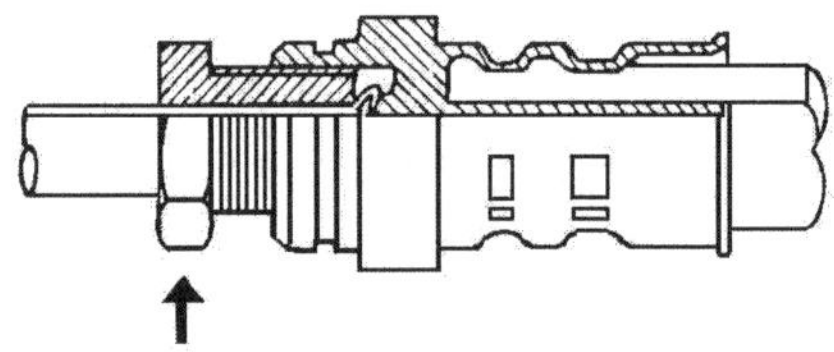

그림 3-21. 호스 조임

③ 그림 3-22와 같이 클러치 라인과 클립을 장착한다.
④ 그림 3-23과 같이 마스터 실린더를 장착한다.

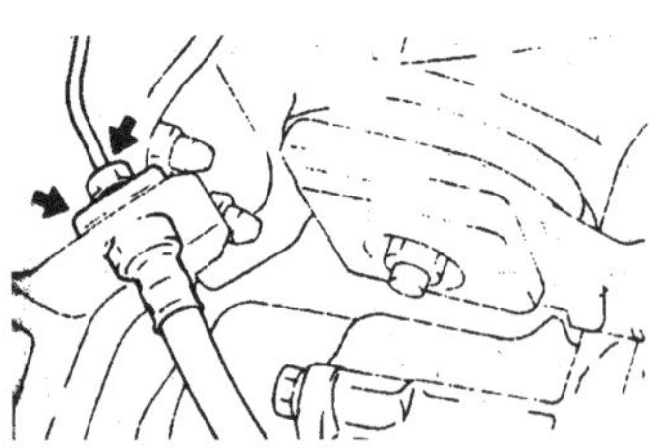

그림 3-22. 클러치 라인과 클립 장착

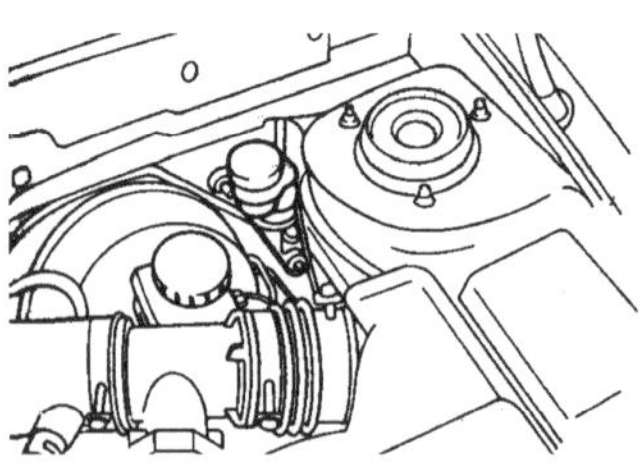

그림 3-23. 마스터 실린더 장착

⑤ 클레비스 핀과 와셔에 다목적 그리스를 바른다.
⑥ 클러치 페달에 푸시로드를 장착한다.
⑦ 클러치 액을 클러치 마스터 실린더에 채운다.
⑧ 회로내의 에어빼기 작업을 한다.

4.4. 클러치 마스터실린더

4.4.1. 구성부품

그림 3-24는 클러치 마스터 실린더의 구성부품을 나타내는 것이다.

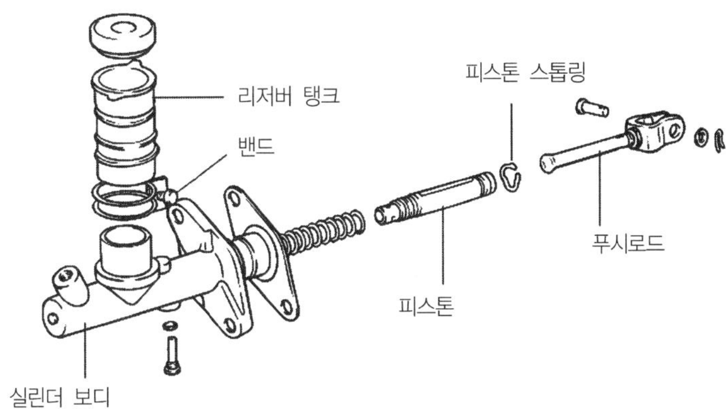

그림 3-24. 클러치 마스터 실린더 구성부품

4.4.2. 분해

① 피스톤 스톱링을 떼어낸다.

② 푸시로드와 피스톤 어셈블리를 빼낸다.

③ 리저버 캡 밴드를 떼어낸다. 이때 마스터 실린더 보디와 피스톤 어셈블리가 손상되지 않도록 주의한다. 또한 피스톤 어셈블리는 분해하지 않는다.

4.4.3. 검사

① 실린더 보디 내측의 녹, 물때를 점검한다.

② 피스톤 컵의 마멸과 변형을 점검한다.

③ 피스톤의 녹과 물때를 점검한다.

④ 클러치 튜브 연결부의 막힘을 점검한다.

⑤ 마이크로미터를 사용하여 피스톤의 외경을 실린더 게이지로 마스터 실린더 내경을 측정한다. 이때 수직방향으로 마스터 실린더의 3곳(상부, 중부, 하부)에서 내경을 측정한다.

⑥ 그림 3-25와 같이 마스터 실린더와 피스톤과의 간극이 규정보다 크게 되면 피스톤과 실린더 어셈블리를 교환한다. 이때 한계치는 약 0.15mm 정도이다.

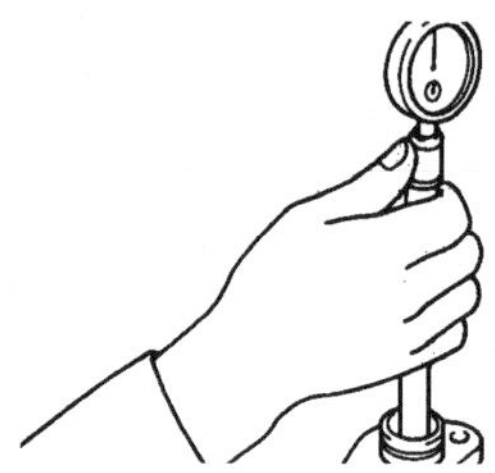

그림 3-25. 마스터 실린더와 피스톤과의 간극 측정

4.4.4. 조립

① 마스터실린더 보디의 내면과 피스톤 어셈블리 둘레에 규정된 브레이크액을 바른다.

② 피스톤 어셈블리를 장착한다.

③ 그림 3-26과 같이 푸시로드를 장착한다.

(a) (b)

그림 3-26. 푸시로드 장착

④ 그림 3-27과 같이 리저버를 마스터 실린더 보디에 장착한다.

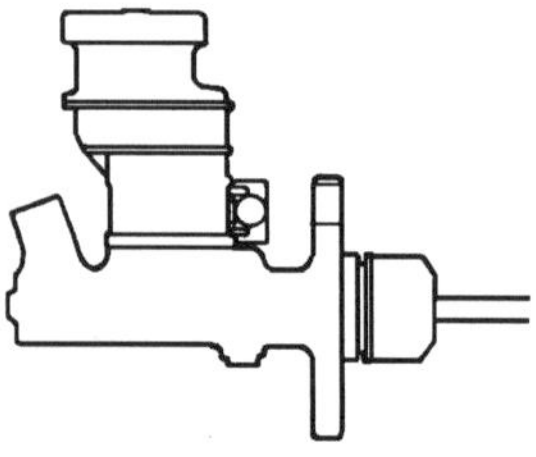

그림 3-27. 리저버를 마스터 실린더 보디에 장착

4.5. 클러치 릴리스 실린더

4.5.1. 구성부품

그림 3-28은 클러치 릴리스 실린더의 구성부품을 나타낸 것이다.

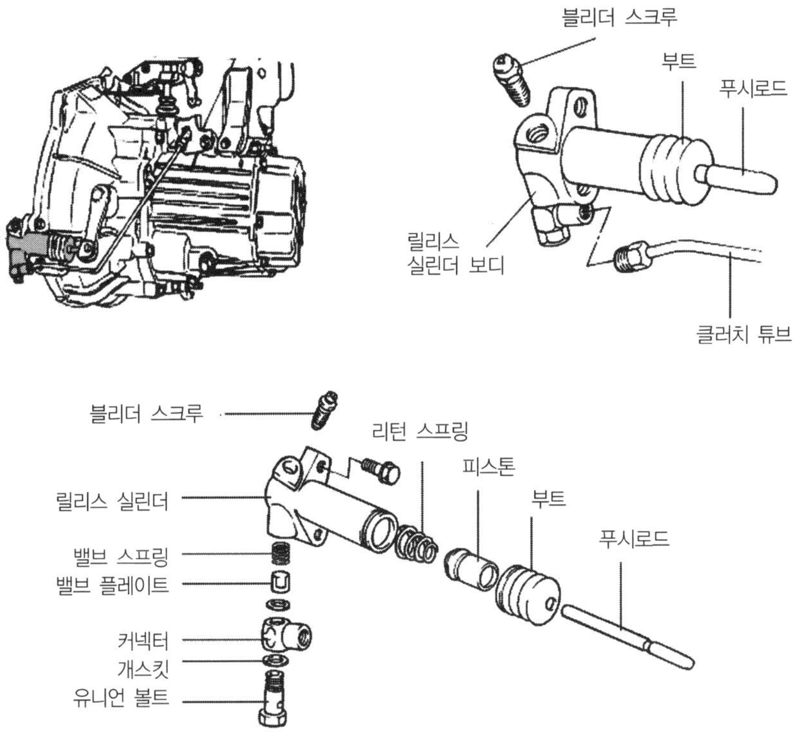

그림 3-28. 클러치 릴리스 실린더의 구성부품

4.5.2. 떼어내기

① 클러치 튜브를 떼어낸다.

② 릴리스 실린더 장착볼트를 푼다.

4.5.3. 검사

① 클러치 릴리스 실린더에서의 액 누설을 점검한다.

② 클러치 릴리스 실린더 부트의 손상을 점검한다.

4.5.4. 분해

① 밸브 플레이트, 스프링, 푸시로드, 부트 등을 분리한다.

② 그림 3-29와 같이 압축 공기를 이용하여 릴리스 실린더에서 피스톤을 분리한다. 이 때 피스톤이 빠져 분실되는 것을 방지하기 위해 헝겊으로 막는다. 또한 클러치 액이 뿌려지는 것을 방지하기 위해 압축공기를 서서히 가한다.

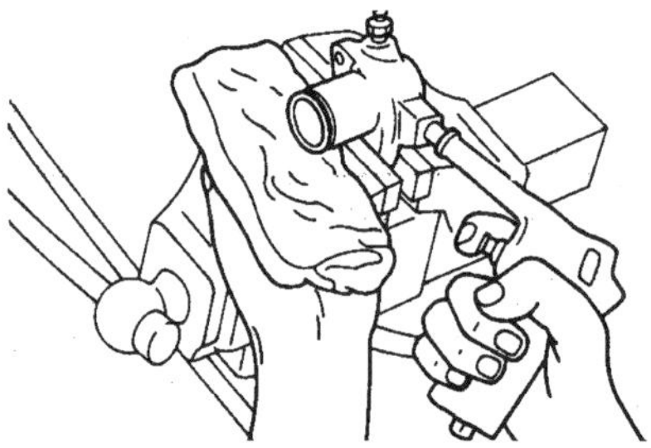

그림 3-29. 압축공기를 이용한 릴리스 실린더에서 피스톤 분리

4.5.5. 검사

① 릴리스 실린더 내면의 긁힘, 불균일한 마모를 점검한다.

② 그림 3-30과 같이 실린더 게이지를 이용하여 실린더 내면의 3곳(상부, 중앙, 하부)을 측정하고 실린더 내경과 피스톤의 외경이 한계치를 넘으면 릴리스 실린더 어셈블리를 교환한다. 이때 한계치는 0.15mm이다.

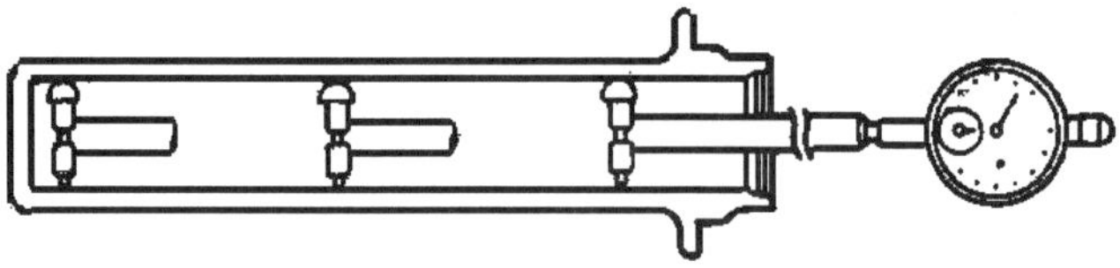

그림 3-30. 릴리스 실린더 내면 검사

4.5.6. 조립

① 릴리스 실린더 내측과 피스톤 및 피스톤 컵의 외측에 규정된 브레이크액을 바른 다음 피스톤 컵 어셈블리를 실린더 내측으로 민다. 이때 브레이크액은 DOT 3을 사용한다.

② 그림 3-31과 같이 밸브 플레이트, 스프링, 푸시로드 및 부트를 장착한다.

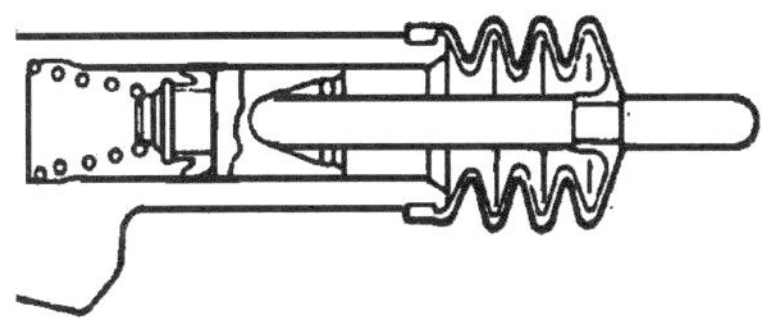

그림 3-31. 밸브 플레이크 및 부트 장착

4.5.7. 장착

① 그림 3-32와 같이 릴리스 포크와 실린더 푸시로드가 접촉하는 부위에 해당 차량의 정비지침서를 참고로 하여 규정된 그리스를 바른다.

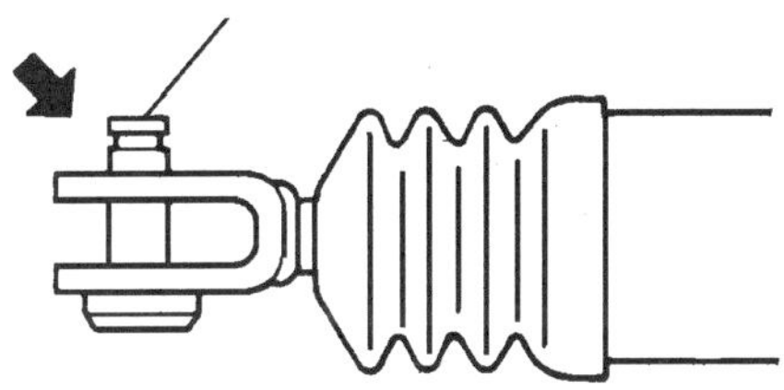

그림 3-32. 릴리스 포크와 실린더 푸시로드 접촉부위에 그리스 바름

② 그림 3-33과 같이 클러치 릴리스 실린더와 클러치 튜브를 장착한다.

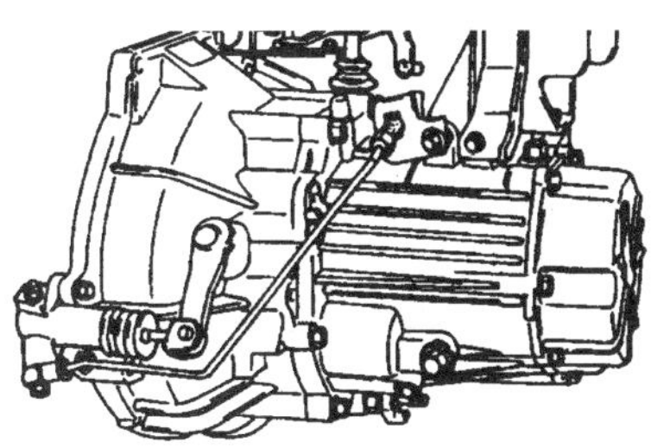

그림 3-33. 클러치 릴리스 실린더와 클러치 튜브 장착

4.6. 클러치 커버 및 디스크

4.6.1. 구성부품

그림 3-34는 클러치 커버 및 디스크의 구성부품을 나타낸 것이다.

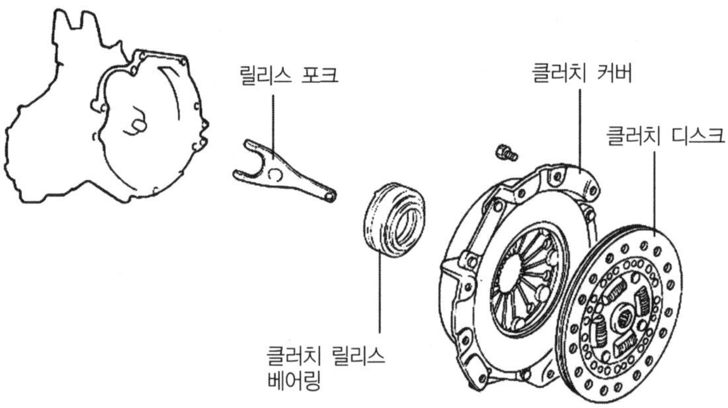

그림 3-34. 클러치 커버 및 디스크의 구성부품

4.6.2. 떼어내기

① 트랜스액슬을 떼어낸다.

② 그림 3-35와 같이 특수공구를 사용하여 센터 스플라인에 집어넣어 클러치 디스크가 떨어지는 것을 방지한다.

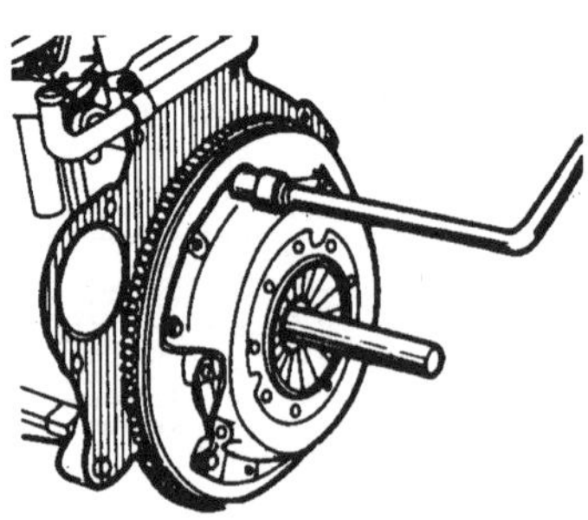

그림 3-35. 클러치 센터 스플라인에 특수공구 사용

③ 클러치 커버와 플라이휠을 체결하는 볼트를 순차적으로 푼다. 이 볼트를 풀 때 커버 플랜지가 휠 우려가 있으므로 한번에 1~2회 정도 푼다. 이 때 클러치 디스크와 릴리스 베어링은 세척 솔벤트로 청소하지 않는다.

④ 릴리스 베어링과 리턴 클립을 떼어낸다.

⑤ 클러치 릴리스 샤프트, 패킹, 리턴 스프링, 릴리스 포크를 떼어낸다.

05 클러치의 청소 및 검사

5.1. 클러치 디스크 커버

① 진공 브러시 또는 마른걸레 등을 사용하면 클러치 하우징에서 먼지를 제거해야 하며 절대 압축 공기는 사용해서는 안 된다. 엔진 리어 베어링 오일실 또는 변속기 프런트 오일 시일에서 오일이 누설되지 않는가를 점검하여 누설이 있으면 그 즉시 수리해야 한다.

② 압력판의 마찰면은 전 디스크 접촉면이 균일해야 하며, 만일 한 부위가 심하게 접촉한 흔적이 있고 180° 떨어진 부위에 가볍게 접촉한 흔적이 있다면 압력판이 잘못 장착되었거나 끌리는 것이다.

③ 플라이휠의 마찰면이 과도한 변색, 부분소손, 작은 균열, 깊은 홈집, 파임이 있는가를 확인한다.

④ 디스크를 취급할 때는 페이싱은 만지지 않고 작업해야 하며, 만일 그리스나 오일이 페이싱에 묻거나 리벳 헤드가 0.3mm 미만이면 페이싱을 교환해야 한다.

변속기 입력축에 있는 허브 스프링 및 스플라인은 과도한 마모의 흔적이 없어야 한다. 또한 페이싱 사이의 스프링들은 파손되지 않아야 하며 모든 리벳들은 완전히 박혀 있어야 한다.

⑤ 압력판의 마찰면은 적절한 솔벤트로 닦는다.

⑥ 직각자를 사용하여 압력판의 편평도를 검사하여 마찰부의 편평도가 0.5mm 이내에 있는가를 확인하고 변색, 소손, 홈이나 깎임이 없는가를 점검한다.

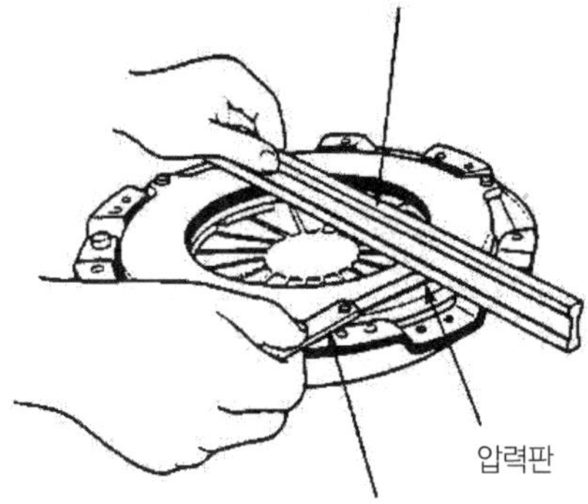

그림 3-36. 압력판 비틀림 점검

⑦ 클러치 디스크의 두께를 버니어 캘리퍼스로 측정하여 한계값 6.8mm 이하인 경우에 디스크를 교환한다.

⑧ 클러치 디스크의 런 아웃이 한계값 0.7mm 이상일 경우 디스크를 교환한다.

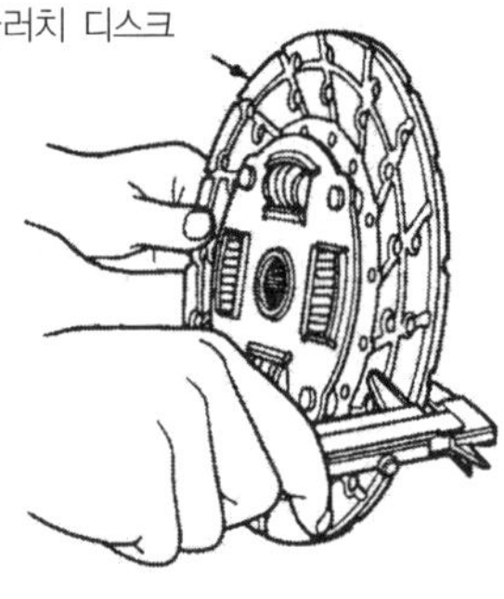

그림 3-37. 클러치 디스크 두께 점검

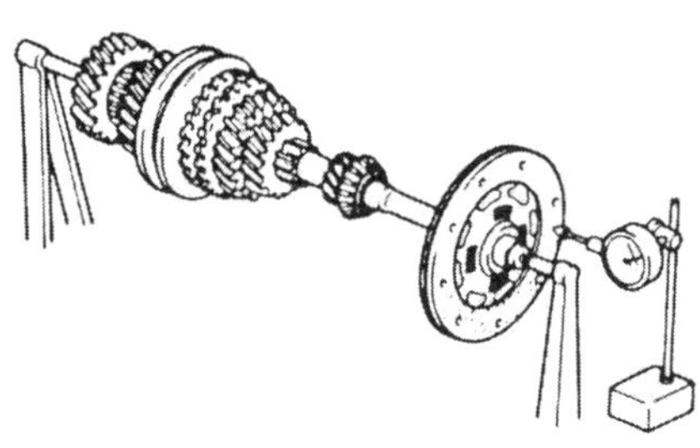
그림 3-38. 디스크 런 아웃 점검

⑨ 눈으로 커버 외측 장착 플랜지의 편평을 점검하고 흠집, 깎임, 홈이나 그 밖에 손상이 없는지를 점검한다.

⑩ 플라이휠에 있는 3개의 다웰이 완전히 조여져 있는지와 손상이 없는지를 점검한다.

⑪ 그림 3-39와 같이 클러치 어셈블리를 이상과 같이 점검하여 상태가 불량하면 교환한다.

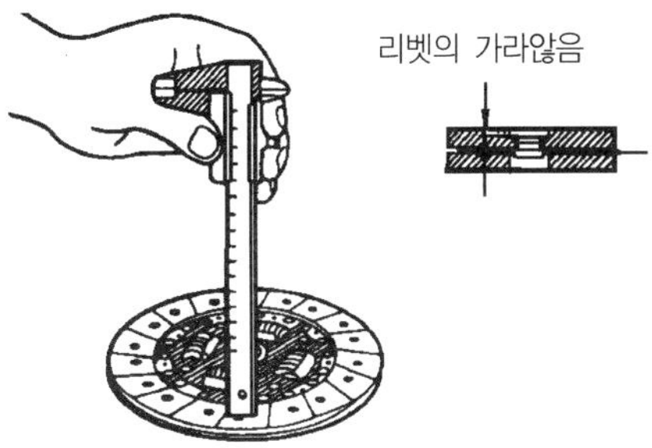

그림 3-39. 클러치 어셈블리의 리벳 가라앉음 점검(리벳길이 측정)

5.2. 클러치 릴리스 베어링

릴리스 베어링은 그리스가 채워져 있으므로 세척 솔벤트나 오일로 청소하면 안 된다.

① 베어링의 고착, 손상, 비정상적인 소음을 점검하며 다이어프램 스프링 접촉부위의 마모를 점검한다.

② 릴리스 포크 접촉부위가 비정상적으로 마모되었으면 베어링을 교환한다.

5.3. 클러치 릴리스 포크

베어링과의 접촉부위에 비정상적인 마모가 있으면 릴리스 포크를 교환한다.

06 장착

6.1. 릴리스 베어링

① 릴리스 포크 샤프트에 다목적 그리스를 바른 다음 그림 3-40과 같이 표시된 클러치 하우징 부위에 다목적 그리스를 바른다. 이때 클러치를 장착할 때 그리스를 각 부위에 발라야 하며 이 때 과도하게 바르지 않도록 주의한다. 그리스가 과도하게 발라졌을 경우 클러치가 미끄러져 차량이 떨리게 된다.

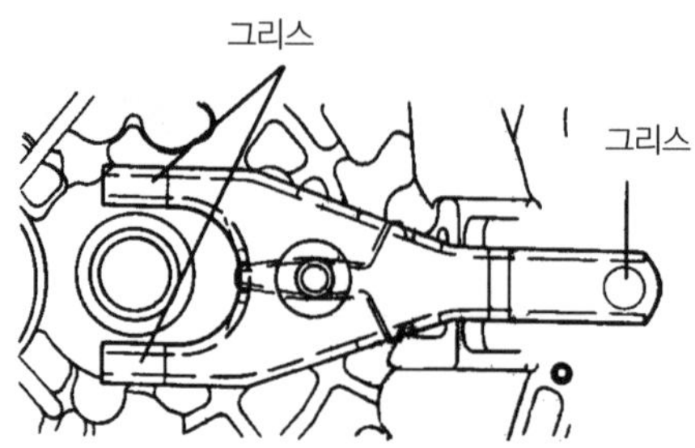

그림 3-40. 릴리스 포크 샤프트 그리스 바름

② 그림 3-41과 같이 다목적 그리스를 릴리스 베어링의 홈에 바른다.

③ 그림 3-42와 같이 다목적 그리스를 클러치 릴리스 포크와 접촉되는 릴리스 레버 면에 바른다.

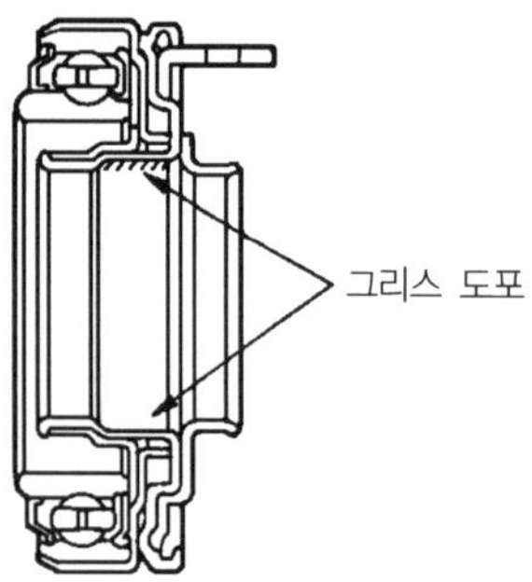

그림 3-41. 다목적 그리스를 릴리스 베어링의 홈에 바름

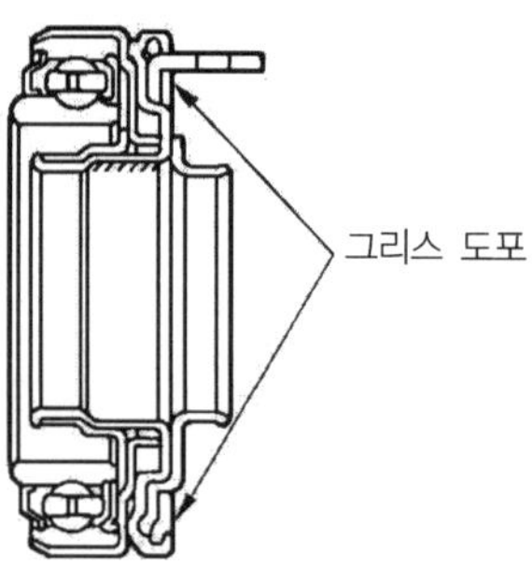

그림 3-42. 클러치 릴리스 포크와 접촉된 릴리스 레버 면 그리스 바름

6.2. 디스크 커버

① 소량의 다목적 클러치 디스크 스플라인에 바른다.

② 그림 3-43과 같이 클러치 디스크 가이드를 사용하여 클러치 디스크 어셈블리를 플라이휠에 장착한다. 클러치 디스크를 장착할 때 제작사의 각인된 쪽이 압력판 쪽을 향해야 한다.

③ 클러치 커버 어셈블리를 장착하고 6개의 볼트를 장착한다.

④ 순차적으로 볼트를 1.5~2.2kgf·m의 토크로 조인다.

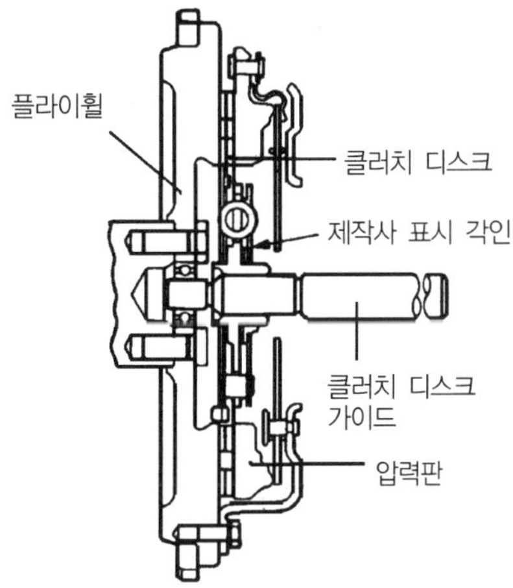

그림 3-43. 클러치 디스크 가이드 사용한 클러치 디스크 장착

⑤ 지지공구를 떼어낸다.

⑥ 변속기를 장착한다.

⑦ 클러치의 자유유격을 조정한다.

학습정리

1. 정비 작업의 공구 및 측정 공구를 사용할 수 있다.
2. 클러치 정비 작업의 특징을 설명할 수 있다.
3. 클러치 정비 작업 항목과 내용을 설명할 수 있다.

종괄평가

1. 클러치 마스터실린더, 릴리스 실린더 점검 및 교환작업을 설명하시오.

2. 클러치 육안 점검사항을 설명하고, 결과를 기록하시오.

3. 분리된 클러치 판 페이싱 마모 정도(리벳 깊이)를 측정하고, 기록하시오.

4. 자동차에서 클러치 페달의 높이와 자유간극을 측정하고, 기록하시오.

5. 클러치 자유간극 조정방법에 대하여 설명하시오.

자기진단평가표

■ 점검항목(Check Lists)

다음표는 자동차 정비시 해당 업무를 수행하는 데 필요한 능력수준을 스스로 확인할 수 있는 점검항목입니다. 본인의 평소 수준을 생각하여, 해당하는 항목에 √표시를 할 것.

■ 실습 내용

자동차 동력전달장치__________부품

영 역	문 항	우수하다	보통이다	미흡하다
실습 준비	1. 실습 태도와 교재 등이 준비되어 있다.	③	②	①
	2. 관련 공구 및 장비의 용어를 이해한다.	③	②	①
	3. 관련 실습의 부품의 용어와 기능을 설명할 수 있다.	③	②	①
정비 실습	1. 관련 정비 지침서를 이해할 수 있다.	③	②	①
	2. 관련 정비 부품을 점검할 수 있다.	③	②	①
	3. 관련부품을 교환 할 수 있다.	③	②	①
	4. 교환 후 관련 부품을 점검 할 수 있다.	③	②	①
정비 실습평가	1. 실습 내용을 설명할 수 있다.	③	②	①
정비 실습정리	1. 실습 내용을 관련 문서로 작성할 수 있다.	③	②	①
	2. 실습 후 관련 공구를 정리 정돈할 수 있다.	③	②	①

■ 예상 작업 시간(　　시간　　분)

CHAPTER Ⅳ 수동 변속기

학습목표

① 수동변속기의 구조와 작동원리를 이해할 수 있다.
② 수동변속기를 떼어내고 장착할 수 있다.
③ 수동변속기의 각 부품을 분해, 점검 및 조립하는 방법을 알고 이상 유무를 판정하여 정비능력을 키울 수 있다.

사용공구 및 내용

개스킷, 기어오일, 오일 실, 부싱 베어링, 세척유, 걸레, 개스킷 실런트

정비부품 및 장비

수동변속기를 장착한 자동차 또는 수동변속기, 일반 공구세트, 특수 공구세트, 바이스, 잭, 스탠드, 보안경

안전 및 주의사항

① 규정된 공구를 사용하도록 하며 볼트와 너트를 조일 때에는 무리한 힘을 가하지 않도록 주의하고 반드시 규정 토크로 죄어 고정시킨다.
② 모든 부품은 분해와 조립순서에 준하여 작업을 실시하고 분해된 부품은 순서에 따라 작업대에 정리와 정돈을 하여 분실되거나 조립할 때 방향이 틀리지 않도록 한다.
③ 세척이 필요한 부품은 세척유로 깨끗이 세척을 한 다음 압축 공기로 건조시킨다.
④ 싱크로나이저 허브 오일 홈이 5단 기어 쪽으로 장착한다.
⑤ 록크 너트는 재사용하지 않는다.
⑥ 싱크로나이저 허브와 슬리브는 일체로 교환한다.

기 재 사 항

※주어진 항목에 맞게 기입하시오.

1. ________부품 정비실습에 필요한 공구 및 장비를 기입하시오.

●개인 공구

●공용 공구 및 측정 장비

●정비 장비

●개인 안전 장비 및 장비

2. ________부품 정비실습에 사용할 부품의 주요 명칭과 기능을 설명하시오.

●부품의 명칭

●부품의 기능

●부품의 주요 점검항목

01 수동변속기의 개요

변속기는 엔진과 추진축사이에 설치되어 엔진에서 발생한 동력을 자동차의 주행상태 및 도로상황에 적절하게 토크와 속도를 변화시켜서 구동바퀴에 토크를 전달하는 장치이고 변속기의 필요성은 다음과 같다.

① 자동차용 엔진은 소형, 경량이면서 큰 동력을 발생시키기 위하여 고속회전은 하지만 대동력을 내지 못하고 또한 그 변화 폭이 적다. 이와 같이 폭 넓게 변화하는 자동차의 도로 상황 및 주행저항에 적절히 하려면 엔진과 구동축 사이에 회전력을 증대시키는 장치를 설치해야 한다.

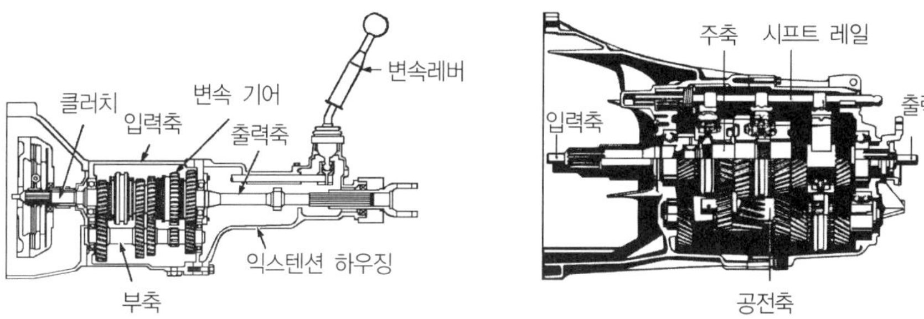

(a) FR식 (b) FF식

그림 4-1. 구동 방식에 따른 수동변속기

② 엔진은 자기기동이 불가능하므로 기동시 무부하 상태로 두어야 하고 변속기를 중립상태로 하면 클러치의 조작없이 기동 및 공회전할 수 있게 한다.

③ 엔진은 고속으로 회전하기 때문에 역회전하는 것이 힘들므로 역전 기어장치를 두어 자동차를 후진시키게 위함이다.

1.1. 변속기의 필요성

① 엔진의 토크를 변화시켜 전달한다.

② 엔진의 회전속도를 변화시켜 전달한다.

③ 엔진 기동시, 정차시 엔진의 공전운전을 가능케 한다.

④ 구동륜의 회전방향을 변화시킨다(후진).

1.2. 변속기의 구비조건

① 소형 경량이고 내구성과 신뢰성이 있으며 취급이 용이할 것.

② 적절한 변속비에 의해 단계가 없이 연속적으로 변속될 것.

③ 조작이 쉬우며 신속, 확실, 정숙하게 행해 질 것.

④ 동력전달 효율이 좋을 것.

1.3. 변속기의 종류

변속기는 수동변속기와 자동변속기로 크게 분류하면 다음과 같다.

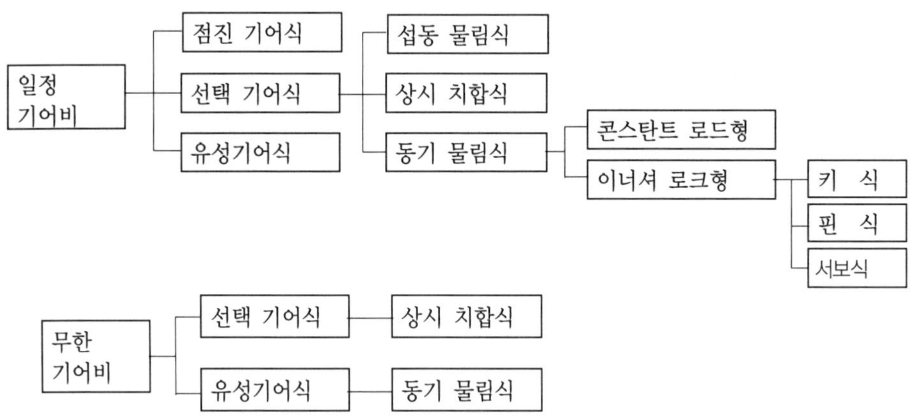

1.4. 동기 물림식(synchro mesh type)

그림 4-2는 전륜구동 수동변속기의 구성도와 동기물리식 예를 나타낸 것이다.

① 섭동 물림식이나 상시 물림식에서는 기어나 클러치를 물릴 때 물리는 기어의 주속도가 일치되는 것을 기다리지 않고 물리면 소음이 발생하고 심한 경우에는 기어가 파손된다. 따라서 고속기어에서 저속기어로 변속시 기어사이의 주속도의 차가 크기 때문에 더블 클러치(double clutch)를 조작해야 한다.

② 이와 같은 단점을 보완하기 위해서 상시 물림식의 도그 클러치를 개량하여 맞물리기가 더욱 쉽도록 주축 위를 항상 공회전하고 있는 변속기어와 주축에 스플라인으로 결합되어 있는 허브 기어사이에 원추 모양의 마찰면을 가진 클러치(원추 클러치)를 설치하고 클러치 기어 대신에 슬리브를 사용한다.

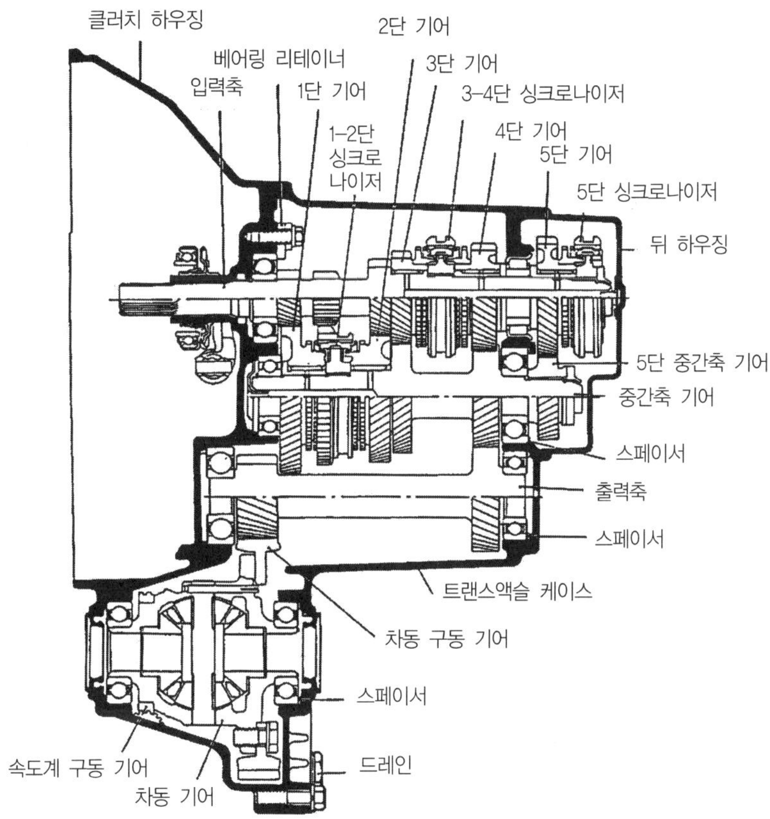

그림 4-2. 전륜구동 수동변속기의 구성도

1.5. 차동장치의 개요

엔진에서 발생한 동력은 FR 자동차인 경우 변속기에서 변속과 동시에 회전력의 변환이 이루어져 추진축으로 전달된다. 추진축은 자동차의 진행방향에 대하여 보통 평행으로 설치되어 있으며, 회전력은 좌우 구동축으로 나뉘어 원활한 발진과 더 강력한 토크를 얻을 목적에 따라 종감속 장치를 두고 있다. 이 종감속 장치는 주행 중 좌우 바퀴의 회전차가 있을 때, 자동적으로 원활한 주행이 될 수 있도록 한 차동장치의 역할도 하고 있다.

1.6. 차동장치

차동장치 안에 있는 디프 기어와 피니언은 차동장치의 주요 부품으로서 차가 회전할 때 안쪽과 바깥쪽 바퀴의 회전수를 다르게 하는 기능을 가지고 있다. 차가 회전할 때는 안쪽과 바깥쪽 바퀴의 회전반경이 틀리기 때문에 이 차동장치가 없으면 회전이 원활하지 못하며, 따라서 타이어의 마모도 많게 된다. 이 저항의 차이를 이용해서 차동이 이루어지게 된다.

차동장치의 구조는 그림 4-3과 같이 차동 케이스 내에 차동 피니언이 피니언 샤프트에 결합되어 이것이 사이드기어가 물려 있으며, 사이드 기어 중심부는 스플라인으로 되어 있고 구동축인 액슬 샤프트(FF차인 경우에는 CV joint)와 결합되어 있다.

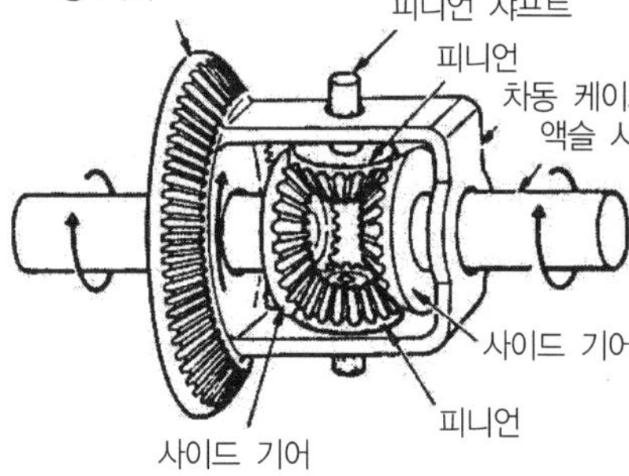

그림 4-3. 차동장치의 기본구조

차동 케이스(diffrential case)는 링 기어와 일체로 되어 있으며, 회전력은 축에서 구동 피니언 → 링 기어 → 차동 케이스 → 차동 피니언 → 사이드 기어 → 액슬 샤프트 등의 순서로 전달하게 된다.

그림 4-4는 직진을 표시한 것이다. 좌우 바퀴의 구르는 거리는 동일하므로 사이드 기어와 물려있는 차동 케이스는 피니언 샤프트 위에서 회전하지 않고 같은 속도로 회전한다. 그림 4-5은 선회하는 좌우 바퀴의 구르는 거리가 다르기 때문에 회전 안쪽 바퀴는 감속되고 바깥쪽의 바퀴는 가속되며, 그 후 노면거리에 적응된 속도로 굴러간다.

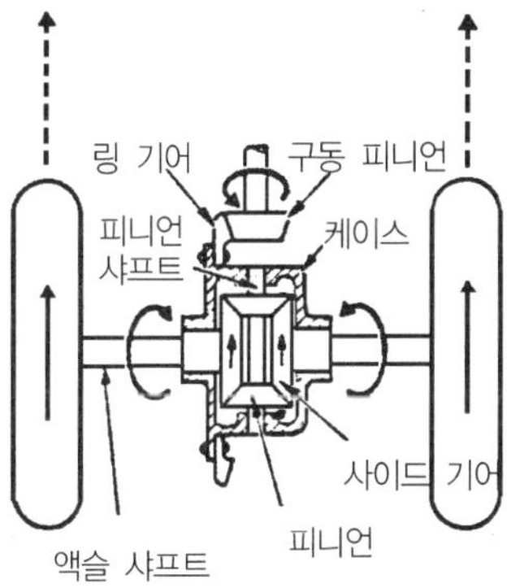

그림 4-4. 직진시

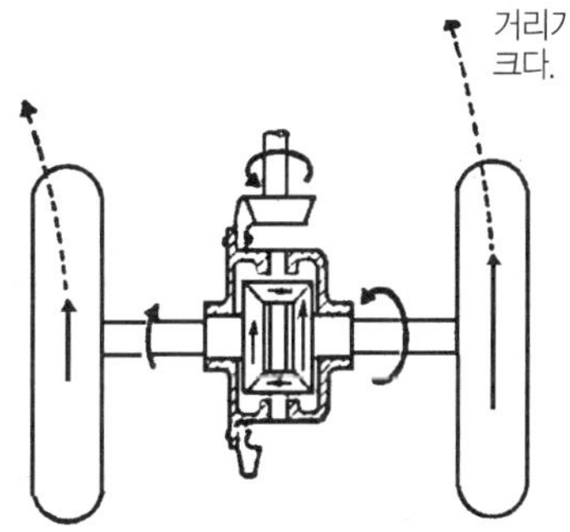

그림 4-5. 선회시

02 변속기의 점검 및 정비절차

2.1. 변속기 오일교환

① 차량을 평탄한 곳에 주차시키고 그림 4-6에서와 같이 배출플러그를 빼내어 트랜스액슬 오일을 배출시킨다.

② 필러 플러그 부위로 변속기 오일을 차량의 정비지침서를 참고로 하여 플러그 구멍 수준까지 채운다.

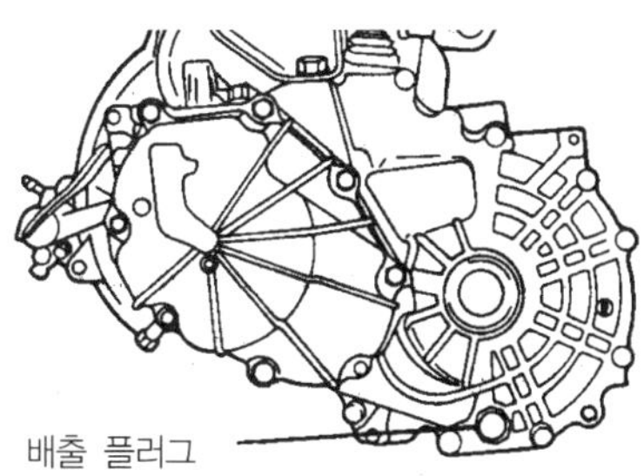

그림 4-6. 오일 배출플러그 장착 위치

2.2. 드라이브샤프트 오일실의 교환

① 그림 4-7과 같이 트랜스액슬에서 드라이브 샤프트를 분리시킨다.

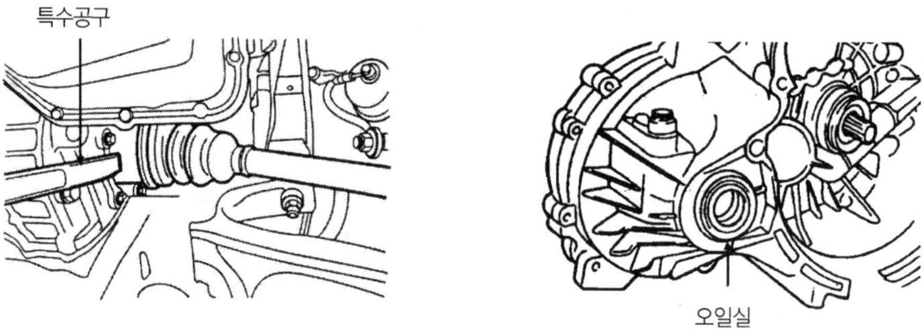

(a) 드라이브 샤프트 탈거 (b) 오일실

그림 4-7. 드라이브 샤프트 탈거와 오일실

② 납작한 (-)드라이버를 사용하여 오일실을 빼낸다.

③ 오일실 둘레에 변속기 오일을 도포한다.

④ 그림 4-8과 같이 오일실 인스툴러를 사용하여 드라이브 샤프트 오일실을 변속기에 장착한다.

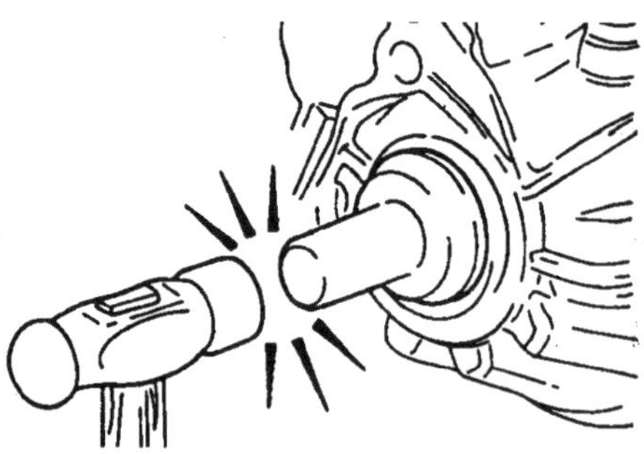

그림 4-8. 드라이브 샤프트 오일실 장착

2.3. 스피드미터 케이블의 교환

① 인스트루먼트 패널 안으로 어댑터를 올바르게 삽입한 다음 신품 스피드미터 케이블을 고정한다.

② 돌출된 부품은 수평으로 케이블 부착품들은 그로메트에 장착한다. 이 때 케이블 밴드의 반경이 150mm 이상 되도록 장착한다.

③ 케이블을 변속기 안으로 넣고 너트를 안전하게 죄어 준다. 이때 케이블이 잘못 장착되면 스피드미터의 지침이 흔들리고 비정상적인 소음이 발생된다. 그림 4-9는 스피드미터 케이블의 장착위치를 나타낸 것이다.

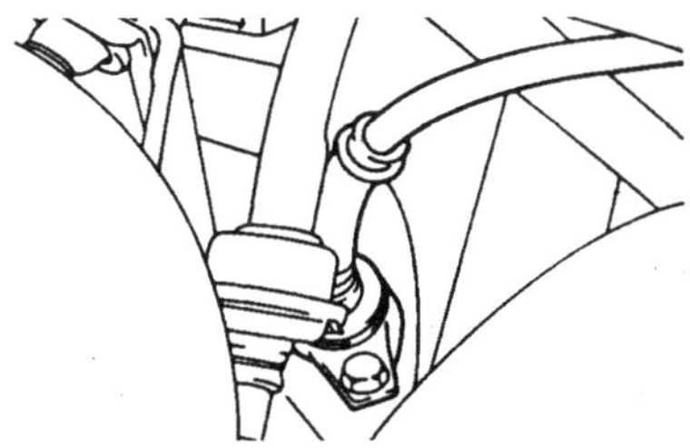

그림 4-9. 스피드미터 케이블의 장착위치

2.4. 수동변속기 컨트롤

2.4.1. 구성부품

그림 4-10는 수동변속기 컨트롤부의 구성부품을 나타낸 것이다.

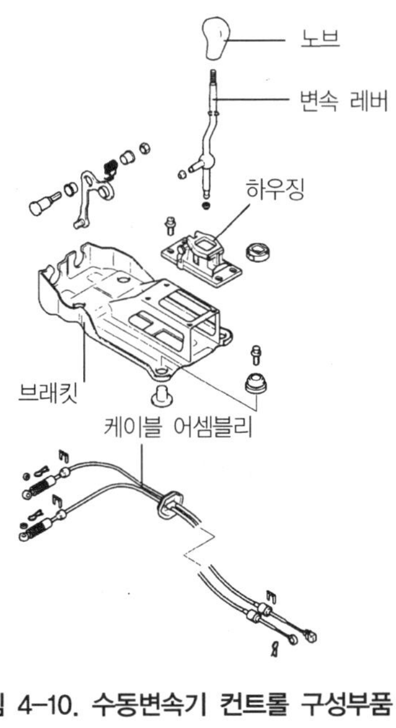

그림 4-10. 수동변속기 컨트롤 구성부품

2.4.2. 떼어내기

① 컨솔박스를 탈거한다.

② 그림 4-11과 같이 스플리트 핀과 클립을 빼낸다.

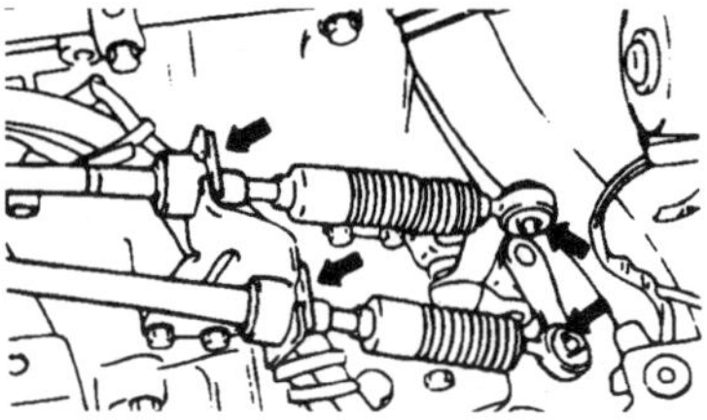

그림 4-11. 스플리트 핀과 클립 빼내기

③ 변속 레버 어셈블리를 분리한다.

④ 리테이너와 볼트를 푼다.

⑤ 트랜스액슬 축에서 스플리트 핀과 클립을 빼낸다.

⑥ 변속(shift) 케이블과 셀렉트(select) 케이블을 분리한다.

2.4.3. 검사

① 셀렉트 케이블의 작동상태와 손상을 점검한다.

② 변속 케이블의 작동상태와 손상을 점검한다.

③ 부트의 손상을 점검한다.

④ 부싱의 마모, 손상을 점검한다.

⑤ 스프링의 약화와 손상을 점검한다.

2.4.4. 장착

① 변속레버 어셈블리를 장착한다.

② 변속레버와 선택레버를 중립위치에 놓은 다음 케이블에 장착한다.

2.5. 변속레버 어셈블리

2.5.1. 구성부품

그림 4-12는 변속레버 어셈블리의 구성부품을 나타내고 있다.

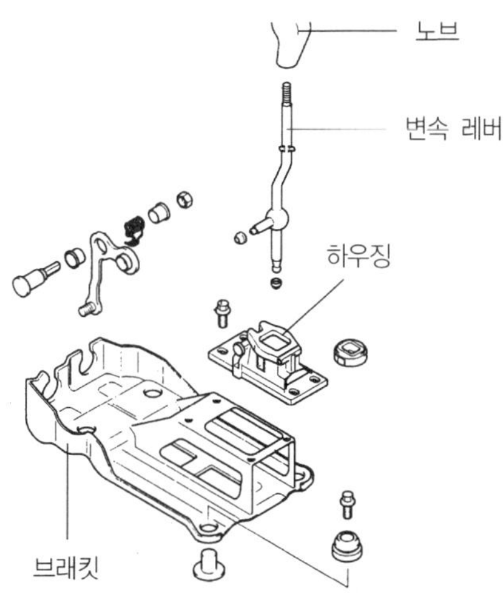

그림 4-12. 변속레버 어셈블리의 구성부품

2.5.2. 검사

① 부싱의 마모와 손상을 점검한다.

② 리턴 스프링의 손상과 약화를 점검한다.

2.5.3. 조립

① 셀렉트 케이블 엔드부위와 부싱이 플랜지축과 레버단면에 닿도록 확실하게 장착하여야 한다.

② 베어링과 하우징 및 각종 연결부위에 다목적 그리스를 충분히 바른다.

2.6. 수동변속기

2.6.1. 구성부품

그림 4-13은 수동변속기의 구성부품을 나타내는 것이다.

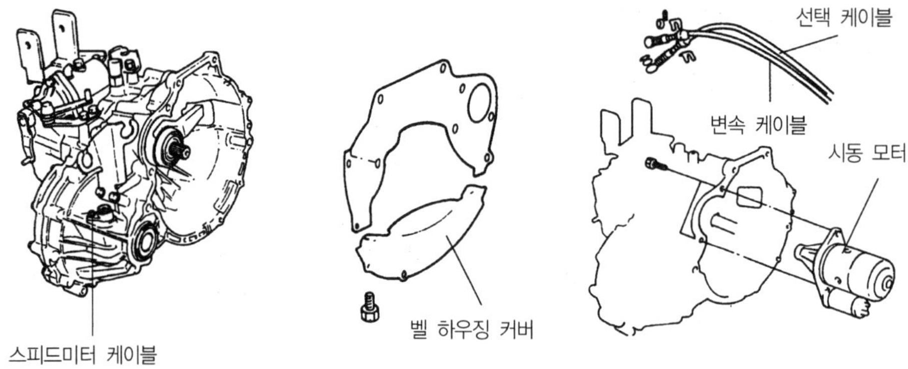

(a) (b) (c)

그림 4-13. 수동변속기 어셈블리 구성부품

2.6.2. 떼어내기

① 그림 4-14의 변속기에서 배출 플러그를 빼내고 트랜스액슬 오일을 배출시킨다.

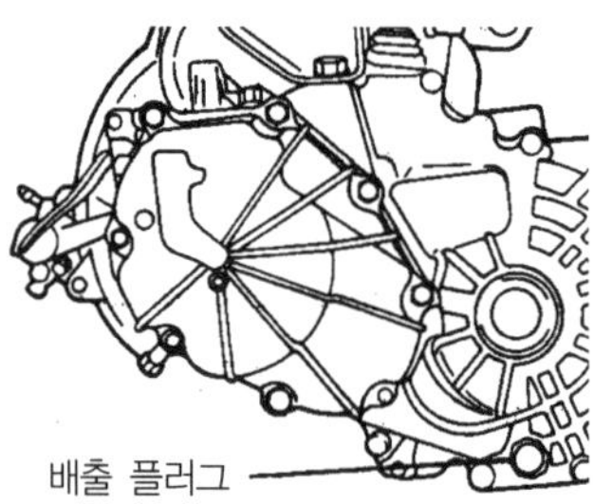

그림 4-14. 배출 플러그에서 트랜스액슬 오일 배출

② 배터리에서 케이블을 탈거하고 배터리를 차량에서 탈거한다.

③ 에어클리너 어셈블리를 탈거한다.

④ 셀렉트 케이블과 변속케이블을 분리한다.

⑤ 클러치 릴리스 실린더를 분리한다.

⑥ 후진등 스위치 커넥터를 분리한다.

⑦ 스피드미터 케이블을 빼낸다.

⑧ 클러치 케이블과 튜브를 빼낸다.

⑨ 그림 4-15와 같이 엔진 하부커버와 변속기 옆 쪽 커버를 떼어낸다.

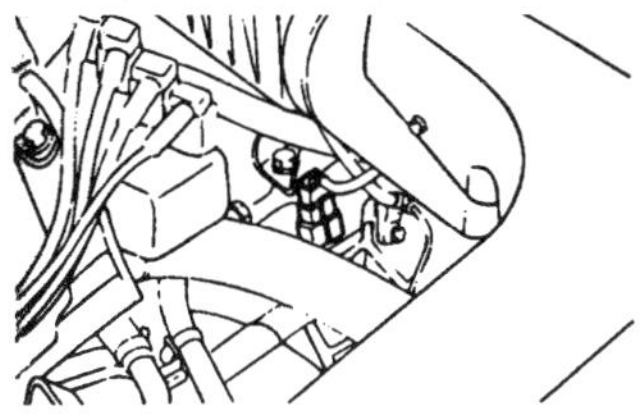

그림 4-15. 엔진 하부커버와 변속기 옆 커버 떼어냄

⑩ 롤 스톱퍼 브래킷 어셈블리를 떼어낸다.
⑪ 프런트 휠과 타이어를 탈거한다.
⑫ 프런트 스트러트 너클 마운팅 볼트를 푼다.
⑬ 드라이브 샤프트와 그림 4-16과 같이 시동모터를 떼어낸다.
⑭ 엔진 지지용 공구를 설치한다.
⑮ 변속기 마운팅 브래킷을 떼어낸다.
⑯ 변속기 어셈블리 상부볼트를 푼다.
⑰ 그림 4-17과 같이 벨 하우징 커버를 분리한다.

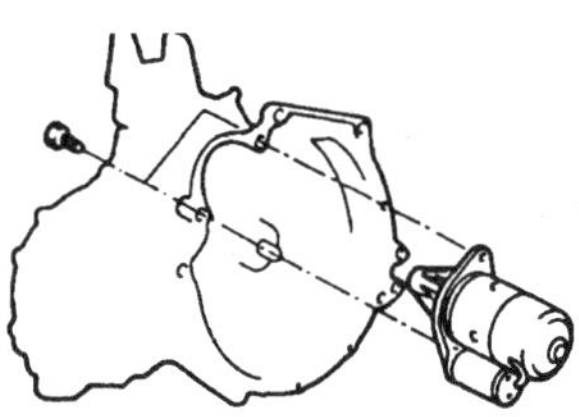

그림 4-16. 스타터 모터 떼어내기

그림 4-17. 벨 하우징 분리

⑱ 변속기 지지용 잭을 설치한다.
⑲ 변속기 하부연결 볼트를 푼다.
⑳ 변속기 어셈블리를 떼어낸다.
㉑ 클러치 커버와 디스크를 떼어낸다.
㉒ 플라이휠을 떼어낸다.

2.6.3. 장착

장착은 떼어내기의 역순이다.

2.7. 수동변속기 어셈블리

2.7.1. 구성부품

구성부품은 그림 4-18과 같다

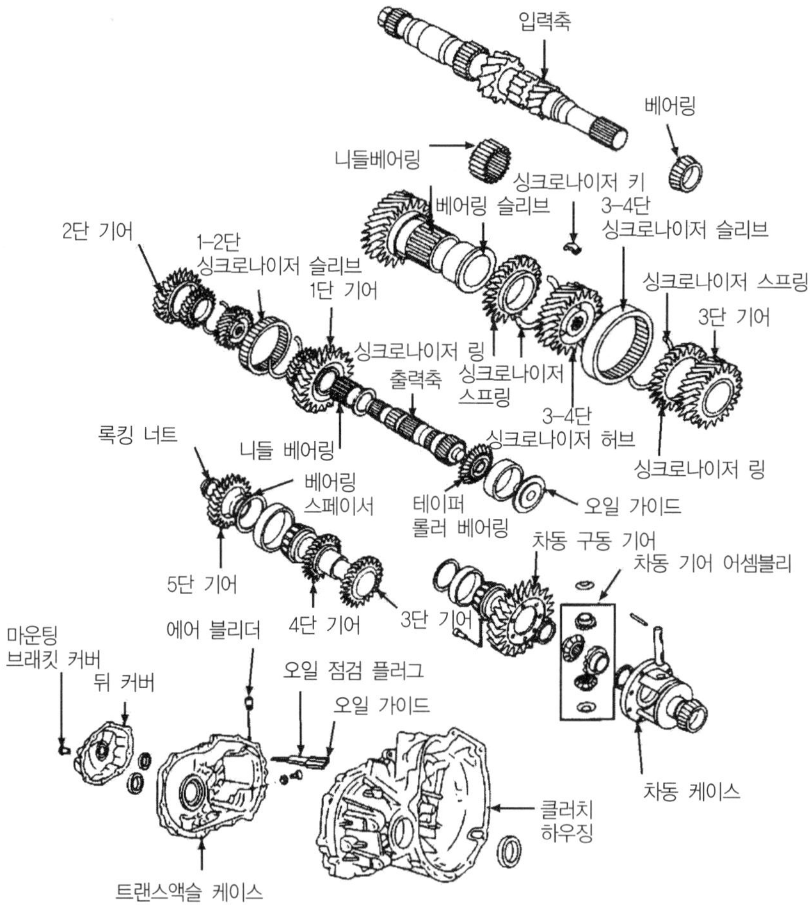

그림 4-18. 수동변속기 어셈블리의 구성부품

2.7.2. 분해

① 그림 4-19와 같이 선택 및 변속 케이블 브래킷을 분리한다.

② 그림 4-20과 같이 리어 커버 볼트와 리어 커버를 떼어낸다.

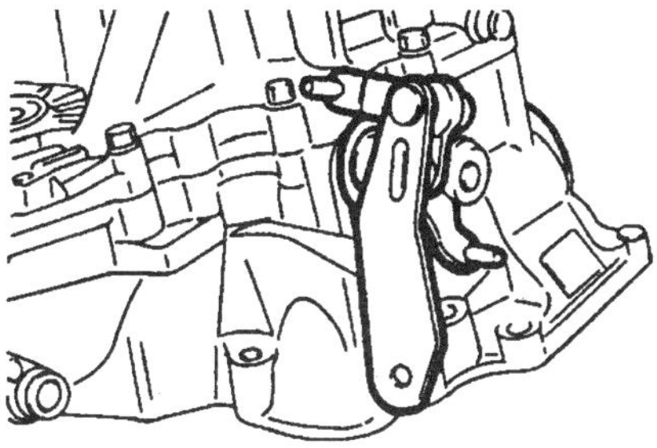

그림 4-19. 선택 및 변속케이블 브래킷 분리

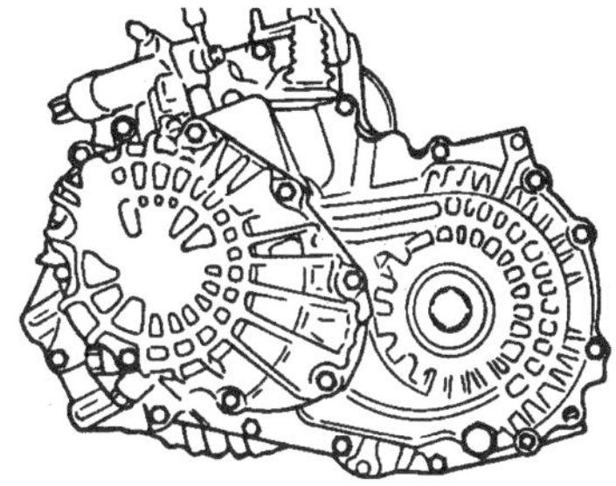

그림 4-20. 리어커버 볼트와 리어커버 떼어내기

③ 후진등 스위치, 개스킷, 장착브래킷을 분리한다.

그림 4-21. 후진등 스위치, 개스킷, 장착 브래킷 떼어내기

④ 그림 4-22와 같이 특수공구를 사용하여 스프링 핀을 뺀다.

그림 4-22. 특수공구를 사용한 스프링 핀 빼냄작업

⑤ 록크 너트를 다음과 같이 푼다.

㉮ 그림 4-23과 같이 입력축과 출력축 기어의 록크 너트의 코킹부위를 푼다.

㉯ 조절 레버와 셀렉트 레버로 변속기를 1단으로 변속한다.

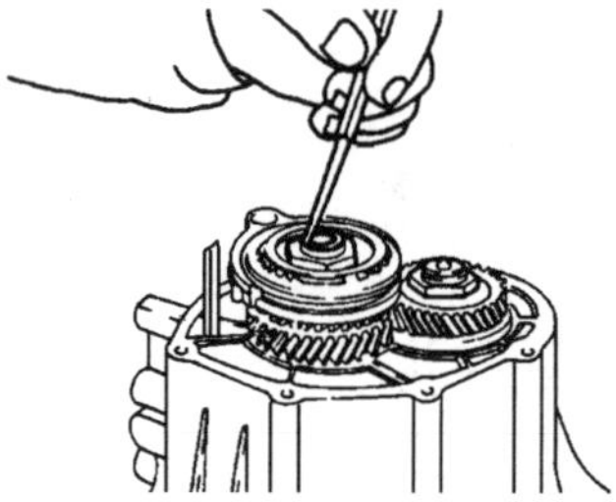

그림 4-23. 록크 너트 푸는 작업

⑥ 그림 4-24와 같이 출력축의 5단 싱크로나이저 슬리브와 5단 기어를 치합시킨 다음 록크 너트를 탈거한다.

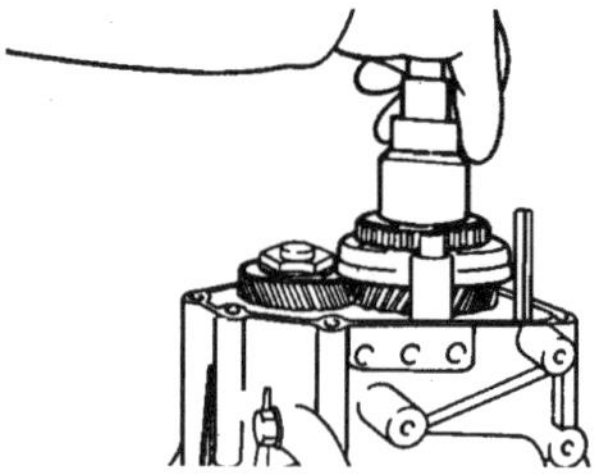

그림 4-24. 5단 싱크로나이저 슬리브와 5단 기어 치합

⑦ 5단 싱크로나이저 슬리브와 5단 변속 포크를 탈거한다.

⑧ 그림 4-25와 같이 5단 싱크로나이저 허브, 싱크로나이저 링, 5단 기어 및 니들 베어링을 떼어낸다.

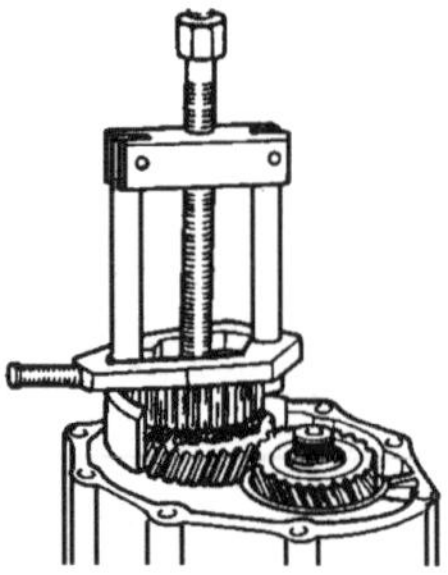

그림 4-25. 5단 싱크로나이저, 싱크로나이저 링, 치합 5단 기어 및 니들 베어링 떼어냄

⑨ 그림 4-26과 같이 특수공구를 사용하여 5단 출력축 기어를 떼어낸다.

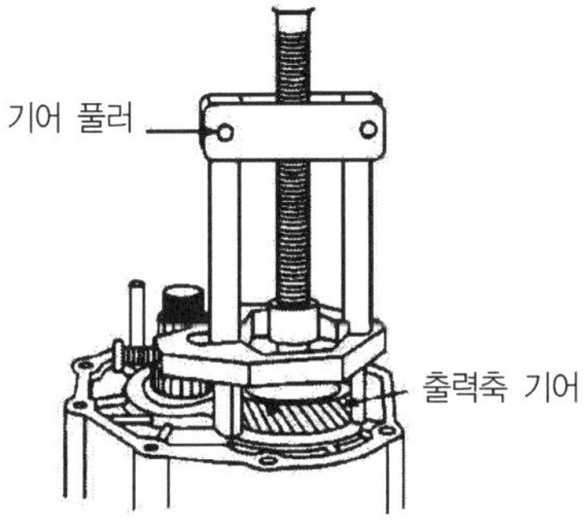

그림 4-26. 5단 출력축 기어 떼어냄

⑩ 그림 4-27과 같이 5단 기어 슬리브를 빼고 스냅링을 뺀다.
⑪ 그림 4-28과 같이 후진기어 축 볼트를 푼다.

그림 4-27. 5단 기어 슬리브 빼냄

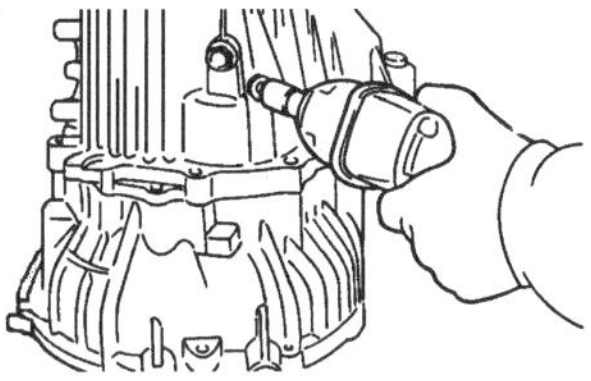

그림 4-28. 후진 기어 축 볼트 품

⑫ 그림 4-29와 같이 변속기 케이스 고정 볼트를 풀고 변속기케이스를 떼어낸다.
⑬ 그림 4-30과 같이 오일 가이드를 빼낸다.

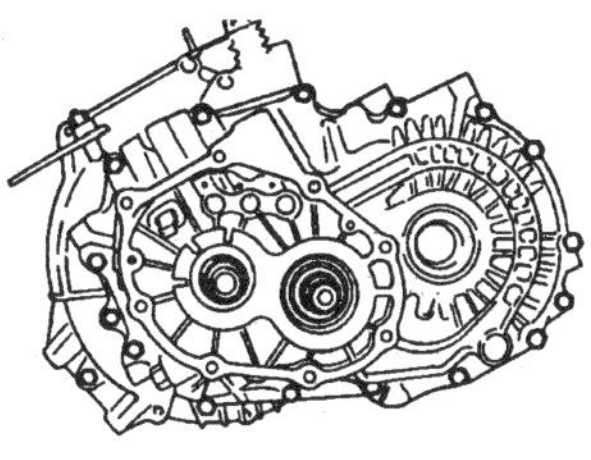

그림 4-29. 변속기 케이스 떼어냄

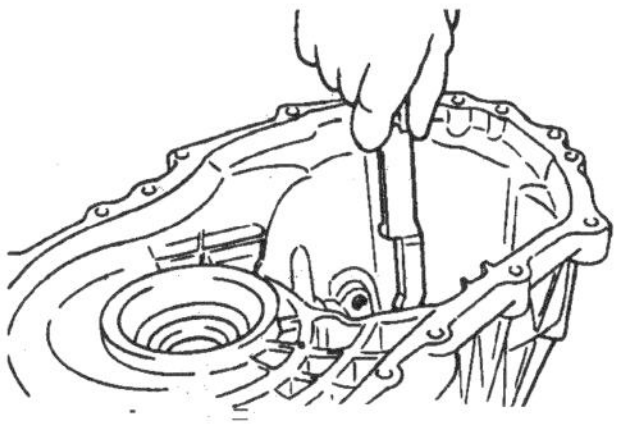

그림 4-30. 오일 가이드 빼냄

⑭ 그림 4-31과 같이 특수공구를 사용하여 출력축 베어링 외부 레이스와 스페이서를 빼낸다.

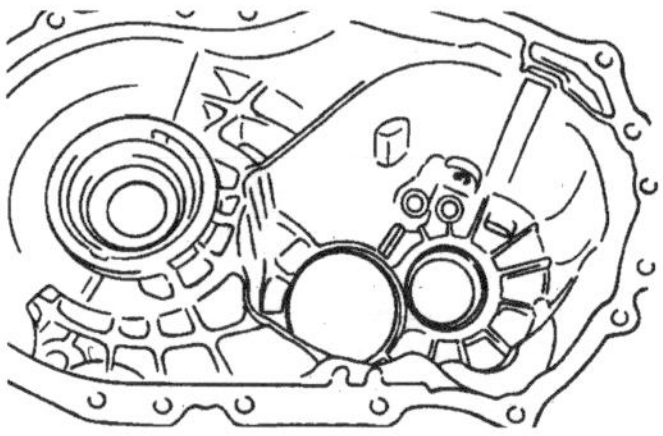

그림 4-31. 출력축 베어링 외부 레이스 빼냄

⑮ 그림 4-32와 같이 후진 변속 레버를 떼어낸다.

⑯ 그림 4-33과 같이 후진기어 축과 후진기어를 떼어낸다.

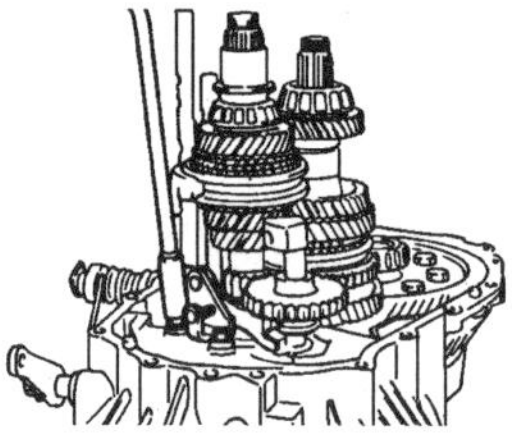

그림 4-32. 후진 변속레버 떼어냄

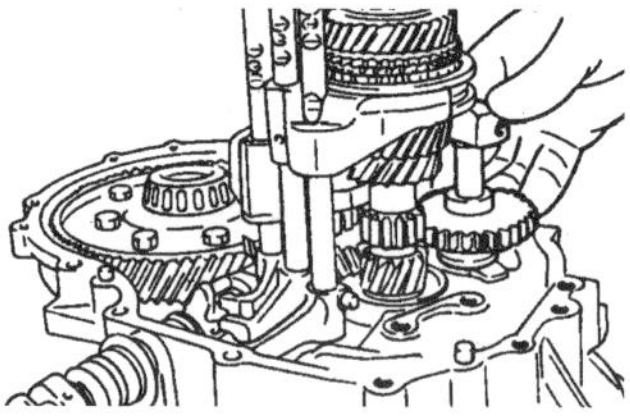

그림 4-33. 후진기어 축과 후진기어 떼어냄

⑰ 그림 4-34와 같이 특수공구를 사용하여 3단 및 4단 스프링 핀을 빼내고 1단 및 2단 스프링 핀은 1단으로 변속한 다음 빼낸다. 이때 스프링 핀을 빼낼 때 기어가 손상되지 않도록 한다.

그림 4-34. 3단 및 4단과 1단과 2단 스프링 핀 빼내기

⑱ 그림 4-35와 같이 3단과 4단, 5단과 후진 변속 레일과 포크 어셈블리를 분해한 다음 1단과 2단 변속 레일과 포크 어셈블리를 떼어낸다.

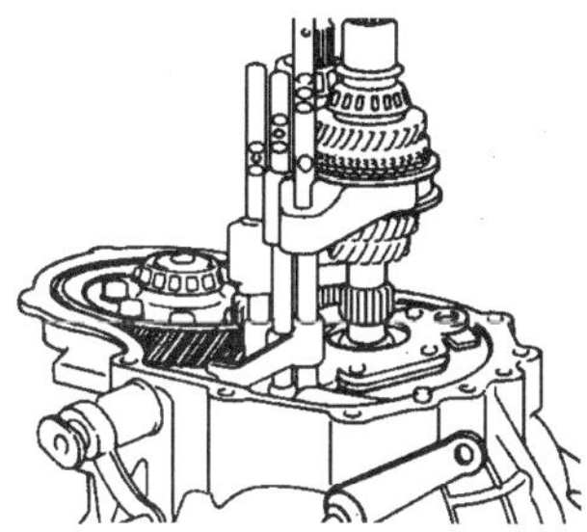

그림 4-35. 3단과 4단 및 5단과 후진 변속 레일과 포크 어셈블리 떼어내기

⑲ 그림 4-36과 같이 베어링 리테이너를 떼어낸다.

⑳ 그림 4-37과 같이 입력축 어셈블리와 출력축 어셈블리를 동시에 떼어낸다. 그리고 컨트롤샤프트로부터 베어링타입의 포펫트 볼을 분리한다.

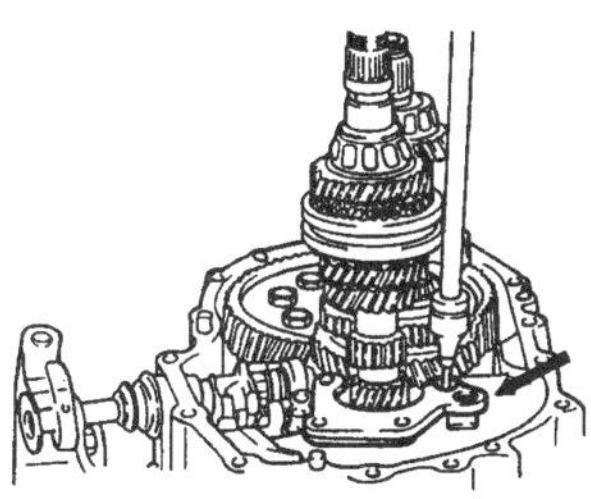

그림 4-36. 베어링 리테이너 떼어냄

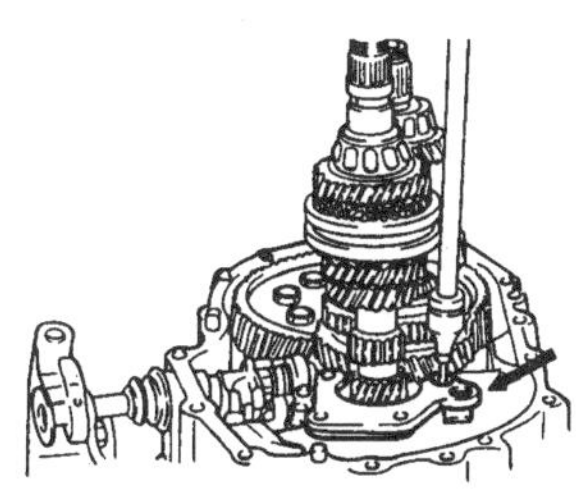

그림 4-37. 베어링 타입의 포펫트 볼 분리하기

㉑ 그림 4-38과 같이 디퍼렌셜(differential) 기어 어셈블리를 떼어낸다.

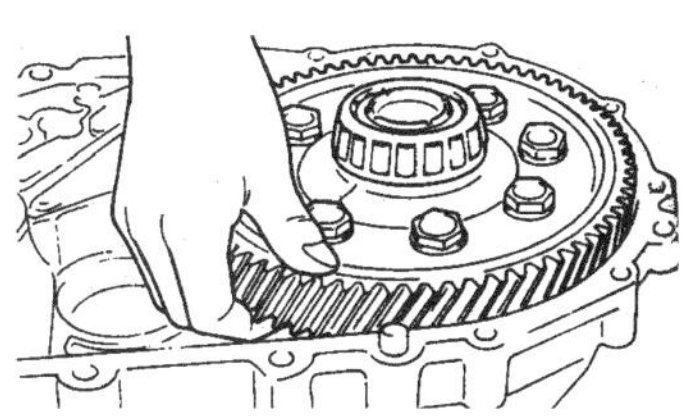

그림 4-38. 디퍼렌셜 기어 떼어내기

㉒ 그림 4-39와 같이 스피드미터 드리븐 기어(speedometer driven gear)어셈블리를 분리한다.

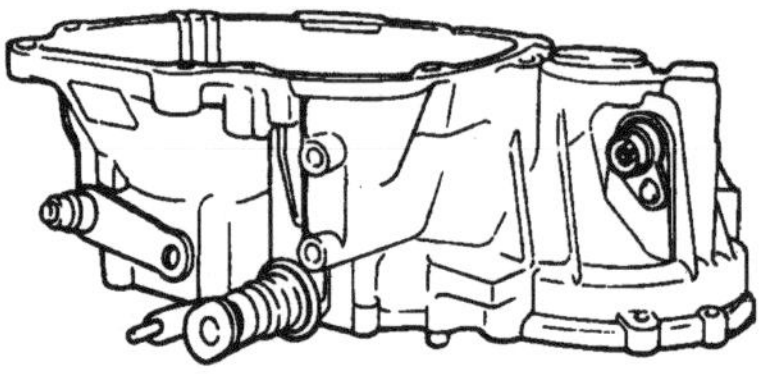

그림 4-39. 스피드미터 드리븐 기어 분리하기

㉓ 그림 4-40과 같이 특수공구를 사용하여 출력축 베어링 외부 레이스를 빼낸다.

그림 4-40. 출력축 베어링 레이스 빼내기

㉔ 그림 4-41과 같이 특수공구를 사용하여 구동축 오일실을 빼낸다.

㉕ 그림 4-42와 같이 출력축 오일 가이드를 빼낸다.

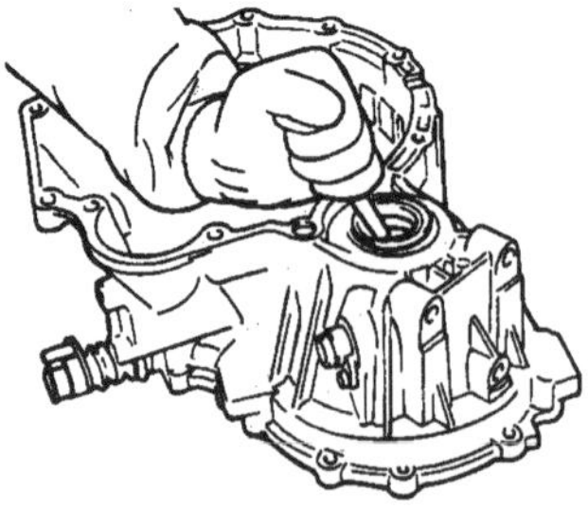

그림 4-41. 구동축 오일 실 빼내기

그림 4-42. 출력축 오일 가이드 빼냄

㉖ 그림 4-43과 같이 입력축 오일실을 빼낸다.

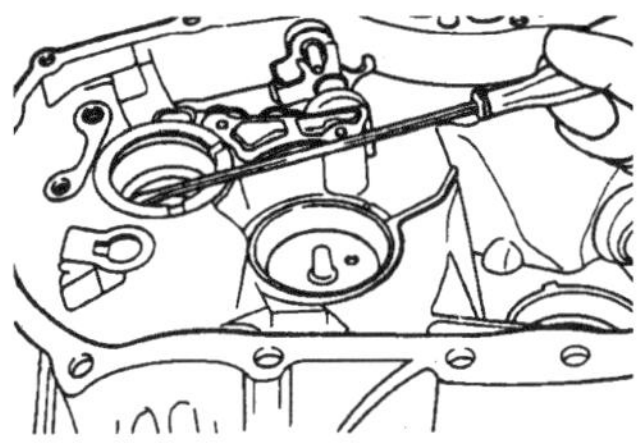

그림 4-43. 입력축 오일 실 빼내기

㉗ 그림 4-44와 같이 컨트롤 샤프트 어셈블리를 떼어낸다.

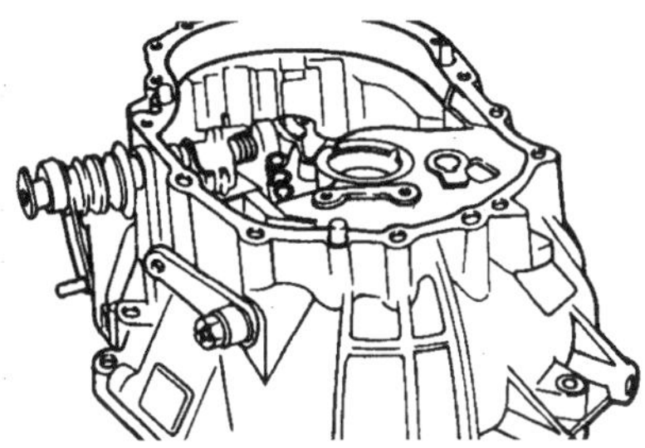

그림 4-44. 컨트롤 샤프트 어셈블리 떼어내기

2.7.3. 장착

① 그림 4-45와 같이 특수공구를 사용하여 드라이브 샤프트 오일실을 장착한다.

② 그림 4-46과 같이 특수공구를 사용하여 입력축 프런트 오일실을 장착한다. 이때 오일실을 재사용하지 않도록 한다.

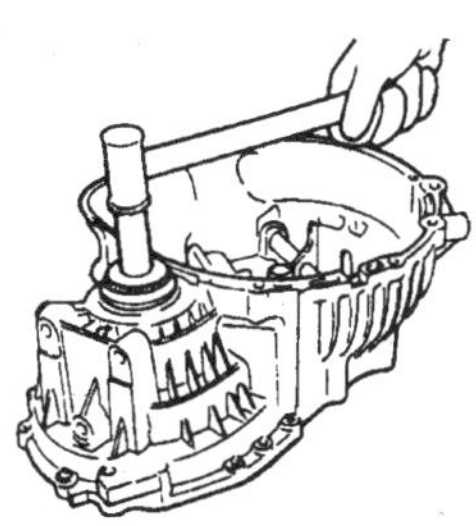

그림 4-45. 드라이브샤프트 오일실 장착하기

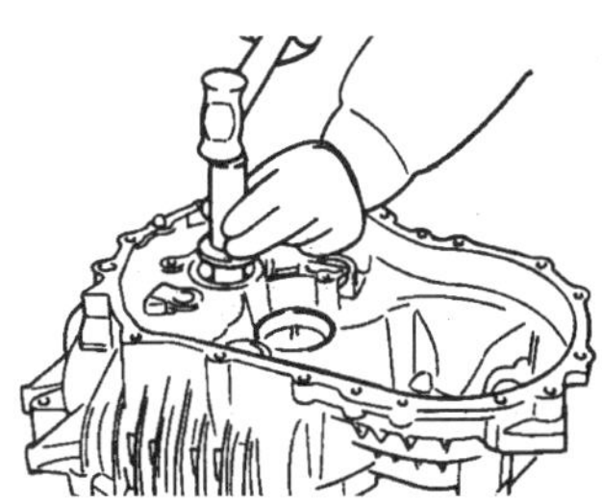

그림 4-46. 입력축 프런트 오일실 장착

③ 그림 4-47과 같이 출력축 오일가이드 조립시 방향 및 홈에 맞추어 장착한다.

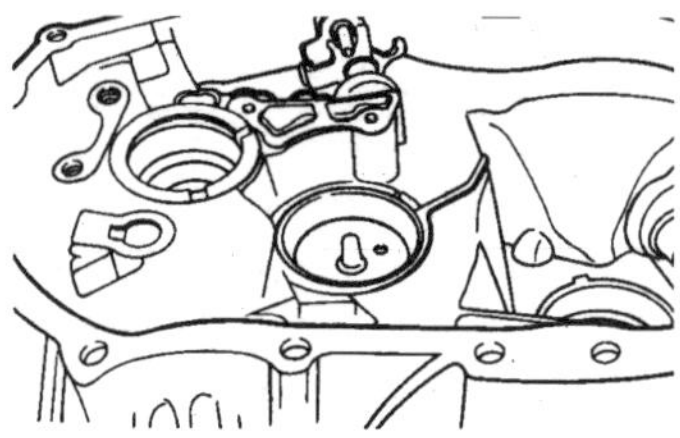

그림 4-47. 출력축 오일 가이드 장착하기

④ 그림 4-48과 같이 특수공구를 사용하여 출력축 베어링 외부 레이스를 장착한다.

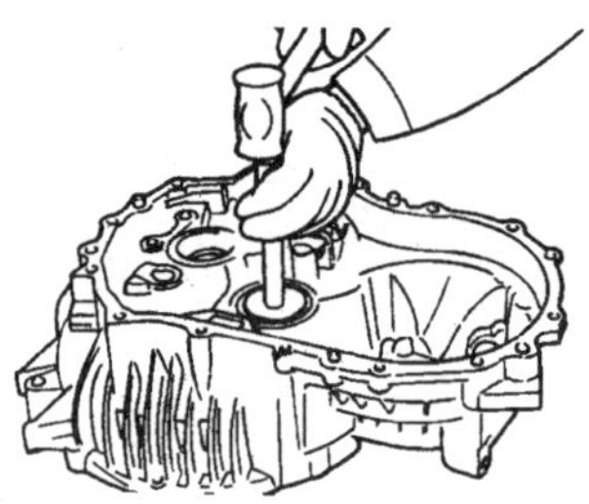

그림 4-48. 출력축 베어링 외부 레이스 장착하기

⑤ 컨트롤 샤프트 어셈블리를 장착한다.

⑥ 그림 4-49와 같이 베어링 타입의 포펫트 볼을 장착한다.

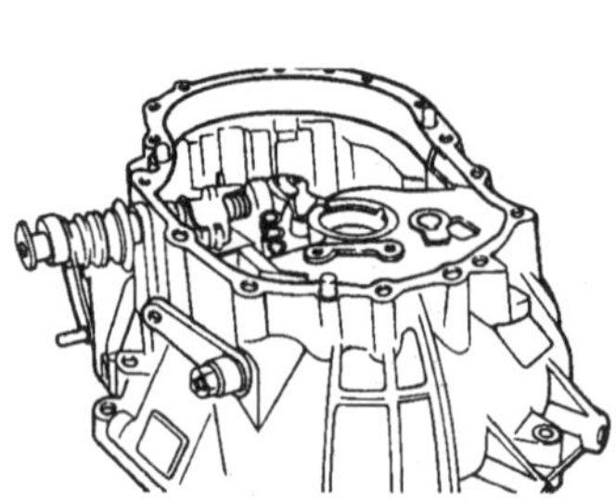

그림 4-49. 베어링 타입의 포펫트 볼 장착하기

⑦ 그림 4-50과 같이 디퍼렌셜 기어 어셈블리를 장착한다.

⑧ 그림 4-51과 같이 입력축과 출력축을 동시에 장착한다.

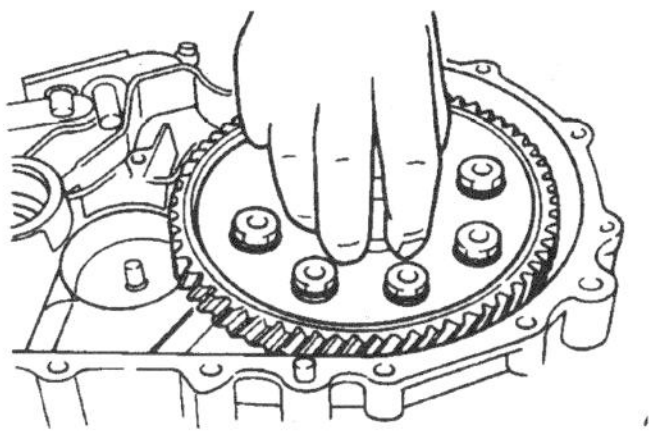

그림 4-50. 디퍼렌셜 기어 어셈블리 장착하기

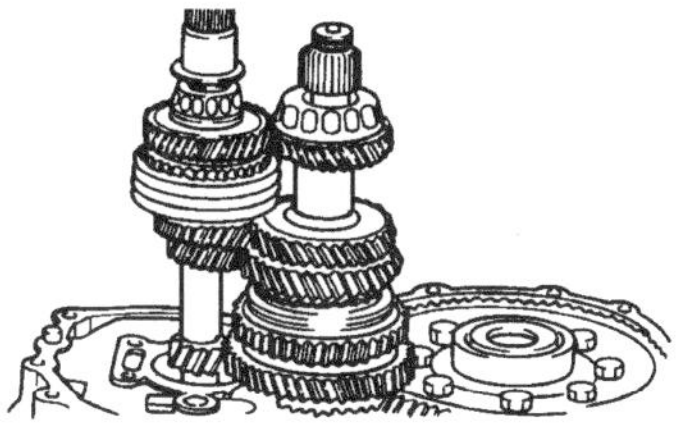

그림 4-51. 입력축과 출력축 동시 장착하기

⑨ 그림 4-52와 같이 베어링 리테이너를 장착한다. 이 때 육각머리볼트에 쓰리본드 1303을 도포한다.

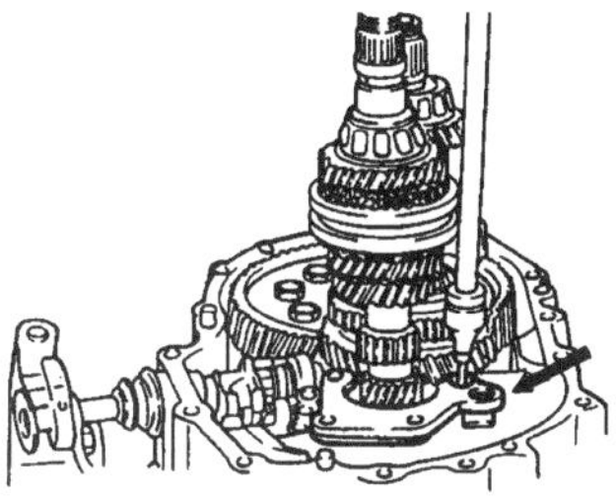

그림 4-52. 베어링 리테이너 장착하기

⑩ 스프링 핀의 장착

㉮ 1-2단 변속 슬리브를 중립에 놓는다.

㉯ 3-4단 변속 슬리브를 중립에 놓는다. 그림 4-53과 같이 변속 레일 포크를 슬리브에 끼운다.

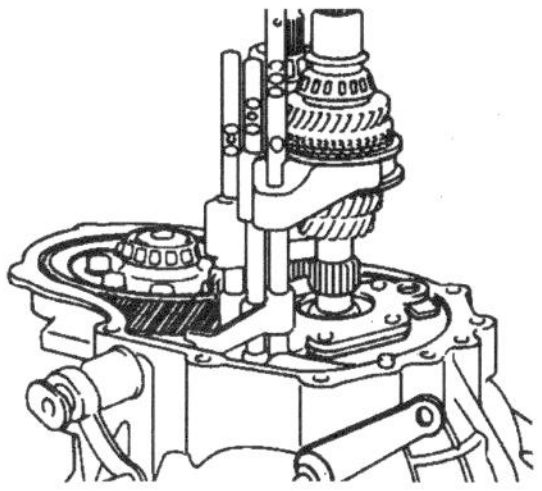

그림 4-53. 변속 레일 포크 슬리브에 끼우기

⑪ 스프링 핀의 장착

㉮ 그림 4-54와 같이 특수공구나 핀 펀처를 사용하여 스프링 핀을 장착한다. 이 때 스프링 핀을 재사용하지 않는다.

㉯ 스프링 핀을 끼울 때 그림 4-55와 같이 슬릿(Slit)이 변속 레일의 중앙선과 일치했는지 확인한다.

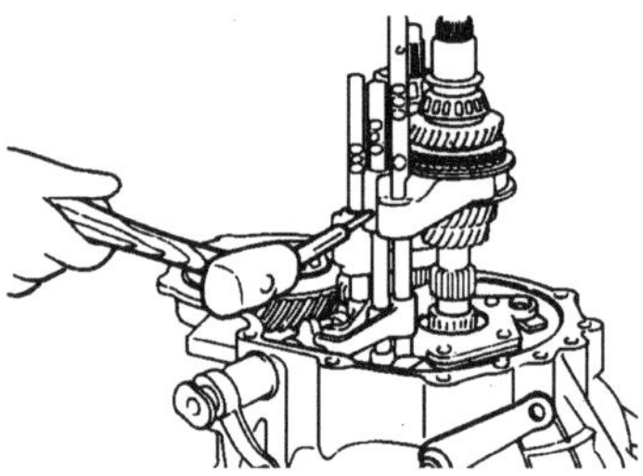
그림 4-54. 스프링 핀 장착하기

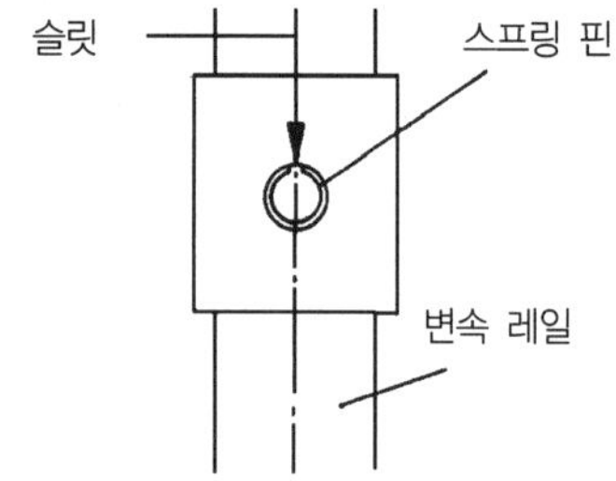

그림 4-55. 슬릿과 변속 레일의 중앙선 일치시키기

⑫ 그림 4-56과 같이 후진 기어 축 볼트 홈을 맞춰 후진 기어를 장착한다.

⑬ 그림 4-57과 같이 후진 변속 레버를 장착한다.

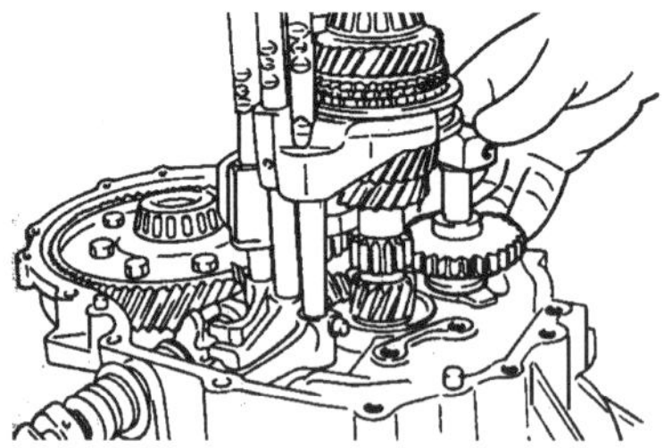
그림 4-56. 후진 기어 축 볼트 홈과 후진 기어 일치시키기

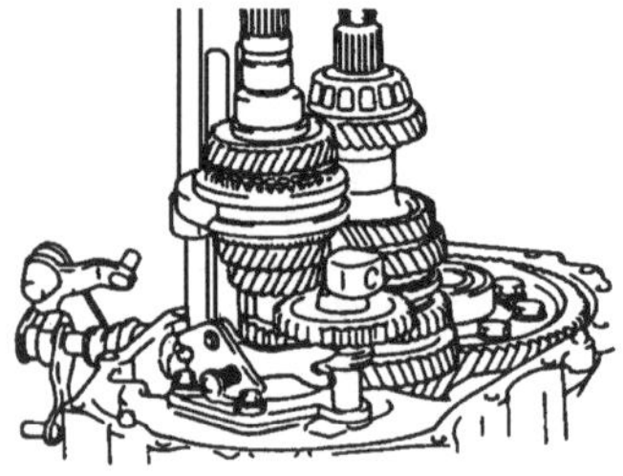
그림 4-57. 후진 변속 레버 장착하기

⑭ 특수공구를 사용하여 그림 4-58과 같이 변속기 케이스에 구동축 오일실을 장착한다.

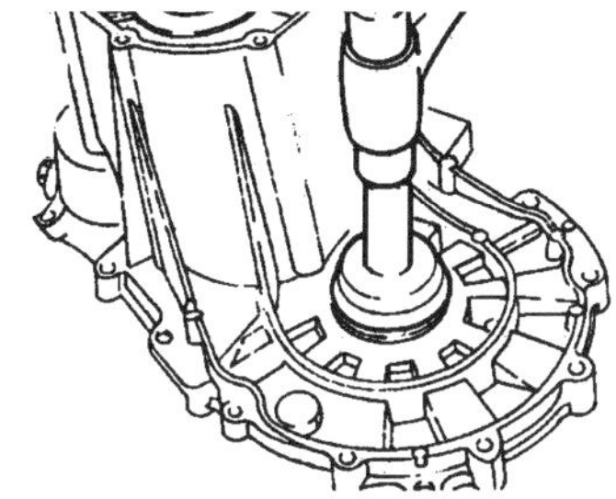

그림 4-58. 변속기 케이스에 구동축 오일실 장착하기

⑮ 특수공구를 사용하여 그림 4-59와 같이 변속기 케이스에 출력축 베어링 외부 레이스와 스페이서를 장착한다.

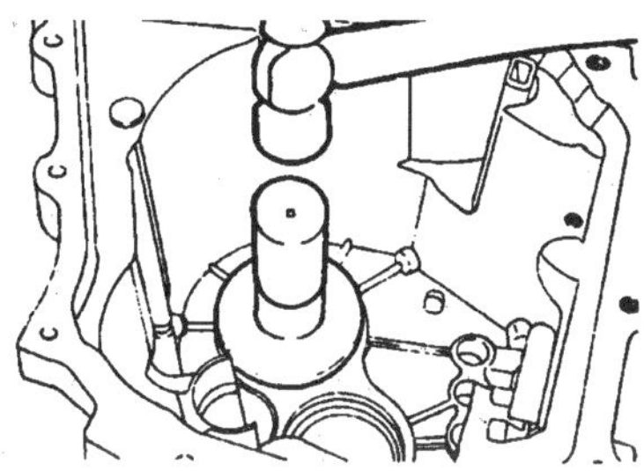

그림 4-59. 변속기 케이스에 출력축 베어링 외부 레이스와 스페이서 장착

⑯ 스페이서 직경

㉮ 직경이 3mm이고, 길이가 10mm인 솔더(solder) 2개를 베어링 외부 레이스 밑에 장착하고 볼트를 규정된 토크로 조여 변속기를 조립한다.

㉯ 그림 4-60과 같이 변속기 케이스를 탈거하고 솔더를 탈거한다.

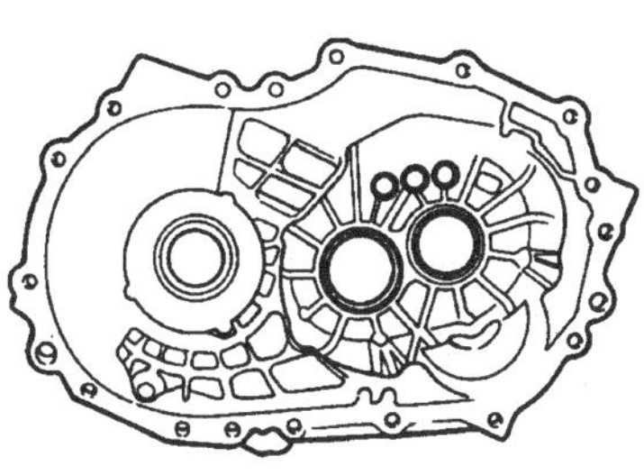

그림 4-60. 변속기 케이스 떼어낸 다음 솔더 분리

㉰ 그림 4-61과 같이 마이크로미터를 이용하여 납작해진 솔더의 두께를 측정하여 엔드 플레이(end play)를 정비지침서를 참고로 하여 규정치로 지정해 주는 두께의 스페이서를 장착한다.

⑰ 그림 4-62와 같이 변속기 케이스에 오일 가이드를 장착한다.

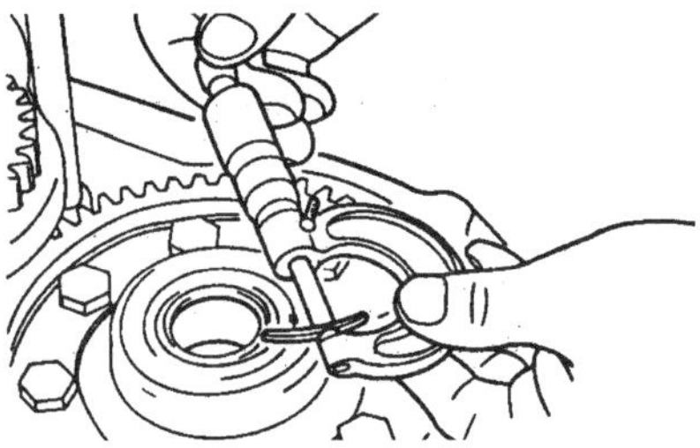

그림 4-61. 스페이서 장착

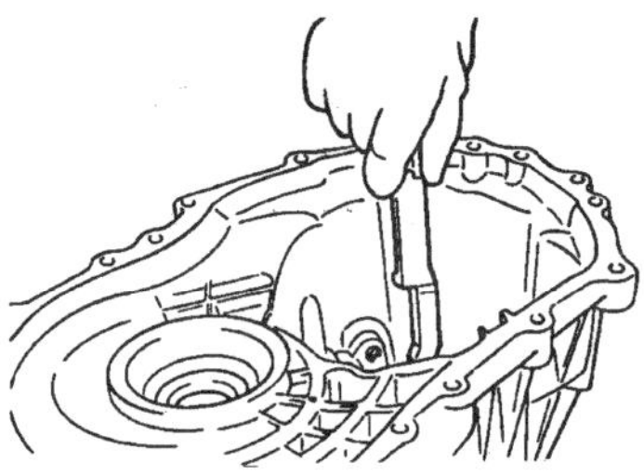

그림 4-62. 변속기 케이스에 오일 가이드 장착

⑱ 변속기 케이스의 클러치 하우징측에 규정된 실런트를 해당 차량의 정비지침서를 참고로 하여 도포한다.

⑲ 클러치 하우징 어셈블리에 변속기 케이스를 장착하고 볼트를 조인다.

⑳ 적당한 크기의 스크루 드라이버를 이용하여 축을 중심에 놓는다.

㉑ 후진 아이들러 기어 샤프트 볼트를 규정토크로 조인다.

㉒ 그림 4-63과 같이 특수공구를 사용하여 출력축 기어를 장착한다.

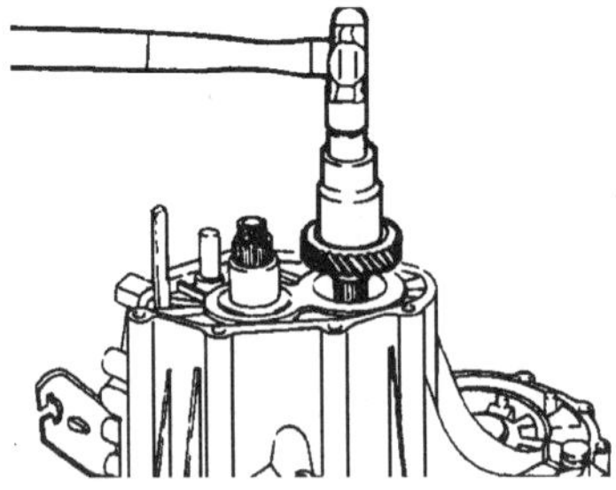

그림 4-63. 출력축 기어 장착

㉓ 입력축에 리어 베어링 및 스페이서를 장착한 다음 스냅링을 넣고 5단 슬리브를 장착한다.

㉔ 그림 4-64와 같이 5단 기어와 니들 롤러 베어링, 싱크로나이저 링, 싱크로나이저 허브를 장착한다. 이 때 싱크로 나이저 허브 오일 홈이 5단 기어 쪽으로 장착한다.

㉕ 그림 4-65와 같이 5단 변속 포크와 싱크로나이저 슬리브를 동시에 장착한다.

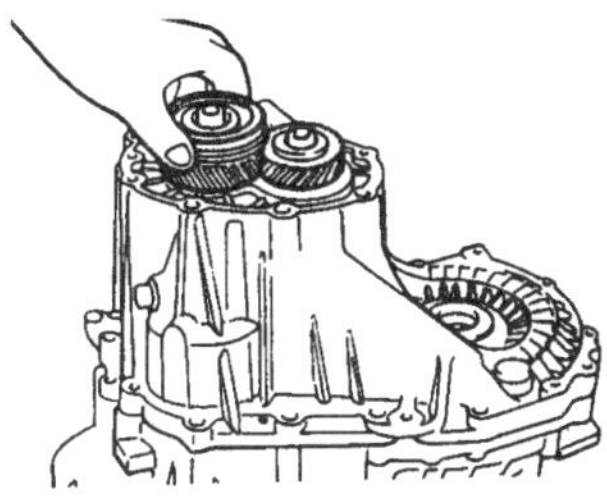

그림 4-64. 5단 기어와 싱크로나이저 세트 장착

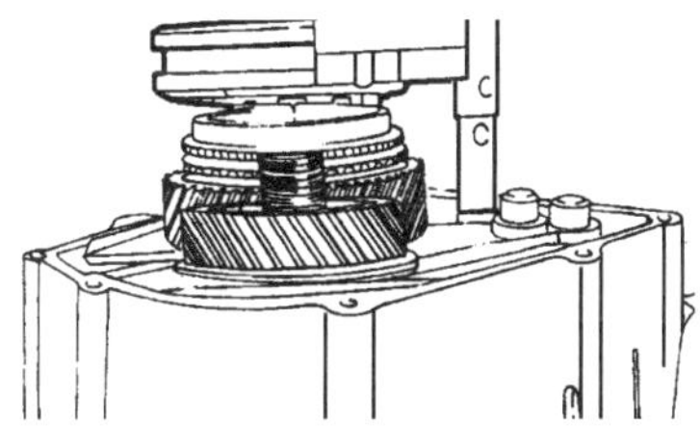

그림 4-65. 5단 변속 포크와 5단 싱크로나이저 슬리브 장착

㉖ 록크 너트의 장착

㉮ 그림 4-66과 같이 1단으로 변속한 다음 입력축 5단 슬리브와 기어를 치합시킨 다음 록크 너트를 규정토크로 조인다. 이때 록크 너트는 재사용하지 않도록 한다.

㉯ 그림 4-67과 같이 록크 너트를 완전히 고정시킨다.

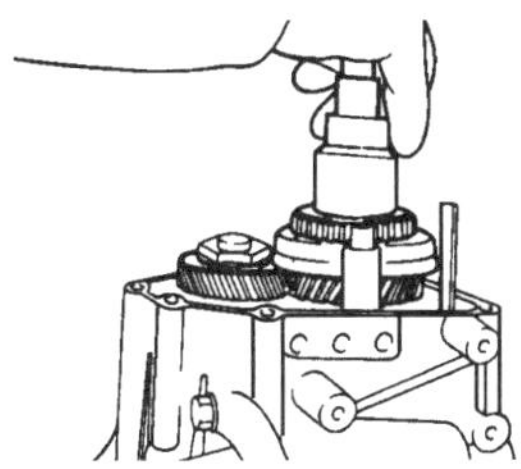

그림 4-66. 입력축 5단 슬리브와 기어 치합

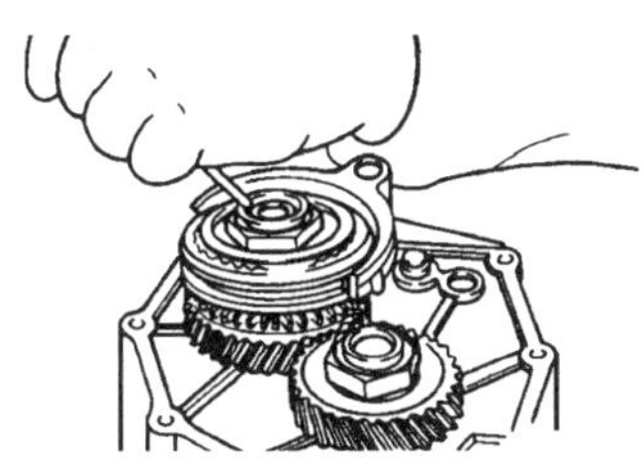

그림 4-67. 록크 너트 고정

㉗ 그림 4-68과 같이 변속 레일을 장착할 때는 스프링 핀의 슬릿이 변속레일의 중앙선과 일치하는지 확인한다.

㉘ 그림 4-69와 같이 해당 차량의 정비지침서를 참고로 하여 리어 커버에 규정 실런트를 도포하고 리어 커버를 장착한다.

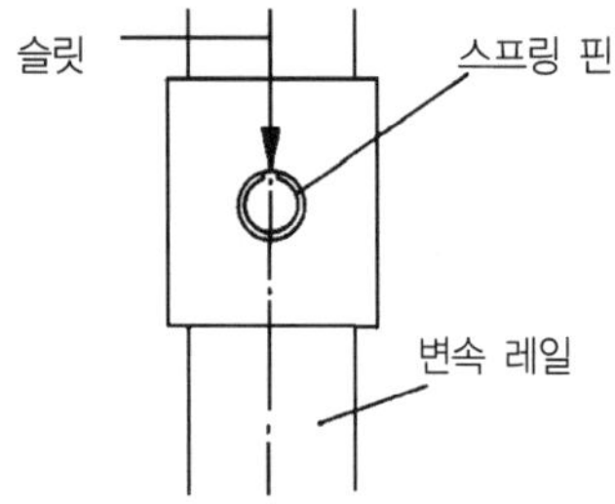

그림 4-68. 변속 레일과 스프링 핀의 일치

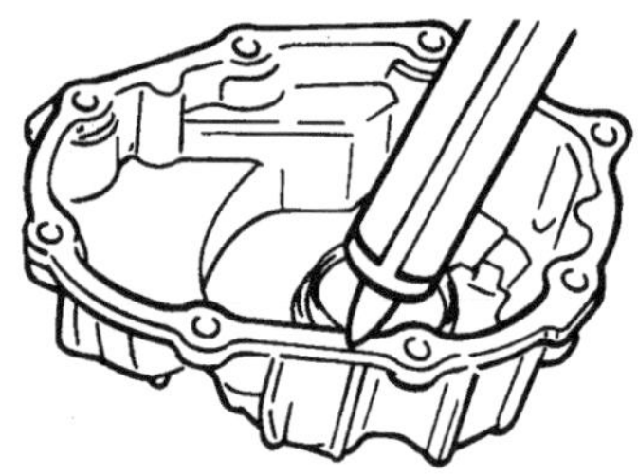

그림 4-69. 리어 커버에 실런트 도포

㉙ 그림 4-70과 같이 스피드미터 드리븐 기어 어셈블리를 장착한다.

㉚ 그림 4-71과 같이 후진등 스위치를 장착한다.

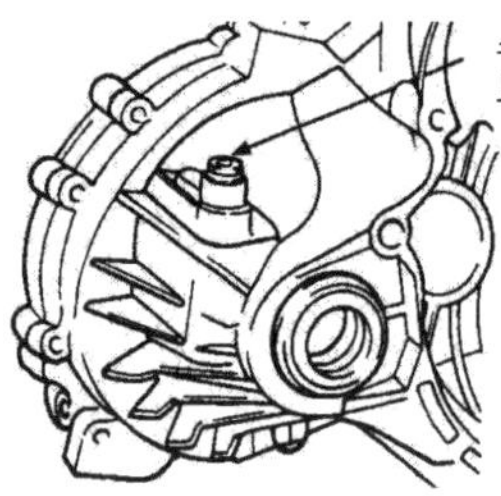

그림 4-70. 스피드미터 드리븐 기어 장착

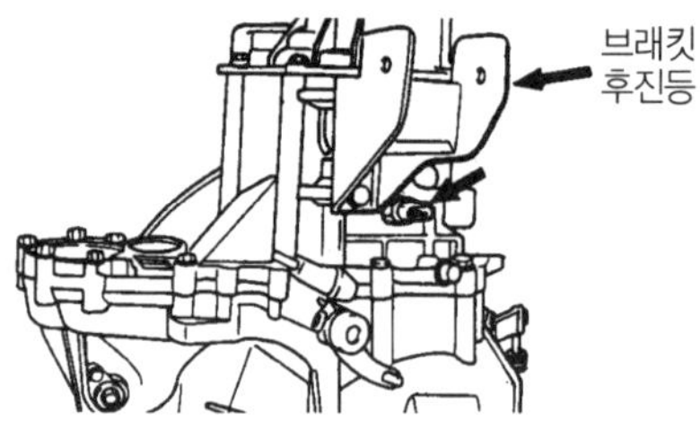

그림 4-71. 장착 브래킷 장착

㉛ 장착 브래킷을 조립한다.

㉜ 그림 4-72와 같이 셀렉트 레버를 장착한 다음 변속 케이블 브래킷을 장착한다.

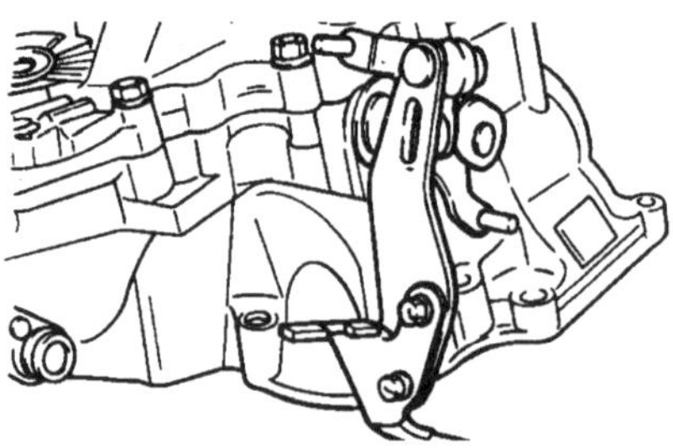

그림 4-72. 셀렉트 레버와 변속 케이블 브래킷 장착

2.7.4 점검

[1] 싱크로 나이저 슬리브와 허브 및 싱크로 나이저 키 점검

① 싱크로 나이저와 슬리브를 끼우고 회전이 부드러운지 점검한다.

② 슬리브의 안쪽 앞부분과 뒤쪽 끝부분의 손상 여부를 점검한다.

③ 허브 앞 쪽 끝부분의 마모 여부를 점검한다.

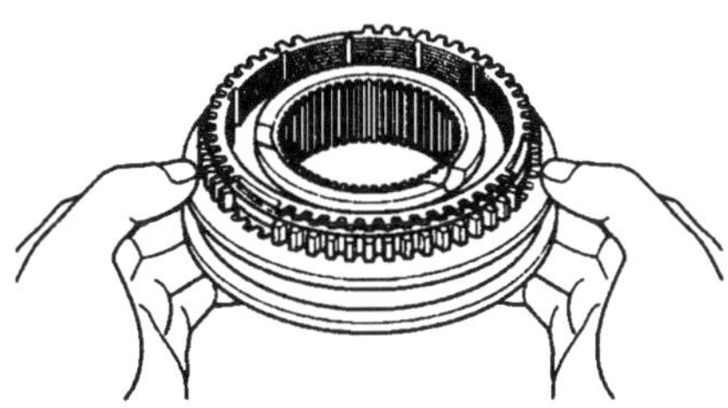

그림 4-73. 싱크로나이저 슬리브 및 허브 점검

④ 싱크로나이저 키의 중앙 돌출부의 마모 여부를 점검한다.

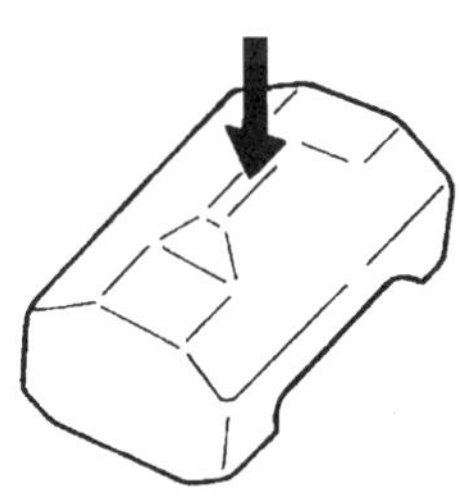

그림 4-74. 싱크로나이저 키 점검

⑤ 스프링의 쇠손, 변형, 파손을 점검한다.

[2] 입력축 및 니들 베어링 점검

① 입력축의 스플라인 및 기어의 손상 및 마모를 점검한다.

② 니들 베어링을 입력 축 또는 베어링 슬리브에 끼우고 비정상적인 소음 또는 유격이 없이 부드럽게 회전하는지 확인한다.

③ 니들 베어링 케이스의 변형을 점검한다.

그림 4-75. 입력 축 점검

그림 4-76. 니들 베어링 점검

[3] 싱크로나이저 링 점검

① 클러치 기어 이빨의 손상 및 파손을 점검한다.

② 내면의 손상, 마모, 나사산의 파손을 점검한다.

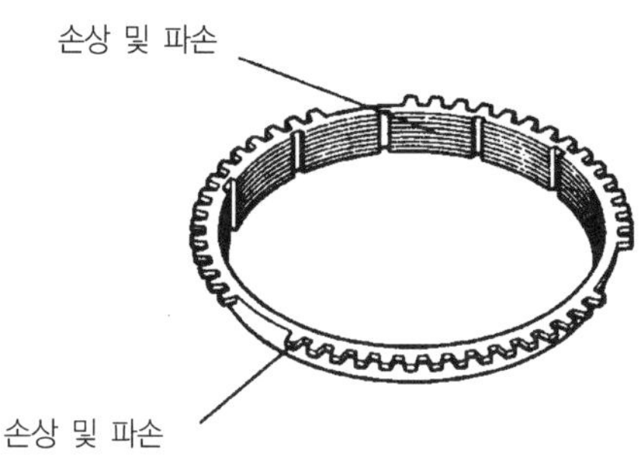

그림 4-77. 싱크로나이저 링 점검

③ 싱크로나이저 링을 클러치 기어 쪽으로 밀면서 시그니스 게이지로 간극을 점검하여 한계값 0.5mm(기준값 : 1.0mm)를 벗어나면 싱크로나이저 링을 교환한다.

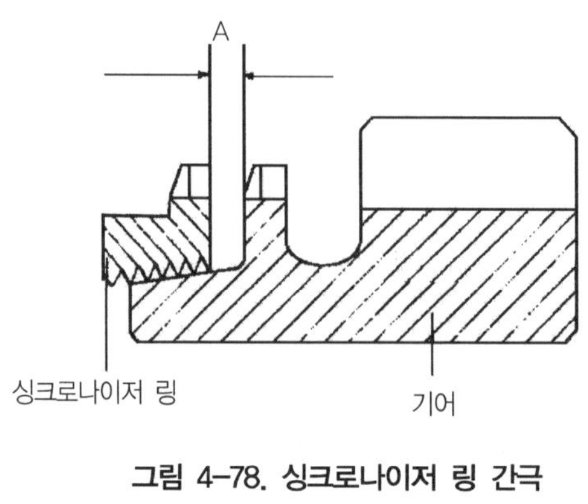

그림 4-78. 싱크로나이저 링 간극

[4] 스피드 기어의 점검

① 헬리컬 기어와 클러치 기어 이빨의 손상 및 마모를 점검한다.

② 싱크로나이저 콘의 면이 거칠거나 손상 또는 마모 여부를 점검한다.

③ 기어 내부와 앞, 뒤 끝의 손상 및 마모를 점검한다.

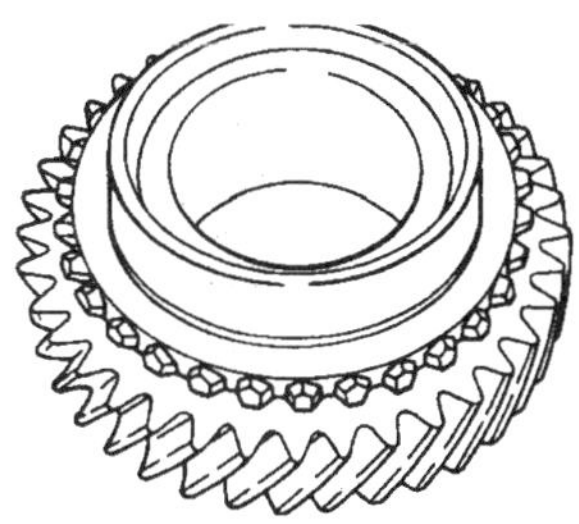

그림 4-79. 스피드 기어 점검

[5] 출력축 기어의 점검

① 출력축 기어 니들 베어링의 장착부의 손상 및 비정상적인 마모를 점검한다.

② 스플라인의 손상 및 마모를 점검한다.

그림 4-80. 출력축의 점검

학습정리

1. 정비 작업의 공구 및 측정 공구를 사용할 수 있다.
2. 수동변속기의 구조 및 작동원리를 설명할 수 있다.
3. 수동변속기를 분해 조립할 수 있다.
4. 수동변속기의 작동상태를 점검 조정할 수 있다.
5. 작업내용을 규정에 따라 작성할 수 있다.

총괄평가

1. 전륜구동 수동변속기의 주요 부품 및 공구를 설명하시오.

2. 전륜구동 수동변속기의 분해 방법을 설명하시오.

3. 기어비, 변속비를 계산하시오.

4. 단수별로 싱크로 나이저 링의 마모 간격을 측정 · 기록하시오.

5. 수동변속기에서 오일 상태를 판단하고, 교환하시오.

6. 링 기어의 작동 및 접촉 상태를 점검하고, 회전 흔들림을 측정 · 기록하시오.

자기진단평가표

■ 점검항목(Check Lists)

다음 표는 자동차 정비시 해당 업무를 수행하는 데 필요한 능력수준을 스스로 확인할 수 있는 점검항목입니다. 본인의 평소 수준을 생각하여, 해당하는 항목에 √표시를 할 것.

■ 실습내용

자동차 동력전달장치 부품

영역	문항	우수하다	보통이다	미흡하다
실습 준비	1. 실습 태도와 교재 등이 준비되어 있다.	③	②	①
	2. 관련 공구 및 장비의 용어를 이해한다.	③	②	①
	3. 관련 실습의 부품의 용어와 기능을 설명할 수 있다.	③	②	①
정비 실습	1. 관련 정비 지침서를 이해할 수 있다.	③	②	①
	2. 관련 정비 부품을 점검할 수 있다.	③	②	①
	3. 관련부품을 교환할 수 있다.	③	②	①
	4. 교환 후 관련 부품을 점검할 수 있다.	③	②	①
정비 실습평가	1. 실습 내용을 설명할 수 있다.	③	②	①
정비 실습정리	1. 실습 내용을 관련 문서로 작성할 수 있다.	③	②	①
	2. 실습 후 관련 공구를 정리 정돈할 수 있다.	③	②	①

■ 예상 작업시간(　　시간　　분)

CHAPTER V 자동변속기

학습목표

① 자동변속기의 구조와 작동 원리를 이해할 수 있다.
② 작동 오일의 상태를 점검하고 교환할 수 있다.
③ 자동변속기의 각 부품을 분해, 점검 및 조립하는 방법을 알고 이상 유무를 판정하여 정비능력을 키울 수 있다.

사용공구 및 내용

개스킷, 자동변속기용 작동오일, 오일 시일, 세척유, 걸레

정비부품 및 장비

자동변속기를 장착한 자동차, 일반 공구세트, 특수 공구세트, 호이스트, 토크렌치, 전자제어 진단 장비, 오일통, 잭, 스탠드, 보안경

안전 및 주의사항

① 기관을 운전하면서 점검, 조립할 때는 회전 부분에 몸이나 옷이 닿지 않도록 해야 한다.
② 자동변속기는 매우 정밀한 부품으로 이루어져 있으므로 분해하기 전에 바깥 부분을 깨끗이 닦아 먼지 등이 들어가지 않도록 해야 한다.
③ 각 부품을 분해한 다음 세척할 때는 적정한 솔벤트로 닦은 다음 압축 공기로 건조시켜야 하며 수건 등으로 닦아서는 안 된다.
④ 마찰부위, 회전 부위, 미끄럼 부위는 장착하기 전에 자동 변속기용 작동 오일을 발라야 하며 오일은 해당 차량의 제작사에서 추천하는 오일을 사용해야 한다.
⑤ 제작사의 정비 지침서를 참고하여 점검 및 정비를 해야 한다.

기 재 사 항

※주어진 항목에 맞게 기입하시오.

1. ________부품 정비 실습에 필요한 공구 및 장비를 기입하시오.

●개인 공구

●공용 공구 및 측정 장비

●정비 장비

●개인 안전 장비 및 장비

2. ________부품 정비실습에 사용할 부품의 주요 명칭과 기능을 설명하시오.

●부품의 명칭

●부품의 기능

●부품의 주요 점검항목

01 자동변속기의 개요

자동변속기는 엔진에서 발생한 동력을 자동으로 회전속도와 회전력을 변화시켜 바퀴를 구동할 수 있도록 하는 장치로서 다음과 같은 특징이 있다.

① 운전하기가 편리하다.

② 엔진의 토크는 유체를 매개로 하기 때문에 발진 및 가·감속이 원활하여 승차감이 좋다.

③ 엔진과 바퀴의 연결의 중간에 유체를 통하여 연결되므로 엔진의 진동이나 바퀴로부터의 충격을 흡수하여 완화시킨다.

④ 구조가 복잡하고 정비하기가 어렵다.

⑤ 수동변속기에 비하여 연료소비율이 높다(약 10%).

⑥ 가격이 비싸다.

⑦ 차를 밀거나 끌어서 시동할 수 없다.

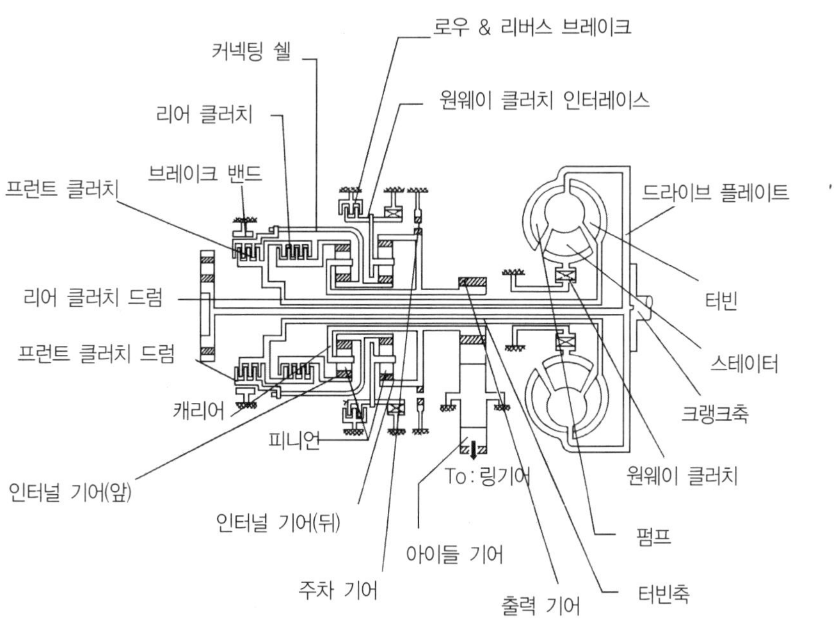

그림 5-1. 자동변속기

1.1. 자동변속기의 구조

자동변속기는 토크 컨버터(torque convertor), 유성 기어장치, 각종 제어장치(스로틀 개도, 엔진 회전수, 차속 등)가 조합된 것으로, 조건에 따라서 자동으로 변속이 이루어지는 것이다.

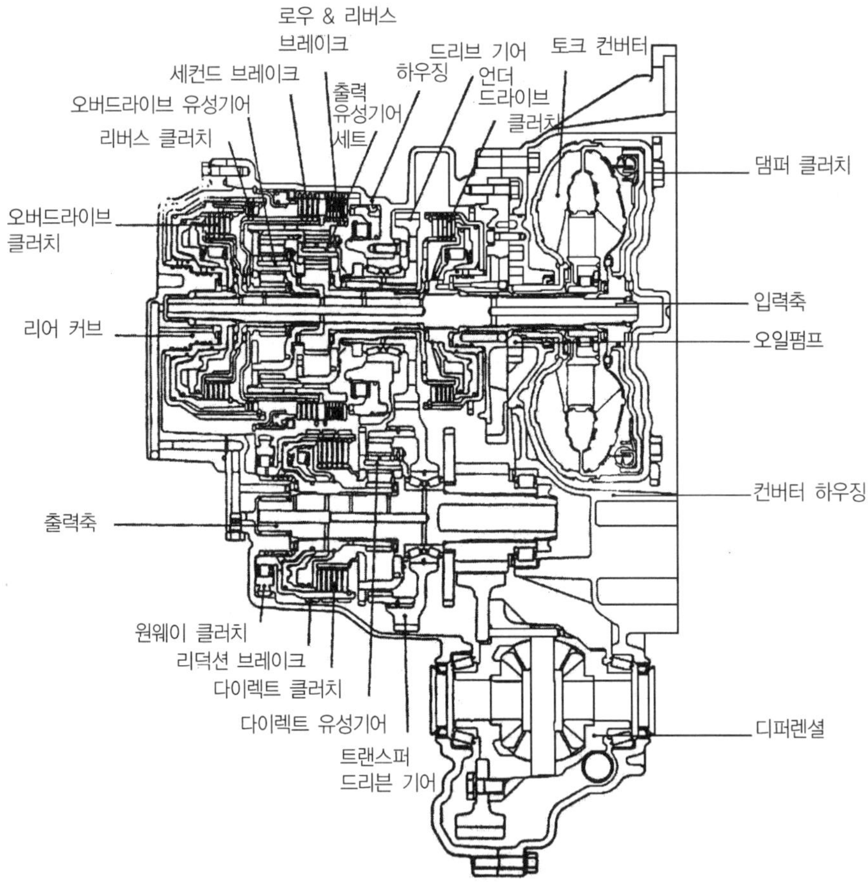

그림 5-2. FF용 자동변속기

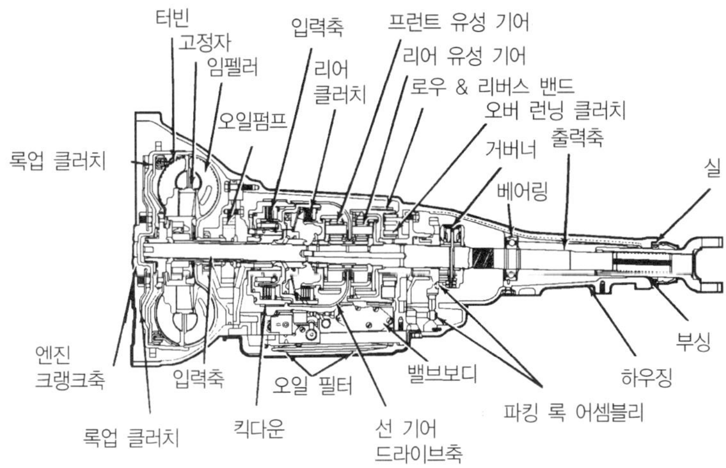

그림 5-3. FR용 자동변속기

1.1.1. 토크컨버터

[1] 토크컨버터의 원리

토크컨버터(torque convertor)는 유체의 운동에너지를 이용하여 토크를 자동으로 변환하는 장치를 말하며, 그림과 같이 펌프, 터빈, 스테이터의 3요소로 구성되어 있다. 펌프와 터빈의 날개는 특정한 곡면을 가지고 있어서 내부의 오일은 펌프에서 흘러나와 터빈으로 들어가 터빈을 회전시키고, 스테이터로 들어간다. 스테이터의 오일은 그 방향을 바꾸어 다시 펌프로 흘러 들어간다.

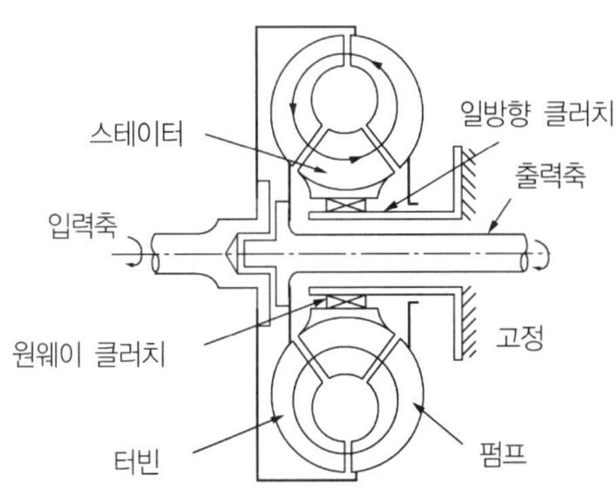

그림 5-4. 토크컨버터의 구조

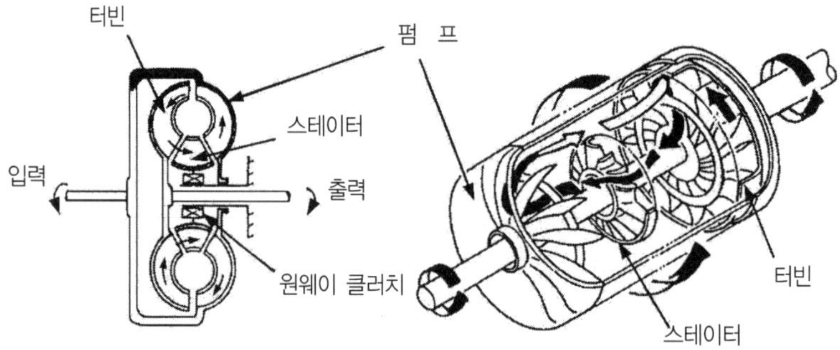

그림 5-5. 토크 컨버터의 오일 흐름

그림은 토크 컨버터의 원리를 나타낸 것으로서 펌프 대신 노즐, 터빈 대신에 평판이나 곡면판을 붙인 것인데, 이렇게 바꾸어 생각하면 이들 사이에 작용하는 오일의 흐름과 작용하는 힘과의 관계를 이해하기 쉽다.

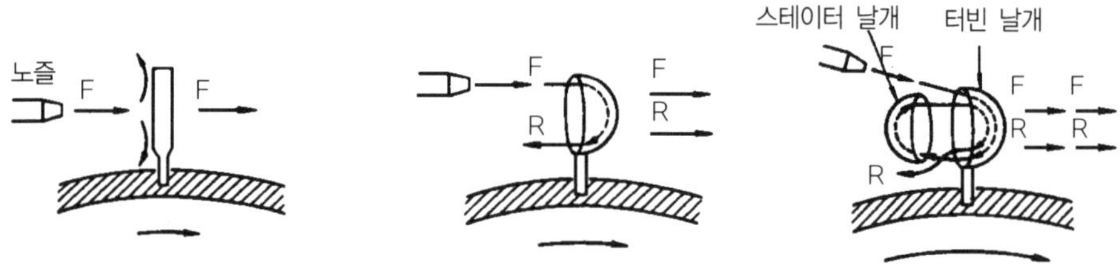

(a) 평판일 때 (b) 곡면판일 때 (c) 스테이터가 있을 때

그림 5-6. 토크 컨버터의 원리

[2] 토크컨버터의 기능

① 엔진의 회전력을 변속기에 원활하게 전달하는 일

② 토크 변환

③ 토크를 전달할 때 충격과 크랭크축 비틀림 완화 등의 역할을 한다.

[3] 토크컨버터의 구조

자동차에서는 특별한 경우를 제외하고는 거의 3요소 2단 1상형을 사용하고 있으며 1단의 토크변환기로 얻을 수 있는 최대 토크비는 4 정도이다. 이때 효율은 80% 정도이다.

최대 효율을 90% 이상 유지하려면 최대 토크비를 2~2.5로 해야 하고 더 큰 토크비를 얻으려면 1단 또는 3단으로 해야 한다. 이때 최대 토크비는 4~6 정도가 된다. 하지만 이런 경우는 자동차보다 건설기계(중장비) 등에 많이 사용되고 있다. 펌프는 드라이브 플레이트를 통해 크랭크축에 연결되어 있다.

스테이터는 우측방향으로만 회전 가능한 원웨이 클러치를 통해 컨버터 하우징에 지지되어 있다. 터빈은 펌프에서 전달된 구동력을 동력전달 계통에 전달하는 터빈축이 스플라인과 결합하고 토크컨버터는 액체가 가득 채워진 하우징 내에 3개 요소가 들어 있으며, 펌프는 용접되어 있으므로 엔진이 작동하면 같이 회전하게 된다.

[4] 스테이터(stator)의 작용

스테이터는 터빈에서 유출되는 오일의 흐름방향을 변환시켜 그림에서 표시한 방향으로 펌프의 날개에 유입된다. 이때에 오일은 스테이터의 곡면의 방향으로 변화되어 펌프의 회전을 돕는 에너지로 작용하기 때문에 터빈을 회전시키는 토크가 증대된다.

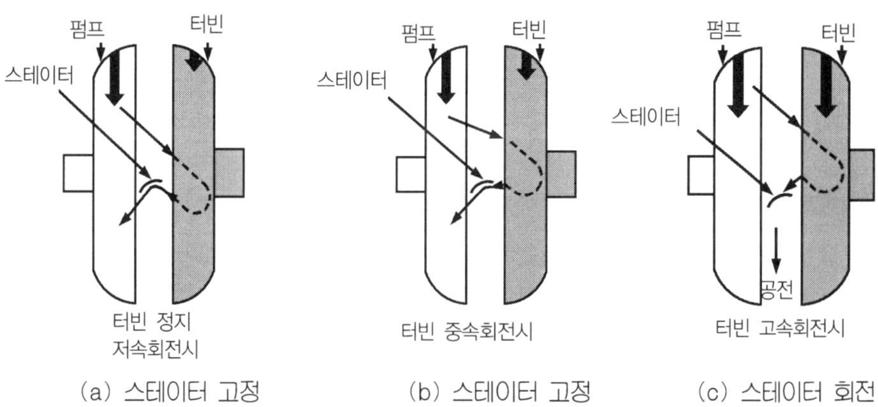

그림 5-7. 스테이터의 작용

(1) 터빈이 정지하고 있을 때

터빈의 회전수가 0인 경우 오일의 잔류 에너지는 최대가 되며, 터빈에서 유출된 오일의 흐름방향도 스테이터 날개의 곡면을 따라서 펌프가 회전하는 방향으로 유입되므로 펌프에 유입되는 오일은 날개의 뒷면을 미는 에너지로 작용하기 때문에 펌프에서 유출되는 오일은 스테이터에서 유입된 오일과 합류하여 터빈을 회전시키는 에너지로 작용하기 때문에 토크 변환율은 최대가 된다.

(2) 터빈이 중속으로 회전할 때

터빈이 회전을 시작하면 펌프에서 유입되는 오일이 터빈의 반력에 의해 터빈에서 유출되는 오일의 방향이 순환류와 터빈 주속이 형성되는 방향으로 흐른다. 그림에서 나타낸 것과 같이 터빈의 회전속도가 빨라지는데 따라 스테이터로 유입하는 방향이 변화하게 된다. 이렇게 되면 오일은 스테이터로 흐름의 방향을 바꿀 수 없게 되기 때문에 스테이터가 받는 반력은 감소된 상태로 펌프에 유입되기 때문에 터빈을 회전시키기 위한 토크 변환율이 감소된다.

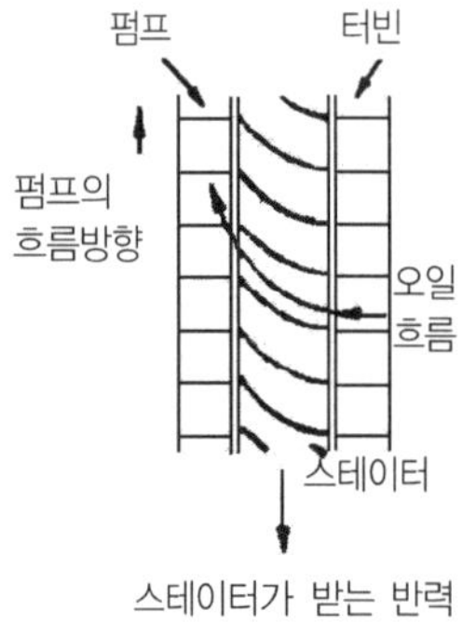

그림 5-8. 스테이터의 역할

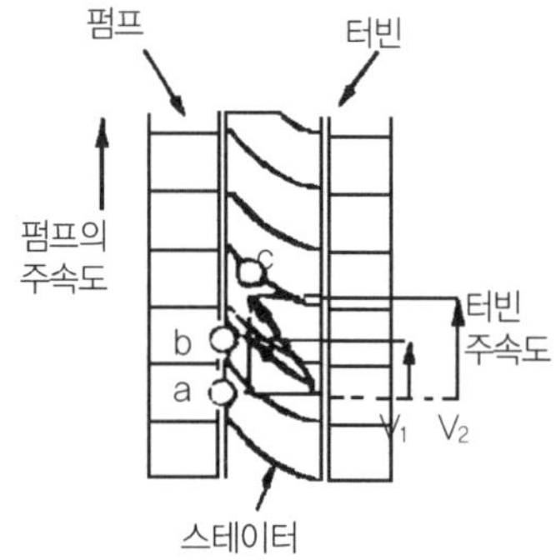

그림 5-9. 토크컨버터의 주속

(3) 터빈이 고속으로 회전할 때

터빈의 회전이 빨라지게 되면 스테이터의 뒷면에 오일이 닿게되기 때문에 원웨이 클러치가 작용하여 스테이터를 터빈과 동일한 방향으로 회전시킨다. 따라서 오일의 흐름 방향은 펌프가 회전하는 방향으로 변환되어 유입되기 때문에 클러치의 효율이 저하되는 것을 방지한다. 이와 같이 스테이터가 공전을 시작하는 점을 클러치 포인트라고 하고, 클러치 포인트 이하가 되면 토크 컨버터는 유체클러치로 작동한다.

[5] 토크 컨버터의 성능곡선

그림은 토크 컨버터의 성능곡선을 나타낸 것으로서 가로축에 펌프와 터빈의 속도비, 세로축에 토크비와 전달효율을 나타내어 비교한 성능곡선이다. 전달효율은 토크 컨버터의 입력과 출력을 백분율로 나타낸 것으로 다음과 같은 식으로 나타낸다.

$$속도비 = \frac{터빈\ 런너의\ 회전수}{펌프\ 임펠러의\ 회전수}$$

$$토크비 = \frac{터빈축\ 토크}{펌프축\ 토크}$$

$$전달효율 = \frac{출력}{입력} \times 100$$

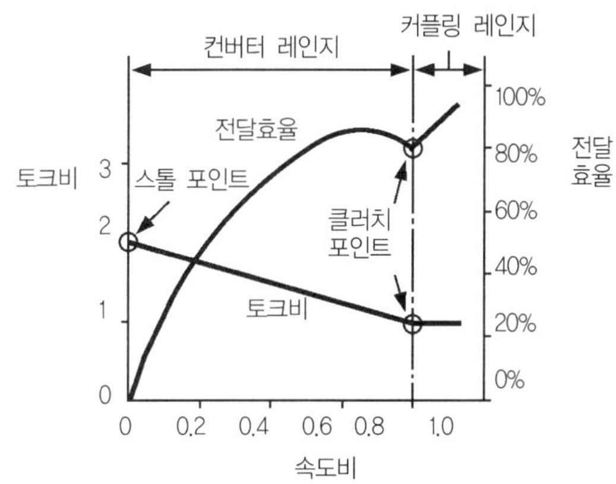

그림 5-10. 토크컨버터의 성능곡선

속도비가 0일 때 터빈이 정지되어 있고 터빈에 가해지는 토크가 최대가 되는 점으로 스톨 포인트 또는 드래그 토크라 한다. 터빈이 회전을 시작하면 회전속도에 따라 속도비는 증가하고 토크비는 저하되어 어느 속도비에 도달하면 거의 1(보통 0.8~0.9)에 이른다. 이 점을 클러치 포인트라 한다. 이때 터빈에서 유출되는 오일이 스테이터의 날개 뒷면에 작용하기 때문에 원웨이 클러치가 작동되어 스테이터가 펌프와 동일한 방향으로 공전하게 되므로 토크 컨버터는 유체 클러치로 작동한다.

1.1.2. 유성 기어장치

등판길, 노면상태가 고르지 못한 도로주행시 토크 컨버터만으로 불충분하고 후진할 수 없으므로 토크 컨버터의 보조변속기로서 사용된다. 유성 기어장치는 토크 컨버터 뒷부분에 결합되어 있으며 유압제어장치에 의해 차량의 주행상태에 따라 자동적으로 변속된다.

[1] 단순 유성 기어

유성 기어는 선 기어, 링 기어, 유성 기어, 유성 기어 캐리어로 되어 있으며, 입력 및 출력요소로서 선 기어, 링 기어, 유성 기어 캐리어를 사용한다. 즉, 변속을 하기 위해서는 선 기어, 유성 기어 캐리어, 링 기어의 3개 요소를 고정하거나 구동 또는 자유로 하여 직결, 감속, 증속, 역전 및 중립으로 할 수 있다.

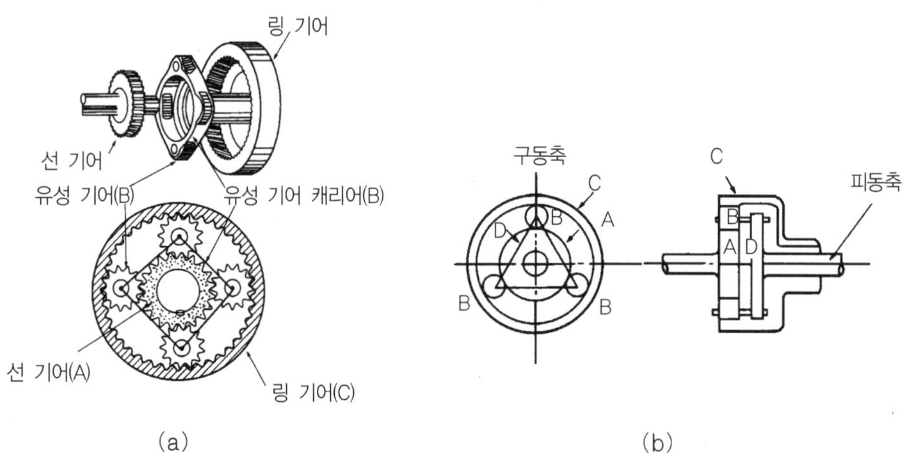

그림 5-11. 유성 기어장치의 구조

(1) 감속

링 기어를 입력, 유성 기어 캐리어를 출력의 조건으로 하였을 경우로 선 기어를 고정하고 링 기어를 회전시키면 유성 기어 캐리어는 감속된다. 그림은 선 기어를 고정하고 링 기어를 회전시키는 경우를 나타낸 것으로 유성 기어 캐리어의 회전은 링 기어 잇수대 선 기어의 잇수에 의해서 감속회전을 한다.

(2) 증속

유성 기어 캐리어를 입력, 링 기어를 출력의 조건으로 하였을 경우로 선 기어를 고정하고 유성 기어 캐리어를 회전시키면 링 기어는 증속된다. 그림은 선 기어를 고정하고 유성 기어 캐리어를 회전시키는 경우를 나타낸 것으로 링 기어의 회전은 유성 기어 캐리어의 회전에 선 기어의 잇수가 더해져 증속이 이루어진다.

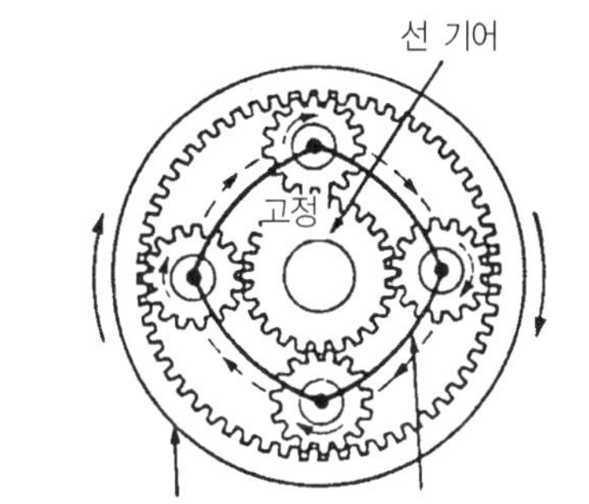

그림 5-12. 감속의 경우

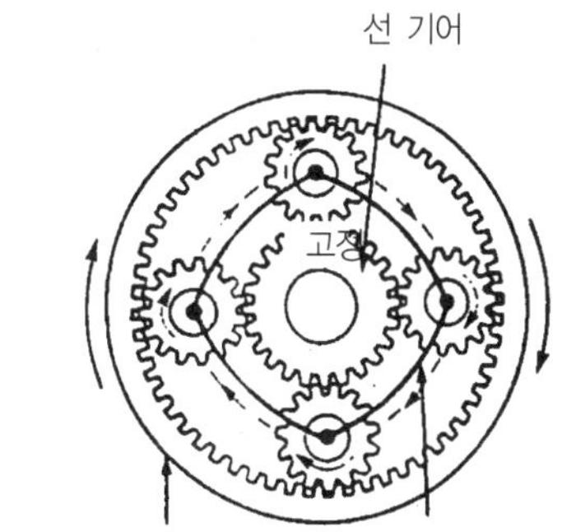

그림 5-13. 증속의 경우

(3) 역회전

선 기어를 입력, 링 기어를 출력의 조건으로 하였을 경우로 유성 기어 캐리어를 고정하고 선 기어를 회전시키면 링 기어는 역전감속이 된다. 그림은 유성 기어 캐리어를 고정하고 선 기어를 회전시키는 경우를 나타낸 것으로 링 기어의 회전은 선 기어에 대하여 역방향으로 회전하며, 선 기어의 잇수대 링 기어의 잇수에 의해서 감속이 이루어진다.

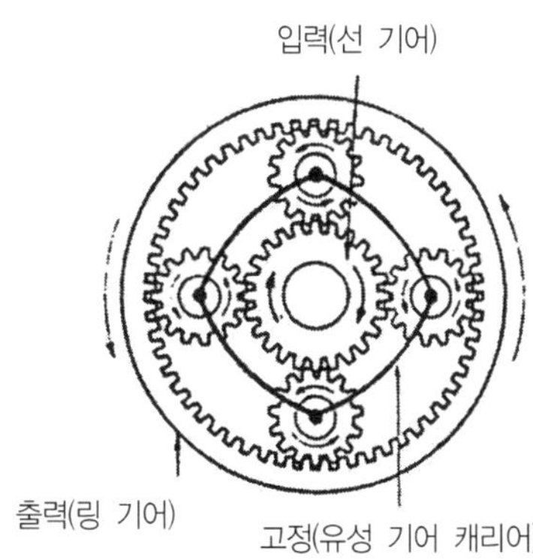

그림 5-14. 역회전의 경우

[2] 복합 유성 기어장치의 조합

한 세트의 유성 기어장치만을 이용하는 경우는 간단한 증속기구(오버 드라이브)와 액슬 허브에 설치되는 감속장치 등이다.

한 세트의 유성 기어장치만으로는 좋은 감속비를 얻을 수 없기 때문에 자동차용 자동변속기에서는 다음 방법 중 하나를 이용한다.

(1) 2중 유성 기어 장치

단순 유성 기어장치를 2세트 연이어 접속시킨 것으로 아래 그림과 같다. 그러나 이 형식은 현재 거의 사용되지 않는다.

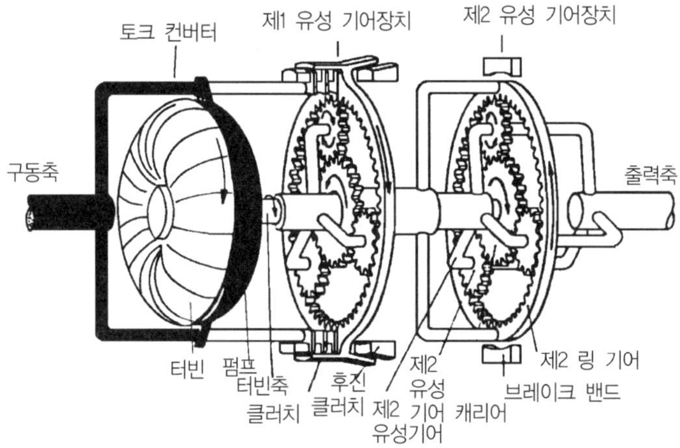

그림 5-15. 유성 기어를 2세트 연결한 방식

(2) 라비뇨 기어장치(ravigneaux gear system)

2세트의 유성 기어장치를 연이어 접속시킨 방식에서 링 기어와 캐리어를 각각 1개씩만 사용한 형식이다. 그림 5-16과 같이 1차 선 기어는 1차 유성 기어(또는 쇼트 피니언)와 2차 선 기어는 2차 유성 기어(또는 롱 피니언)와 치합되어 있다.

그리고 1차 유성 기어는 1차 선 기어와 2차 유성 기어사이에 그리고 링 기어는 2차 유성 기어와 치합되어 있다(그림 5-16 참조). 동력은 링 기어 또는 캐리어를 통해 출력된다. 라비뇨 기어장치만으로 3단(3A/T) 또는 4단(4A/T) 변속이 가능하다.

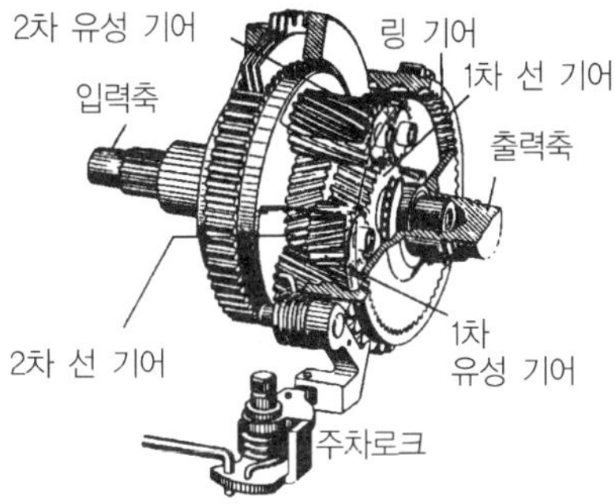

(a) 실물도

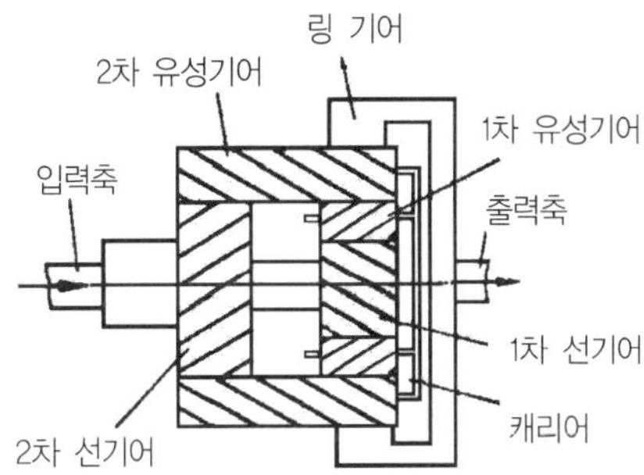

(b) 개략도

그림 5-16. 라비뇨 기어장치

(3) 심프슨 기어장치(simpson gear system)

2세트의 유성 기어 장치를 연이어 접속시키되 선 기어는 1개를 공동으로 사용한다. 전, 후 유성 기어 장치의 선 기어는 일체식이며 각각 직경과 이수가 동일한 2개의 링 기어, 동일한 6개의 유상 기어 그리고 2개의 캐리어로 구성된다.

동력은 2개의 링 기어 중 1개를 통해 출력된다. 심프슨 기어장치는 예를 들면 3단 자동변속기에 사용된다.

① 심프슨 기어장치 앞에 단순 유성 기어 장치를 결합시킨다.

-4단 자동변속기(예; 기아 N4A-H, 대우 AW-03 등)

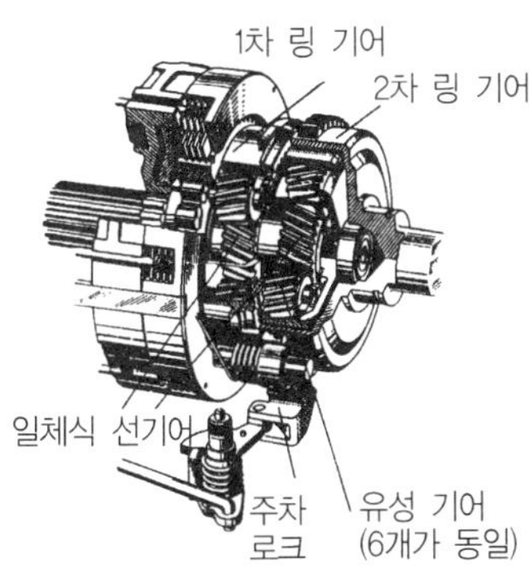

(a) 실물도

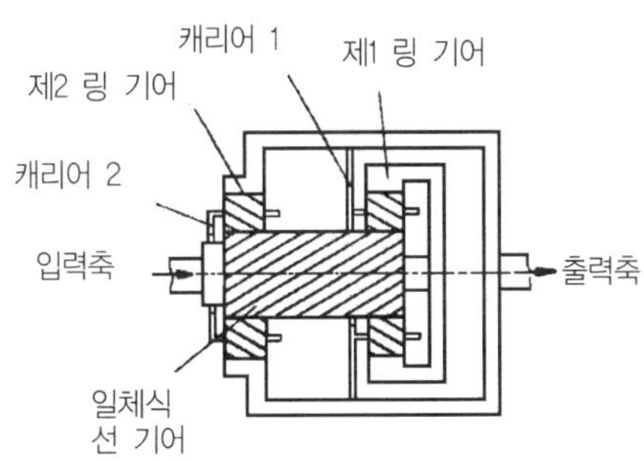

(b) 개략도

그림 5-17. 심프슨 기어 장치

② 라비뇨 기어장치 뒤에 단순 유성 기어장치를 결합시킨다.

-4단 자동변속기(예 ; 대우 DW14/20), 5단 자동변속기(예; ZF 5HP 18)

③ 라비뇨 기어장치 다음에 단순 유성 기어장치를 2세트 접속한다.

-5단 또는 6단 자동변속기

[3] 프런트 클러치(front clutch)

다판식으로 프런트 클러치, 리테이너, 디스크판 및 피스톤으로 구성된다. 전진(2-3속) 및 후진시에 작동되며, 입력축으로부터의 구동력이 후진 선 기어에 전달된다.

[4] 리어 클러치(rear clutch)

다판식으로 리어 클러치, 리테이너, 디스크판 및 피스톤으로 구성된다. 유압에 의해 피스톤이 작동하며 다판 클러치가 작동하여 입력축으로 부터의 구동력을 전진 선 기어에 전달한다(1. 2. 3속에서 작동).

[5] 엔드 클러치(end clutch)

다판식으로 입력축의 후단부에 조립된다. O.D(4속)시에 작동하고 입력축으로부터의 구동력을 유성 기어 캐리어에 전달된다. 프런트 클러치, 리어 클러치와는 다른 클러치가 미끄럼 없이 피스톤에 의해서 그대로 밀착되어 작동된다.

[6] 킥다운 밴드 브레이크(kick down band brake)

K/D서보가 유압에 의해 작동하면 K/D서보가 작동하여 K/D드럼을 고정한다. 이것에 의해 K/D드럼에 연결된 후진기어가 고정되며 2속 및 4속에서 K/D밴드브레이크가 작동한다.

[7] 로우-리버스 브레이크(low-reverse brake)

다판 클러치식으로 센터 서포트 디스크판, 피스톤으로 구성된다. "L" 레인지의 1속 및 후진시에 작동하며 유성 기어 캐리어 즉, long pinion과 short pinion의 축을 고정하여 유성 기어가 선 기어 상을 회전하지 않도록 한다.

[8] 일방향 클러치

한 방향으로만 동력이 전달되고 반대 방향으로는 동력이 전달되지 않는 클러치로서 프리 휠링, 오버러닝 클러치라고도 한다.

[9] 파킹 기구(parking mechanism)

변속레버를 "P"로 넣으면 detent plate parking sprag rod가 움직이면서 캠이 파킹 드 폴을 누르게 되어 스프래그에 치합된다. 이렇게 하여 링 기어(ring gear)를 기계적으로 고정하여 차량이 앞뒤로 움직이지 않도록 하는 역할을 한다.

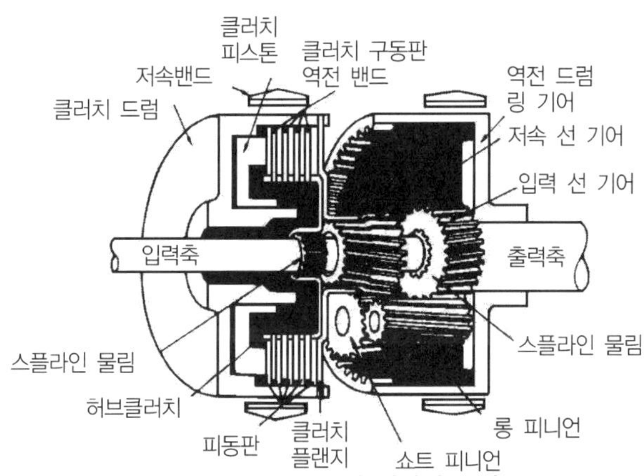

그림 5-18. 유성 기어의 구성

1.2. 자동 변속기구 구성부품의 기능

1.2.1. 프런트 클러치(front clutch)

[1] 프런트 클러치의 구성

프런트 클러치는 다판 형식이며, 프런트 클러치 리테이너, 디스크, 클러치판, 피스톤 등으로 구성되어 있다.

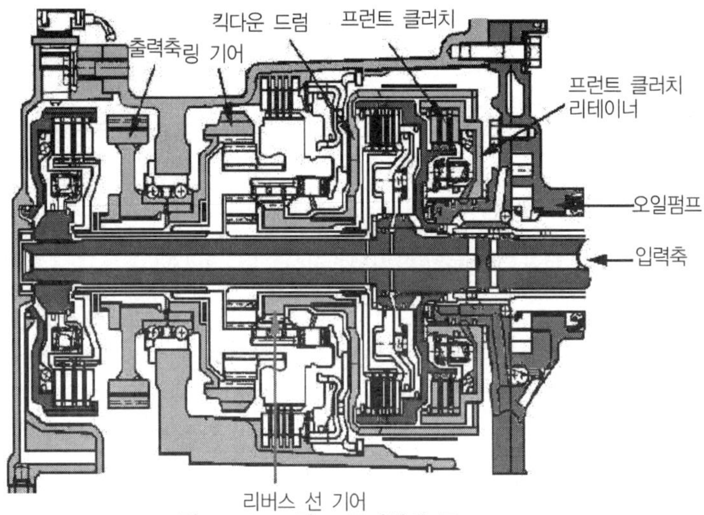

그림 5-19. 프런트 클러치의 구조

[2] 프런트 클러치의 작동

프런트 클러치가 작동되면 입력축으로부터의 구동력을 유성 기어 세트의 리버스 선 기어(revers sun gear)에 전달하며 3단 또는 후진을 할 때 작동한다. 동력전달 경로는 입력축 → 리어 클러치 리테이너 → 프런트 클러치 작동 → 킥다운 드럼 → 리버스 선 기어 구동 → 롱 피니언 → 링 기어 → 트랜스퍼 구동 기어 → 공전 기어 → 트랜스퍼 피동 기어 → 트랜스퍼축 → 차동 장치 → CV 조인트 → 바퀴이다.

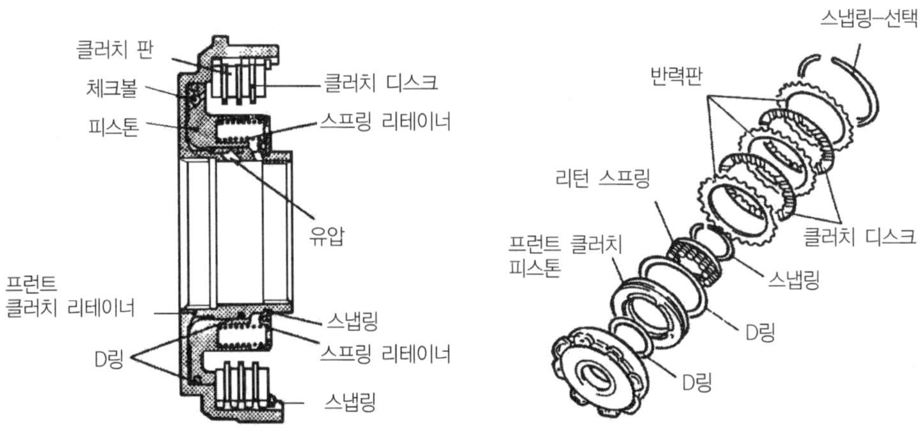

그림 5-20. 프런트 클러치의 구성부품

1.2.2. 리어 클러치(rear clutch)

[1] 리어 클러치의 구성

리어 클러치는 다판형식이며, 리어 클러치 리테이너, 디스크, 클러치 판, 피스톤 등으로 구성되어 있다.

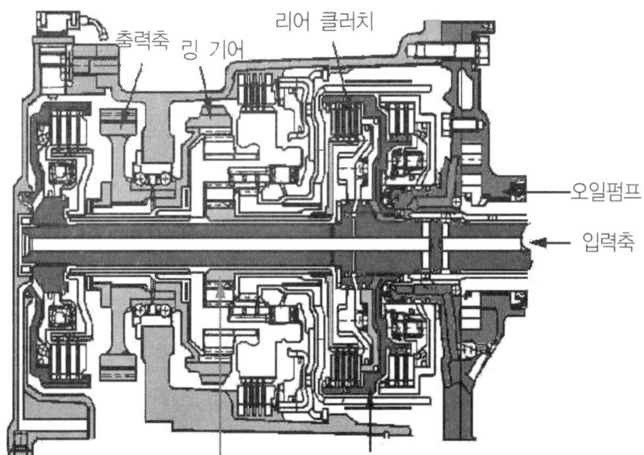

그림 5-21. 리어 클러치의 구조

[2] 리어 클러치 작동

리어 클러치가 작동되면 입력축으로부터 구동력을 유성 기어 세트의 포워드 선 기어(forward sun gear)에 전달하며 1 → 3단(L레인지 1단 포함)일 때 작동한다.

동력전달 경로는 입력축 → 리어 클러치 리테이너 → 리어 클러치 작동 → 리어 클러치 허브 → 포워드 선 기어 구동 → 숏 피니언 → 링 기어 → 트랜스퍼 구동 기어 → 공전 기어 → 트랜스퍼 피동 기어 → 트랜스퍼축 → 차동 장치 → CV조인트 → 바퀴이다.

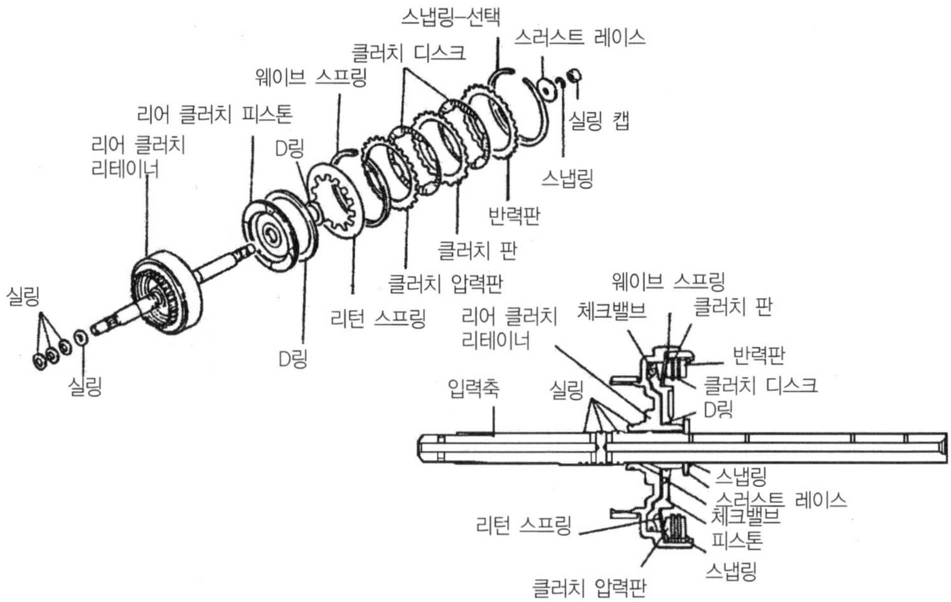

그림 5-22. 리어 클러치 구성부품

1.2.3. 엔드 클러치(end clutch)

[1] 엔드 클러치의 구성

엔드 클러치는 단판형식이며, 엔드 클러치 리테이너, 디스크, 클러치판, 피스톤 등으로 구성되어 있으며, 입력축 뒤쪽에 조립되어 있다.

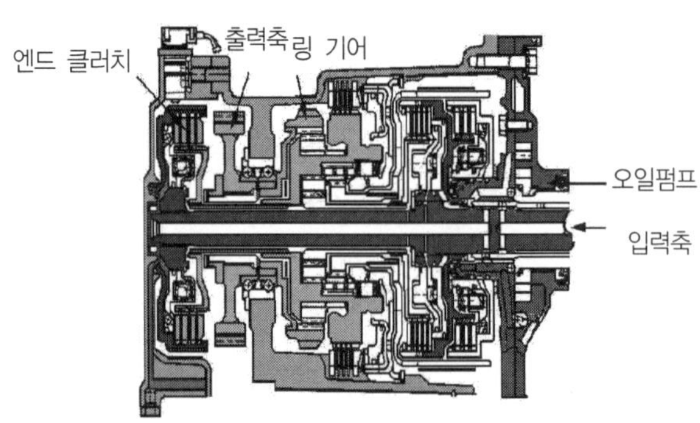

그림 5-23. 엔드 클러치의 구조

[2] 엔드 클러치의 작동

엔드 클러치가 작동하면 입력축으로부터의 구동력을 유성 기어 세트의 캐리어로 전달하며, 4단 오버 드라이브(O/D)일 때 작동된다. 실제로는 3단에서도 작동하나 이것은 4단으로의 변속을 원활하게 하기 위함이다. 프런트 클러치와 리어 클러치는 작동할 때 미끄럼이 발생하지만 엔드 클러치는 디스크와 클러치판사이에서 미끄럼 없이 작동한다. 즉 2단에서 3단으로 변속될 때 밸브 보디의 엔드 클러치 밸브 작동에 의해 클러치 작동순서가 리어 클러치 → 프런트 클러치 → 엔드 클러치 순서로 먼저 리어 클러치와 프런트 클러치가 작동하여 유성 캐리어의 회전속도와 입력축의 회전속도가 같아지므로 엔드 클러치의 디스크와 클러치판은 미끄럼 없이 밀착된다.

동력 전달경로는 입력축 → 엔드 클러치 리테이너 → 엔드 클러치 작동 → 엔드 클러치 허브 → 엔드 클러치축 → 유성 캐리어 구동 → 링 기어 → 트랜스퍼 구동 기어 → 공전 기어 → 트랜스퍼 피동 기어 → 트랜스퍼축 → 차동 장치 → CV 조인트 → 바퀴이다.

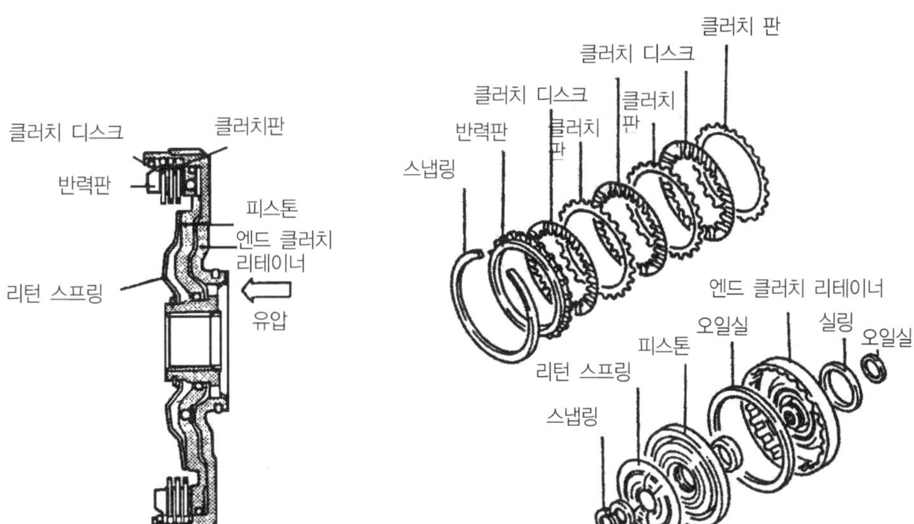

그림 5-24. 엔드 클러치의 구성부품

1.2.4. 로 & 리버스 브레이크(low & reverse brake)

[1] 로 & 리버스 브레이크의 구성

로 & 리버스 브레이크는 다판식이며, 센터 서포트, 브레이크 디스크, 브레이크판 및 피스톤 등으로 구성되어 있으며, 로 & 리버스 브레이크의 디스크는 변속기 하우징에 부착되어 있다.

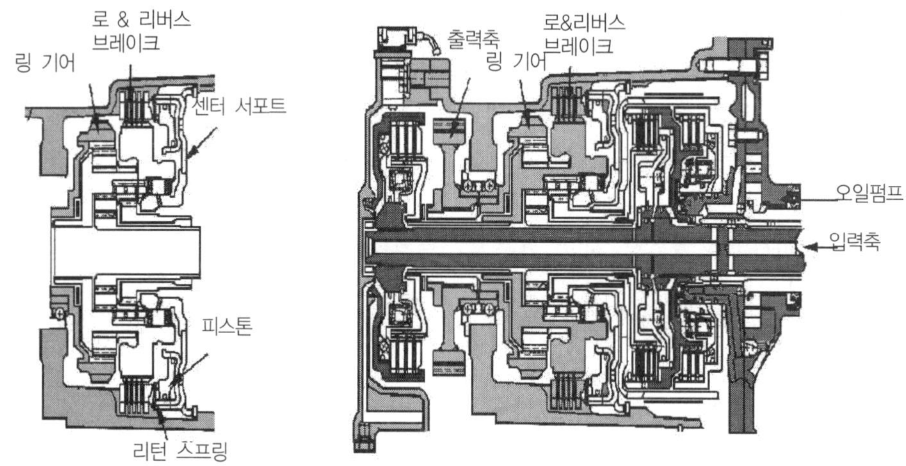

(a) 구조

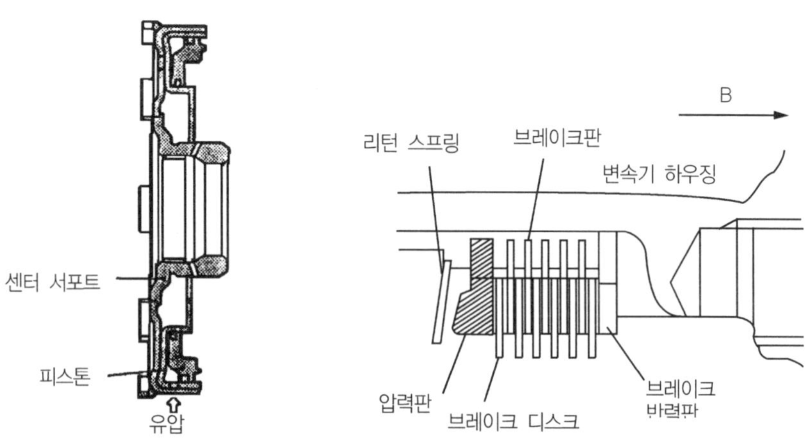

(b) 구성부품

그림 5-25. 로 & 리버스 브레이크의 구조 및 구성부품

[2] 로 & 리버스 브레이크의 작동

로 & 리버스 브레이크는 L레인지의 제1단 및 후진에서 작동하여 유성 기어 세트의 유성 캐리어 즉, 롱 피니언과 숏 피니언의 축을 고정하여 피니언이 포워드 선 기어(forward sun gear) 둘레를 회전하지 못하도록 한다. 동력 전달 경로는 로 & 리버스 브레이크 작동 → 유성 기어 세트의 유성 캐리어 고정이다.

1.2.5. 킥다운 브레이크(kick down brake)

[1] 킥다운 브레이크의 구성

킥다운 브레이크는 밴드식이며, 브레이크 밴드, 브레이크 드럼, 서보 피스톤, 앵커로드, 서보 스위치 등으로 구성되어 있다.

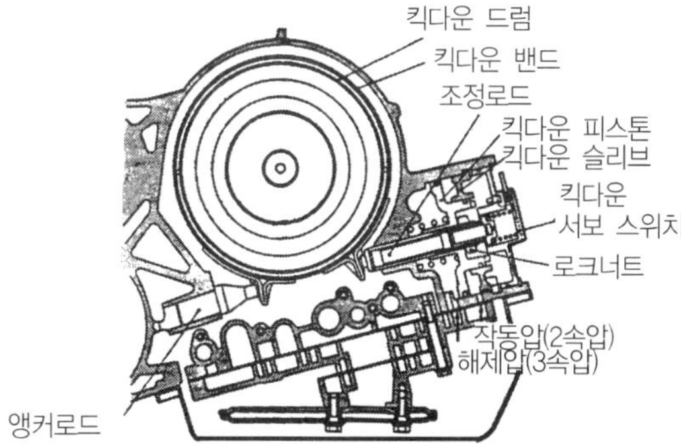

그림 5-26. 킥다운 브레이크의 구성부품

[2] 킥다운 브레이크의 작동

킥다운 브레이크는 제2단 및 제4단에서 작동하며, 작동할 때에는 킥다운 브레이크 밴드가 드럼을 고정하므로 서 킥다운 드럼에 연결된 유성 기어 세트의 리버스 선 기어(reverse sun gear)를 고정한다.

동력 전달경로는 킥다운 브레이크 작동 → 킥다운 브레이크 드럼 고정 → 유성 기어 세트 리버스 선 기어 고정이다.

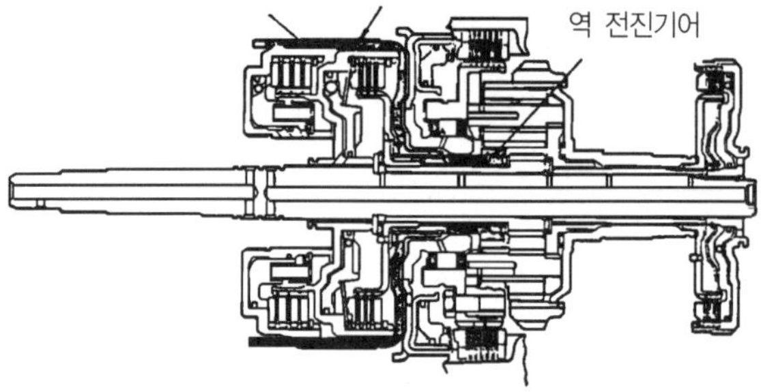

그림 5-27. 킥다운 브레이크의 구조

1.2.6. 원웨이 클러치(OWC ; one way clutch)

[1] 원웨이 클러치의 구성

원웨이 클러치는 스프래그 방식으로 2개가 설치되어 있다. 하나는 유성 기어 세트의 유성 캐리어와 센터 서포트 사이에 조립되어 있으며, 또 하나는 토크컨버터의 스테이터에 설치되어 있다.

유성 기어 센트에 설치된 원 웨이 클러치는 D 또는 2레인지의 1단의 경우 롱 피니언이 시계방향으로 회전하기 때문에 유성 캐리어가 그림 5-28의 화살표 방향에서 볼 때 반 시계방향으로 회전하려고 하는 것을 방지하여 구동력을 롱 피니언으로부터 유성 기어 세트의 링 기어로 전달한다.

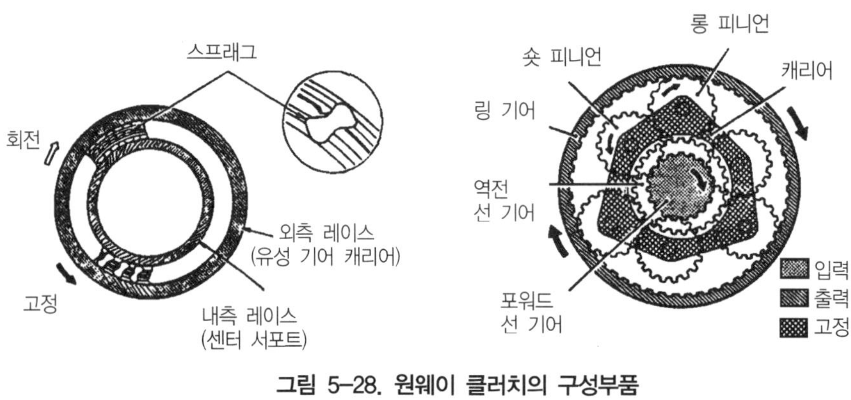

그림 5-28. 원웨이 클러치의 구성부품

따라서 원 웨이 클러치의 아웃 레이스와 결합된 유성 캐리어는 시계방향으로만 회전이 가능하며 D 또는 2레인지 1단일 때 링 기어 쪽으로부터 회전 또는 엔진 브레이크가 작동할 때 유성 캐리어가 시계방향으로 공회전하여 엔진 브레이크가 작동되지 않고 1단과 2단 사이의 변속이 원활하게 되도록 한다.

[2] 원웨이 클러치의 작동

원 웨이 클러치의 동력 전달경로는 롱 피니언 시계방향 회전 → 원웨이 클러치 작동(반 시계방향으로 회전하려는 것을 방지) → 링 기어이다.

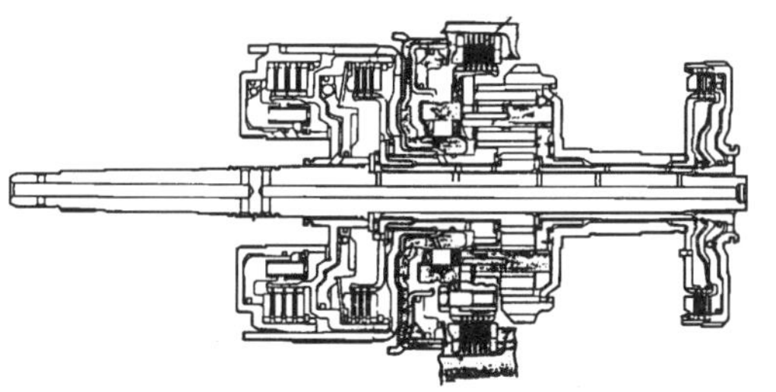

그림 5-29. 원웨이 클러치 작동

1.2.7. 유성 기어 세트(planetary gear set)

[1] 유성 기어 세트의 구성

유성 기어 세트는 포워드 선 기어, 리버스 선 기어, 롱 피니언, 숏 피니언과 2개의 축을 지지하는 유성 캐리어 및 링 기어로 구성되어 있으며, 링 기어 바깥둘레에는 주차 스프래그용 기어가 부착되어 있다.

[2] 동력전달

(1) 포워드 선 기어(forward sun gear)

전진용 선 기어이며, 리어 클러치 허브를 통하여 구동력이 전달되면 포워드 선 기어는 숏 피니언을 구동한다.

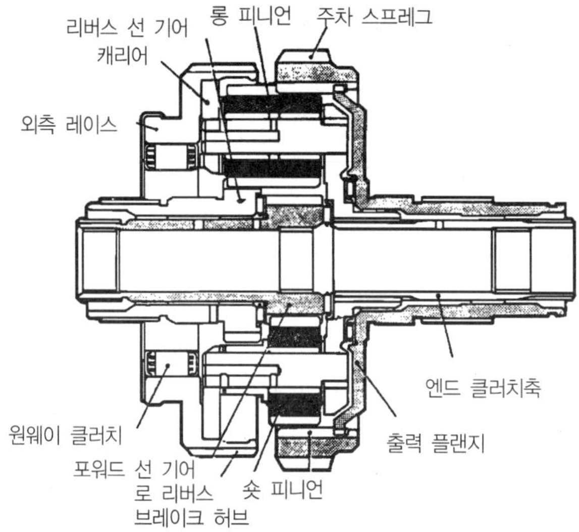

그림 5-30. 유성 기어 세트의 구성부품

(2) 리버스 선 기어(reverse sun gear)

후진용 선 기어이며, 프런트 클러치 리테이너에 설치되어 프런트 클러치가 작동할 때 킥다운 드럼의 중계로 구동력이 리버스 선 기어에 전달되어 롱 피니언을 구동한다.

(3) 유성 캐리어(planetary carrier)

유성 캐리어는 로 & 리버스 브레이크 허브 및 원웨이 클러치 아웃 레이스와 일체로 되어 있으며, 4단 자동 변속기에서 엔드 클러치축의 중계로 엔드 클러치와 연결되어 있으며, 엔드 클러치가 작동될 때 구동력을 링 기어로 전달한다.

(4) 링 기어(ring gear or annulus gear)

출력 플랜지와 연결되어 있으며, 출력 플랜지에 설치된 트랜스퍼 구동 기어로 구동력을 전달한다.

1.2.8. 주차기구

① 주차기구는 주차 로드, 스프래그 기어, 지지대 등으로 구성되어 있다.

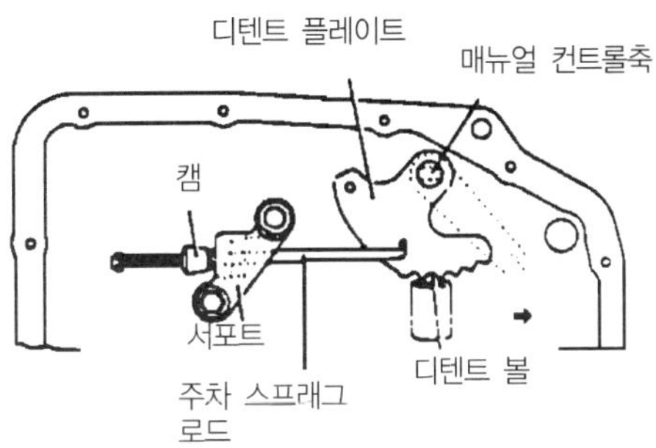

그림 5-31. 주차기구의 구조

② 변속 레버를 P레인지로 선택하면 주차 로드가 화살표 방향으로 이동하고 주차 스프래그를 밀어 올려 주차 스프래그 기어를 고정한다.

③ 주차 스프래그 기어는 유성 기어 세트의 링 기어 바깥 둘레에 설치되어 있어 링 기어를 기계적으로 고정함으로 서 출력축이 고정되어 자동차가 앞·뒤로 움직이지 못하도록 하는 역할을 한다.

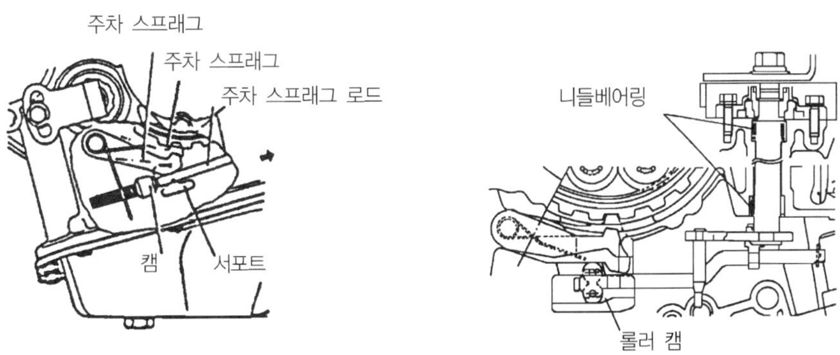

(a) (b)

그림 5-32. 주차 기구

[1] 동력전달 경로

(1) 1속(D 또는 2레인지)

1속에서는 리어 클러치가 작동하며, 구동력은 포워드 선 기어로 전달되며, 포워드 선 기어는 시계방향으로 회전한다.

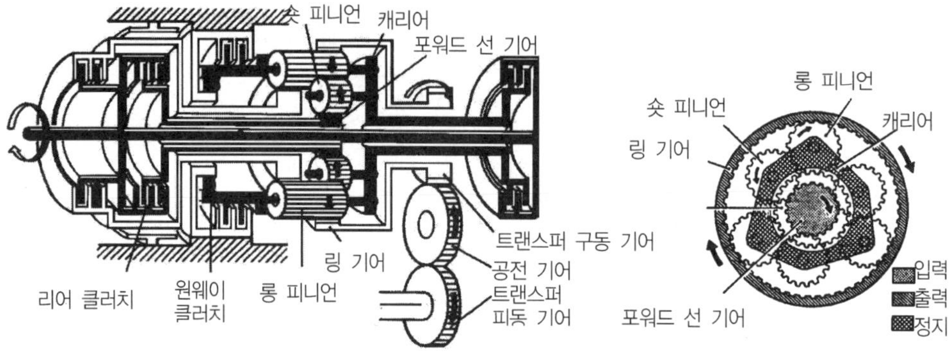

작동 요소 : 리어 클러치, 원웨이 클러치

그림 5-33. 1속(D 또는 2레인지)에서의 동력전달 경로

포워드 선 기어에 전달된 구동력은 숏 피니언(반 시계방향)에서 롱 피니언(시계방향)을 경유하여 링 기어(시계방향)에 전달되고 이와 동시에 1속 감속비를 얻는다. 이 때 구동력의 일부는 유성 캐리어(롱 피니언 축에 접속)에 전달되어 반 시계방향으로 회전하려고 하지만 원 웨이 클러치에 의해 반 시계방향의 움직임이 저지되기 때문에 구동력은 유성 캐리어에 전달되지 못하고 모두 링 기어로 전달된다. 반대로, 링 기어로부터 구동력을 전달할 때에는 원웨이 클러치는 유성 캐리어의 시계방향의 움직임을 저지하지 않는다.

따라서 링 기어로부터의 구동력은 롱 피니언을 경유하여 유성 캐리어에 전달되며, 이 때 유성 캐리어가 공전하기 때문에 D 또는 2레인지일 경우에는 엔진 브레이크가 작동하지 않게 된다.

(2) 1속(L레인지)

L레인지 1속에서는 리어 클러치 외에 로 & 리버스 브레이크도 작동을 하며, 로 & 리버스 브레이크가 작동하면 유성 캐리어가 고정되어 어느 방향으로도 회전하지 못하게 된다. 이에 따라 링 기어로부터 구동력이 전달될 때에도 유성 캐리어는 고정된 상태로 있기 때문에 엔진 브레이크가 작동한다.

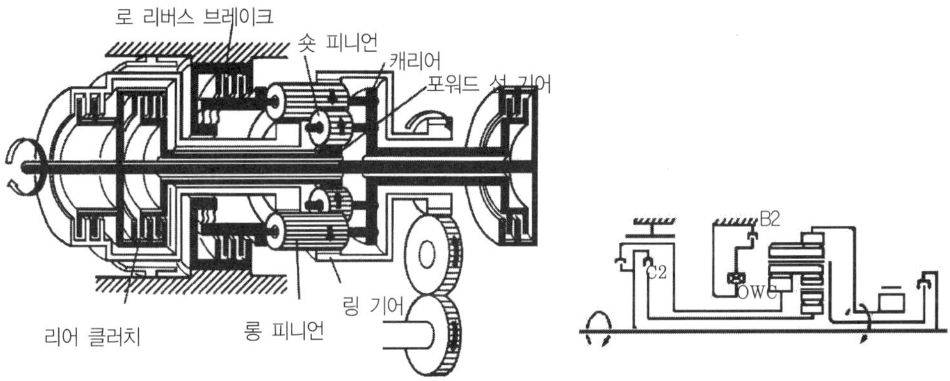

작동요소 : 리어 클러치, 로 리버스 브레이크, 원웨이 클러치
작동범위 : C2, B2(레인지) OWC

그림 5-34. 1속(L레인지)의 동력전달 경로

(3) 2속(D 또는 2레인지)

2속에서는 리어 클러치와 킥다운 브레이크가 작동한다. 구동력은 리어 클러치를 경유하여 포워드 선 기어에 전달되어 시계방향으로 회전한다.

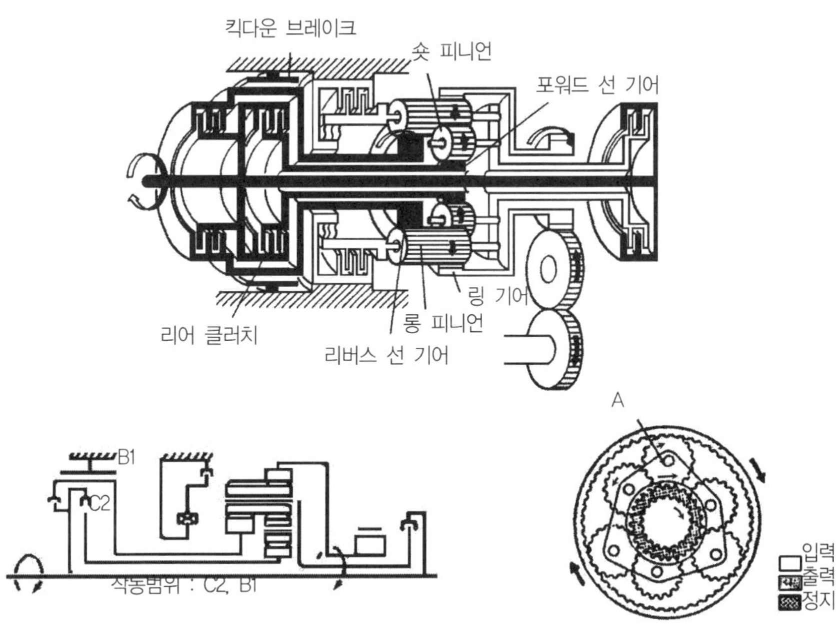

작동 요소 : 리어 클러치, 킥다운 브레이크

그림 5-35. 2속(D 또는 2레인지)의 동력전달 경로

포워드 선 기어에 전달된 구동력은 1속에서와 같이 숏 피니언 및 롱 피니언을 경유하여 링 기어에 전달된다. 이 때 킥다운 브레이크가 작동하고 있기 때문에 리버스 선 기어는 고정되어 있다. 롱 피니언은 화살표와 같이 선 기어 위를 공전하는 상태로 되며, 이 회전량만큼 링 기어는 1속보다 빨라 회전하여 2속의 감속비를 얻는다.

(4) 3속(D레인지)

3속에서는 프런트 클러치와 리어 클러치가 작동하며, 구동력은 포워드 선 기어와 리버스 선기어에 전달된다. 포워드 선 기어와 리버스 선 기어가 같은 방향으로 회전하기 때문에 숏 피니언과 롱 피니언은 잠긴(lock)상태가 되며, 유성기어 세트는 일체로 회전한다.

유성 기어 세트가 직결상태이므로 입·출력 회전속도는 같아지며, 이때 3속의 감속비를 얻는다.

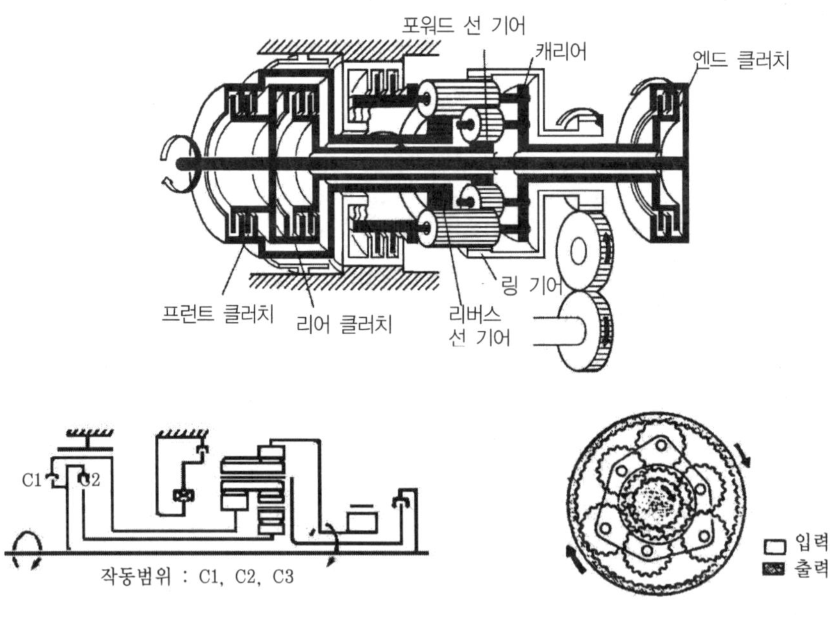

작동요소 : 프런트 클러치, 리어 클러치, 엔드 클러치

그림 5-36. 3속에서의 동력전달 경로

알아두기

3속에서 엔드 클러치도 작동을 하지만 이것은 4속으로의 변속을 원활하게 하기 위한 것이며 동력 전달에는 관계를 하지 않는다.

(5) 4속(오버 드라이브)

4속에서는 엔드 클러치와 킥다운 브레이크가 작동하며, 구동력은 입력축에서 엔드 클러치를 경유하여 유성 기어 세트의 유성 캐리어로 전달된다. 유성 캐리어는 롱 피니언을 사이에 두고 기어를 구동하지만 킥다운 브레이크가 작동하고 있기 때문에 리버스 선 기어가 고정되므로 롱 피니언은 리버스 선 기어 위를 유성 캐리어와 같은 속도로 공전한다. 링 기어에 롱 피니언의 자전과 공전이 가산된 회전이 전달되어 4속의 감속비를 얻는다.

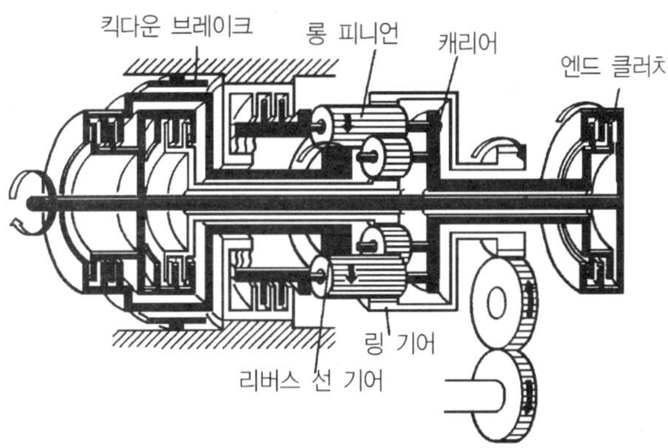

작동요소 : 엔드 클러치, 킥다운 브레이크

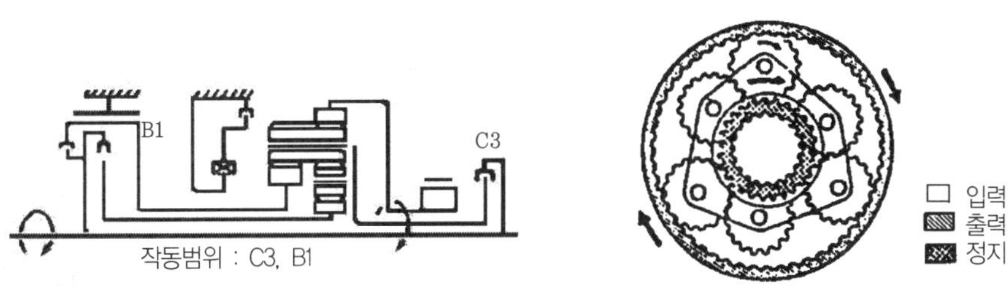

그림 5-37. 4속에서의 동력전달 경로

(6) 후 진

후진을 할 때에는 프런트 클러치와 로 & 리버스 브레이크가 작동하며, 구동력은 리버스 선 기어에 전달되어 시계방향으로 회전한다. 로 & 리버스 브레이크가 작동하므로 유성 기어 세트의 유성 캐리어는 고정되며, 리버스 선 기어의 구동력은 롱 피니언(반 시계방향)에서 링 기어(반 시계방향)로 전달되어 후진 감속비를 얻는다.

이로 인해 링 기어로부터 구동력이 전달될 때에도 유성 캐리어는 고정된 상태이므로 엔진 브레이크가 작동하도록 한다.

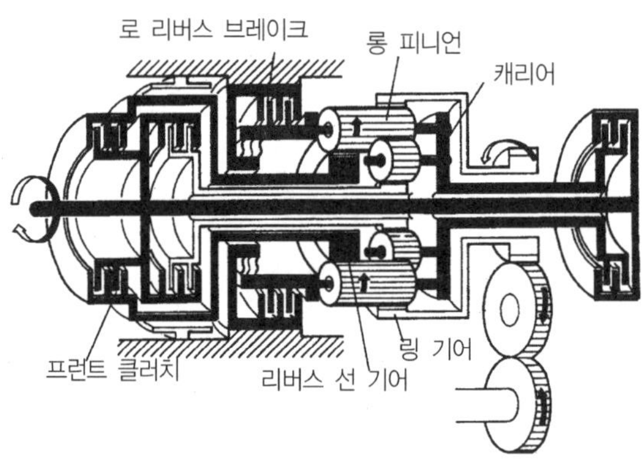

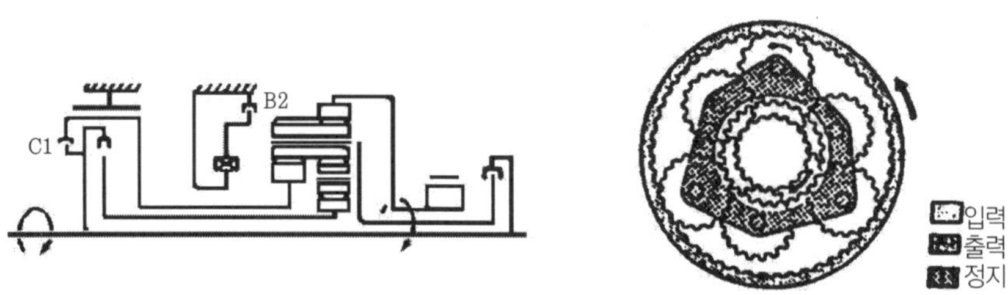

작동 요소 : 프런트 클러치, 로 리버스 브레이크

그림 5-38. 후진일 때의 동력전달 경로

02 유압제어시스템

2.1. 유압제어시스템의 개요

자동 변속기에서 모든 변속과 각종 기능은 유압에 의해 제어된다. 즉, 유압으로 마찰요소를 작동시키거나 해제시켜 변속장치에서 변속이 이루어지도록 하여 오일을 매개로 동력전달을 시킨다. 또한 변속기 내의 유활 및 냉각도 적절한 유량의 제어로 이루어지고 있다.

이와 같은 유압과 유량의 제어는 자동변속기 내의 유압제어 장치 또는 밸브 보디를 통해 이루어지는데 이를 통칭하여 유압 제어 시스템이라 부른다. 밸브 보디에는 각종 스풀밸브와 솔레노이드밸브 등이 복잡한 유로를 통하여 복잡하게 연결되어 있어 밸브 보디의 유압제어가 매우 복잡하게 보인다.

그러나 아무리 복잡한 제어시스템이라 할지라도 몇 가지의 기본적 기능을 수행하는 서브시스템으로 나눌 수 있으며 이러한 기본적 보조 시스템들을 하나씩 이해해 나가다 보면 그 복잡하게 보이던 전체 시스템도 쉽게 이해될 수 있다.

한편 최근에 개발되는 자동변속기에서는 거의가 전자제어 시스템을 채용하고 있어 과거에 유압제어 시스템이 수행하던 기능을 상당부분 대신하고 있다. 그러나 아직도 자동 변속기에서의 제어는 기본적으로 유압과 유량의 제어를 통하여 이루어지고 있으므로 먼저 유압제어 시스템을 이해하는 것이 전자제어 시스템을 이해하는 지름길이라 할 수 있다. 여기에서는 먼저 유압제어 시스템을 구성하는 기본요소와 각종 서브밸브의 기능에 대해 알아보도록 한다.

2.1.1. 변속제어 기본 장치

운전자의 생각(의지) 및 주행상태를 변속기구의 제어요소에 전달, 차량을 원활하게 주행시키기 위해서는 여러 가지 정보가 필요하나 변속을 위한 가장 기본적인 정보는 변속레버의 위치, 엔진 부하(스로틀밸브 개도), 차속 등이 있다.

[1] 기본정보의 종류

(1) 변속레버의 위치

이것은 운전석 옆에 있는 변속레버로서 P. R. N. D. 2. L 등 6개의 위치 가운데 어느 한 곳을 선택한다. 변속레버는 자동변속기 본체와 변속레버를 케이블로 연결되어져 있고 수동축을 경유하여 밸브 보디의 수동밸브를 움직이게 되어 있다.

인히비터 스위치는 수동축의 위치를 검출하여 'P'와 'N'위치에서만 시동이 가능하도록 하는 역할과 'R'위치에서 후진등의 점등 역할을 한다. 자동변속기의 경우에는 변속레버 위치를 인히비터 스위치가 검출하여 ECU에 보내게 되고 ECU는 이 신호를 변속제어에 이용한다.

(2) 엔진부하(스로틀밸브 개도)

엔진의 회전속도는 스로틀밸브의 개도에 따라 변동이 되며, 스로틀밸브를 많이 열면 엔진 회전속도가 빨라지게 되고 밸브를 닫으면 회전수도 낮아지게 된다. 또한 차량의 부하에 따라서도 부하가 클수록 스로틀밸브의 개도가 커져야 한다. 스로틀밸브 개도는 스로틀 위치센서에 의해 스로틀밸브 개도를 검출할 수 있도록 되어 있다.

(3) 차속 검출

펄스 제너레이터 B는 트랜스퍼 축에 스플라인으로 결합된 트랜스퍼 드리븐 기어의 일정시간당 회전수를 검출하며 기전력을 발생하여 차속을 감지하도록 되어 있다.

[2] 주행조건에 빠른 변속제어

자동변속기는 주행조건(스로틀밸브의 개도와 차속)에 의해 자동적으로 변속이 된다.

① 천천히 가속할 때 : 변속이 빨리 된다.

② 급가속 할 때 : 늦게 변속 또는 킥다운 된다.

③ 언덕길을 오를 때 : 늦게 변속 또는 킥다운 된다.

④ 코스트다운 : 최고단을 유지한다.

이와 같은 제어명령은 ECU에 의해 전자제어로 이루어진다.

2.2. 유압제어시스템

2.2.1. 유압제어시스템의 기능

자동변속기에서 유압제어 시스템은 운전자의 요구, 엔진의 운전상태, 차량의 주행상태 및 변속기의 상태 등을 감지하여 다음과 같은 제어를 수행한다.

[1] 수동변속 제어

운전자가 변속레버를 움직여 P—R—N—D—2—L 등의 레인지를 선택하면 이에 따라 밸브보디 내의 유압 회로가 바뀌고 주차, 후진, 중립, 주행, 1—2속 고정(2 : 2ND) 및 1속 고정(L : LOW) 등의 운전 모드로 전환되도록 한다.

[2] 최적 변속단의 선택

미리 정하여진 변속 패턴(shift pattern)에 의하여 성능 및 연비 측면에서 최적의 변속단을 결정한다.

[3] 변속시의 유압제어

변속시 작동되거나 해제되는 클러치의 유압을 제어함으로써 부드러운 변속이 이루어질 수 있도록 한다.

[4] 토크 컨버터에 있는 댐퍼 클러치의 제어

토크 컨버터 내에 장착되어 있는 댐퍼 클러치 작동 및 해제 시점과 부드러운 작동을 위한 제어를 수행한다.

[5] 라인압의 제어

오일펌프에 의해 생성되는 유량과 유압을 엔진의 입력 토크 수준에 따라 일정한 압력으로 유지시킨다. 라인압은 각종 밸브를 작동시키는 유압제어의 기본이 되는 매우 중요한 압력이다.

최근에는 전자제어 기술의 발전으로 자동 변속기에서도 거의 전자제어가 도입되고 있는데 이로 인해보다 정교한 제어가 가능해졌고 여러 가지의 안전 기능도 추가되었다.

2.2.2. 밸브 보디의 구조

① 자동변속기의 유압제어 시스템을 구성하는 각종 밸브와 스프링, 그리고 솔레노이드 밸브 등은 밸브 보디 내에 장착되어 있고 각종 입·출력장치도 밸브 보디와 기계적으로 혹은 전기적으로 연결되어 있다.

② 이 밸브 보디 어셈블리는 변속기 케이스의 하부에 조립되어 있고, 오일 필터와 함께 오일 팬으로 보호된다. 통상 알루미늄 다이캐스팅으로 제작하며 유로는 금형에 의해 성형되고 각종 스풀밸브의 구멍(밸브 보어)은 특수 드릴로 정밀 가공된다.

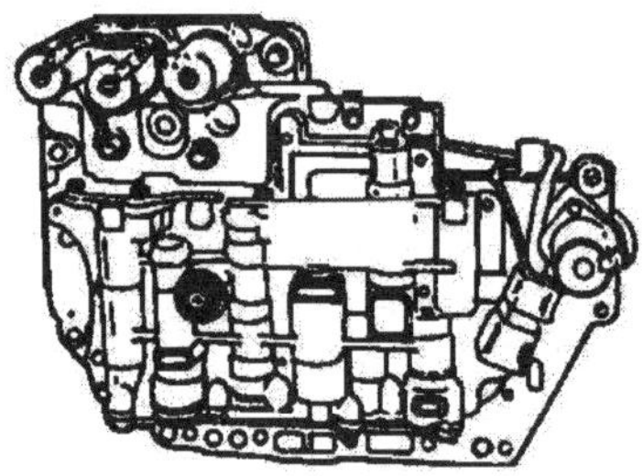

그림 5-39. 밸브보디

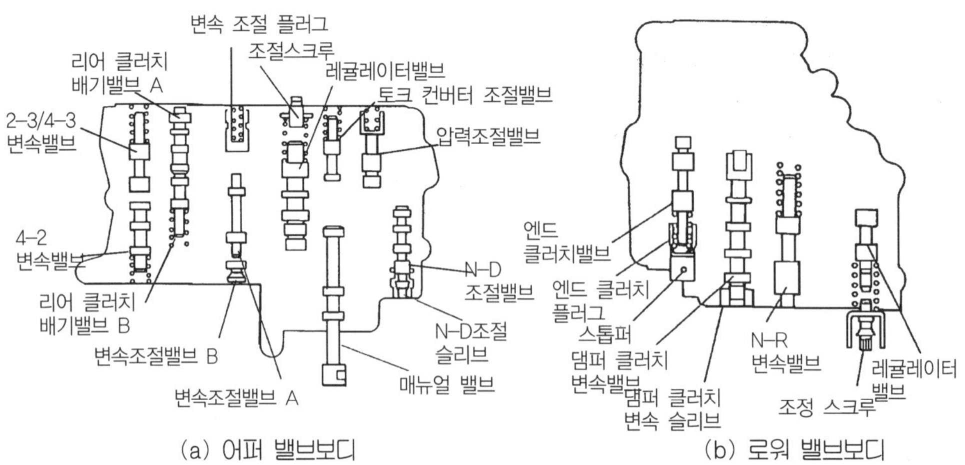

그림 5-40. 밸브보디의 각종밸브

③ 아래 그림은 밸브보디의 분해된 모양을 나타낸다. 그림에서 보듯이 밸브보디 사이에는 얇은 강판으로 제작된 분리판을 설치하여 각 밸브 보디에 형성된 유로를 서로 연결해 주거나 분리해 준다.

분리판에는 오리피스(orifice)기능을 하는 여러 개의 작은 구멍들이 뚫어져 있다. 분리판은 보통 두께 1mm 정도의 강판을 스템핑(stamping)으로 제작하며 매우 정밀한 평면도와 표면 거칠기를 가지고 있다. 또한 밸브 보디에는 ECU로 제어되는 솔레노이드밸브가 조립되어 있다.

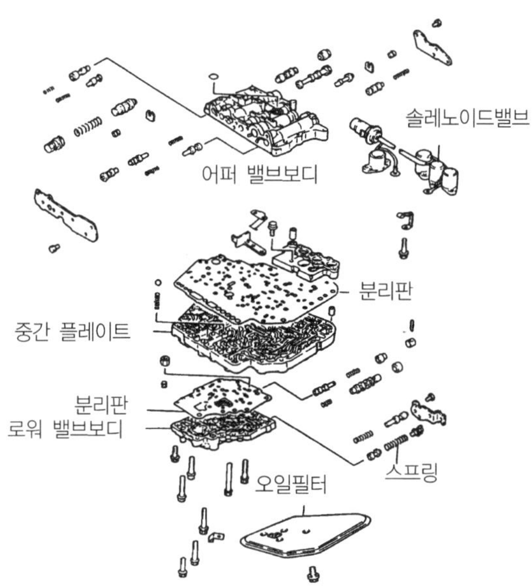

그림 5-41. 밸브보디의 분해도

2.2.3. 유압제어 밸브의 기능

밸브보디 내에서 유압제어 밸브란 유압계통에 사용하여 흐름정지, 방향변환, 유량제어, 압력제어 등의 역할을 한다. 유압제어에 사용되는 밸브는 그 모양이 실타래(spool)처럼 생겼다고 하여 스풀밸브라고 부른다.

[1] 방향제어 밸브

① 일반적으로 유로의 방향을 제어하는 밸브를 방향 제어 밸브 또는 스위칭 밸브라고 하며 작동상으로 분류하면 역류방지, 분류방지, 왕복방지, 유동방향의 변환작용으로 나누어진다.

② 이 방향제어 밸브의 구체적 형상은 밸브의 기능에 따라 달라지나 기본적으로는 아래 그림과 같은 구조로 되어 있다.

③ 먼저 신호유압이 밸브의 좌측 랜드에 작용하면 스풀밸브는 우측으로 밀리게 되고 따라서 공급압은 "A"회로로 작용하게 된다. 그리고 신호유압이 제거되면 그림과 같이 스프링의 반발력에 의해 스풀밸브는 좌측으로 이동하고 공급압은 회로 "B"에 작용하게 된다. 종종 두 회로 중 외부로 바이패스(by—pass)되는 배출회로와 연결되기도 한다.

④ 방향제어 밸브에서는 밸브를 원위치로 돌리기 위해 스프링을 주로 사용하는데 경우에 따라서는 스프링과 함께 보조 유압이 사용되기도 하고 스프링 없이 양단 랜드의 면적차에 의해 스풀밸브의 위치를 전환시키기도 한다.

⑤ 방향제어 밸브의 종류에는, 매뉴얼 밸브, 1—2단 변속 밸브, 2—3/4—3단 변속 조절 밸브 등이 있다.

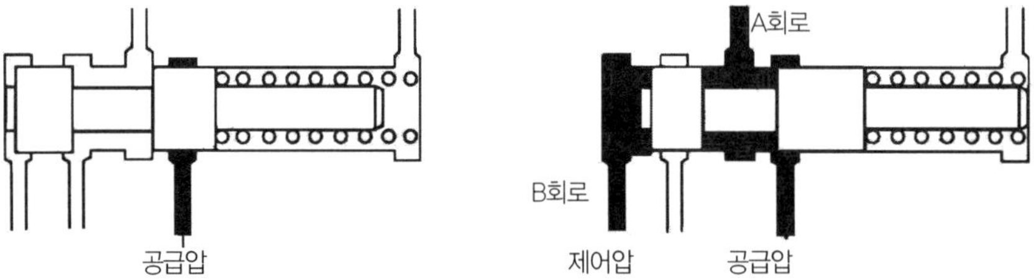

그림 5-42. 2—3/4—3 방향제어 스풀밸브의 작용 예

[2] 압력제어 밸브

① 압력제어 밸브는 유압회로의 압력이나 유량을 제어하는 역할을 한다. 이러한 밸브는 열림 위치와 닫힘 위치 사이에서 진동하듯이 연속적으로 움직여 공급되는 유량을 외부로 배출(바이패스)시킴으로써 출력되는 유량과 유압을 제어한다.

② 압력제어 밸브에서는 출력압을 신호 압력 혹은 제어압력으로 되받아 이 압력의 크기에 대해 바이패스 시키는 유량을 조절한다.

③ 그림 5-43은 압력제어 밸브의 한 작동 예로서 먼저 밸브를 통한 출력압이 오리피스를 거쳐 밸브의 맨 우측 랜드로 피드백(feed back)되고 이에 의해 우측랜드에서는 스프링에 대항하는 힘이 발생하게 된다.

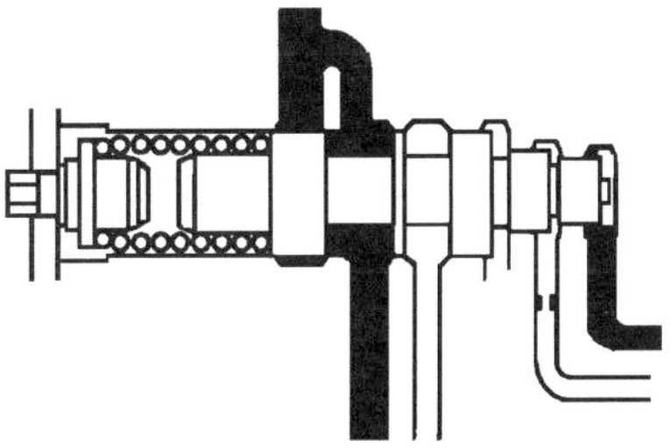

그림 5-43. 레귤레이터밸브 압력제어의 예

④ 출력압이 낮을 경우 우측 랜드에 작용하는 힘이 작아지므로 스프링 반력에 의해 밸브는 우측으로 이동되고 바이패스 유로는 차단된다. 따라서 밸브로 입력되는 유량은 출력측으로 연결되어 출력되는 유량과 압력은 상승하게 된다.

⑤ 반대로 출력압이 높은 경우 밸브는 스프링 반력을 이기고 좌측으로 이동, 바이패스 유로를 열고 입력되는 유량을 배출시켜 출력되는 유량과 유압은 낮아진다. 이러한 원리로 유압제어 밸브는 일정한 수준의 압력을 제어하게 되는데 그 특성상 출력압은 맥동을 하게 되어 있다. 따라서 그 맥동폭을 줄이기 위해 피드백 되는 유로에는 오리피스를 반드시 설치한다.

⑥ 압력제어 밸브의 종류 : 레귤레이터밸브, 감압밸브, 토크 컨버터 제어밸브 등이 있다.

[3] 어큐뮬레이터

① 어큐뮬레이터(accumulator)는 자동 변속기의 유압제어 시스템에서 스풀 밸브 외에 가장 자주 사용되는 장치로서 주로 변속시 작동 마찰요소의 압력을 제어하는데 사용된다.

② 어큐뮬레이터는 클러치 유로에 설치되어 변속시 클러치에 공급되는 유압을 일시적으로 축적하여 클러치가 급격히 작동하는 것을 방지하여 충격을 방지한다.

③ 그림 5-44은 어큐뮬레이터의 작동 예를 나타낸 것인데 먼저 유압은 오리피스를 거쳐 클러치와 어큐뮬레이터에 동시에 작용한다. 어큐뮬레이터에 작용하는 압력은 피스톤으로 하여금 스프링 반력을 이기고 우측으로 움직이게 한다. 이러한 어큐뮬레이터의 작용에 의해 클러치에 작용하는 압력은 그림 5-44(b)과 같이 상승하게 된다.

④ 만일 스프링에 프리로드(pre—load)를 준다면 압력은 e—f—g—d의 단계로 상승하게 될 것이다. 이와 같이 어큐뮬레이터는 클러치에 작용하는 압력을 서서히 상승시켜 클러치가 급격하게 작동되는 것을 방지하여 부드러운 변속이 이루어지도록 하는 역할을 한다.

⑤ 그림 5-44(b)에서 a점에서 b점까지의 시간은 오리피스의 크기와 어큐뮬레이터의 용량에 따라 달라지며 이 구간에서의 압력의 상승률은 스프링의 상수에 비례한다. 어큐뮬레이터의 행정이 끝나면 c—d로 일정압이 가해지는데 이 압력이 바로 라인압이다.

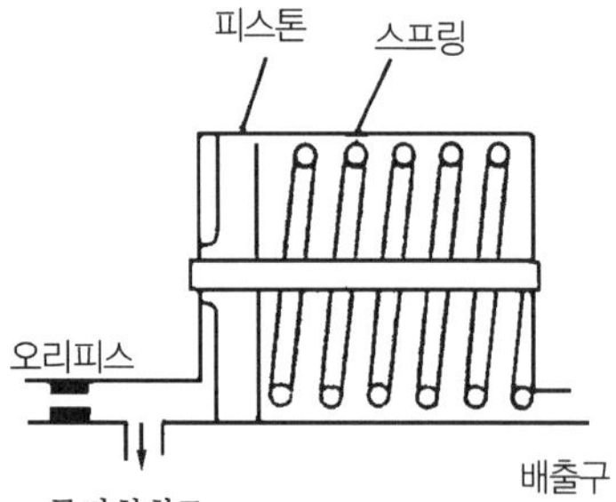

(a) 어큐뮬레이터의 구조

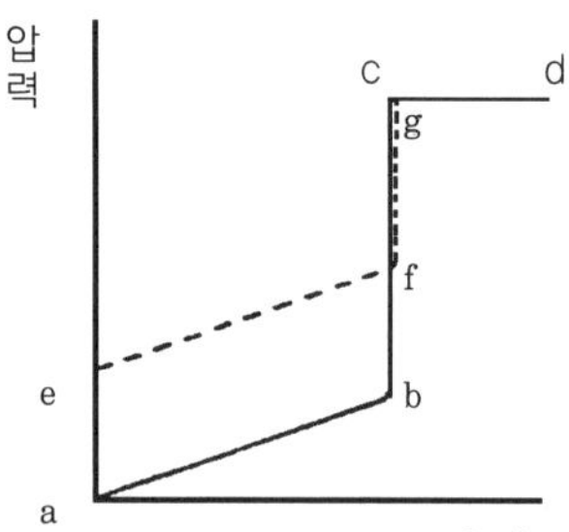

(b) 클러치 작동압

그림 5-44. 어큐뮬레이터

[4] 릴리프밸브(pressure relief valve)

① 자동변속기 유압회로에서 압력이 비정상적으로 높아질 경우, 변속기내 유압 관련 부품이 손상을 입을 수가 있다. 이를 방지하기 위해 유압회로에 어느 한도 이상으로 압력이 상승하면 릴리프밸브가 작동하여 압력을 낮추어 주는 역할을 한다.

② 릴리프밸브는 그림 5-45와 같이 볼과 스프링으로 이루어지며 보통 릴리프 밸브는 라인압 회로에 설치되어 있다.

③ 또한 자동변속기에서 대기의 온도가 매우 낮아 오일의 점도가 높아질 경우 라인압이 비정상적으로 상승하는 경우가 있는데 이럴 경우 볼이 스프링을 밀어 유량을 일부 배출시킴으로서 압력을 일정하게 유지시킬 수 있다. 이와 같은 밸브를 포핏밸브(poppet valve)라고 부르기도 한다.

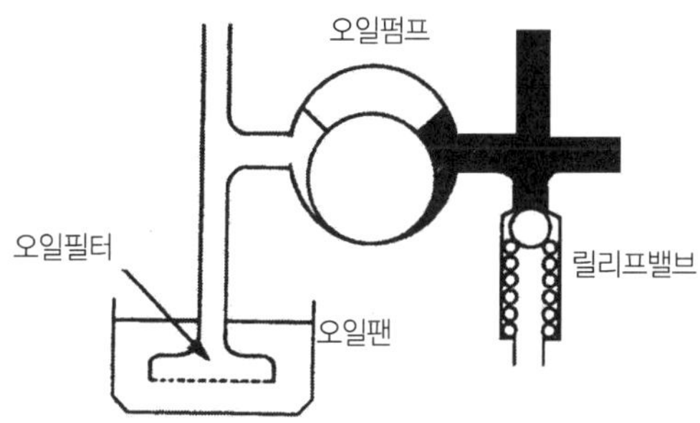

그림 5-45. 릴리프밸브

[5] 체크볼 밸브(check ball valve)

① 자동변속 유압밸브 중 가장 간단한 밸브이나 매우 중요한 역할을 한다.

② 체크볼 밸브는 한 방향으로만 유압이 작용하도록 하는 밸브이다. 즉 압력이 역방향에서 작용할 경우에만 유로를 열어 압력 전달이 되도록 하는 밸브이다.

③ 그림 5-46은 체크볼 밸브의 작동 예를 나타낸 것이다.

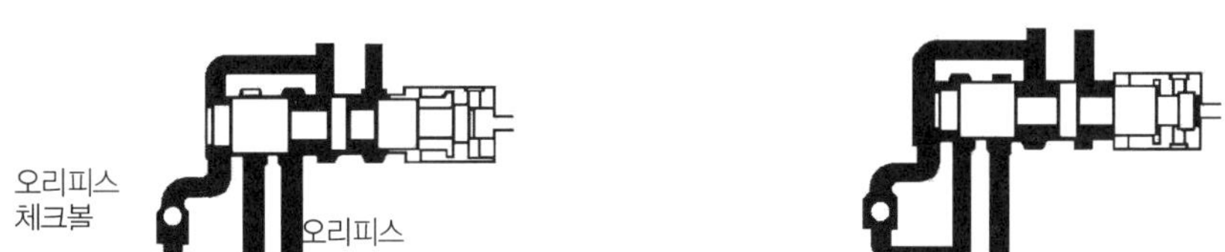

그림 5-46. N–D 제어밸브에서 체크볼 밸브의 작동 예

2.3. 유압제어 과정

2.3.1. 자동변속기의 유압제어

자동 변속기의 유압제어 장치는 오일을 이동시켜 주는 오일펌프와 유압을 제어하는 레귤레이터 밸브와 리듀싱 밸브가 있고, 이 유압제어를 받아 유로를 전환시키는 각종 제어 밸브로 구성되어 있다.

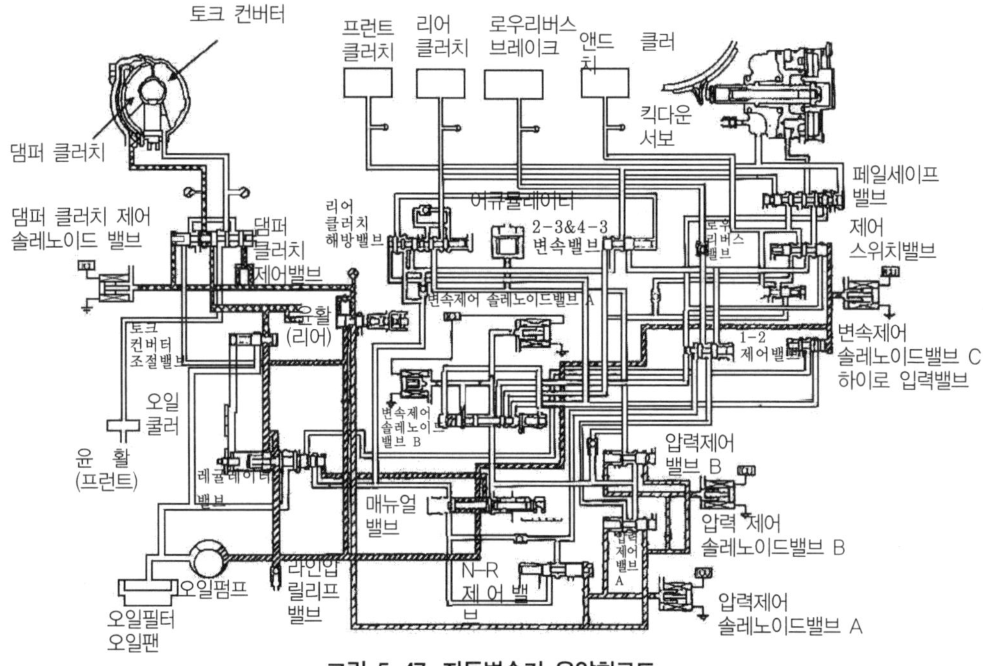

그림 5-47. 자동변속기 유압회로도

2.3.2. 오일펌프

현재 모든 승용차 및 상용차용 자동 변속기에는 엔진에 의해서 구동되는 오일펌프(oil pump)가 장착되어 있다. 오일펌프는 자동 변속기의 오일 팬(oil pan)에 고여 있는 자동변속기 오일(ATF : automatic transmission fluid)를 흡입하여 변속기 내의 각 작동요소에서 필요한 유량을 공급하는 역할을 한다. 자동변속기의 오일펌프는 토크 컨버터의 바로 뒷부분이나 혹은 변속기 케이스의 최후단부에 설치되며 어떤 경우는 밸브 보디(valve body) 내에 장착되기도 한다.

오일펌프는 항상 엔진에 의해 구동되는데 토크 컨버터의 후방에 설치될 경우, 토크 컨버터의 펌프(임펠러) 커버 허브에 의해 구동되며 변속기의 후방이나 밸브 보디에 설치될 경우에는 토크 컨버터 커버와 연결된 별도의 오일펌프 구동축에 의해 구동된다. 오일 팬으로부터 흡입되는 오일은 반드시 오일 필터(oil filter)를 거쳐 불순물이 걸러지도록 되어 있고 토출 압력은 유압 제어 시스템과 바로 연결되어 엔진의 회전수에 관계없이 일정하게 유지된다.

자동변속기에서 오일펌프가 고장을 일으키면 변속기로서의 기본 기능 상실은 물론, 윤활유 공급부족으로 중요부품에 치명적인 손상을 초래하므로 오일펌프의 신뢰성은 매우 중요하다. 자동변속기에서 오일펌프는 사람의 심장과 유사한 역할을 한다고 말할 수 있다.

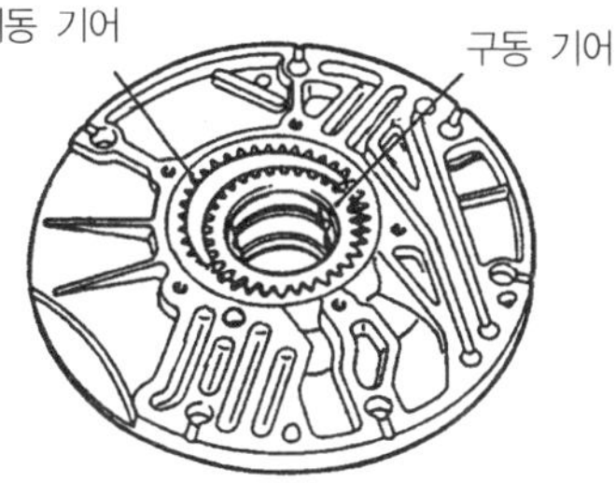

(a) 오일펌프 하우징

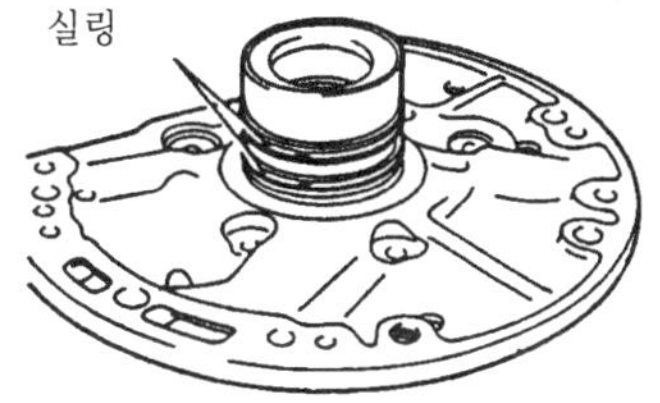

(b) 오일펌프 커버

그림 5-48. 오일펌프 하우징 및 커버

[1] 오일펌프의 기능

① 토크 컨버터에서 동력이 원활하게 전달되도록 필요한 오일을 제공한다.

② 클러치나 브레이크와 같은 유압 액추에이터(actuator : 작동요소)에 작동유량을 제공한다.

③ 유압제어 시스템에서 각종 제어에 필요한 유압을 밸브 보디를 통해 공급한다.

④ 변속기 내의 온도를 일정하게 유지시키기 위하여 오일쿨러로 순환되는 유량을 제공한다.

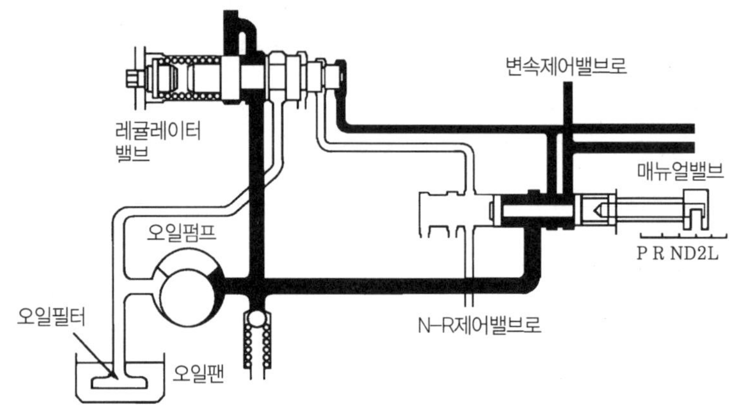

그림 5-49. 자동변속기 오일펌프와 유압제어 시스템회로

[2] 오일펌프의 동력손실

(1) 누유손실

어떤 종류의 오일펌프에서든 오일이 기어간의 틈새(clearance)나 측면 틈새에 의해 토출측으로 송출되지 못하고 흡입측으로 잔류되는 현상, 즉 미끄럼 흐름이 발생하는데 이것이 체적 효율의 저하를 초래한다.

(2) 전단손실

오일펌프에서 토크의 손실 중 유체의 전단 응력에 의한 손실로서 주로 기어나 로터의 이끝, 그리고 기어나 로터의 측면과 펌프 하우징 혹은 커버 사이에서 발생하며 회전수와 유체의 점성에 비례한다.

(3) 마찰손실

마찰 토크 손실은 유막이 매우 얇은 부분이나 건마찰되는 부분에서 발생하는 토크 손실로서 회전수나 유체의 점성과는 거의 무관하고, 로터나 기어에서 발생하는 압력 불균형량에 비례한다.

[3] 오일펌프 동력손실의 저감

자동변속기에서는 토크 컨버터 다음으로 오일펌프가 효율에 큰 영향을 미친다.

따라서 가급적 오일펌프의 구동 토크를 줄이는 것이 자동 변속기의 효율 향상을 위해 바람직한데 이를 위한 방법으로 다음과 같은 사항들을 생각해 볼 수 있다.

① 변속기에서 요구되는 압력, 즉 라인압을 최소로 할 것, 클러치나 밴드 브레이크 등의 피스톤 면적을 크게 하면 낮은 유압으로도 적정 토크 용량을 확보할 수 있다. 자동변속기의 효율 향상에 가장 효과적인 방법 중의 하나이다.

② 변속기 내의 누유량을 최소로 할 것, 솔레노이드밸브(solenoid valve)의 수 및 유압 밸브의 수를 최소로 하고 유압밸브, 부싱 및 실링 등의 틈새를 작게 한다. 밸브보디에 알루미늄밸브를 적용하는 것도 효과적이다.

③ 최대 필요 유량을 줄일 것, 각 변속단 별로 제어되는 클러치의 수를 최소로 하고 특히, 엔진 공회전시의 변속이나 필요 유량을 최소화한다. 그리고 윤활이 필요한 개소를 최소화한다.

2.3.3. 유압의 경로

자동변속기에서 유압의 생성으로부터 피스톤 작동까지의 경로는 다음과 같다.

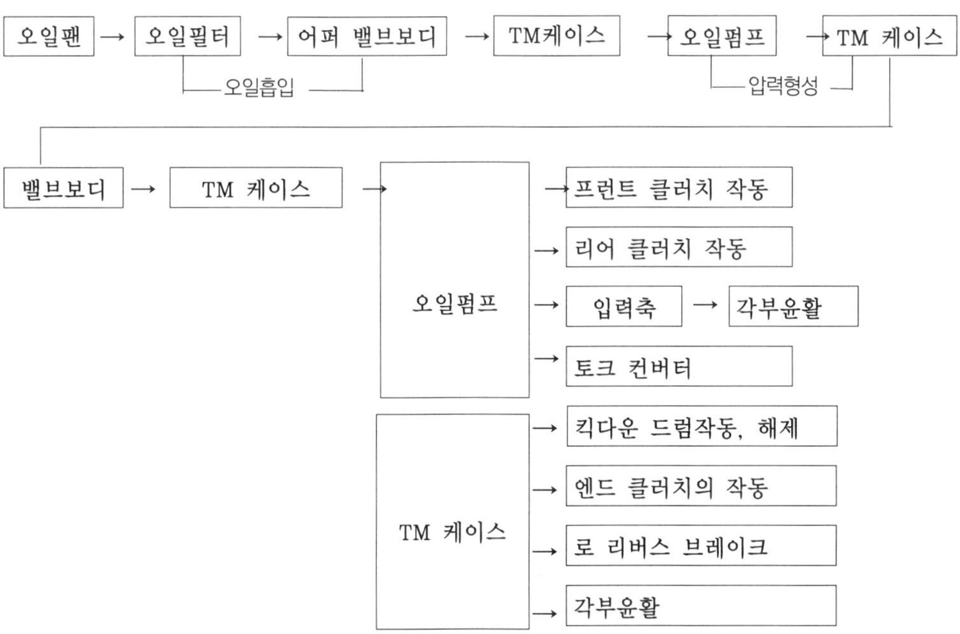

그림 5-50. 자동변속기 유압경로

03 전자제어 자동변속기

현재 개발되어 사용되고 있는 자동변속기는 고도한 전자 기술과 기계 기술을 융합시킨 신세대의 4속 자동변속기이다. 이 방식의 주된 특징으로서 구조적으로 종래의 차의 FF용 자동변속기보다 축이 1본 적은 2축 구조로서 변속용의 원웨이 클러치를 폐지하고, 변속 클러치의 제어에 유압 평형기구의 사용 등 변속 내부의 세부에 걸친 구조변경에 의해 성능의 향상 및 경량화를 도모하고 있다.

또 D레인지에 넣은 채로 모든 도로조건과 주행방향에 매치하는 이지 드라이브를 실현하고 자동변속기차이면서 다이나믹한 수동변속을 즐기는 수동변속기 감각의 즐거운 운전을 가능케 한 스포츠 모드기능을 갖추고 있다.

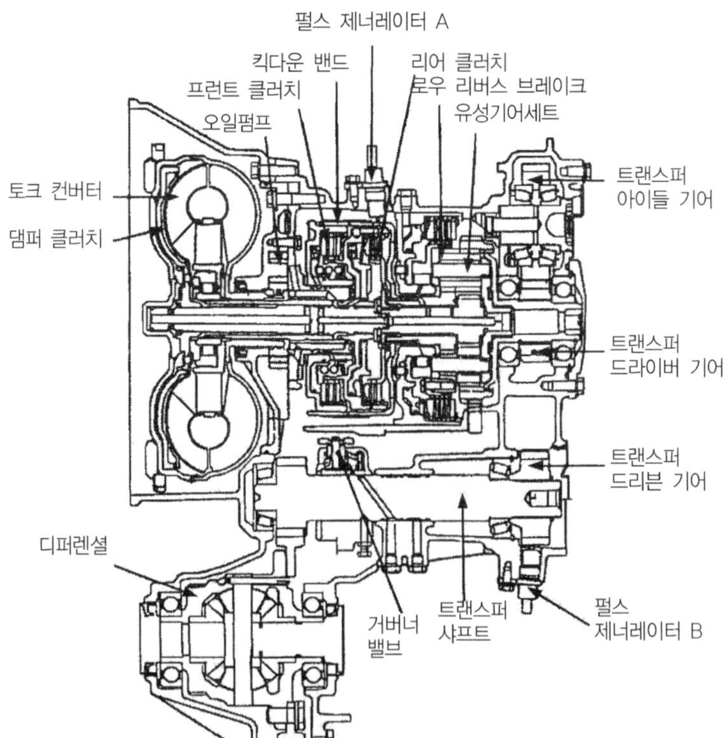

그림 5-51. 전자제어 자동변속기 단면도

3.1. 자동변속기의 구조 및 기능

3.1.1. 변속제어

자동변속기에서 변속과 변속시의 유압제어를 각 클러치, 브레이크에 설치된 솔레노이드 밸브를 각각 독립해서 제어하는 것에 의해 변속시에 클러치와 클러치를 직접 변환하는 클러치 to 클러치라고 부른다. 차세대의 변속방식을 사용하는 것에 의해 클러치의 변환을 세밀하게 제어하고 우수한 변속 느낌과 응답성의 2가지 이득을 얻을 수 있다.

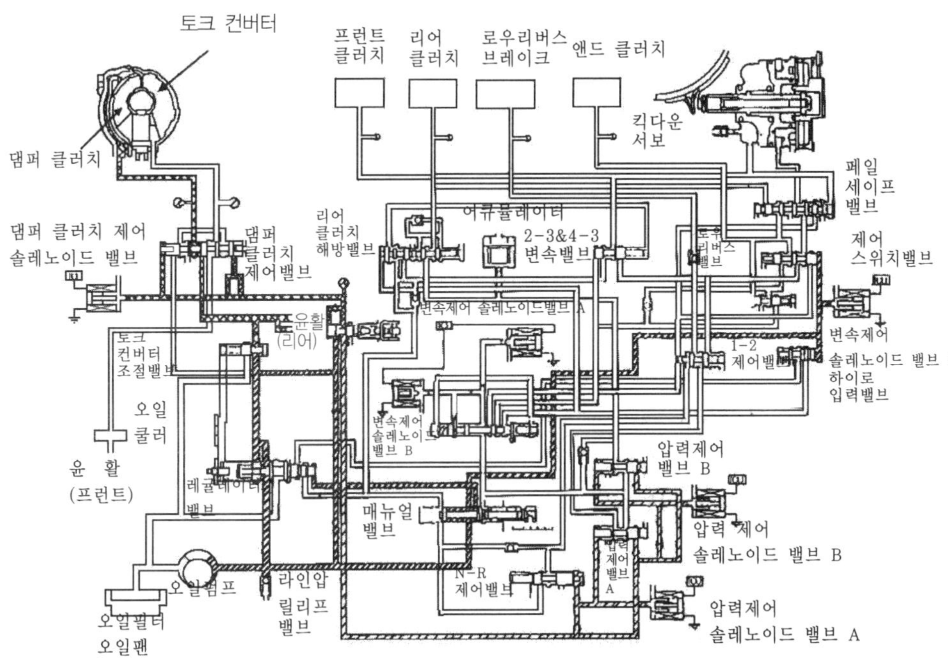

그림 5-52. 유압회로도(중립상태)

[1] 솔레노이드밸브의 작동

TCU의 지시에 따라 각 변속단으로 각각의 솔레노이드밸브를 제어한다.

변속단 \ 항목	변속조절 솔레노이드 밸브	
	A	B
1속	ON	ON
2속	OFF	ON
3속	OFF	OFF
4속	ON	OFF

[2] 변속패턴 제어

변속패턴은 도로조건이나 운전조작에 기초해 최적의 변속패턴으로 제어된다.

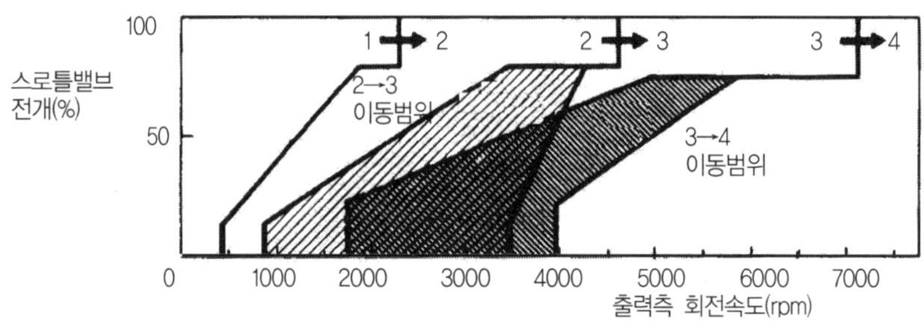

(a) 업 변속패턴

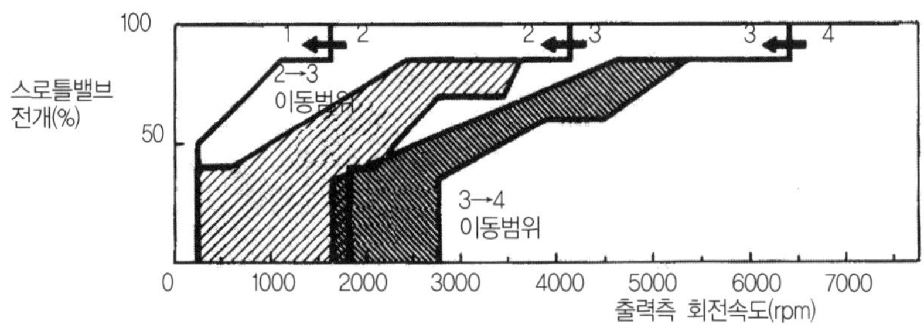

(b) 다운 변속패턴

그림 5-53. 변속패턴 제어도

3.1.2. 인벡스Ⅱ(INVECSⅡ; intelligent & innovative vehicle electronic control systemⅡ)

인벡스 Ⅱ는 어떠한 도로 조건하에서 주행해도 평균적인 운전자가 바라는 최적의 변속 단이 얻어진다. 전운전역의 최적제어와 운전자의 취미나 수정에 따라 변속의 타이밍을 수정해 가는 학습제어에서 구성된다.

[1] 전 운전역의 최적제어

INVECS-Ⅱ의 컴퓨터에는 수많은 운전자가 여러 가지 도로 조건하에서 주행했을 때의 최적의 수동변속 조작이 미리 입력되어 있다. 이것에 의해 컴퓨터는 주행중의 가속페달 밟는 양, 차속, 브레이크, 핸들 조향각의 신호를 받아 이것을 처리하는 것에 의해 차가 현재 어떠한 운전이 되고 있는지를 판단해서 이것에 따른 최적의 변속조작을 출력한다.

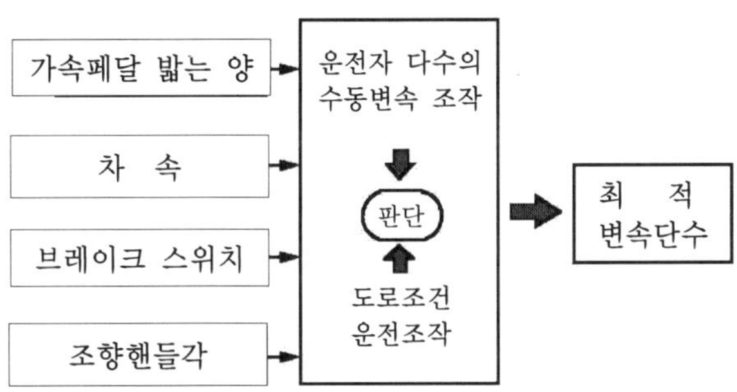

그림 5-54. 최적제어

따라서 INVECS-Ⅱ는 어떠한 도로 조건하에서 주행하여 최적의 변속 단을 얻을 수가 있다. 컴퓨터에 의한 이 최적의 변속조작을 출력하기 위한 연산은 매우 복잡하게 되기 때문에 INVECS-Ⅱ에선 최신의 논리회로인 뉴런 네트워크를 채용하였다.

뉴런 네크워크란 컴퓨터에서의 판단을 될 수 있는 한 인간의 뇌의 판단기능에 근접하려고 한 논리회로로 인간의 뇌와 같이 복수의 입력정보를 여러 가지 가공해서 그것들을 상호 세밀하게 관련시켜서 순간에 적절한 판단을 내리도록 하는 고도의 시스템이다.

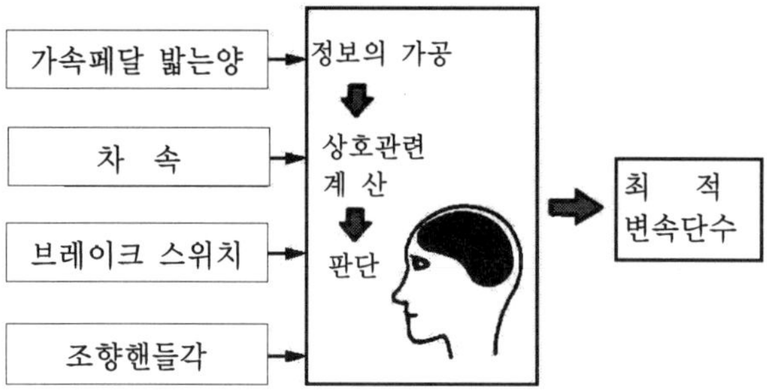

그림 5-55. 뉴런 네트워크(신경망 제어)

[2] 학습 제어

최적제어에 의해 미리 입력되어 있는 최적 변속조작의 재현이 가능하게 되었으나 보다 자신의 취미에 맞는 운전을 바라는 운전자나 운전의 능숙, 미숙 또는 2인의 운전자가 1대의 차를 운전하는 경우나 운전자의 기분이 바뀌는 일도 있기 때문에 INVECS-Ⅱ 에선 엔진출력, 타이어 부하, 브레이크 스위치, 핸들 조향각 등의 정보에서 운전자의 운전조작을 판단하고 현재의 운전자의 취미나 습성에 맞도록 변속 타이밍을 바꾸어 가는 학습제어를 갖추고 있다.

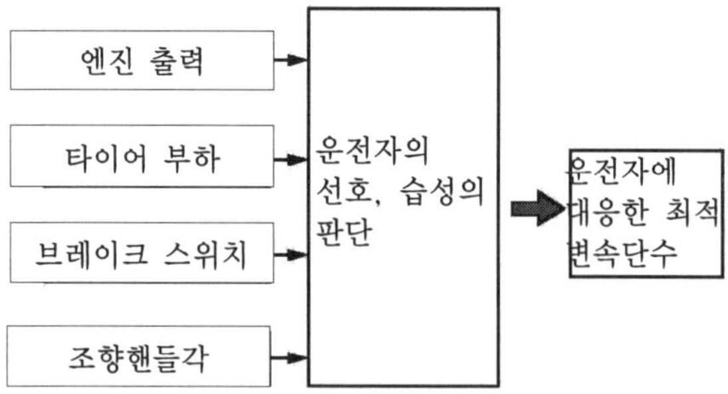

그림 5-56. 학습 제어

개개 운전자의 운전의 방법으로서 그의 명쾌한(스포티한) 운전의 도합을 컴퓨터가 판단해서 학습한다. 엔진의 부적합, 적합과 타이어의 부하도 등을 비교해서 큰 편의 값을 그 순간의 스포티한 정도로 하고 이 값의 크기와 빈도에서 운전자의 스포티한 정도를 판정한다.

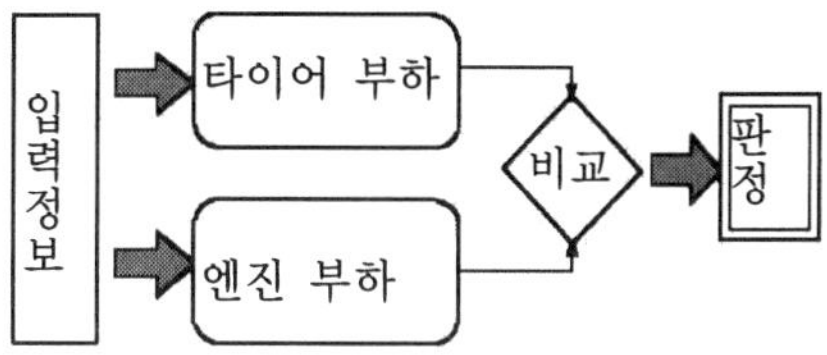

그림 5-57. 스포티한 정도의 판정

에를 들면 느긋한 운전을 좋아하는 운전자의 경우엔 그의 운전패턴을 컴퓨터가 분석해서 낮은 속도로 업 시프트시켜서 보다 고속단을 사용하도록 해서 조용한 운전을 가능케 한다. 또 스포티한 운전을 좋아하는 운전자의 대해서는 고속까지 저속단으로 주행되도록 해서 스포티한 운전을 하기 쉽게 하고 있다.

학습제어에 의해 내리막길에서 브레이크 페달을 빈번히 밟는 운전자에 대해서는 빠르게 다운 시프트를 해서 엔진 브레이크가 잘 듣게 한다. 역으로 내리막에서도 가속페달을 잘 밟는 운전자에게는 다운 시프트를 하기 어렵게 하여 엔진 브레이크를 억제한다.

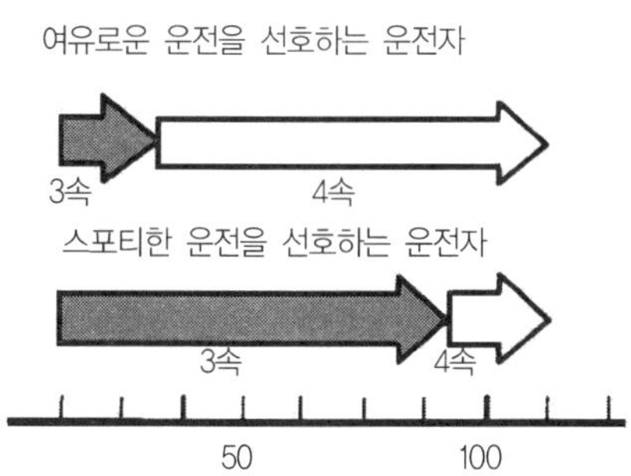

그림 5-58. 가속시의 학습효과

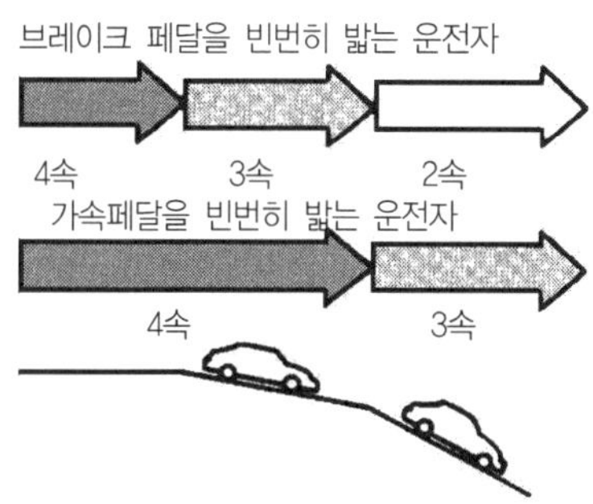

그림 5-59. 감속시(내리막길에서) 학습제어

3.1.3. 스포츠 모드

INVECS—Ⅱ에 의해 쉬운 운전을 실현하는 것이 가능케 되었으나 차의 즐기는 방법으로서 쉬운 운전과는 또 다른 차원에 있는 또 하나의 세계인 운전의 즐거움(fun to drive)를 희망하는 운전자에 응하기 위해 자동변속기차이면서도 수동변속기 감각의 스포티한 운전을 가능케 하고 스포츠 라이프한 차의 새로운 기능으로서 스포츠 모드를 채용하고 있다.

[1] 스포츠 모드의 특징

① 변속 레버를 전후로 움직이는 것만으로 재빠른 업/다운 시프트가 가능하다.

② 가속페달을 밟은 채로 기어 체인지가 가능하다. 이 때문에 동력의 손실 없이 고성능의 드라이빙을 즐길 수 있다.

③ 굴곡로나 산악로에 있어서도 변속단을 자유자재로, 더욱 간단히 선택할 수 있다. 이렇게 함으로서 코너 진입 직진이나 상승 직후의 경쾌한 다운 시프트가 가능하게 되고 이제까지의 자동변속기 차에 없는 다이나믹한 스포티 드라이빙을 즐길 수 있다.

④ 현재의 변속단을 변속위치 지시등으로 점등표시하고 스포츠 모드에서의 레버를 조작을 도와준다. 또 D레인지 주행시에도 변속단을 표시해서 스포츠 모드 선택시의 의사결정을 도와준다.

[2] 스포츠 모드의 조작

① 변속레버를 스포츠 모드측에 변속하면 변속스위치가 ON으로 되어 스포츠 모드주행상태로 된다.

② 변속레버를 (+)/(—)측에 1회 조작하는 것으로 1단씩 업시프트/다운시프트 한다.

③ 변속레버를 2도 (—)측에 재빨리 조작하면 1단 뛰어 넘어서 스킵 시프트(skip shift)를 한다.

④ 정지 중에도 변속레버 조작에 의해 1속 → 2속 또는 2속 → 1속의 시프트가 가능하다.

그림 5-60. 변속위치 지시등

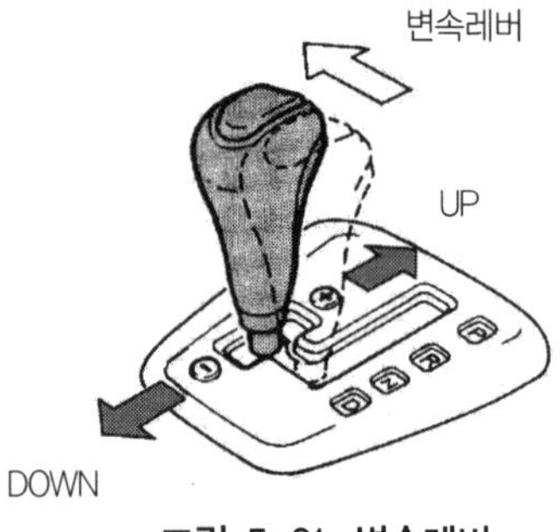

그림 5-61. 변속레버

[3] 변속 응답성

① 스포츠 모드에선 수동변속기에 비해 클러치 페달의 밟는 것이 없으므로 변속은 신속하고 그 외에 구동력의 끊어짐도 없으므로 운전자의 의지에 따른 빠른 응답성의 변속을 실현한다.

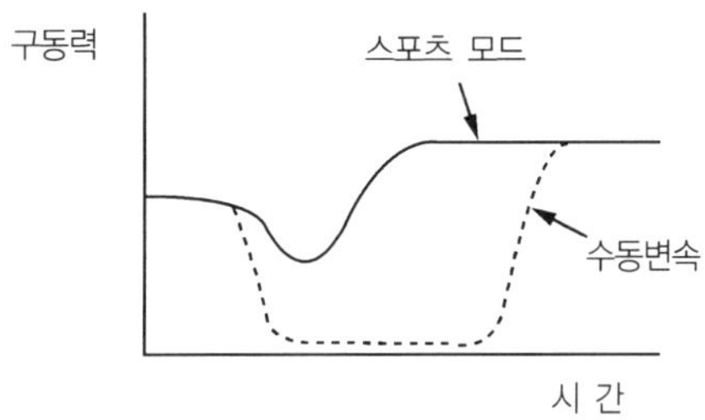

그림 5-62. 변속응답성[1]

② 종래의 자동변속기가 수동변속기에 비해 다운 시프트로 0.1초 이상, 업 시프트로 0.2초 이상 변속시간이 단축되고 있다.

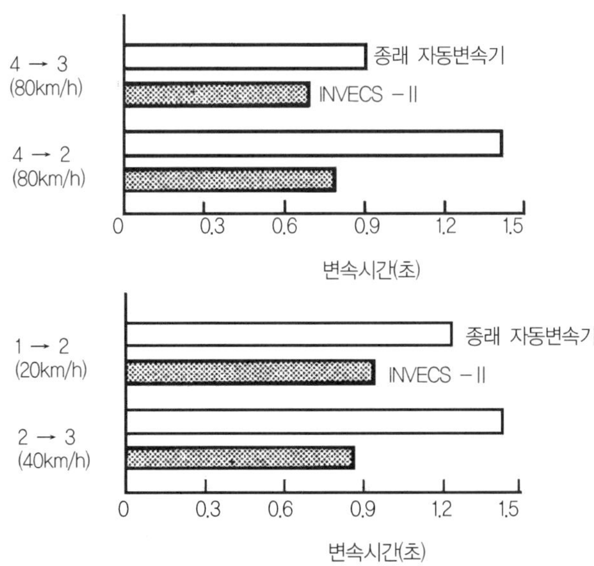

그림 5-63. 변속응답성[2]

3.1.4. 변속시 유압 제어

[1] 클러치 to 클러치 제어

클러치 및 클러치 제어방식은 해제측 클러치(또는 브레이크)와 결합측 클러치(또는 브레이크)를 동시에 제어해서 변속을 행하고 있다. 이것에 의해 클러치 변환시에 양 클러치의 토크 용량을 각각 관계시켜서 면밀히 제어하여 변속 중의 진동이나 클러치 동시의 인터 록을 방지하고 매끄럽게 응답성이 좋은 변속이 이루어진다.

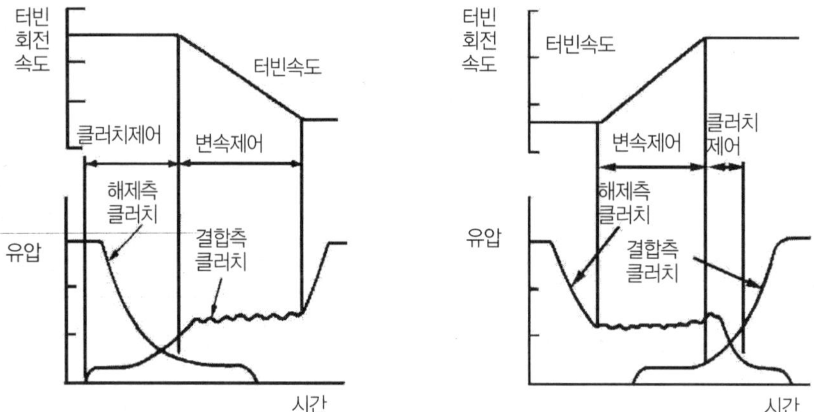

(a) 업 시프트 (b) 다운 시프트

그림 5-64. 클러치 to 클러치제어

[2] 피드백 제어

전체 변속에 있어 변속 중의 변속기 입력측의 속도변화를 미리 결정된 목표시에 일치하도록 피드백 제어한다. 이렇게 함으로서 변속 중의 토크변화를 이상적으로 제어하는 것이 가능하므로 변속 느낌을 대폭 향상시키고 있다. 또 엔진의 성능변화 또는 변속기의 작은 변화에 대해서 제어를 자동 보정하고 변속 느낌을 안정시키는 학습제어를 사용하고 있다.

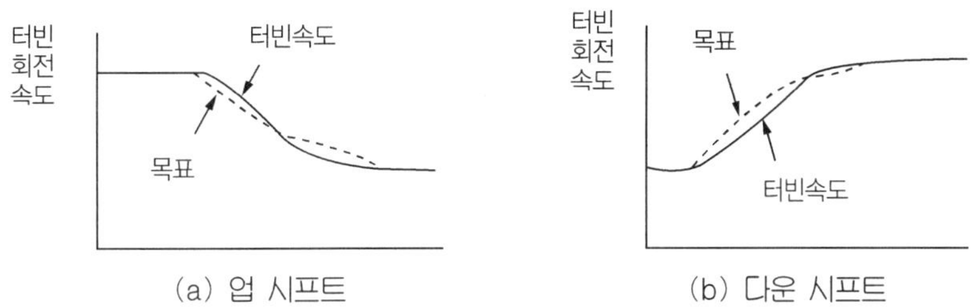

그림 5-65. 피드백 제어

3.1.5. 댐퍼 클러치 제어

댐퍼 클러치 제어는 저 회전역에서 댐퍼 클러치를 약간 매끄럽게 하는 록업 제어와 고회전역에서 완전 직결이 되는 풀 록업 제어가 성립되어있으며 이들의 조합에 의해 저연비와 정숙성을 양립시키고 있다.

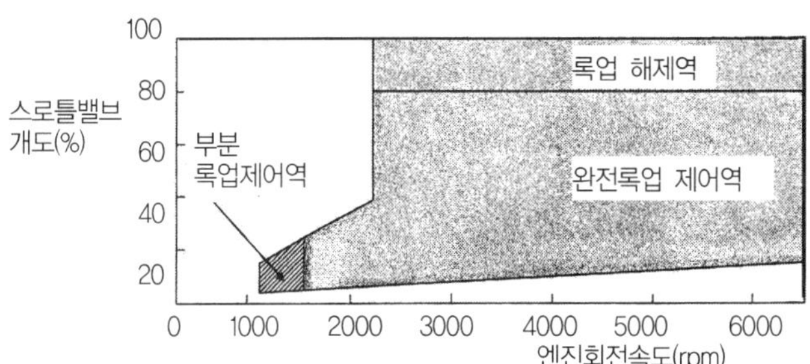

그림 5-66. 댐퍼 클러치 제어

3.1.6. 페일세이프/풀 플롭기능

TCU 내 및 센서 액추에이터에 만일 고장이 발생한 경우나 운전자가 오조작한 경우에도 승객이나 차량에 있어 필히 안전측으로 제어하는 페일세이프/풀 플롭기능을 갖추고 있다.

① 전자제어 계통에 고장이 발생한 경우에도 D레인지로 3속, 스포츠 모드로 다운시프트 조작을 하면 2속(다이어그노시스 코드 31~34, 36, 41~44, 46, 54, 55, 71 출력시엔 제함)에서의 주행을 가능케 하고 있다.

② 지나친 가혹 운전 등에 의해 ATF 온도가 과도하게 상승한 경우, N 레인지 램프를 빨리(2Hz) 점멸시키는 유온 경고 기능을 갖추고 있다.

③ 페일세이프 기능이 작동한 경우엔 N 레인지 램프를 천천히 점멸시켜서(1Hz) 운전자에 알린다.

④ 전진 중에 잘못하여 R 레인지에 변속해도 후진 기어로 들어가지 않는다(7km/h 이상으로 주행시).

⑤ 스포츠 모드 주행중의 다운 시프트 후에 엔진이 과회전 속도로 되려는 경우엔, 다운 시프트 조작을 해도 변속되지 않는다.

3.2. 4단 자동변속기 유압회로

[1] P(주차)

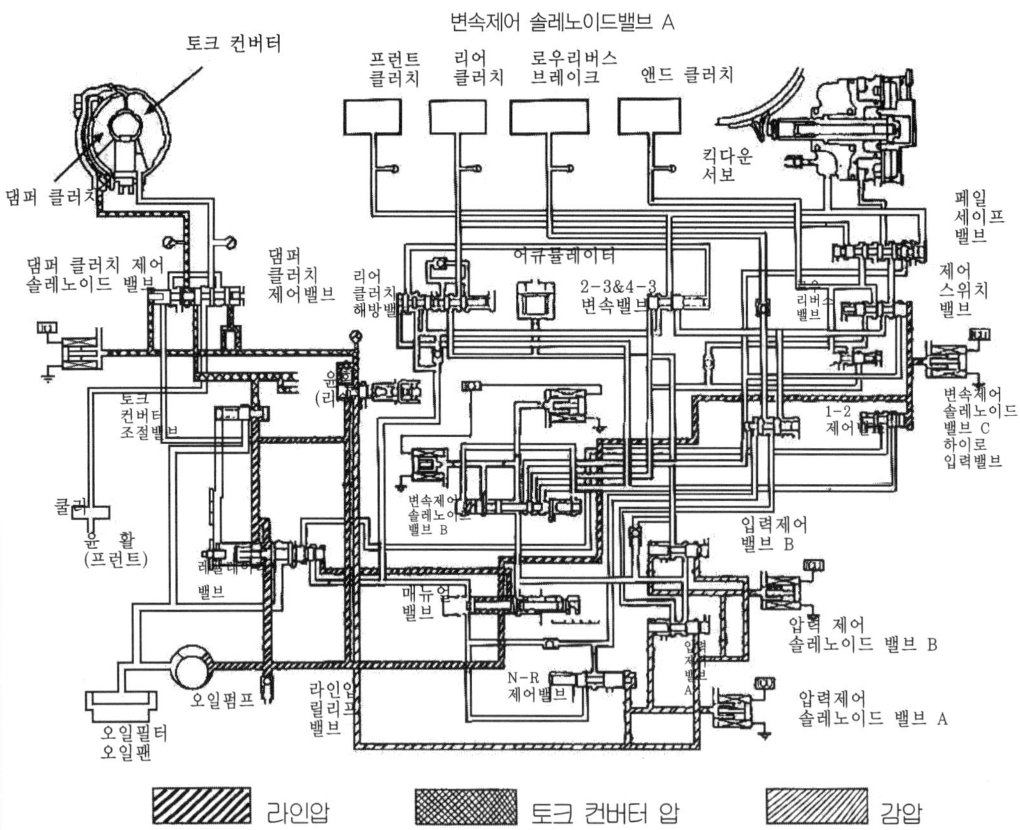

[2] R(후진)

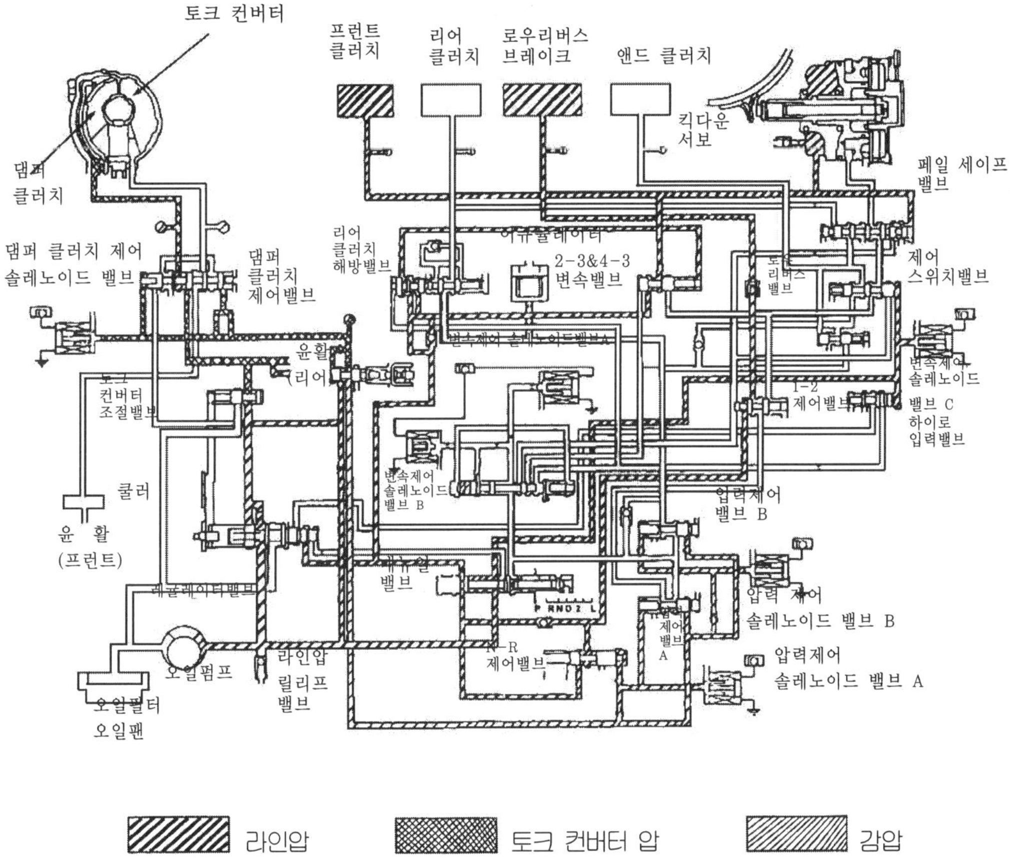
토크 컨버터
프런트 클러치
리어 클러치
로우리버스 브레이크
앤드 클러치
킥다운 서보
댐퍼 클러치
페일 세이프 밸브
댐퍼 클러치 제어 솔레노이드 밸브
댐퍼 클러치 제어밸브
리어 클러치 해방밸브
2-3&4-3 변속밸브
제어 스위치밸브
윤활 (리어)
토크 컨버터 조절밸브
변속제어 솔레노이드 밸브 C
1-2 제어밸브
하이로 입력밸브
쿨러
변속제어 솔레노이드 밸브 B
압력제어 밸브 B
윤 활 (프런트)
매뉴얼 밸브
압력 제어 솔레노이드 밸브 B
오일펌프
라인압 릴리프 밸브
N-R 제어밸브
압력제어 솔레노이드 밸브 A
오일필터
오일팬
라인압
토크 컨버터 압
감압

[3] N(중립)

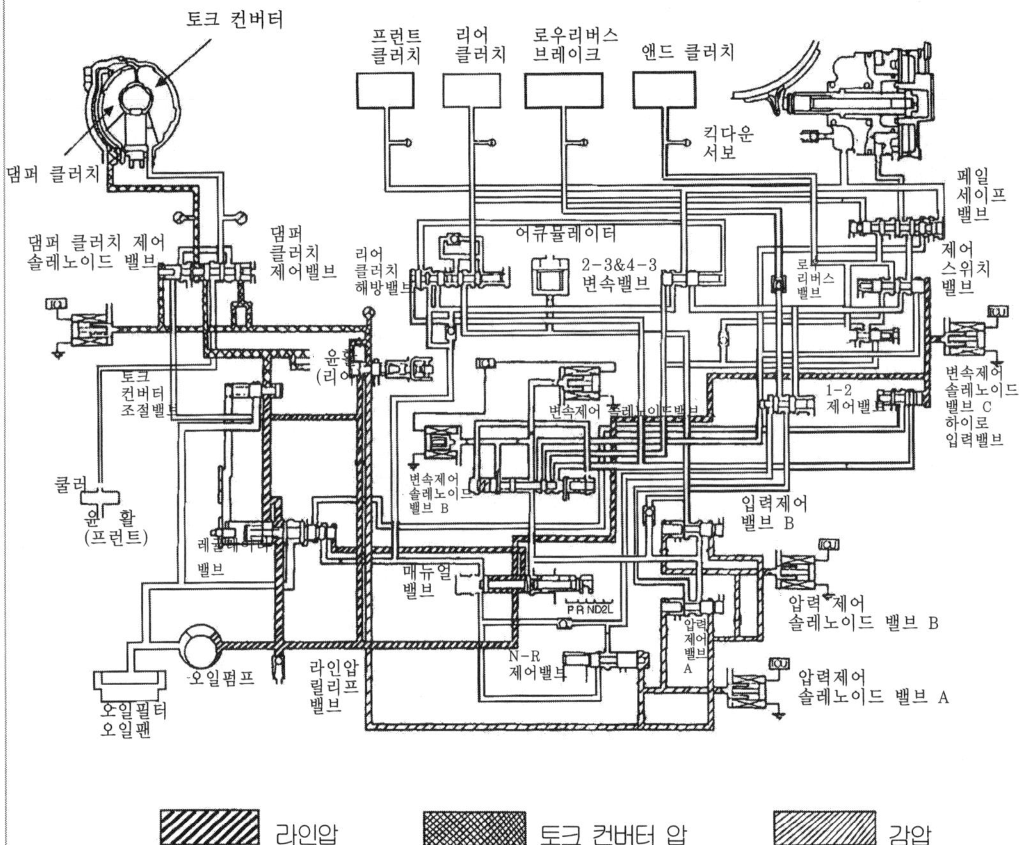
토크 컨버터
프런트 클러치
리어 클러치
로우리버스 브레이크
앤드 클러치
킥다운 서보
댐퍼 클러치
페일 세이프 밸브
댐퍼 클러치 제어 솔레노이드 밸브
댐퍼 클러치 제어밸브
리어 클러치 해방밸브
어큐뮬레이터
2-3&4-3 변속밸브
로우 리버스 밸브
제어 스위치 밸브
변속제어 솔레노이드 밸브 C
하이로 입력밸브
토크 컨버터 조절밸브
1-2 제어밸브
변속제어 솔레노이드 밸브 B
쿨러
윤 활 (프런트)
입력제어 밸브 B
레귤레이터 밸브
매뉴얼 밸브
압력 제어 솔레노이드 밸브 B
PRND2L
압력제어 밸브 A
N-R 제어밸브
압력제어 솔레노이드 밸브 A
오일펌프
라인압 릴리프 밸브
오일필터
오일팬
라인압
토크 컨버터 압
감압

[4] D(1속)

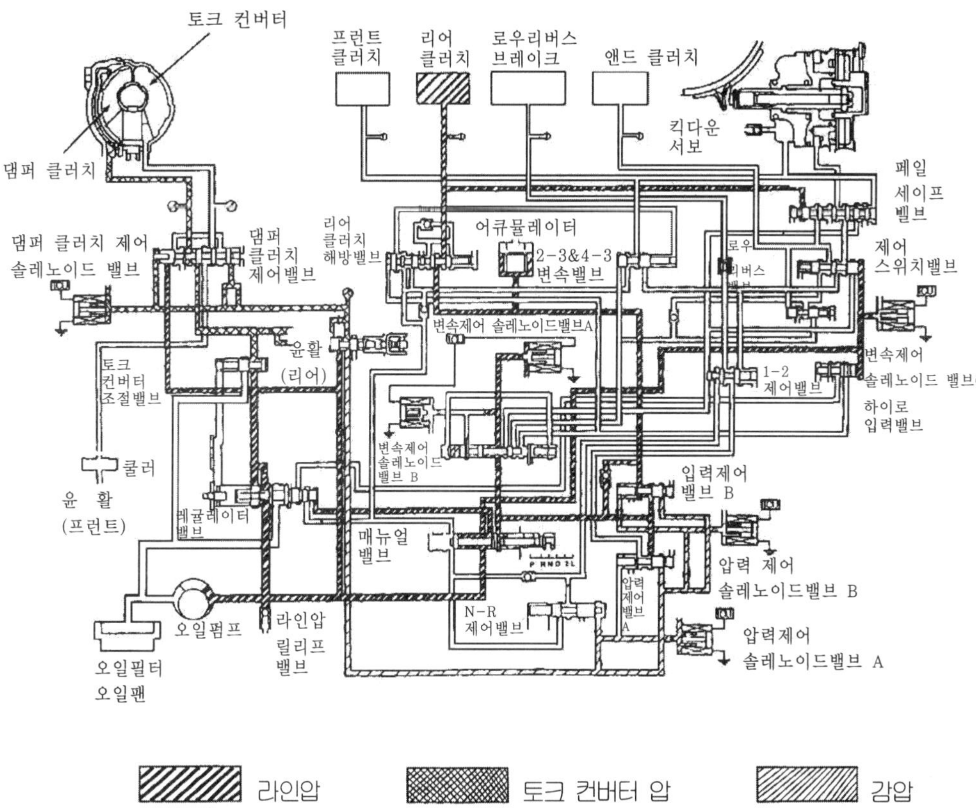
토크 컨버터
프런트 클러치
리어 클러치
로우리버스 브레이크
앤드 클러치
킥다운 서보
댐퍼 클러치
페일 세이프 밸브
댐퍼 클러치 제어 솔레노이드 밸브
댐퍼 클러치 제어밸브
리어 클러치 해방밸브
어큐뮬레이터
2-3&4-3 변속밸브
제어 스위치밸브
변속제어 솔레노이드밸브A
윤활 (리어)
토크 컨버터 조절밸브
변속제어 솔레노이드 밸브C
1-2 제어밸브
하이로 입력밸브
변속제어 솔레노이드 밸브 B
쿨러
윤 활 (프런트)
입력제어 밸브 B
레귤레이터 밸브
매뉴얼 밸브
압력 제어 솔레노이드밸브 B
압력제어 밸브 A
N-R 제어밸브
오일펌프
라인압 릴리프 밸브
압력제어 솔레노이드밸브 A
오일필터 오일팬
라인압
토크 컨버터 압
감압

[5] D(2속)

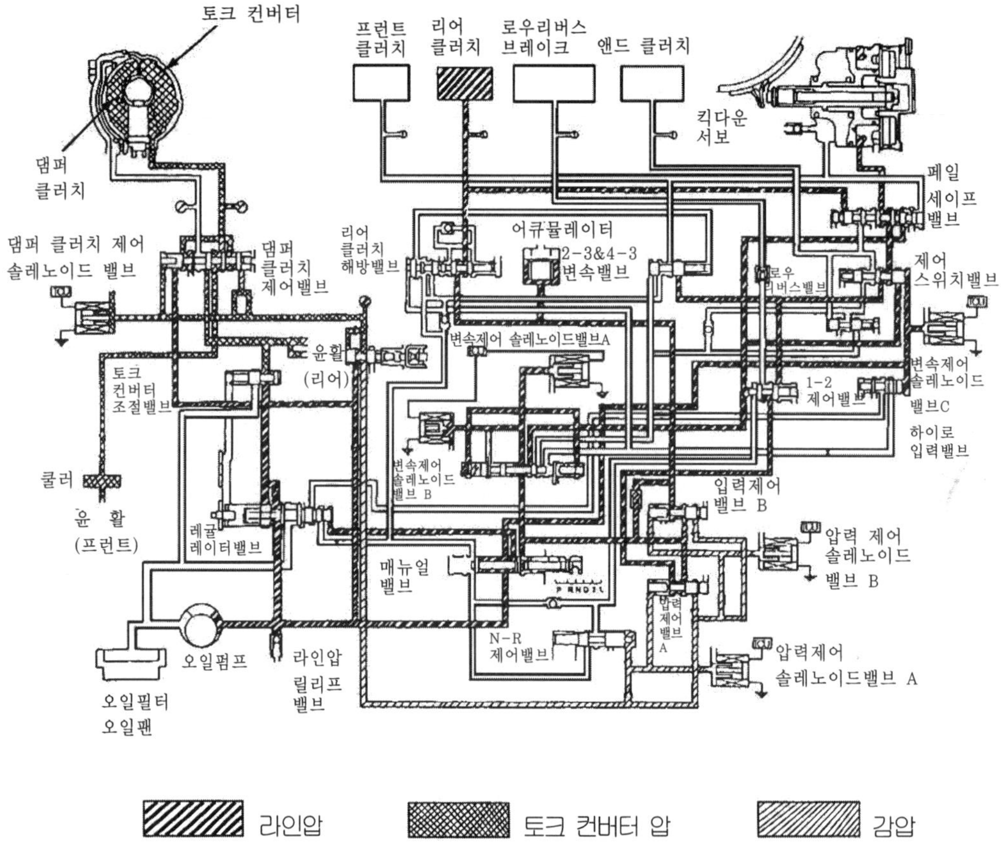

토크 컨버터
프런트 클러치
리어 클러치
로우리버스 브레이크
앤드 클러치
킥다운 서보
댐퍼 클러치
페일 세이프 밸브
댐퍼 클러치 제어 솔레노이드 밸브
댐퍼 클러치 제어밸브
리어 클러치 해방밸브
어큐뮬레이터
2-3&4-3 변속밸브
로우 리버스밸브
제어 스위치밸브
변속제어 솔레노이드밸브A
윤활 (리어)
토크 컨버터 조절밸브
1-2 제어밸브
변속제어 솔레노이드 밸브C
하이로 입력밸브
쿨러
변속제어 솔레노이드 밸브 B
입력제어 밸브 B
윤 활 (프런트)
레귤레이터밸브
압력 제어 솔레노이드 밸브 B
매뉴얼 밸브
압력 제어 밸브 A
N-R 제어밸브
오일펌프
라인압 릴리프 밸브
압력제어 솔레노이드밸브 A
오일필터 오일팬
라인압
토크 컨버터 압
감압

[6] D(3속)

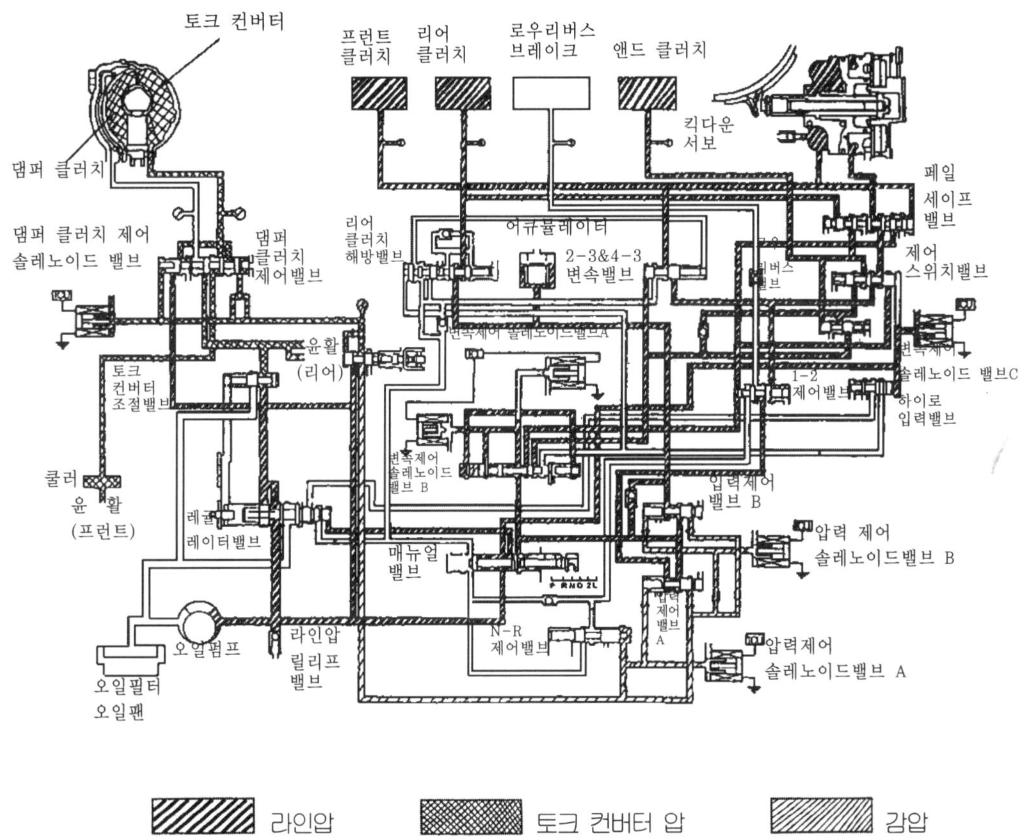
토크 컨버터
프런트 클러치
리어 클러치
로우리버스 브레이크
앤드 클러치
킥다운 서보
댐퍼 클러치
페일 세이프 밸브
댐퍼 클러치 제어 솔레노이드 밸브
댐퍼 클러치 제어밸브
리어 클러치 해방밸브
어큐뮬레이터
2-3&4-3 변속밸브
제어 스위치밸브
윤활 (리어)
토크 컨버터 조절밸브
변속제어 솔레노이드밸브A
변속제어 솔레노이드 밸브C
1-2 제어밸브
하이로 입력밸브
변속제어 솔레노이드 밸브 B
쿨러
윤 활 (프런트)
레귤레이터밸브
압력제어 밸브 B
압력 제어 솔레노이드밸브 B
매뉴얼 밸브
P R N D 2 L
압력 제어 밸브 A
오일펌프
라인압 릴리프 밸브
N-R 제어밸브
압력제어 솔레노이드밸브 A
오일필터
오일팬
라인압
토크 컨버터 압
감압

[7] D(4속)

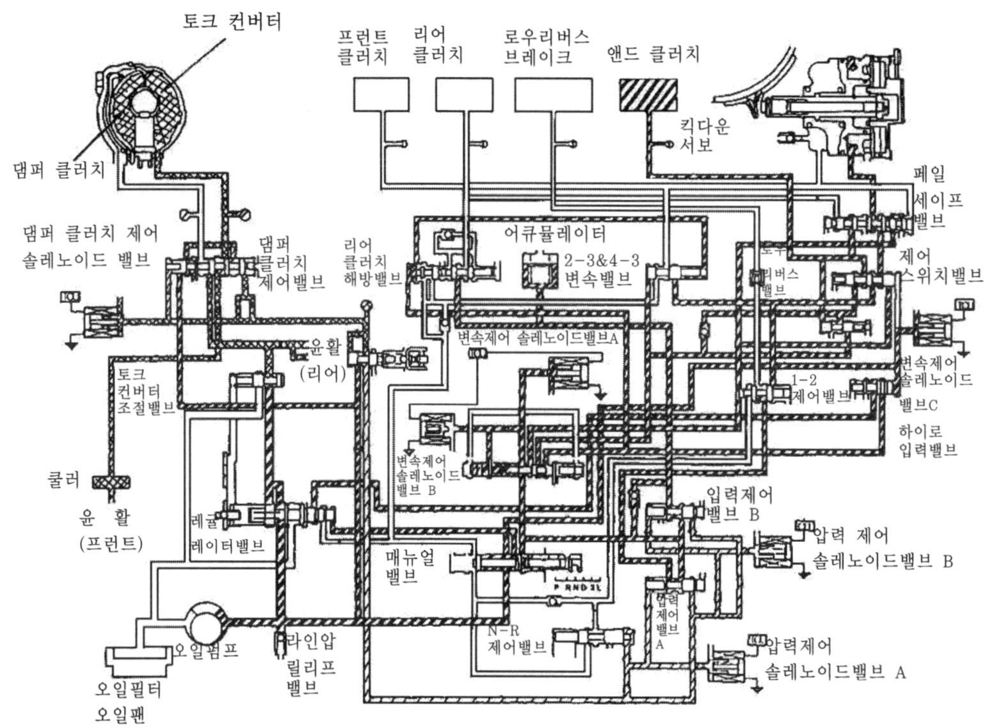

라인압 토크 컨버터 압 감압

[8] L(록업)

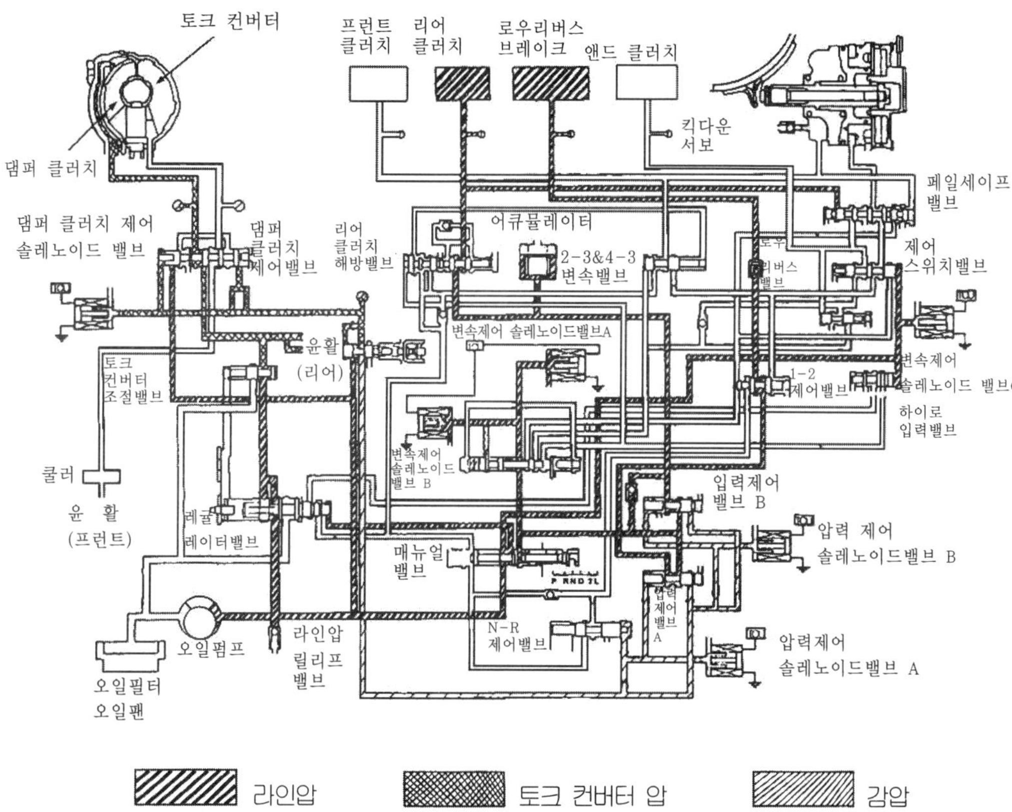

3.2.1. 변속패턴

변속패턴은 운전자가 변속레버를 수동으로 선택할 때의 변속기 기능을 표시한 것으로서 P – R – N – D – 2 – L 등의 여섯 가지가 있다.

[1] 주차위치(P)

① P위치에서는 각 작동요소가 완전히 작동하지 않기 때문에 엔진 출력은 출력축에 전달되지 않는다.

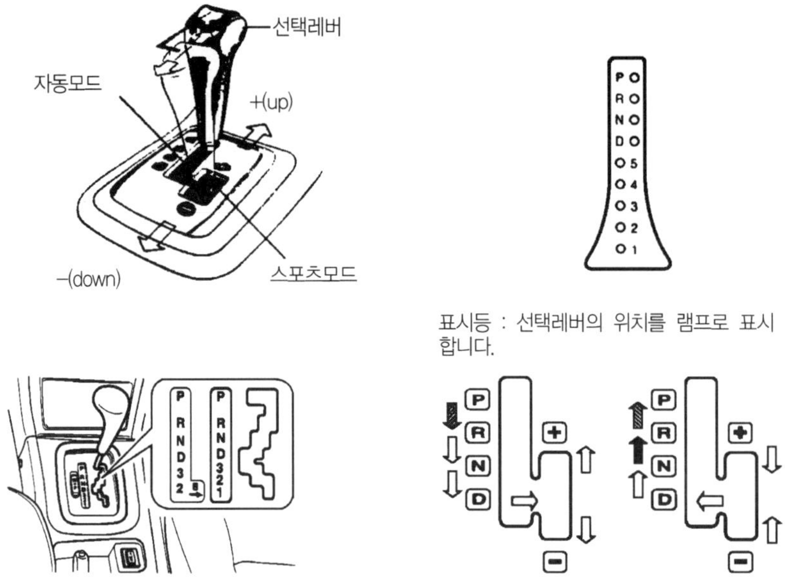

그림 5-67. 변속레버

② 출력축은 기계적으로 파킹 기구에 의해 완전히 고정되어 있으므로 차량은 전, 후진되지 않는다.

[2] 후진위치(R)

R은 후진 레인지를 말하며 엔진을 시동할 수 없다.

[3] 중립위치(N)

N위치에서는 P위치에서와 같이 엔진 출력이 출력축으로 전달되지 않으며 엔진 시동은 가능하다.

[4] 주행위치(D)

① D위치에서는 가속 페달의 밟는 양(스로틀 개도) 및 차속에 따라서 자동적으로 전진 3단 또는 4단의 변속이 이루어진다. 단, 4단 자동 변속기에서의 오버드라이브 스위치가 OFF일 때에 전진 3단, ON일 때 전진 4단으로 되며, 자동변속은 변속패턴에 따라 변속된다.

② 발진은 1속으로 발진하고, 4단 자동변속기에서는 공회전 상태에서는 2속 고정(CREEP)으로 되어 차의 발진을 방지하도록 되어 있다.

③ 킥다운은 4속, 3속, 2속으로 주행 중 가속페달을 약 85% 이상 밟을 때 이루어지며, 변속패턴과 같이 감속 경계점을 초월함으로써 저속 기어로 감속되고, 구동력이 상승되어 결국 추진력이 증가된다.

[5] 2속 위치(SECOND)

① 1속 ↔ 2속 구간에서 자동변속이 되며, 3속으로의 증속은 되지 않는다.

② 1속으로 발진하고, 4단 자동 변속기인 경우는 공회전 상태에서 2속으로 고정되어 발진이나 진동현상을 줄이도록 되어 있다.

③ 3단 자동 변속기는 3속 주행 중 2레인지로 변속시 바로 2속으로 감속된다.

④ 4단 자동 변속기는 D레인지 3속 또는 4속으로 주행 중에 2레인지로 변속하면, 미리 설정된 변속패턴상의 저속 이하에서 2속 또는 3속으로 감속한다.

⑤ 엔진 브레이크는 D레인지와 같이 1속에서는 작동되지 않는다.

⑥ 댐퍼 클러치는 2속에서 댐퍼 클러치 작동 영역에서 자동적으로 작동된다.

⑦ 빙판길 등에서 주로 사용한다.

[6] 록업(LOCK UP)

① 2속에서 1속으로 감속은 되지만, 1속으로부터 2속 또는 3속으로 가속은 되지 않는다. 즉 1속은 고정상태를 의미한다.

② 1속 발진하며 엔진 브레이크가 작동한다.

3.2.2. 파킹기구

파킹기구는 파킹로드(parking rod), 스프래그(sprag), 스프래그 기어, 디텐트 플레이트(detent plate) 등으로 구성되어 변속레버를 P레인지에 넣으면, 디텐트 플레이트, 파킹로드가 움직여 파킹로드 캠이 파킹 스프래그를 밀어 올려 주차 브레이크를 고정한다.

3.3. 자동변속기 오일(ATF : automatic transmission fluid)

3.3.1. ATF의 역할

① 토크컨버터 내의 작동 유체로서 동력을 전달한다.

② 기어 또는 베어링 등의 회전부분에 공급되어 윤활 작용을 한다.

③ 밸브, 클러치, 브레이크 등을 작동시키는 작용을 한다.

④ 마찰부분에 공급되어 변속기 내부의 냉각작용을 한다.

⑤ 변속시에 충격을 흡수하는 작용을 한다.

3.3.2. ATF의 구비조건

① 점도가 낮을 것 : 오일의 점도는 토크 컨버터 및 각종 유압밸브의 작동에 많은 영향을 미치게 된다. 따라서 자동변속기 오일은 저온에서도 유동성을 유지할 수 있도록 낮은 점도가 요구되며, 온도변화에 대한 점도의 변화가 적은 것이 좋다.

② 비중이 클 것 : 토크컨버터는 오일에 의해서 기관의 동력을 변속기에 전달하므로 원할한 동력의 전달이 이루어지도록 회전력을 증대시키기 위해서는 오일의 비중이 높아야 한다.

③ 기포가 생기지 않을 것 : ATF에 기포가 생기면 오일펌프의 흡입능력이 저하하며 공기가 혼입하므로 유압저하를 초래한다. 유압회로의 작동능력이 저하하면 클러치 단속도 불량하여 클러치의 미끄럼의 원인이 된다.

④ 점도지수의 변화가 적을 것 : ATF의 온도는 저온에서 고온까지 변화하므로 점도변화는 적어야 한다.

⑤ 슬러지(침전물)의 발생이 적을 것 : 슬러지가 생기면 클러치가 미끄러지거나 유압회로의 작동불량의 원인이 된다. 따라서 내열 및 내산성이 우수하여야 한다.

⑥ 착화점이 높을 것 : 오일은 자동변속기와 토크컨버터를 순환하여 작동을 하기 때문에 높은 온도와 접촉하게 되므로 착화점이 낮으면 오일의 산화가 촉진되고 기포가 발생되므로 오일은 착화점이 높은 것이 요구된다.

⑦ 비점이 높을 것 : 오일의 비점이 낮으면 점도가 변화되어 클러치나 브레이크 또는 각 기어의 마찰 및 마멸이 증대되거나 소결이 발생되므로 오일은 비점이 높은 것이 요구된다.

⑧ 유성이 좋을 것 : 기어가 작동될 때 유막이 없으면 기어사이의 높은 압력에 의해서 발생되는 마찰열에 의해서 소결현상이 발생되거나 마멸이 발생된다. 따라서 유막을 형성하여 소결 및 마찰에 의한 고장이 발생되지 않도록 하여야 한다.

3.3.3. ATF의 열화 원인

① 무리한 운전에 의한 유온 상승

② ATF의 장기간 사용에 의한 열화

③ ATF 내부의 다판 클러치의 미끄럼

3.3.4. ATF의 점검

① 유온이 70～80℃(냉각수 온도 80～90℃)가 되도록 엔진을 공회전시킨다. ATF는 온도에 의해서 체적이 심하게 변화되기 때문에 정상의 유온상태에서 점검하여야 한다.

② 엔진을 공회전상태로 자동차를 평탄한 장소에 정차시킨다.

③ 변속 레버를 각 레인지에 2～3회 작동시켜 각 유로 및 토크컨버터에 오일을 충만시킨 후 N레인지에 위치시키고 주차 브레이크를 작동시킨다.

④ 오일 레벨 게이지를 뽑아 오일의 양과 색을 점검한다.

⑤ 오일 레벨 게이지의 HOT 범위에 있는가 확인하고 부족시에는 HOT 범위가 되도록 ATF을 보충한다. 이때 온도상승에 의한 체적의 증가를 고려하여 조금씩 보충한 후 재점검하면서 보충한다.

⑥ 오일레벨 게이지를 이물질이 유입되지 않도록 확실하게 끼운다.

⑦ 오일색 점검

㉮ 투명한 붉은색 : 정상

㉯ 갈색 : 가혹한 상태로 사용하여 오일이 열화된 경우

㉰ 검정색 : 클러치, 부싱, 기어, 브레이크 등의 마멸에 의한 오염

㉱ 황색 : 오일이 과열되는 경우

㉲ 우유색 : 냉각수가 혼입된 경우

04 무단자동변속기(CVT)

4.1. 무단변속기의 개요

최근에 주목을 받고 있는 무단변속기(CVT ; continuously variable transmis sion)는 연속적으로 가변(可變)시키는 장치이다. 무단변속기의 최대 장점은 무단으로 변속을 실행하므로 변속기에서 발생할 수 있는 변속 충격방지 및 연료 소비율 향상과 가속 성능이 우수한 점이다. 무단변속기의 종류에는 크게 변속방식에 의한 분류와 동력전달 방식에 의한 분류할 수 있으며, 변속방식에는 벨트방식과 트로이드 방식으로 나누며 현재는 주로 벨트 방식을 사용한다.

또한 벨트방식에서도 전동기로 제어하는 건식과 유압으로 제어하는 습식이 있으며, 유압으로 제어하는 습식이 주로 사용된다. 동력전달장치에는 전자 파우더 방식과 토크 컨버터 방식이 있다. 무단변속기는 엔진을 항상 최적 운전상태로 유지할 수 있어 효율이 10~20% 정도 높아진다. 변속 모드는 P, R, N, D, Ds, L 레인지 등 총 6개의 모드로 구성되어 있으며 자동 변속기 주행상태에서 D4, D3, D2, L과는 달리 D레인지는 이코노미 모드(economy mode)이며, Ds는 파워 모드(power mode)이다. 무단 변속기의 장점은 다음과 같다.

그림 5-68. CVT의 구조

4.1.1. 무단변속기의 장점

[1] 가속 성능의 향상

무단변속기는 변속비가 연속적으로 이루어지므로 엔진 회전속도를 일정한 구간으로 유지하여 변속할 수 있기 때문에 운전자의 성향에 따라 필요한 구동력 영역에서 운전을 할 수 있다.

[2] 연료 소비율의 향상

기존의 자동변속기는 댐퍼 클러치 제어 영역을 변속기 충격이나 내구성 문제 때문에 댐퍼 클러치 영역에 제한을 두었으나 무단 변속기는 중간에 차단되는 변속이 없으므로 댐퍼 클러치 영역을 기존 자동 변속기보다 많은 영역으로 할 수 있다. 그리고 최적의 연료 소비율 곡선에 따라 운전할 수 있어 연료 소비율이 향상된다.

[3] 변속기 충격 감소

변속 패턴이 없어 출력축 토크 변동에 의한 차이가 없기 때문에 변속기 충격이 없다.

[4] 무게 감소

기존의 자동변속기에 비해 부품 수요가 적어 무게가 가벼워진다.

무단변속기의 가장 큰 장점은 변속 충격이 없고 원활한 가속에 있다. 이것은 기존의 자동 변속기에서 실현이 어려운 충분한 동력 성능과 양호한 연료 소비율 특성에 있다. 무단 변속기는 일반 자동변속기와는 달리 주어진 변속 패턴에 따라 최대 변속비와 최소 변속비 사이를 연속하여 무한대의 단계로 변속시키므로 서 엔진의 동력을 최대한 이용하여 우수한 동력성능과 연료 소비율을 향상시키는 있도록 운전 가능한 변속기이다.

4.2. 무단변속기의 성능 향상장치

기존의 자동변속기에 비해 무단변속기는 무단으로 변속비를 제어할 수 있기 때문에 연료 소비율 향상과 동력성능을 향상시킨다.

① 연료 소비율 향상 : 최적상태의 연료 소비율 곡선에 근접하여 운전이 가능하므로 연료 소비율을 낮출 수 있다.

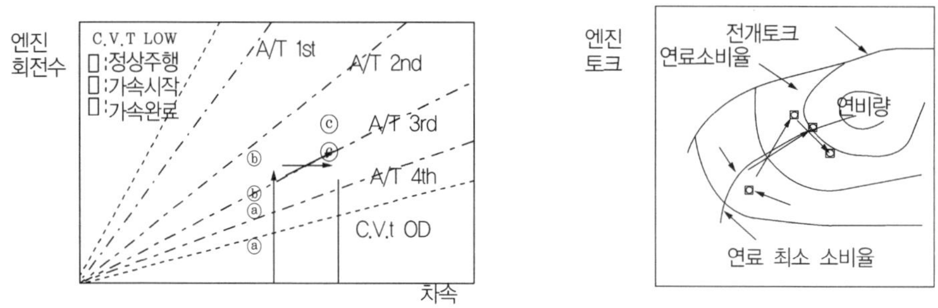

그림 5-69. 정상주행에서 가속했을 경우

② 동력성능 향상 : 높은 구동력이 요구되는 경우 최고 출력 곡선부근에서 운전을 할 수 있어 동력성능이 향상된다.

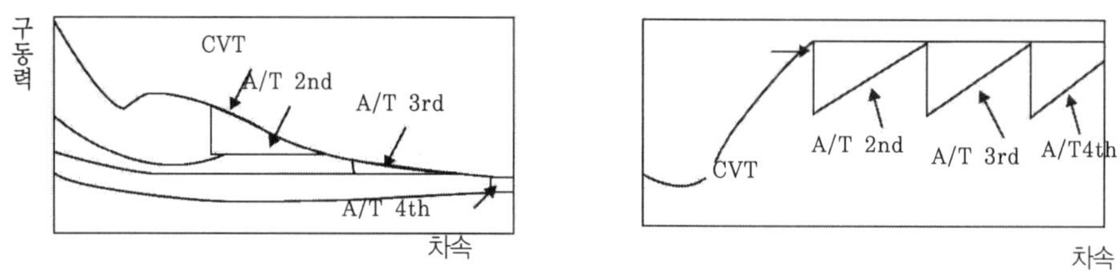

그림 5-70. 정지상태에서 가속 주행했을 경우

4.3. 무단변속기의 구성별 분류

4.3.1. 동력 전달방식에 의한 분류

동력 전달방식에 의한 무단변속기의 종류에는 토크 컨버터 방식과 전자 파우더 방식이 있다.

[1] 토크 컨버터방식

토크 컨버터방식에서 사용하는 무단 변속기의 토크 컨버터는 기존의 자동 변속기에서 사용하는 토크 컨버터와 동일하다. 그러나 무단 변속기 특성상 댐퍼 클러치 제어영역을 자동 변속기에 비해 작동영역을 크게 할 수 있어 연료 소비율 개선에 큰 효과를 볼 수 있다.

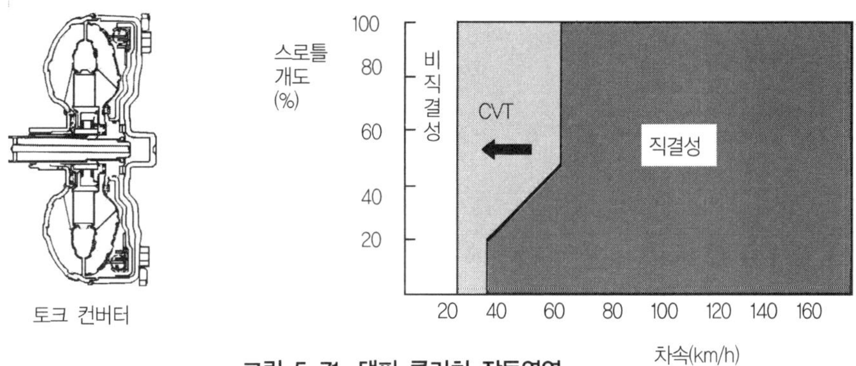

그림 5-71. 댐퍼 클러치 작동영역

[2] 전자 파우더 방식

전자 파우더방식(electronic powder type)은 기존의 동력 전달방식과는 달리 전자 파우더를 밀폐된 공간에 넣고 외부. 즉, 구동축 쪽에 솔레노이드를 설치하고(엔진과 함께 회전함) 내부 쪽에 변속기 입력축을 설치하여 솔레노이드에 전원을 가하면 전자 파우더가 작용하여 내부와 외부를 연결한다. 즉, 엔진의 동력과 변속기 입력축을 연결한다.

그러나 이 방식은 변속기 특성상 구동 상태에서도 차량이 정지하고 있어야 되기 때문에 전자 파우더 클러치 내부에 슬립이 발생하며, 슬립에 의해 열이 많이 발생하는 단점이 있다.

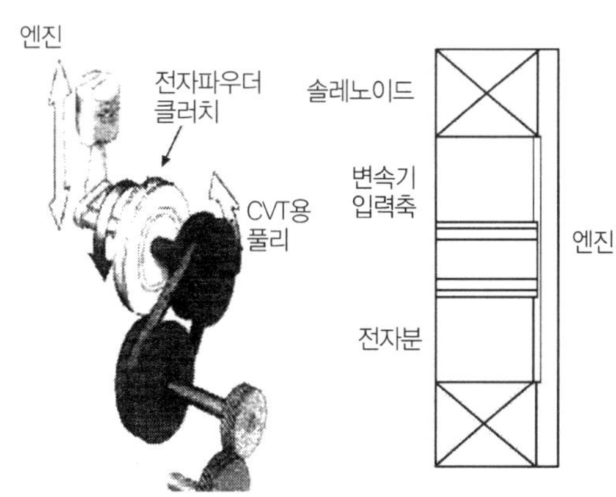

그림 5-72. 전자 파우더 클러치

4.3.2. 변속방식에 의한 분류

변속방식에 의한 무단 변속기의 종류에는 가변 풀리 벨트방식과 고무벨트 방식, 금속벨트 방식, 익스트로이드 방식 등이 있다.

[1] 고무벨트 방식(rubber belt type)

고무벨트는 알루미늄합금 블록의 측면 즉, 변속기 풀리와 접촉면이 내열 수지로 성형되어 있다. 이렇게 제작된 고무벨트는 높은 마찰 계수를 유지하는 효과를 얻을 수 있고 벨트를 누르는 힘인 추력(推力)을 작게 할 수 있다. 이 고무벨트 방식은 주로 2륜 자동차 등과 같은 배기량이 작은 차량에서 주로 사용된다.

고무벨트 방식은 알루미늄합금 블록에 내열 수지가 있어 변속 제어 즉, 풀리 가변이 직류 전동기로 실행될 수밖에 없는 이유가 된다. 높은 마찰계수는 무단 변속기 전체의 높은 전달 효율과도 밀접한 관계가 있다. 그 결과 연료 소비율은 자동 변속기 보다 향상되어 수동 변속기와 동등한 성능이 확보된다. 그러나 고무벨트 방식은 배기량이 큰 차량에서는 슬립과 내구 성능에 결점을 보인다.

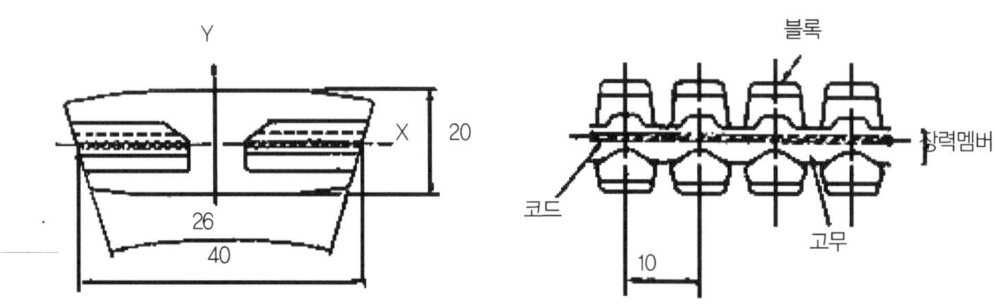

그림 5-73. 고무벨트의 구조

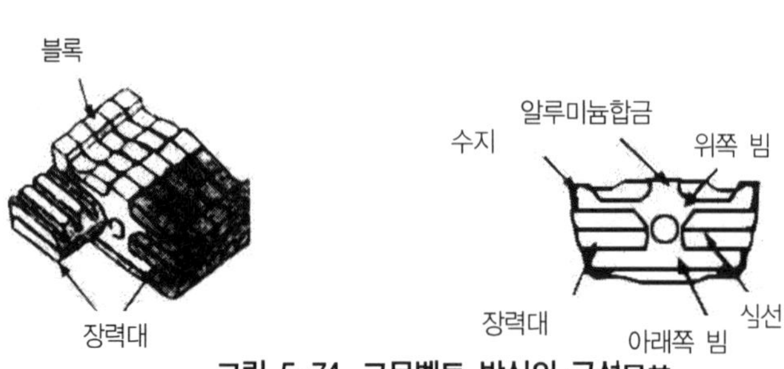

그림 5-74. 고무벨트 방식의 구성부품

[2] 금속벨트 방식(metal belt type)

금속벨트 방식은 네덜란드 Van Doorene 회사가 개발한 것이며, 두께 0.2mm의 금속 밴드를 12장씩 겹친 밴드 사이에 끼워 넣은 상태의 금속 V-벨트이며 특이한 점은 고무벨트는 인장력으로 동력을 전달하지만 금속벨트 방식은 금속 블록사이의 압축력에 의해서도 동력을 전달한다. 즉, 고무벨트 방식은 벨트 풀리가 회전하면 인장력에 의해 회전하지만 금속벨트 방식은 당기는 힘(인장력)과 금속 블록에 의해 미는 힘도 동력을 전달한다.

금속벨트의 구조는 약 450개의 금속 블록과 12매 묶음의 금속 밴드 2개로 구성되어 있으며 금속 블록이 동력을 전달할 때 풀리의 경사면 사이에 마찰력이 필요하게 되고 다음과 같이 작용한다.

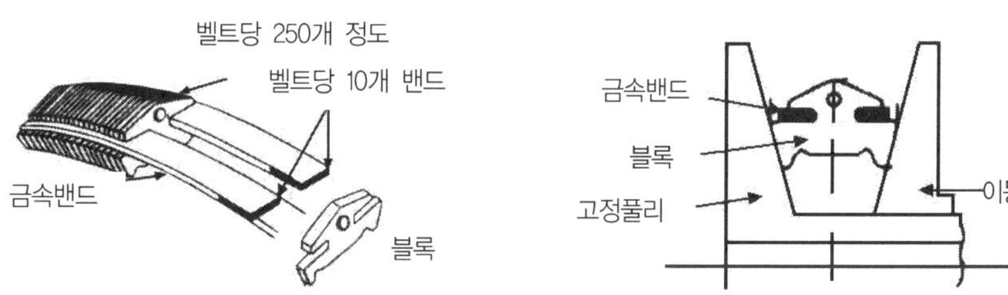

그림 5-75. 금속벨트의 구조

그림 5-76. 금속벨트 방식의 동력 전달

그림 5-76에서 나타낸 것과 같이 2차 풀리에 유압이 작용하여 블록을 누른다. 이때 블록은 왼쪽으로 밀려 확장되고 금속벨트는 완강히 버티게 되며, 이때 금속벨트에서는 장력이 발생한다. 이 마찰력에 의해 1차 풀리의 블록과 풀리사이에 마찰력이 발생하며, 즉 압축에 의한 동력 전달을 실행하는 금속 블록과 이것에 필요한 마찰력을 유지하는 금속 밴드가 역할을 분담하고 있다. 이로 인하여 금속 밴드의 장력은 전체로 분산되어 받고 또한 응력 변동도 작아서 내구 성능이 우수하다.

[3] 익스트로이드 방식

익스트로이드 방식의 작동 원리는 입력축과 출력축 원판에 하중을 작용시키고 롤러가 회전함에 따라 접촉 반지름이 변화하여 이것의 반지름 비율에 의해 변속이 된다. 익스트로이드 방식은 구동 원리상 뒷바퀴 구동 차량에 사용할 수 있는 구조를 지녔으며 현재 뒷바퀴 구동 차량에 설치되고 있다.

그리고 익스트로이드 방식은 넓은 변속 범위와 높은 효율성, 정숙성을 지닌 장점이 있으나 큰 출력 및 회전력의 높은 강성을 요구하며, 변속기의 무게가 커지고 또는 슬립 방지를 위해 특수 오일을 사용하여야 하는 결점이 있다.

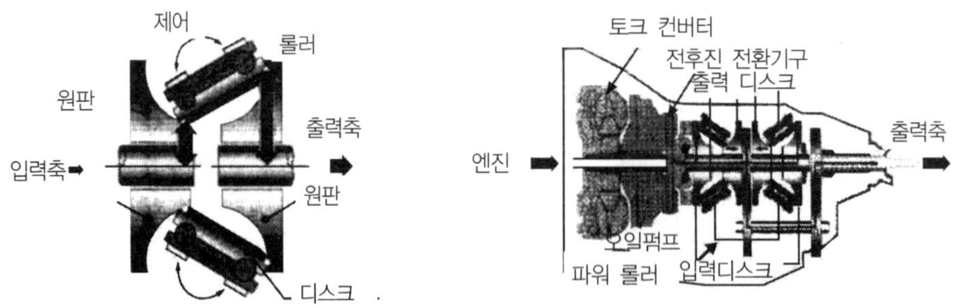

그림 5-77. 익스트로이드 방식

4.4. 무단변속기의 구성요소와 작동

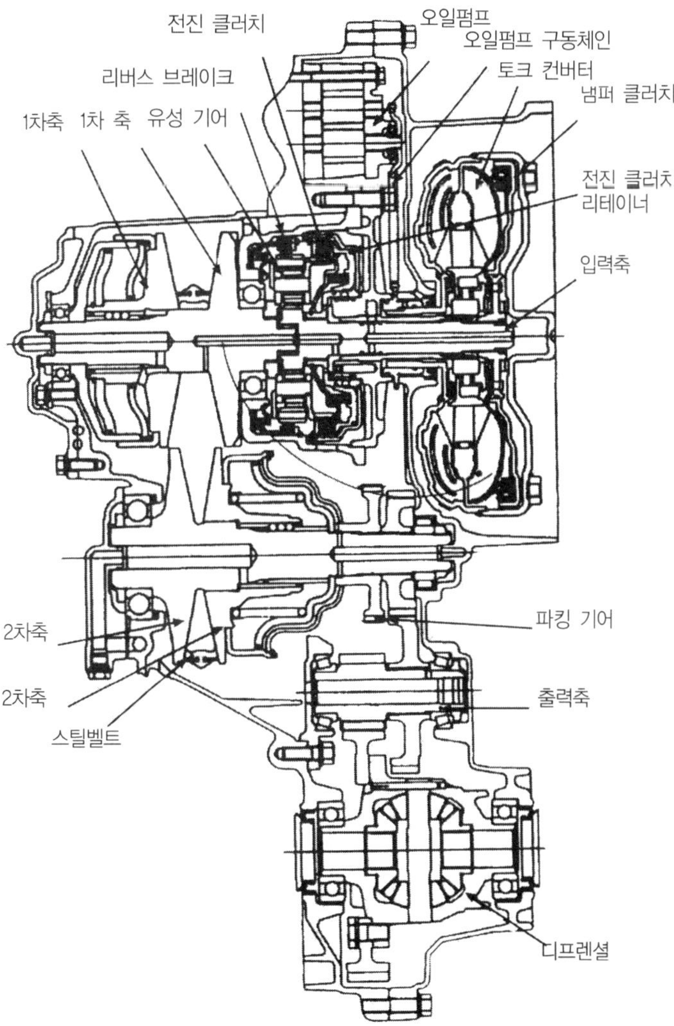

그림 5-78. 무단변속기의 전체 구성도

4.4.1. 토크컨버터

무단 변속기용 토크 컨버터는 기존의 자동변속기의 토크 컨버터의 주요 부품을 공용화하였기 때문에 비용이 적게 들며, 댐퍼 클러치를 갖추고 있다.

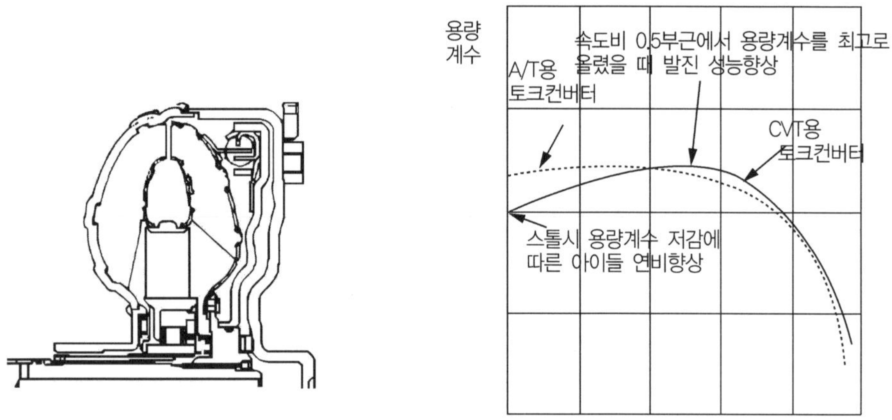

(a) 단면도 (b) 속도비

그림 5-79. 토크 컨버터 성능의 최적화

무단 변속기용 토크 컨버터의 특징은 댐퍼 클러치의 강성화와 정숙성 확보, 댐퍼 클러치 작동 영역 확대로 낮은 연료 소비율과 출발 성능을 향상시켰다.

4.4.2. 오일펌프

무단 변속기용 오일펌프는 작동 원리상 풀리에서 금속벨트가 한번 슬립이 일어날 경우 내구 성능에 치명적인 영향을 준다. 따라서 슬립이 일어나지 않도록 하기 위해 풀리의 제어 압력이 기존의 자동변속기 제어 압력보다 더욱 큰 압력이 요구된다. 그러나 오일펌프로는 높은 압력을 만들어내는 데는 어려움이 있으므로 무단 변속기용 오일펌프는 외접 기어 펌프를 사용하고 있다.

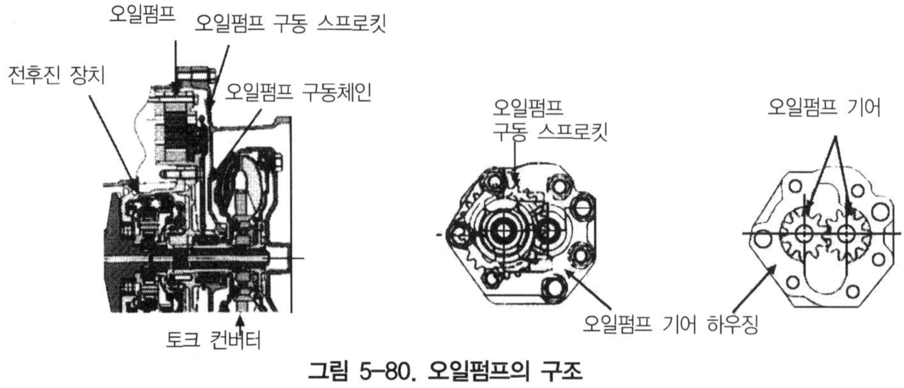

그림 5-80. 오일펌프의 구조

그러나 외접 기어 오일펌프는 토출압력이 높기 때문에 부품들은 높은 정밀도로 가동되어 있으므로 취급에 주의하여야 한다. 또 오일펌프의 구동은 스프로킷을 이용한 체인 구동방식을 사용한다. 아래 그래프는 자동 변속기용 오일펌프보다 무단 변속기용 오일펌프의 고효율성에 대한 것이다.

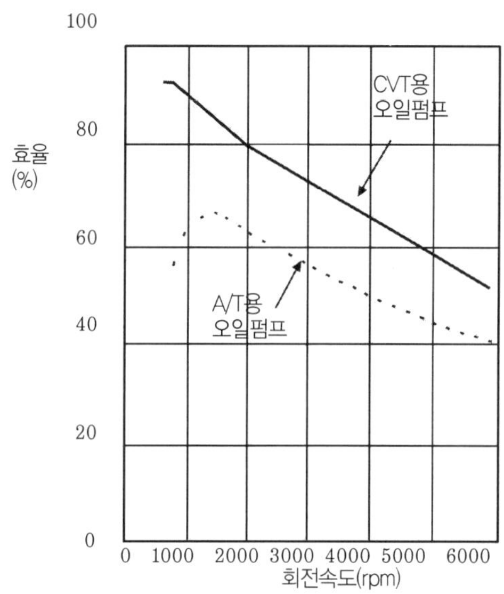

그림 5-81. 오일펌프의 고효율화

4.4.3. 무단변속기용 오일

기존 자동변속기 오일에 비해 내열 성능을 향상시켰으며, 댐퍼 클러치와 전·후진의 제어 안전성을 향상시켰으며, 벨트와 풀리 사이의 마찰 계수와 내구 성능에 대해서도 증가시키고 안정성을 지닌다.

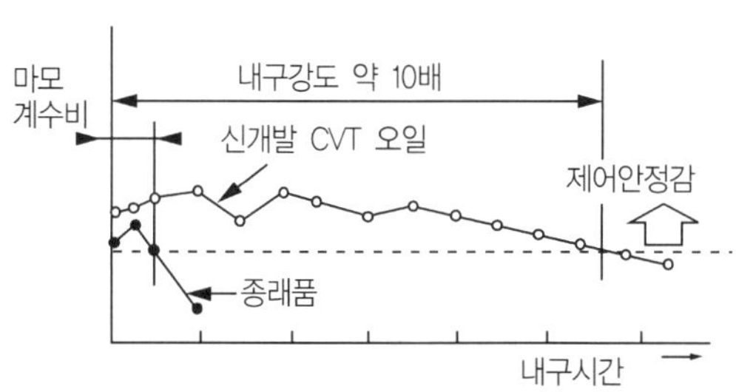

그림 5-82. 클러치 내부의 마찰계수

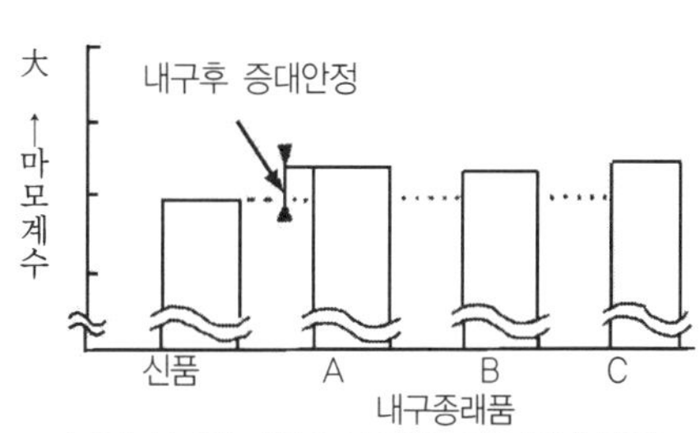

그림 5-82. 벨트 풀리간 마모계수변화

4.4.4. 오일필터

기존의 자동 변속기용 오일 필터에 비해 높은 밀도의 부직포를 사용하였으며, 오일 흡입구 주위에 자석을 설치하여 오일의 청정도를 향상시키고 벨트 작동의 신속성을 향상시켰다.

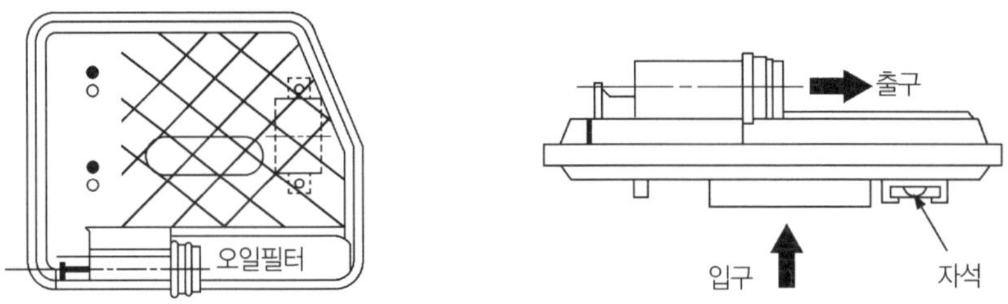

그림 5-83. 오일필터

4.4.5. 세퍼레이팅 플레이트(separating plate)

무단 변속기에는 벨트를 잡기 위해 풀리에 작용하는 유압을 기존 자동 변속기에 비해 고압으로 제어되므로 밸브 보디 세퍼레이팅 플레이트에 발포 고무를 코팅한 개스킷을 채용하여 기밀 성능을 높이고 유압 손실을 감소시킨다.

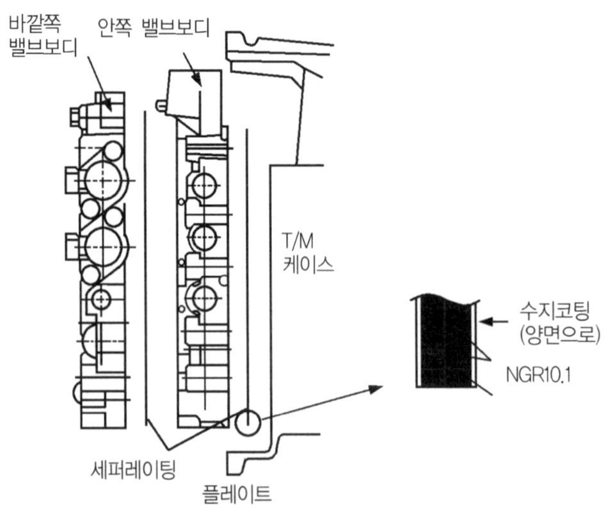

그림 5-84. 세퍼레이팅 플레이트

4.4.6. 변속기 케이스

내구성, 신속성 및 저속성을 확보하고, 고부하 상태에서 변형에 의한 풀리의 진동을 억제시키기 위해 케이스의 두께 및 리브를 보강하고 있다.

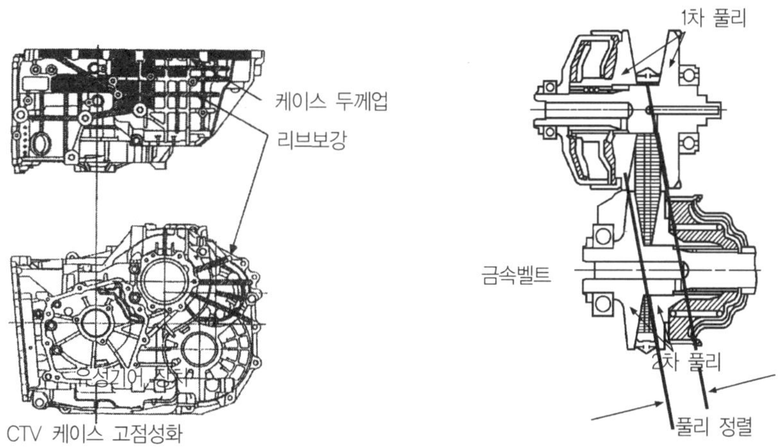

그림 5-85. 변속기 케이스의 구조

4.4.7. 전•후진장치

무단 변속기의 변속은 가변 풀리에 의하므로 별도의 몇 단 몇 단의 변속장치가 필요 없다.

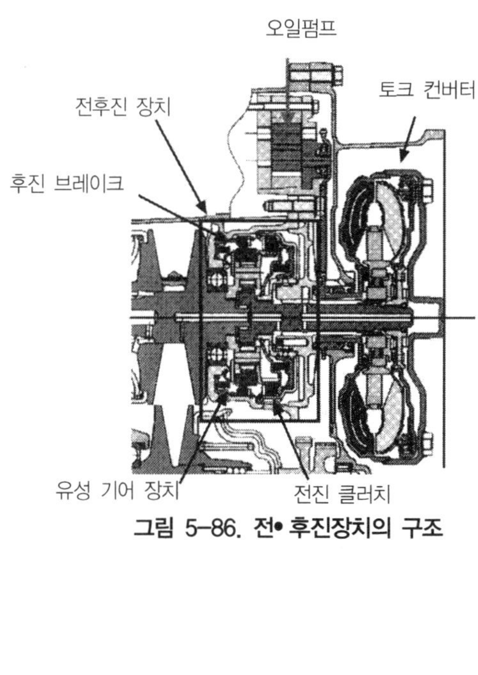

그림 5-86. 전• 후진장치의 구조

그러나 무단변속기를 설치한 차량도 후진을 하여야 한다. 이를 위해 전·후진 장치를 두고 있다. 전·후진 장치의 작동은 유성 기어 세트로 하며, 유성 기어 세트의 구성은 링 기어 유성 캐리어, 선 기어, 더블 피니언 등이며 작동 장치에는 전진 클러치, 후진 브레이크로 구성되어 있다. 무단 변속기용 유성 기어 세트는 회전방향 성능 때문에 더블 피니언을 사용하는 특징이 있다.

[1] P & N 레인지일 때

P와 N레인지에서는 전진 클러치와 후진 브레이크는 작동하지 않는다. 이때 입력축에서의 구동력은 1차 풀리로 전달되지 않는다.

[2] 전진에서의 작동

전진을 할 경우에는 전진 클러치가 작동하며 전진 클러치는 입력축에 동력을 유성 기어 세트의 선 기어로 연결되어 엔진이 작동하면 선 기어가 함께 회전한다. 선 기어가 회전하는 상태에서 전진 클러치가 작동하면 전진 클러치는 입력축의 회전토크를 유성 캐리어로 전달하고, 유성 캐리어는 곧 출력과도 같다. 그러므로 전진을 할 때에는 유성 기어 세트의 기어비 없이 입력축과 직결되어 출력(1차 풀리)쪽으로 동력을 전달한다. 전진할 때 동력 전달 경로는 엔진 → 토크 컨버터 → 입력축 → 전진 클러치 → 유성 캐리어 → 출력(1차 풀리)이다.

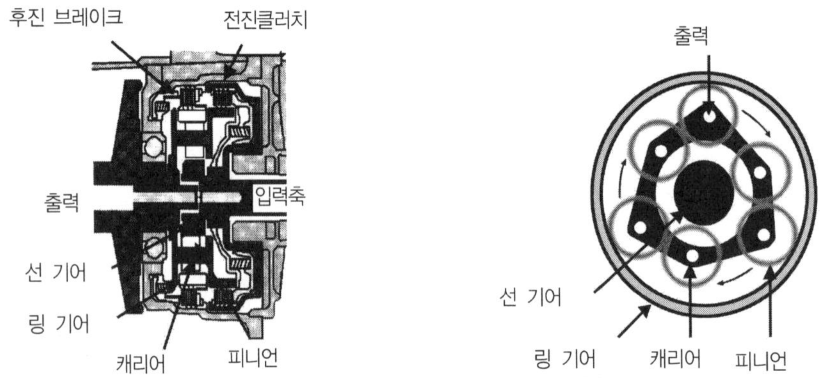

그림 5-87. 전진에서의 작동

[3] 후진에서의 작동

후진에서는 후진 브레이크가 작동되어 유성 기어 세트의 링 기어를 고정한다. 링 기어가 고정된 상태에서 입력축과 연결된 선 기어는 회전하게 되고 선 기어의 회전은 피니언을 회전하게 되는데 피니언이 2중으로 설치되어 있으므로 선 기어와 접속하는 피니언은 역회전하게 된다.

역회전하는 피니언은 링 기어와 접속하는 피니언에 전달하므로 정 회전을 하게 되는데 이때 링 기어가 고정되어 있으므로 유성 캐리어가 역회전하게 되어 후진을 한다. 동력 전달 경로는 엔진 → 토크 컨버터 → 입력축 → 선 기어 → 피니언 → 피니언 → 유성 캐리어 → 출력(1차 풀리)이다.

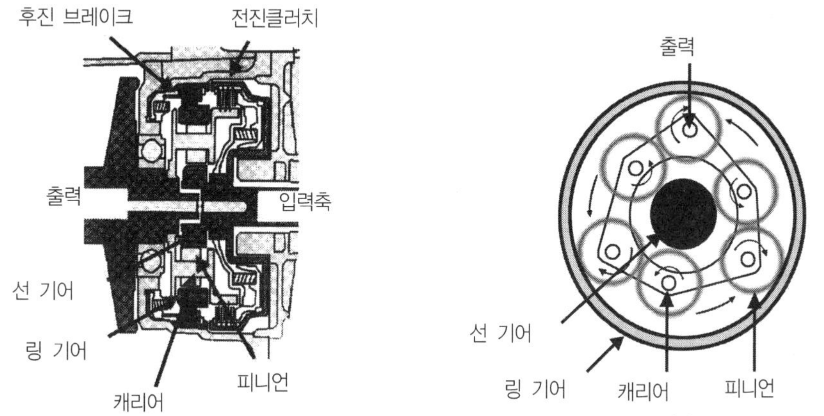

(a) (b)

그림 5-88. 후진에서의 작동

4.4.8. 가변 풀리

무단변속기의 원리는 가변 풀리의 원리이다. 즉 지름이 다른 풀리 2개가 벨트를 통하여 연결되어 있으며, 각 풀리는 벨트가 설치되어 지름을 변경할 수 있도록 되어 있다. 풀리의 변경은 그림 5-89에서 보는 것과 같이 1차 풀리 피스톤과 2차 풀리 피스톤에 의한다.

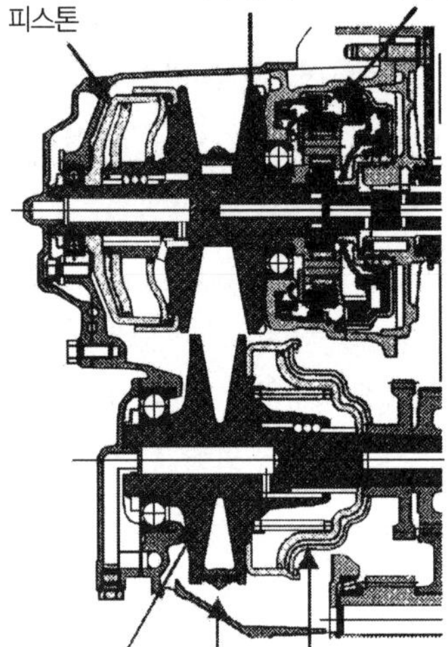

그림 5-89. 가변 풀리의 구조

[1] 저속에서의 작동

그림 5-90은 저속 및 출발할 때이다. 저속 및 출발할 때 1차 풀리는 최대한 벌어져 금속벨트가 제일 안쪽으로 들어가게 되어 1차 풀리 축의 중심에서 반지름이 가장 작아지고, 이때 2차 풀리는 최대한 좁혀져 금속벨트가 제일 밖으로 가게되어 2차 풀리 중심에서 반지름이 가장 커진다. 이것은 수동 변속기에서 작은 기어가 큰 기어를 구동하는 원리와 같다.

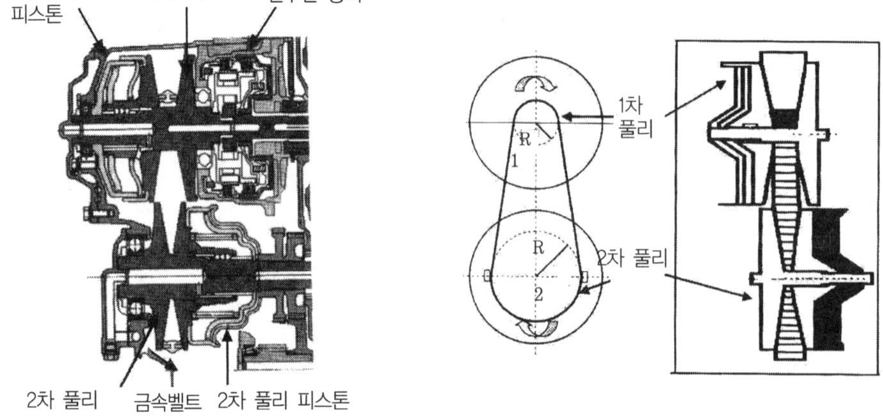

그림 5-90. 저속에서의 작동

[2] 고속에서의 작동

아래 그림은 고속에서의 작동도이다. 고속에서는 1차 풀리는 최대한 좁혀져 금속 벨트가 제일 밖으로 가도록 되어 1차 풀리의 중심에서 반지름이 가장 크게되고, 이때 2차 풀리는 최대한 벌어져 금속벨트가 제일 안쪽으로 들어가게 되어 2차 풀리 축의 중심으로 반지름이 가장 작게된다. 이것은 수동 변속기에서 큰 기어가 작은 기어를 구동하는 원리와 같다.

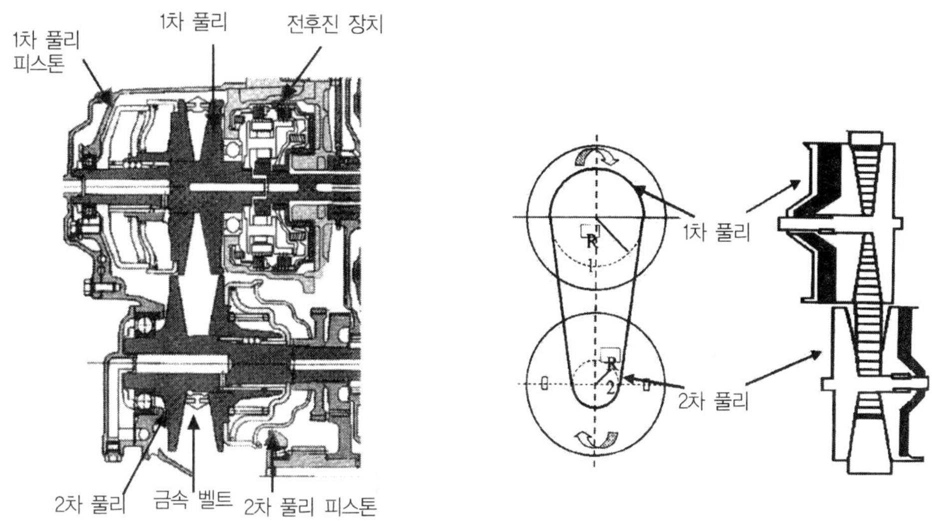

그림 5-91. 고속에서의 작동

4.4.9. 금속벨트(스틸벨트)

금속벨트는 두께 0.2mm의 금속 밴드를 12장씩 겹친 밴드 사이에 블록을 끼워 넣은 상태의 금속 벨트이며 고무벨트에 비해 내구 성능이 좋다. 또한 기존의 고무벨트 방식은 구동 풀리가 회전하면 당기는 힘에 의해 동력을 전달하지만 금속 벨트 방식은 구동 풀리를 당기는 힘과 블록이 금속 밴드 사이에 촘촘히 붙어 있어 블록이 피동축 풀리를 밀어주는 힘도 발생하여 동력을 전달한다.

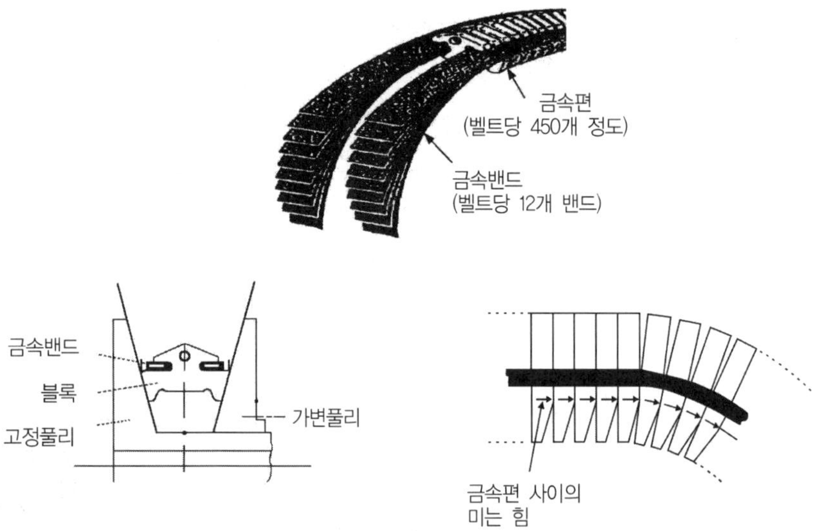

그림 5-92. 금속벨트의 구조

4.5. 무단변속기의 전자제어

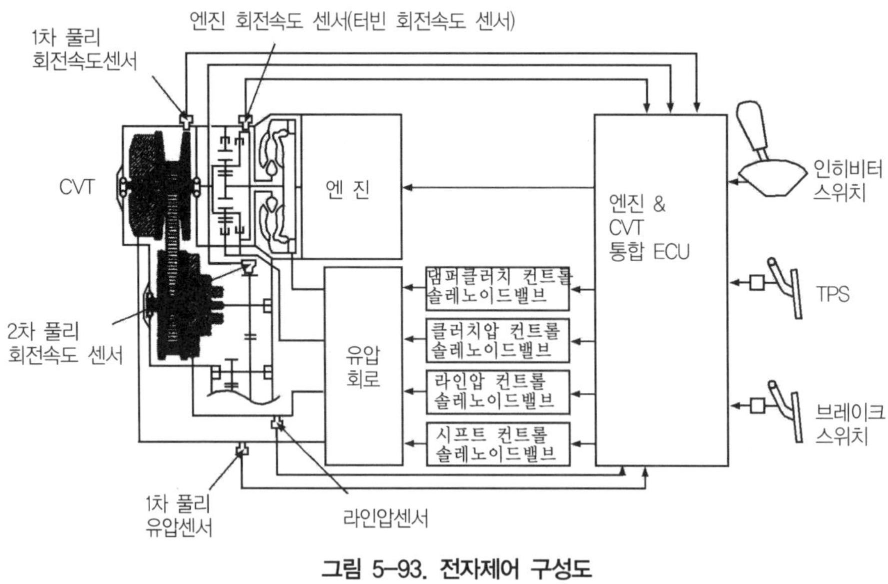

그림 5-93. 전자제어 구성도

4.5.1. 각종 센서의 구성 및 작동원리

[1] 소형 솔레노이드밸브

솔레노이드밸브의 기준 유압을 낮추는 것은 기존의 자동변속기에 비해 소형화하고 비용 절감, 소음저하를 실현하였으며, 소형화에 의해 작동부분의 질량이 가볍게 되므로 작동 부분에 작동하는 전자력, 스프링 장력도 작게되므로 작동할 때 에너지를 낮게 하고 내구 성능도 대폭 향상되었다. 이것에 의해 주행 중에는 항상 작동되는 무단변속기의 솔레노이드밸브는 가혹한 운전 조건에서도 문제가 없는 내구 성능과 신속 성능을 확보하고 있다.

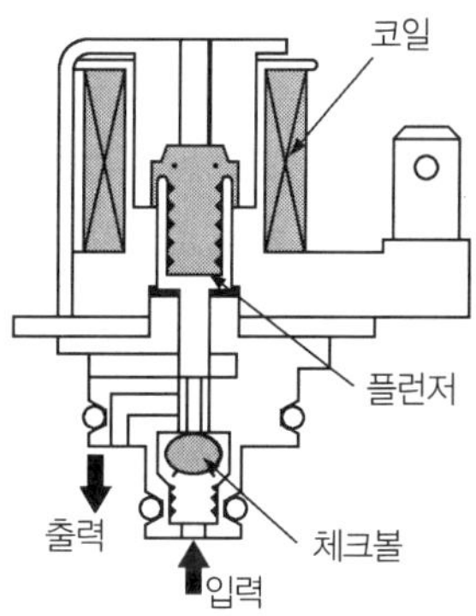

그림 5-94. 소형 솔레노이드밸브의 구조

[2] 오일 온도 센서

변속기 오일의 온도를 서미스터로 검출하여 댐퍼 클러치 작동 및 미 작동 영역을 검출하고 변속할 때 유압 제어 정보 등으로 사용한다.

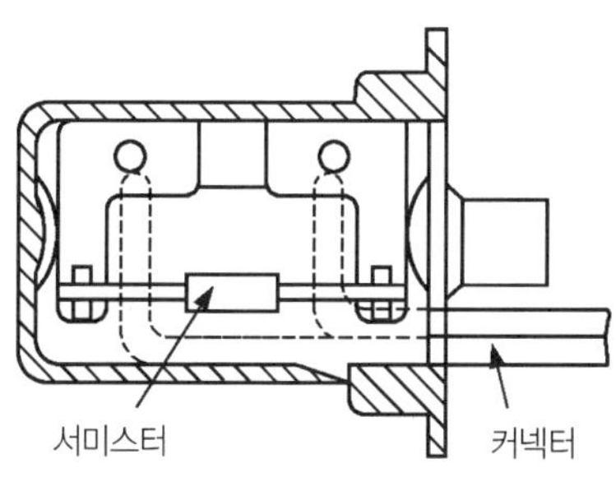

그림 5-95. 오일 온도 센서의 구조

[3] 유압 센서

무단변속기의 유압 센서는 라인 압력 또는 1차 풀리쪽 압력 검출용과 2차 풀리쪽 압력 검출용 2개가 설치되며 유압에 따라 전압 값이 변화하며 검출 압력의 범위는 0~80kgf/cm^{2}이고, 입력 범위는 0.5~4.5V이다.

(a) 유압센서의 구조

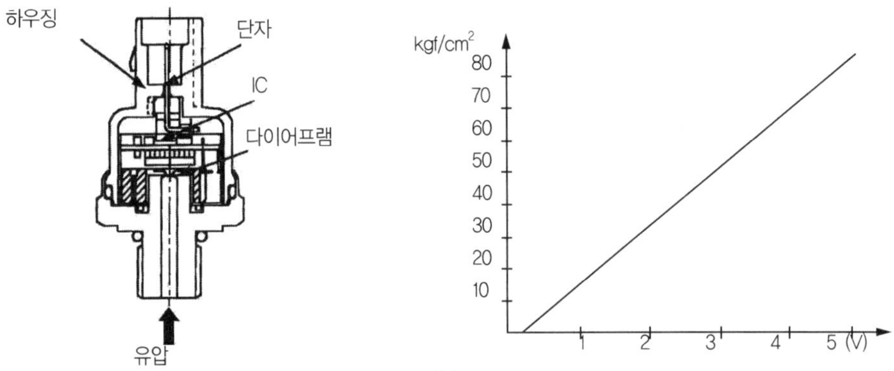

(b)

그림 5-96. 유압 센서

[4] 회전속도 센서

회전속도 센서에는 터빈 회전속도 센서, 1차 풀리 회전속도 센서, 2차 풀리 회전속도 등 3가지가 있으며, 1, 2차 풀리 회전속도 센서는 공용화가 가능하다. 회전속도 센서는 홀 센서(hall sensor)형식이다.

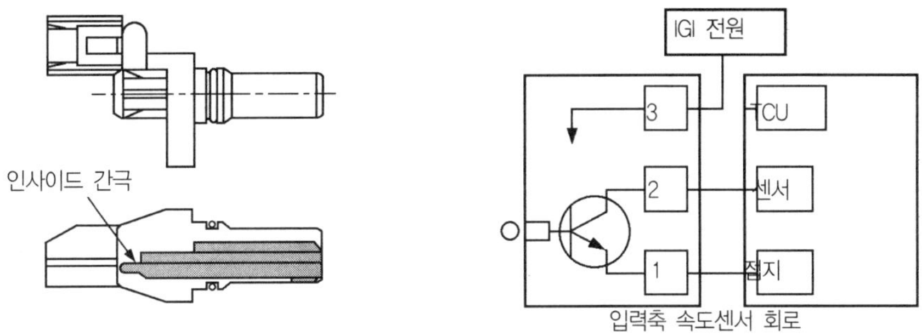

(a)

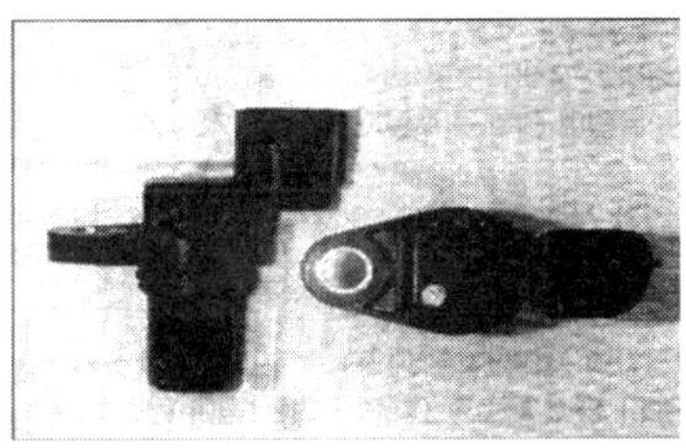

(b)

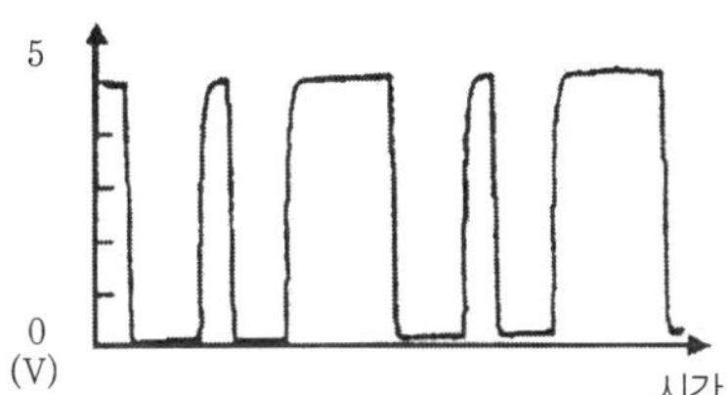

(c) 터빈 회전속도

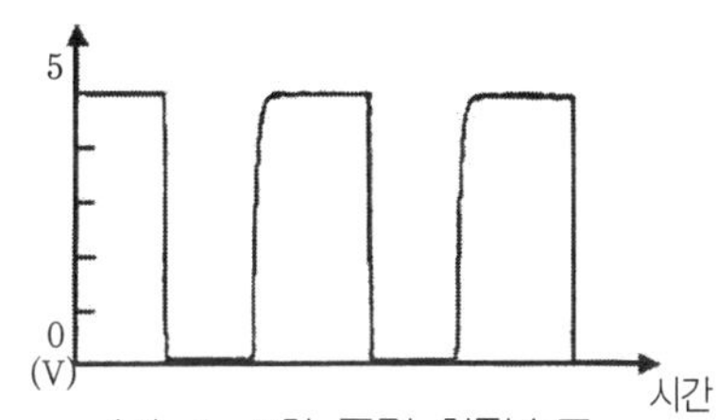

(d) 1, 2차 풀리 회전속도

그림 5-97, 회전속도 센서

4.5.2. 유압제어 계통

유압 제어장치는 유압을 발생시키는 오일펌프, 컴퓨터(CVT 컨트롤 유닛)의 전기 신호를 받아 유압을 조절하는 솔레노이드밸브, 솔레노이드밸브에서의 제어 압력을 기초로 작동하는 컨트롤밸브 및 라인압력을 일정한 압력으로 조정하는 각종 밸브 그리고 이들을 구성하는 밸브 보디 등으로 구성되어 있다. 컴퓨터는 각 센서 정보에서 신호를 받아 4개의 솔레노이드밸브를 구동하고 주행 조건에 대한 제어를 실행한다. 유압 제어에는 라인 압력 제어, 변속비 제어, 출발 제어, 매뉴얼(스포츠 모드일 경우), 변속 제어 등이 있다.

[1] 라인압력 제어

벨트의 장력 및 마찰력에 의해 토크가 전달되므로 벨트와 풀리 사이에 슬립이 없이 동력을 전달하기 위하여 풀리에 작용하는 유압이 매우 커야 한다. 일반적으로 20~30bar 정도로서 항상 높은 라인압력을 유지하기 위해서는 오일펌프의 구동 토크가 커지므로 효율을 높이기 위해서는 전달되는 토크의 크기에 비례하여 적절한 라인 압력을 조절하여야 한다.

따라서 라인 압력 제어장치는 자동 변속기보다 훨씬 높은 압력의 조절과 수시로 입력 토크에 대해 라인압력을 신속하고 정확하게 가변 제어를 하여야 할 필요성이 있으므로 2차 풀리에 라인압력을 직접 작용시켜 벨트의 장력 및 마찰력을 확보하는 제어를 하고 있다. 2차 풀리에 라인 압력을 작동시키고 이 라인 압력의 크기에 의해 전달 토크를 제어하므로 반드시 가변 제어 장치를 적용하여야 하며, 또한 금속벨트와 풀리 사이의 마찰에 의해 동력이 전달되고 1차 풀리의 변위에 의해 변속비의 제어가 이루어지므로 자동변속기보다 높은 유압과 많은 유량이 필요하다.

[2] 변속비 제어

두 풀리의 반지름 변화에 의해 변속비가 얻어지므로 변속을 하기 위해서는 반드시 풀리가 축방향으로 움직여야 한다. 풀리의 움직임은 풀리에 작용하는 유압에 의해 이루어지는데 비교적 넓은 면적의 풀리 피스톤이 변속기 위치로 신속하게 움직이기 위해서는 매우 큰 순간 유량을 필요로 한다. 변속비 제어는 이와 같이 풀리가 신속히 움직이기 위해 필요 유압과 유량을 제공해 준다.

[3] 출발장치 제어

출발장치로서의 토크 컨버터 댐퍼 클러치의 제어 방식은 자동 변속기의 경우와 비슷하지만 다만, 토크 컨버터 댐퍼 클러치의 속도비가 0.7 정도에서 자동변속기보다 다소 빠르게 이루지는 점이 다르다.

이것은 무단 변속기의 변속비가 자동 변속기 보다 넓기 때문에 댐퍼 클러치를 일찍 작동시켜도 출발 성능에는 문제가 없으며, 오히려 연료 소비율을 조금이라도 향상시키기 위해 토크 컨버터를 록업(lock up)시키는 것이 유리하다.

[4] 매뉴얼 변속제어(스포츠 모드)

자동변속기의 제어와 거의 비슷하며, 매뉴얼 시프트 컨트롤밸브에 의해 변속 패턴이 결정되고, 오리피스와 어큐뮬레이터에 의해 순수 기계방식에 의거한 제어방식과 듀티 제어용 솔레노이드밸브의 전자 제어와 어큐뮬레이터를 동반한 제어 방식이 있다.

[5] 솔레노이드밸브의 기능

① 라인압력 컨트롤 솔레노이드밸브 : 레귤레이터밸브 작동을 조절하여 2차 풀리로 공급하는 유압을 제어한다.

② 시프트 컨트롤 솔레노이드밸브 : 시프트 컨트롤밸브의 작동을 조절하여 변속비를 제어한다.

③ 클러치 압력 컨트롤 솔레노이드밸브 : 클러치 압력 컨트롤밸브의 작동을 조절하여 전진 클러치 및 후진 브레이크로 보내는 압력을 제어한다.

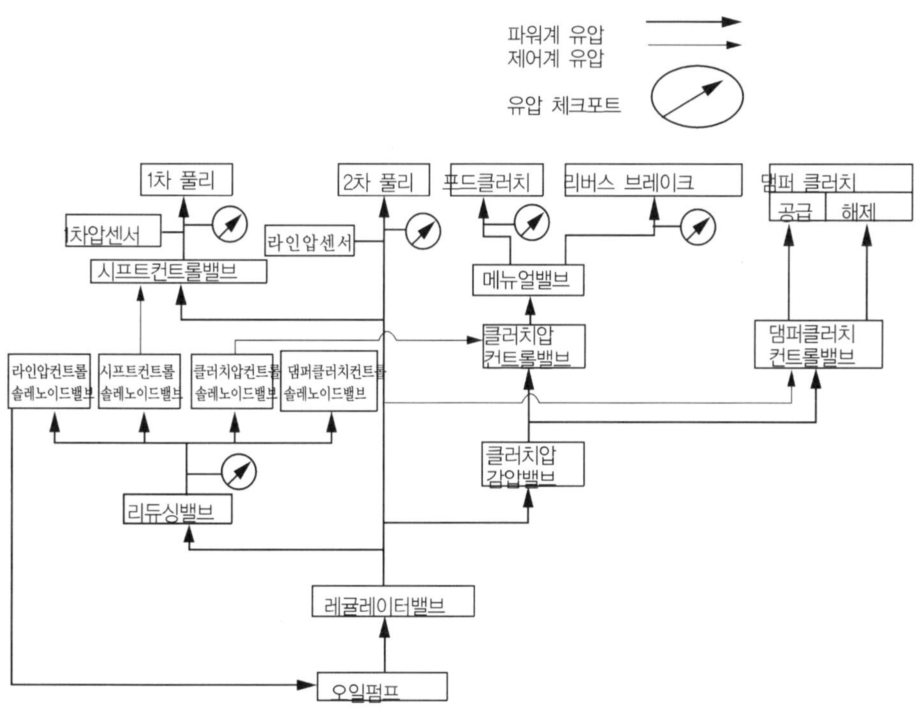

그림 5-98. 유압 제어장치의 구성도

④ 댐퍼 클러치 컨트롤 솔레노이드밸브 : 댐퍼 클러치 컨트롤 밸브의 작동을 조절하여 비직결·슬립 직결·직결을 제어한다.

[6] 컨트롤밸브의 기능

① 레귤레이터밸브 : 라인압력을 주행 조건에 따라 적절한 압력으로 조정한다.
② 시프트 컨트롤밸브 : 1차 풀리의 유압을 조정한다.
③ 클러치 압력 컨트롤밸브 : 전진 클러치 및 후진 브레이크의 작동을 조정한다.
④ 댐퍼 클러치 컨트롤밸브 : 댐퍼 클러치의 작동을 조정한다.

4.5.3. 엔진·무단변속기 종합 제어(Ⅰ)

무단 변속기에서는 벨트를 통하여 동력을 전달한다. 벨트를 잡는 것은 엔진 토크(입력 토크)에 대응하여 풀리에 작동하는 유압을 조정하는 것으로 엔진에서의 총합 제어에 의해 필요한 최소량으로 제어되고, 기계 손실이 감소되도록 한다.

[1] 정확한 엔진 토크 연산

엔진은 정밀한 토크 제어가 가능하다. 그 정확한 토크 정보를 이용하여 벨트를 잡아주는 힘을 최소로 억제하고 유압을 필요 최소량으로 한다.

[2] 높은 응답 제어

벨트를 잡아주는 힘은 응답성에 대한 여유를 고려하지만 무단 변속기는 대용량의 컴퓨터로 제어하므로 엔진제어와 무단 변속기 제어 사이의 통신 지연을 배제하고, 높은 점도에서 응답성이 우수한 유압 센서를 부착하여 그 여유를 최소화한다.

[3] 엔진의 운전영역

엔진에서 낮은 회전 영역에서의 개선 효과가 크다. 변속비를 단계가 없이 제어하는 무단 변속기와 엔진의 조합에 의해 연료 소비량이 낮은 회전 영역에도 운전 속도를 높이고, 낮은 연료 소비율을 실현한다.

4.5.4. 엔진•무단 변속기 총합 제어(Ⅱ)

기존의 자동 변속기용 INVECS-Ⅱ를 기본으로 하여 무단 변속기의 무단 변속 특성에 따라 INVECS-Ⅱ보다 진화된 INVECS-Ⅲ를 사용하고 있다.

[1] 내리막길 제어

여러 가지 주행조건에 의한 엔진 브레이크를 얻을 수 있도록 변속비를 제어할 수 있다. 이 제어는 현재 주행조건을 기본으로 가속페달 또는 브레이크 페달 조작량에 의해서 엔진 브레이크의 과부족을 판정하고 학습 보정 제어를 실시한다.

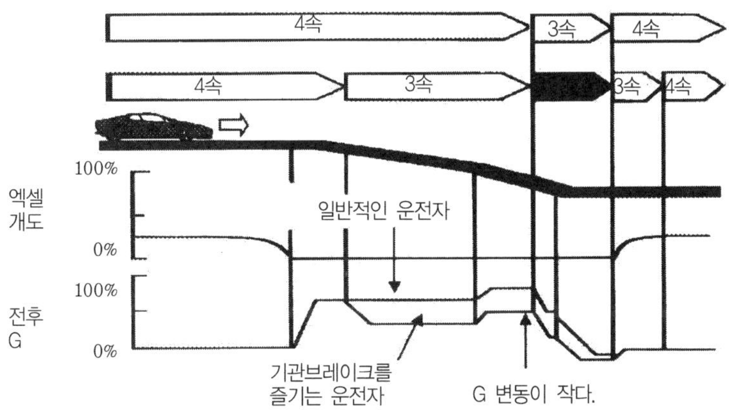

그림 5-99. INVECS(II)-무단 변속기

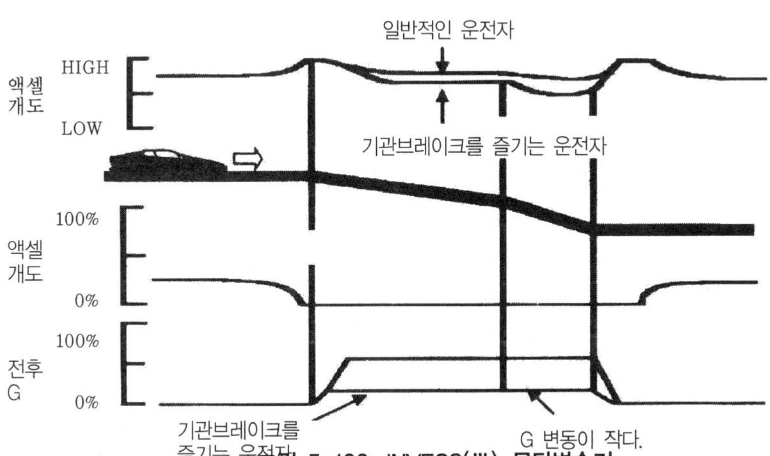

그림 5-100. INVECS(III)-무단변속기

[2] 오르막길 제어

오르막길을 주행할 때 리프트 풋(lift foot)에 따른 불필요한 업 시프트(up shift)를 방지하고 다시 가속할 때 구동력 확보를 위해 도로 조건에 따라서 목표 1차 풀리 회전속도를 증대하여 엔진 회전속도가 저하되는 것을 방지한다. 따라서 운전조건을 판정하고 적절한 운전조건을 제어하는 것은 1차 풀리 회전속도 증대량을 크게 하고 있다.

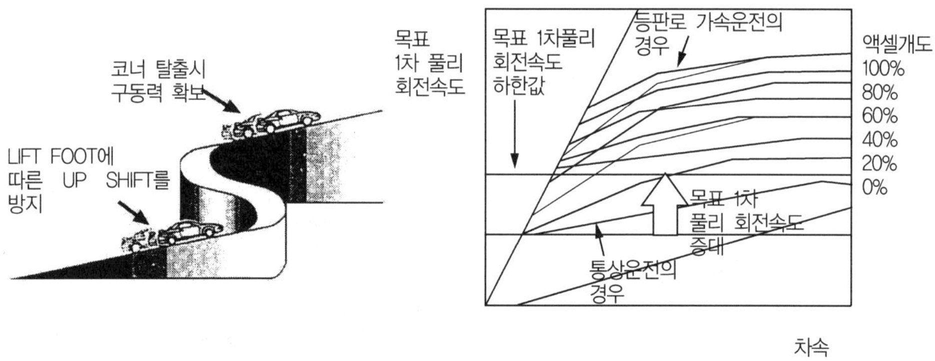

그림 5-101. 오르막길 제어

[3] 운전 기호 및 습성에 따라 학습하는 기능

운전기호 및 습성에 따른 학습을 하며, 변속 패턴을 전환한다.

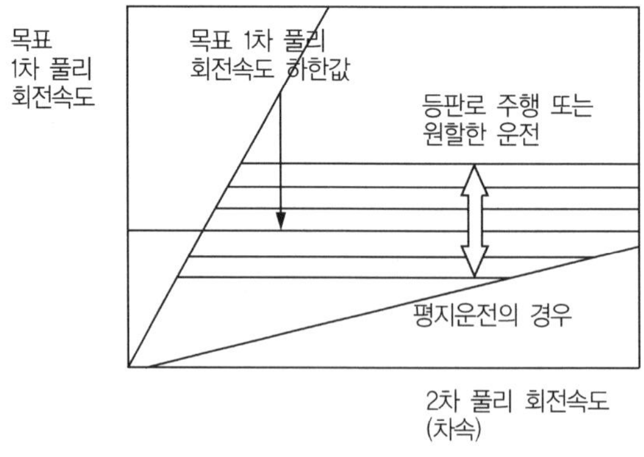

그림 5-102. 운전기호 및 습성에 따라 학습하는 기능

4.5.5. 댐퍼 클러치 제어

[1] 작동시점의 저속화

비직결에서의 토크 컨버터 슬립량이 큰 저속에서는 직결하였을 경우 차체 충격이 발생하지만 엔진 토크에 응답하여 세밀하게 직결 작동압력을 제어하여 저속에서 충격 없이 직결 작동을 실현한다.

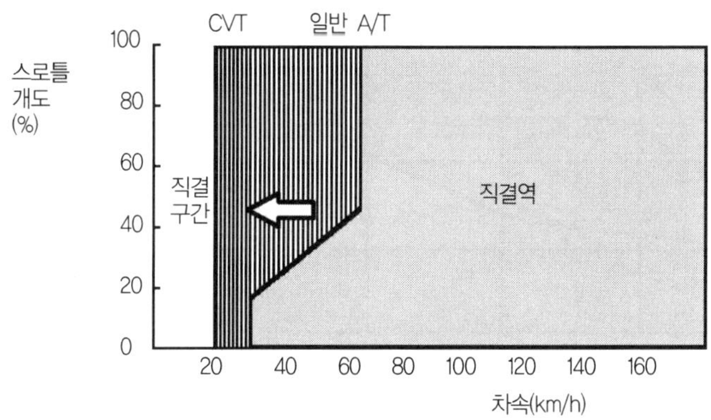

그림 5-103. 댐퍼 클러치 제어 영역

[2] 오일온도의 저온화

새롭게 개발된 무단변속기 오일의 사용에 따라 연마특성을 저온에서 확보하고, 주행개시 후의 빠른 단계로 직결을 실행한다.

[3] 댐퍼 클러치 작동영역

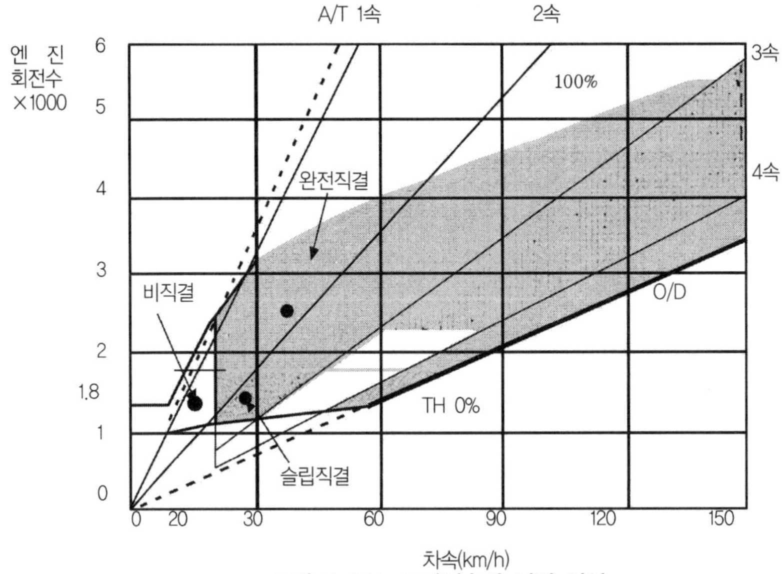

그림 5-104. 무단변속기 직결 영역

4.5.6. 6속 스포츠 모드 제어

INVECS-Ⅲ 제어에 의해 운전 편리성을 실현한 D, Ds 모드의 추가로 스포츠 모드를 설정하고 있으며, 스포츠 모드는 운전을 즐기는 운전자에게 대응하기 위해 자동 변속기이면서 수동변속기 감각의 운전을 가능하도록 하는 기능이다. 스포츠 모드의 특성은 다음과 같다.

① 변속 레버를 앞뒤로 이동시키는 것만으로 업, 다운 시프트가 가능하다.

② 가속페달을 밟은 상태에서 기어 변속이 가능하다. 이 때문에 출력 감소 없이 운전을 즐길 수 있다.

③ 굴곡도로 및 산악 도로에서도 양호한 변속 패턴을 스스로 선택할 수 있어 커브 진입 직전이나 경사로 직후의 경쾌한 다운 시프트가 가능하다.

④ 현재 변속 패턴을 시프트 표시등으로 점등 표시하여 스포츠 모드에서 변속 레버 조작을 도와준다. 또한 D레인지 주행 중에도 변속 패턴을 표시하여 스포츠 모드를 선택할 때의 의지 결정을 도와준다.

⑤ skip shift가 가능하다.

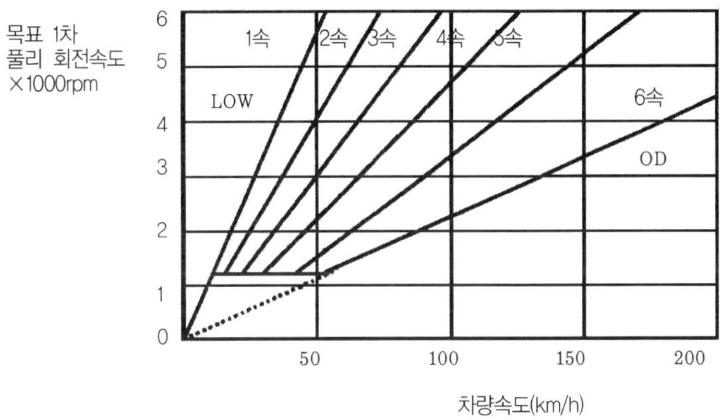

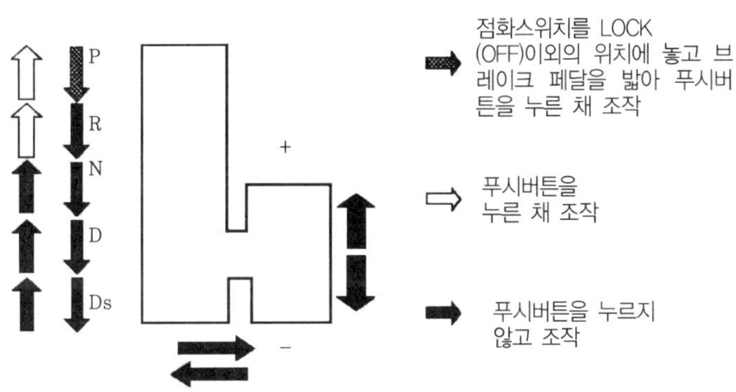

그림 5-105. 스포츠모드 장착 차량

4.6. 고장진단

4.6.1. 무단변속기 오일 점검방법

알아두기

변속기를 새것으로 교환하거나 무리한 운전을 한 후에는 반드시 오일 냉각 라인을 냉각시킨 후 오일을 교환하여야 한다.

① 오일(ATF)의 온도가 정상온도(70~80℃)가 될 때까지 주행한다.

알아두기

오일 온도는 자기 진단 테스터(Hi-scan 등)로 측정한다. 또한 오일이 정상 온도가 될 때까지 시간이 걸리는 경우 그림 5-108을 참고로 오일량을 점검한다.

② 차량을 평탄한 지면에 주차한다.

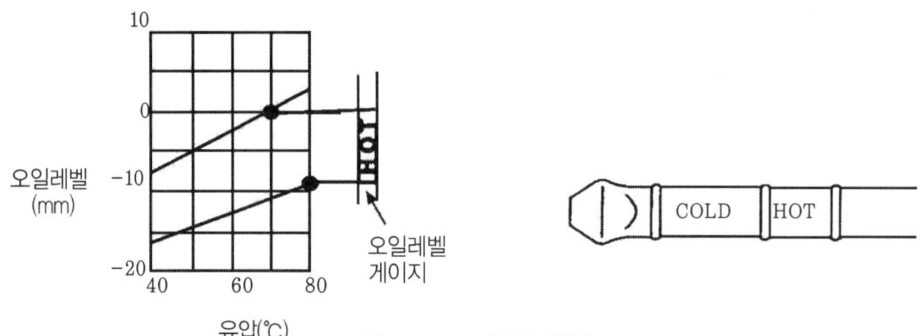

그림 5-106. 유압 변화표

③ 변속 레버를 모든 위치에 1번씩 맞추고 토크 컨버터 및 유압 회로 속에 오일 가득 채운 후 변속 레버를 N 레인지에 위치시킨다.

④ 오일 레벨 게이지 주변 부분을 깨끗이 닦은 후, 오일 레벨 게이지를 닦고 오일 상태를 점검한다.

알아두기

오일에서 타는 냄새가 나는 경우, 또는 질이 저하되거나 오염이 심한 경우는 부싱, 금속이나 마찰 재료 등의 미세한 가루 등으로 오염된 것이므로 오일을 교환하고 오일 냉각 라인을 냉각시켜야 한다.

⑤ 오일량이 오일 레벨 게이지의 HOT(상한선) 구간에 있는지를 점검한다. 오일량이 부족하면 HOT 구간이 되도록 오일을 보충한다.

알아두기

오일량이 적으면 오일펌프가 오일과 공기를 흡입하여 유압회로 속에 기포가 발생하므로 유압이 낮아져 변속이 늦어지거나 클러치 및 브레이크 슬립이 일어나는 원인이 된다.

반대로 오일량이 너무 많으면 기어가 오일을 휘저어 거품이 발생하여 오일량이 부족할 때와 마찬가지 상태가 된다. 두 경우 모두 기포와 오일의 과열로 정상적인 작동을 하지 못하게 된다. 또한 오일에 거품이 생기면 변속기의 환기 구멍으로 오일이 흘러나와 누출되는 것으로 착각할 수도 있다.

⑥ 오일 레벨 게이지를 확실히 끼워 넣는다.

4.6.2. 오일 교환방법

① 오일이 오일 냉각 라인(라디에이터 내장)에서 변속기로 흘러가는 호스(그림 5-107에 표시된 호스)를 뺀다.

② 엔진을 시동한 후 오일을 배출시킨다. 이때 엔진은 공회전 상태로 하고 변속 레버는 N레인지로 한다.

그림 5-107. 호스

알아두기

엔진 시동을 건 다음 1분 이내에 정지시킬 것. 그 이전에 오일이 더 이상 배출되지 않을 때에는 그 시점에서 엔진의 가동을 정지시킬 것

③ 변속기 케이스 아래쪽에 있는 드레인 플러그를 풀고 오일을 배출시킨 다음 드레인 플러그를 규정 토크로 조인다.

④ 새 오일을 오일 필러 튜브를 통해 주입한다.

⑤ ②번 항목의 작업을 다시 실시한다.

⑥ 새 오일을 오일 필러 튜브를 통해 주입한다.

⑦ ①번 항목에서 호스를 연결하고 오일 레벨 게이지를 확실히 끼운다.

⑧ 엔진을 시동한 후 1~2분 동안 공회전시킨다.

⑨ 변속 레버를 각 위치에 1번씩 맞춘 후 N 레인지로 둔다.

⑩ 오일 레벨 게이지의 오일량이 COLD(하한선) 구간에 위치하는지를 확인한다. 이때 부족하면 보충한다.

⑪ 오일 온도가 정상(70～80℃)이 될 때까지 주행하고 오일량을 다시 점검한다. 이때 오일량은 HOT 구간에 있으면 된다.

알아두기

① COLD 구간은 참고로 하고 HOT 구간을 기준으로 한다.
② 오일 온도는 자기 진단 테스터로 측정한다.
③ 오일이 정상 온도가 될 때까지 시간이 걸리는 경우 유압 변화표(그림 5-141)를 참고로 오일량을 점검한다.

⑫ 오일 레벨 게이지를 오일 튜브에 확실히 꽂는다.

4.6.3. 인히비터 스위치와 컨트롤 케이블 조정

① 변속 레버를 N레인지에 위치시킨다.
② 조정 너크를 풀어 매뉴얼 컨트롤 레버를 헐겁게 한다.
③ 매뉴얼 컨트롤 레버를 N(natural)위치에 놓는다.
④ 인히비터 스위치 고정 볼트를 풀어 매뉴얼 컨트롤 레버의 끝에 있는 구멍과 인히비터 스위치 보디의 플랜지 부분의 구멍(그림 5-143의 왼쪽 그림 참조)이 일치하도록 인히비터 스위치의 보디를 돌려서 조정한다.
⑤ 인히비터 스위치 보디의 고정볼트를 규정 토크로 조인다.
⑥ 변속기 컨트롤 케이블을 그림 5-108의 오른쪽 그림의 B방향으로 가볍게 눌러 조정 너트를 규정 토크로 조인다.

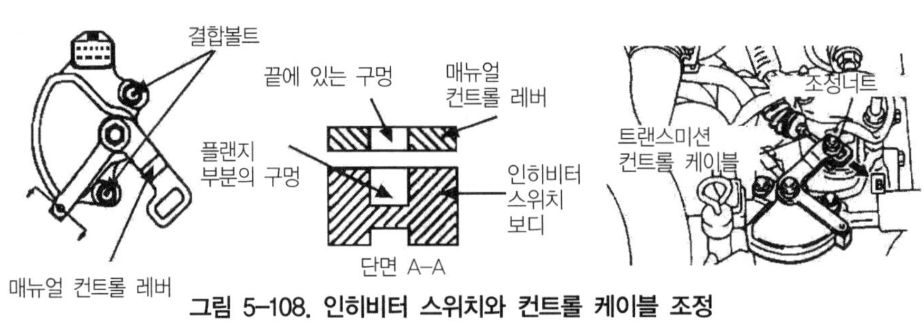

그림 5-108. 인히비터 스위치와 컨트롤 케이블 조정

⑦ 변속 레버가 N위치에 있는지 확인한다.

⑧ 변속 레버의 각 위치에 대응하는 변속기 각 부분이 확실히 작동하는지 확인한다.

4.6.4. 토크 컨버터 스톨 테스터(stall tester)

[1] 스톨 테스트 방법

이 테스터는 변속 레버를 D와 R 레인지에서 토크 컨버터를 스톨할 때 엔진의 최고 회전속도를 측정하여 엔진 작동 및 변속기 내에 설치되어 있는 클러치 및 브레이크의 성능 유지를 점검하는 것이다.

① 오일량(오일 레벨 게이지의 HOT 구간), 오일 온도(70~80℃), 엔진의 냉각수 온도(80~100℃)를 점검한다.

② 뒷바퀴(좌우 모두)에 고임목이나 받침대를 받친다.

③ 주차 브레이크 레버를 당기고 브레이크 페달을 힘껏 밟는다.

④ 엔진을 시동한다.

⑤ 변속 레버를 D 레인지로 하고 가속 페달을 끝까지 밟고 엔진 회전속도를 재빨리 측정한다.

알아두기

① 스로틀밸브가 완전히 열린 상태에서 8초 이상을 지속하지 말 것

② 스톨 테스터를 2회 이상하고자 할 경우에는 변속 레버를 N레인지로 하고 엔진 회전속도가 1000rpm 정도 되도록 1분 이상 운전하여 오일을 냉각시킨 후 실시하도록 한다.

③ 스톨 회전속도의 규정값은 2100~2300rpm이다.

⑥ 변속 레버를 R 레인지로 한 후 위와 같은 방법으로 테스트를 실시한다. 이때 스톨 회전수는 1800~2300rpm이다.

[2] 스톨 테스터 판정

① D, R 레인지에서 스톨 회전속도가 높다.

㉮ 밸브 보디 불량

㉯ 하니스 커넥터 불량

㉰ 엔진(무단변속기 컴퓨터)불량

② D레인지에서만 회전속도가 높다. - 전진 클러치 미끄러짐

③ R레인지에서만 회전속도가 높다. - 후진 브레이크 미끄러짐

④ D, R레인지에서 모두 스톨 회전속도가 낮다.

㉠ 토크 컨버터 불량

㉡ 엔진 출력 부족

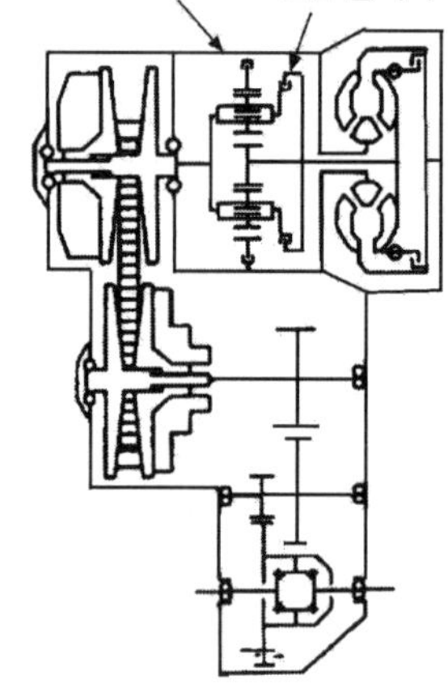

그림 5-109. 전진 클러치와 후진 브레이크의 위치

4.6.5. 변속레버 작동점검

① 브레이크 페달을 밟고 변속 레버를 각 단계에 고정시킬 때 변속 레버가 원활하고, 절도 있게 작동하는지 점검한다.

② 변속 레버가 N 또는 P레인지에서만 엔진의 시동이 되고 나머지 레인지에서는 시동이 되지 않는지를 점검한다.

③ 엔진을 시동하고 브레이크 페달을 놓은 후 N레인지에서 D, Ds, L레인지까지 또는 스포츠 모드의 1~6속으로 고정시켰을 때 차량이 전진하고 R 레인지로 고정하였을 때 후진하는지를 확인한다.

④ 엔진의 가동을 정지한다.

⑤ 점화 스위치를 ON으로 하고 P에서 R레인지로 변속한 후 후퇴등이 점등되고 부저가 울리는지를 확인한다.

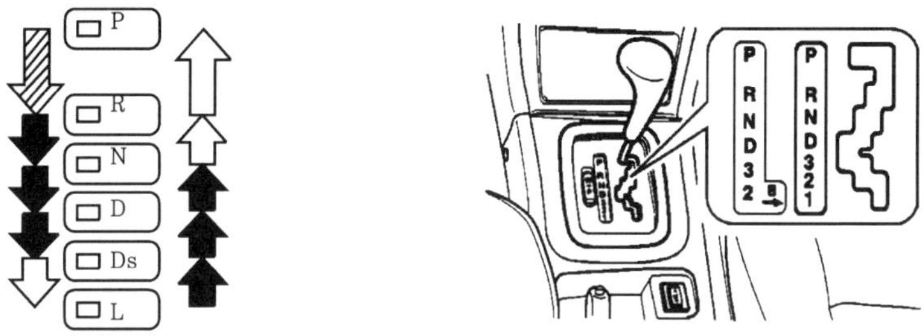

(a) 스포트 모드 비장착차량

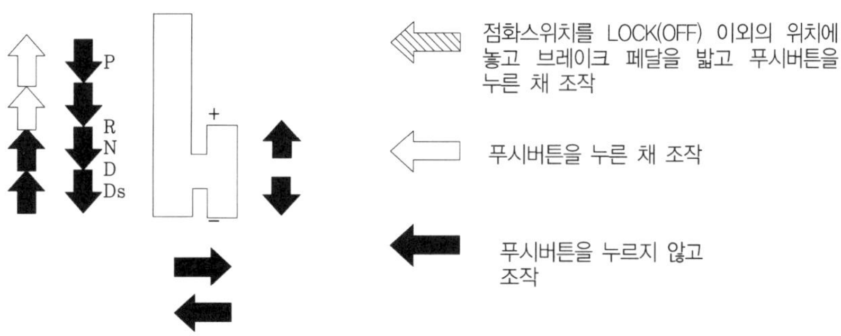

(b) 스포츠 모드 장착차량

그림 5-110. 변속레버 작동 점검

알아두기

무단변속기에서는 오작동 방지장치 때문에 점화스위치를 LOCK(OFF)이외의 위치에 둔 상태에서 브레이크 페달을 밟지 않으면 변속레버는 P레인지 이외의 위치로 이동하지 않는다.

05 정비 및 점검절차

5.1. 오일 레벨게이지 및 상태점검

① 차량을 평탄한 곳에 주차시킨다.

② 오일 레벨게이지를 빼기 전에 오일 레벨게이지 주변을 깨끗이 닦아 낸다.

③ 선택레버를 P위치에 놓고 주차 브레이크를 채운다음 엔진의 시동을 건다.

④ 트랜스액슬 오일이 정상 작동온도(80~90℃)에 이를 때까지 엔진을 공회전시킨다.

⑤ 선택레버를 차례로 각 위치에 이동시켜 토크 컨버터와 유압회로에 트랜스액슬 오일을 채운다음 레버를 N위치에 놓는다. 이 작업은 오일레벨을 정확히 판단하기 위하여 반드시 하여야 한다.

⑥ 그림 5-111과 같이 트랜스액슬 오일 레벨이 오일 레벨게이지의 "HOT" 범위에 있는가를 확인하여 오일레벨이 부족하면 "HOT" 범위에 도달할 때까지 오일을 채운다.

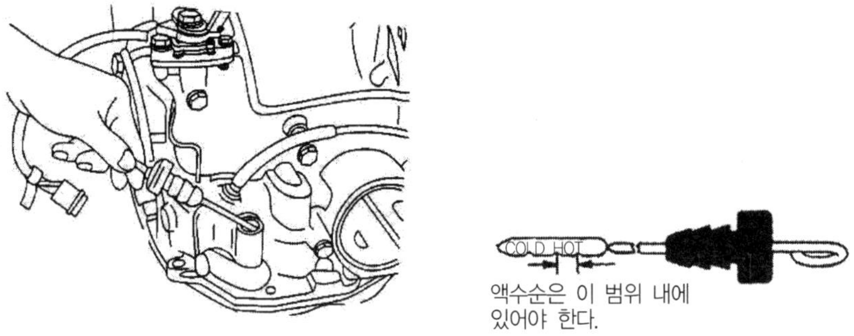

(a) (b)

그림 5-111. 자동변속기 오일량의 점검

트랜스액슬 오일이 부족하면 오일과 함께 공기가 빨려 들어가 공기가 유입되고 그 유입된 공기는 유압회로 내에 공기 방울로 형성되어 스펀지 현상을 발생시킴으로써 압력에 이상이 생기게 된다. 또한 트랜스액슬 오일을 너무 많이 채웠을 때도 문제가 발생한다.

오일레벨이 너무 높으면 기어에서 기포가 발생하여 오일이 부족할 때와 같은 문제가 발생되며 트랜스액슬 오일의 변질이 빨라지게 된다. 기포는 과열, 오일의 산화, 노화, 정상적인 밸브, 클러치 서보의 작동에 간섭을 일으키기도 하며 거품은 트랜스액슬 통로로 빠져나가 고장진단시 오일이 누설된 것처럼 착각하게 만든다. 오일레벨을 점검할 때 오일의 상태도 함께 점검해야 한다.

트랜스액슬 오일에서 타는 냄새가 나고 메탈부싱이나 마모된 금속 입자들로 오염되었을 때는 트랜스액슬을 오버홀(over hall)하여야 한다.

점검시에는 오일레벨 게이지에 묻은 것을 자세히 검사하고 보다 더 자세히 검사하려면 조금 빼내어 검사한다. 오일레벨 점검이 끝나면 수준 게이지를 완전히 끼워 물이나 먼지가 유입되지 않도록 한다.

5.1.1. 매뉴얼 컨트롤 케이블

인히비터 스위치가 적절히 작동하는가를 점검하고 매뉴얼 링키지가 잘 조정되었는가를 확인한다.

① 주차 브레이크를 채우고 브레이크 페달을 완전히 밟는다.
② 선택 레버를 R위치에 놓는다.
③ 점화키를 ST위치에 놓는다.
④ 선택레버를 위로 올려 P위치의 클릭(click)과 맞물렸을 때 스타터 모터가 작동하면 P위치는 정확한 것이다.
⑤ 같은 방법으로 선택레버를 N위치로 놓았을 때 스타터 모터가 작동하면 N위치는 정확한 것이다.
⑥ 선택레버를 P → R → N → D → 2 → L사이에서 중지하지 않고 계속 이동시켰을 때 차량이 움직이지 않는가를 확인한다.
⑦ 위에 설명한대로 스타터 모터가 P 및 N위치에서만 작동하고 나머지 위치에서 작동하지 않으면 매뉴얼 컨트롤 케이블은 정확히 조정된 것이다.

5.1.2. 스톨시험(stall test)

스톨시험은 선택레버가 D 또는 R위치에 있고 스로틀을 완전 개방시켰을 때 최대 엔진속도를 측정하여 토크컨버터, 오버런닝 클러치의 작동과 트랜스액슬 클러치류와 브레이크류의 성능을 점검하는데 이용한다.

알아두기

차량이 갑자기 움직일 수 있으므로 이 시험중에 차량의 앞뒤에는 사람이 서 있지 않도록 한다.

① 트랜스액슬의 온도가 정상 작동온도(80~90℃)가 되었을 때 트랜스액슬액의 수준을 점검한다.

② 뒷바퀴 양쪽에 고임목을 받힌다.

③ 엔진 타코미터를 연결한다.

④ 주차브레이크를 당기고 브레이크 페달을 완전히 밟는다.

⑤ 엔진의 시동을 건다.

⑥ 선택레버를 D에 놓고 액셀러레이터 페달을 완전히 밟은 상태로 엔진의 최대속도를 측정한다. 이때 필요 이상으로 스로틀을 완전히 열고 있거나 5초 이상 지속시키지 않는다. 만일 스톨시험을 다시 행해야 할 때는 선택레버를 중립에 놓고 엔진을 1,000rpm으로 2분 정도 운전하며 트랜스액슬 오일의 온도를 식힌 다음 재시험한다. 이때 스톨속도의 규정치는 제작사의 차종마다 규정값이 다르므로 해당 차종의 규정값을 참조하도록 한다.

⑦ 선택레버를 R위치에 놓고 위에서 행한 방법으로 스톨시험을 한다.

⑧ 스톨 테스트 결과를 분석하고 예상되는 불량 부위를 점검한다.

㉮ D위치에서 스로틀 속도가 규정치 이상일 때 : 리어 클러치나 트랜스액슬의 오버런닝 클러치가 슬립(slip)되고 있으므로 이런 경우 슬립이 일어나는 곳에서 유압을 측정한다.

㉯ R위치에서 스톨속도가 규정치 이상일 때 : 프런트 클러치나 로우 리버스 브레이크가 슬립되는 것이므로 프런트 클러치나 로우 리버스 브레이크의 압력을 점검한다.

㉰ D와 R위치에서 스톨속도가 규정치 이하일 때 : 엔진출력이 부족하거나 토크컨버터가 고장난 것이 예상되므로 엔진의 실화, 점화시기, 밸브 간극을 점검하여 이상이 없으면 토크 컨버터에 이상이 있는 것으로 판단한다.

5.1.3. 오일압력시험

① 트랜스액슬을 ATF 온도가 80~100℃가 될 때까지 충분히 웜업한다.

② 잭으로 차량을 들어올려 앞바퀴가 돌아갈 수 있게 한다.

③ 엔진 타코메터를 연결하고 보기 좋은 곳에 위치시킨다.

④ 그림 5-112와 같이 오일압력 게이지를 각 오일 압력 배출구에 연결한다. 이때 후진 압력을 측정할 때는 $30kg_f/cm^2$ 범위의 압력 게이지를 사용해야 한다.

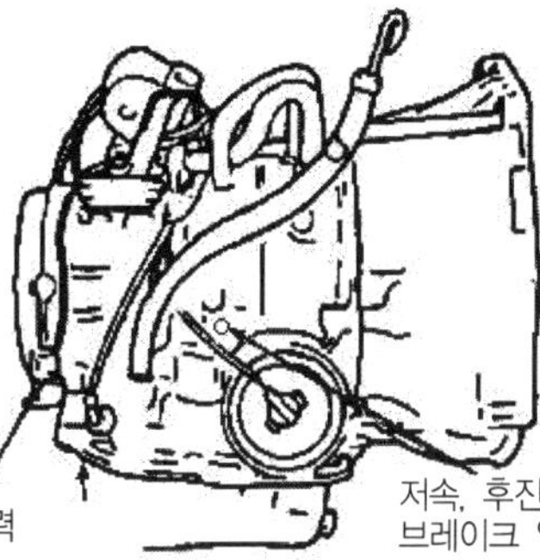

그림 5-112. 엔드 클러치와 로우 리버스 브레이크 오일압력시험

⑤ 다양한 조건에서 그림 5-113과 같이 오일압력을 점검하여 측정치가 규정 압력표에 있는 규정 범위 내에 있는가를 확인한다. 오일압력이 규정범위를 벗어나면 오일압력이 정상이 아닐 때 조치방법을 참고로 하여 수리한다.

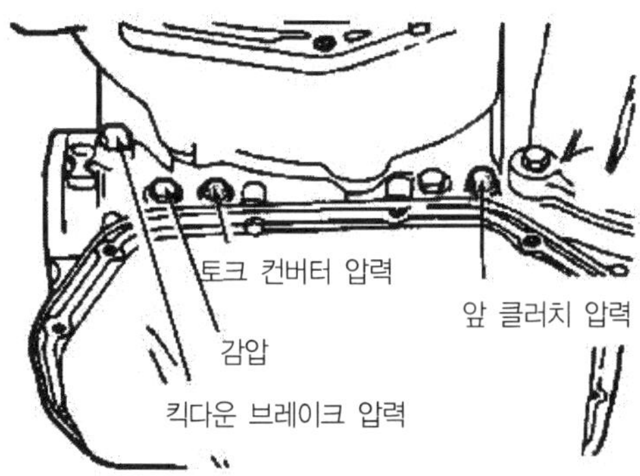

그림 5-113. 토크컨버터, 프런트 클러치, 킥다운 브레이크 압력시험

자동변속기 각 요소의 규정압력은 아래 표에 나타나 있다.

[규정 오일 압력표(1)]

번호	조 건			규정 오일압력(kgf/cm2)							
	선택 레버 위치	엔진 속도 (rpm)	변속 위치	1 감압	2 서보 공급 압력	3 리어 클러치 압력	4 프런트 클러치 압력	5 엔드 클러치 압력	6 로우 리버스 브레이크 압력	7 토크 컨버터 압력	8 댐퍼 클러치 압력
1	N	공회전	중립	4.1~ 4.5	-	-	-	-	-	-	-
2	D(스위치 ON)	약 2,500	4단 기어	4. 1~ 4. 5	8.4~ 9.0	-	-	8.4~ 9.0	-	-	6.6~ 8.2(D/C 작동시)
3	D	약 2,500	3단 기어	4.1~ 4.5	8.4~ 9.0	8.4~ 9.0	8.2~ 8.8	8.4~ 9.0	-	-	6.6~ 8.2(D/C 작동시)
4	D	약 2,500	2단 기어	4.1~ 4.5	8.4~ 9.0	8.4~ 9.0	-	-	-	-	6.6~ 8.2(D/C 작동시)
5	L	약 1,000	1단 기어	4.1~ 4.5	-	8.4~ 9.0	-	-	2.4~ 3.0	5.3~ 6.3	3.2~ 4.8(D/C 비작동시
6	R	약2,500	후진	4.2~ 4.8	-	-	19~21	-	19~21	5.0~ 7.0	3.5~ 5.5(D/C 비작동시

※ •-표시는 0.2(0.3)kg_f/cm^2 이하이다. ( )는 후진을 나타낸다.
•스위치 ON : 오버 드라이브 스위치를 ON시킨다.
•스위치 OFF : 오버드라이브 스위치를 OFF시킨다.
•상온에서의 유압은 규정치를 초과할 수 없다.

자동변속기의 오일압력이 정상이 아닐 때의 조치방법은 아래의 표에 나타나 있다.

[오일압력이 정상이 아닐 때의 조치방법(1)]

고장현상	가능한 원인	정 비
라인 압력이 너무 낮거나 높다. ◇ 라인압력은 "규정오일 압력표"의 2, 3, 4, 5, 6번의 오일 압력을 의미한다.	오일 필터의 막힘	오일필터를 점검하여 막혔으면 오일필터 교환
	레귤레이터 밸브 오일압력(라인압력)의 조정불량	라인압력 2(킥다운 브레이크 압력)를 측정하여 압력이나 규정치와 일치하지 않으면 라인압력을 재조정하거나 필요시에는 밸브보디를 교환
	레귤레이터 밸브 고착	레귤레이터 밸브의 작동을 점검하여 수리하고 필요시에는 밸브보디 어셈블리 교환
	밸브보디의 조임부 풀림	밸브보디의 조임볼트와 장착볼트 조임
	오일펌프 배출 압력 부적당	오일펌프기어의 측면간극을 점검하여 필요시 오일펌프 어셈블리 교환
감압이 부적당	라인 압력 부적당	2번 킥다운 브레이크 압력(라인압력)을 점검하여 라인압력이 규정치를 벗어나면 1번에서 서술한 항목을 점검
	감압회로의 필터(L-형상)가 막힘	밸브보디 어셈블리를 분해하여 필터를 점검하고 필터가 막혔으면 교환
	감압의 조정이 불량	1번 감압을 점검하여 규정치를 벗어나면 교환하거나 필요시는 밸브보디 어셈블리를 교환
	감압밸브 고착	감압밸브의 작동을 점검하여 필요시에는 수리 또는 밸브 보디 어셈블리 교환
	밸브보디의 조임부위 풀림	밸브보디 조임볼트와 장착볼트 조임
킥다운 브레이크 압력 부적당	슬리브 또는 킥다운 서보 피스톤의 D링 또는 실링의 기능이 불량	킥다운 서보를 분해하여 실링 또는 D-링이 손상되었는가를 점검하고 실링 또는 D-링이 잘라졌거나 파인 흔적이 있으면 교환한다.
	밸브보디 조임부위가 풀림	밸브보디 조임볼트와 장착볼트 조임
	밸브보디 어셈블리의 기능 불량	밸브보디 어셈블리 교환

고장현상	가능한 원인	정비
프런트 클러치 압력 부적당	슬리브 또는 킥다운 서보 피스톤의 D링 또는 실링의 기능 불량	킥다운 서보를 분해하여 실링 또는 D-링이 손상되었는가를 점검하고 잘라졌거나 파인 흔적이 있으면 실링이나 D-링 교환
	밸브 보디 장착부위가 풀림	밸브보디 조임볼트와 장착볼트 조임
	밸브보디 어셈블리의 기능 불량	밸브보디 어셈블리 교환
	프런트 클러치 피스톤, 리테이너가 마모되거나 1번 D링의 기능 불량	트랜스액슬을 분해하여 프런트 클러치, 피스톤과 리테이너 내부의 마모 여부 및 D-링의 손상여부를 점검하여 마모나 손상이 확인되면 피스톤, 리테이너, D-링, 실링을 교환
엔드 클러치 압력이 부적당하다.	4번 또는 6번 D링, 엔드 클러치의 5번 실링 또는 파이프의 7번 O링 불량	엔드 클러치를 분해하여 실링, 피스톤의 D링, 리테이너 내부의 마모여부 및 D링의 손상여부를 점검하여 마모나 손상이 되었으면 피스톤, 리테이너, D링과 실링 교환
	밸브보디 조임부위 풀림	밸브보디의 조임볼트 및 장착볼트 조임
	밸브보디 어셈블리의 기능 불량	밸브보디 어셈블리 교환
로우 리버스 브레이크 압력 부적당	밸브보디와 트랜스액슬 사이의 O링이 손상되거나 분실	밸브보디 어셈블리를 탈거하여 어퍼 밸브보디의 상부면에 있는 O링의 손상이나 분실되지 않았는지 점검하고 필요시에는 O링을 교환
	밸브보디 조임부 풀림	밸브보디 조임볼트와 장착볼트 조임
	밸브보디 어셈블리의 기능 불량	밸브보디 어셈블리 교환
	로우 리버스 브레이크의 3번 O링이나 리테이너의 2번 O링의 기능불량	트랜스액슬을 분해하여 O링의 손상을 점검하고 O링의 절단, 패인흔적, 긁힘 또는 손상이 있으면 교환
토크 컨버터의 압력이 부적당	댐퍼 클러치 조절 솔레노이드 밸브(DCCSV) 또는 댐퍼 클러치 조절 밸브 고착	댐퍼 클러치 장치와 DCCSV의 작동을 점검한다.
	오일 쿨러 또는 파이프가 막히거나 누설됨	필요에 따라 쿨러 및 파이프를 수리 또는 교환
	입력샤프트의 실링이 손상됨	트랜스액슬을 분해하여 실링의 손상을 점검하고 손상되었으면 실링을 교환
	토크 컨버터의 기능 불량	토크 컨버터 교환

[규정 오일 압력표(2)]

(F4A42-1)

	선택레버위치	P	R	N	D	D	D	D
측정조건	변속기 및 위치	-	후진	-	1속	2속	3속	4속
	엔진회전수 (r/min)	2,500	2,500	2,500	2,500	2,500	2,500	2,500
규정압력 (kgf/cm^2)	언더드라이브 클러치압 (U/D압)	-	-	-	10.3~ 10.7	10.3~ 10.7	6.0~ 7.0	-
	리버스 클러치압(REV압)	-	13.0~ 18.0	-	-	-	-	-
	오버드라이브 클러치압 (OD압)	-	-	-	-	-	6.0~ 7.0	6.0~ 7.0
	로우&리버스 브레이크압 (LR압)	3.2~ 4.0	13.0~ 18.0	3.2~ 4.0	10.3~ 10.7	-	-	-
	세컨드 브레이크압 (2ND압)	-	-	-	-	10.3~ 10.7	-	6.0~ 7.0
	토크 컨버터압 (DR압)	2.5~ 4.0	5.1~ 7.1	2.5~ 4.0	5.1~ 7.1	5.1~ 7.1	4.6~ 6.6	4.6~ 6.6

(F4A42-2)

	선택레버위치	P	R	N	D	D	D	D
측정조건	변속기 및 위치	-	후진	-	1속	2속	3속	4속
	엔진회전수 (r/min)	2,500	2,500	2,500	2,500	2,500	2,500	2,500
규정압력 (kgf/cm^2)	언더드라이브 클러치압 (U/D압)	-	-	-	10.3~ 10.7	10.3~ 10.7	8.0~ 9.0	-
	리버스 클러치압(REV압)	-	13.0~ 18.0	-	-	-	-	-
	오버드라이브 클러치압 (OD압)	-	-	-	-	-	8.0~ 9.0	8.0~ 9.0

규정압력 (kgf/cm^2)	로우&리버스 브레이크압 (LR압)	2.7~ 3.5	13.0~ 18.0	2.7~ 3.5	10.3~ 10.7	-	-	-
	세컨드 브레이크압 (2ND압)	-	-	-	-	10.3~ 10.7	-	8.0~ 9.0
	토크 컨버터압 (DR압)	2.2~ 3.7	5.1~ 7.1	2.2~ 3.7	5.1~ 7.1	5.1~ 7.1	4.6~ 6.6	4.6~ 6.6

[오일 압력이 정상이 아닐 때의 조치방법(2)]

현 상	이상개소
전 유압이 높다	레귤레이터밸브 불량
전 유압이 낮다	오일펌프 불량 오일필터(내장) 막힘 오일필터(외부) 막힘 오일 쿨러 막힘 레귤레이터밸브 불량 릴리프밸브 불량 밸브보디 장착 불량
R시만 유압이상	레귤레이터밸브 불량
3-4속시만 유압이상	레귤레이터밸브 불량 스위치밸브 불량
UD압만 유압이상	오일 실 K불량 오일 실 L불량 오일 실 M불량 언더드라이브 솔레노이드밸브 불량 언더드라이브 프레셔 컨트롤밸브 불량 각 체크볼 이상 각 오리피스 막힘 밸브보디 장착 불량
REV압만 유압이상	오일 실 A불량 오일 실 B불량 오일 실 C불량 각 오리피스 막힘 밸브보디 장착 불량

현 상	이상개소
OD압만 유압이상	오일 실 D불량 오일 실 E불량 오일 실 F불량 각 오리피스 막힘 밸브보디 장착 불량 언더 드라이브 솔레노이드밸브 불량 언더 드라이브 프레셔 컨트롤밸브 불량 각 체크볼 이상

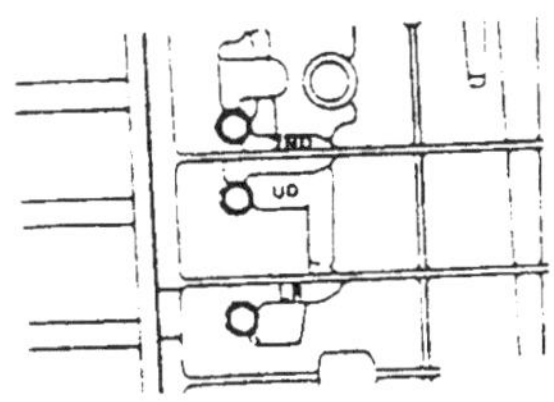

(a)

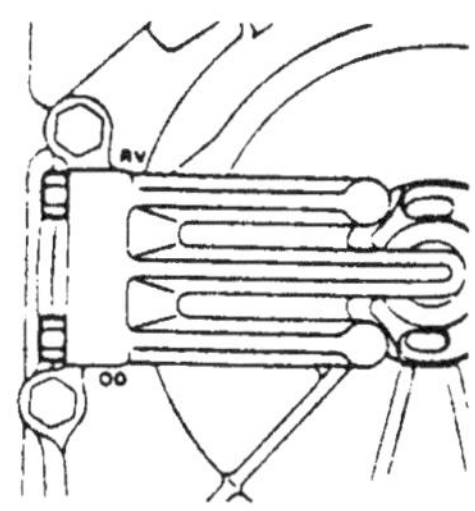

(b)

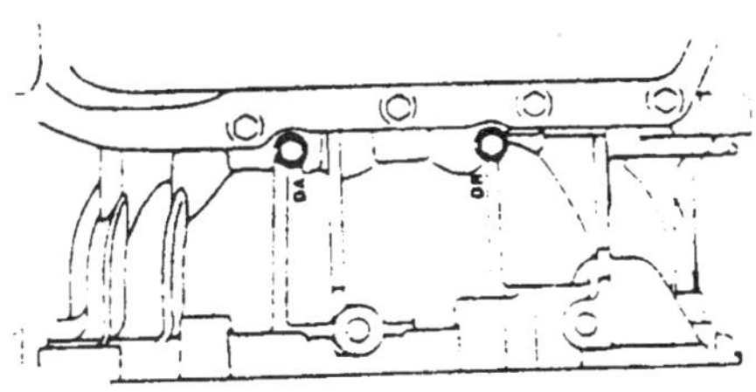

(c)

그림 5-114. 오일 압력 측정개소

5.1.4. 선택레버 작동 점검

① 선택레버를 각 위치로 변속시키면 레버가 부드럽게 움직이고 적절히 조절되는지와 위치 표시가 정확한지 점검한다.

② 선택레버가 그림 5-115에 표시된 것과 같이 적절히 각 위치로 이동하는가를 점검한다.

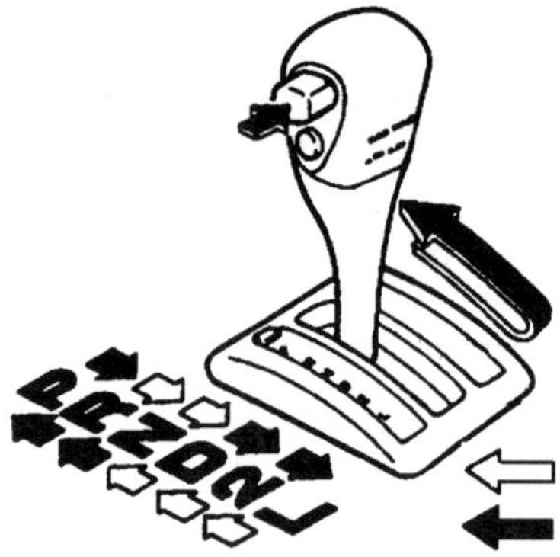

그림 5-115. 변속 레버 작동점검 예

③ 엔진의 시동을 걸어 선택레버를 N에서 D로 이동시켰을 때 차량이 앞쪽으로 움직이고 R로 놓았을 때 뒤로 움직이는가를 점검한다.

④ 변속레버의 작동이 불량하면 컨트롤 케이블과 슬리브를 조정하고 변속레버 어셈블리의 섭동부를 점검한다.

5.2. 인히비터 스위치의 조정 및 통전시험

5.2.1. 조정

① 선택레버를 N위치에 놓는다.

② 그림 5-116과 같이 매뉴얼 컨트롤 레버 플랜지 너트에서 컨트롤 케이블을 풀어 케이블과 레버를 푼다.

③ 매뉴얼 컨트롤 레버를 N위치에 놓는다.

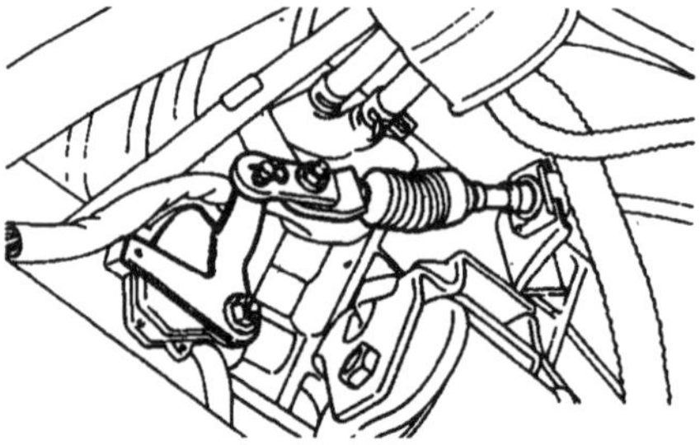

그림 5-116. 매뉴얼 컨트롤 레버 플랜지 너트 레버 품

④ 매뉴얼 컨트롤 레버의 사각면과 인히비터 스위치 보디 플랜지가 일치할 때까지 인히비터 스위치 보디를 돌린다.

⑤ 매뉴얼 컨트롤 레버와 스위치 보디를 일체로 고정하기 위해 특수공구를 삽입한다.

⑥ 장착볼트를 해당차량의 정비지침서를 참고로 하여 규정토크로 조인다. 그림 5-117과 같이 스위치 보디를 조정할 때 스위치 보디에서 O링이 떨어지지 않도록 한다. 장착볼트는 스위치 보디가 제위치를 이탈하지 않도록 조심해서 조인다.

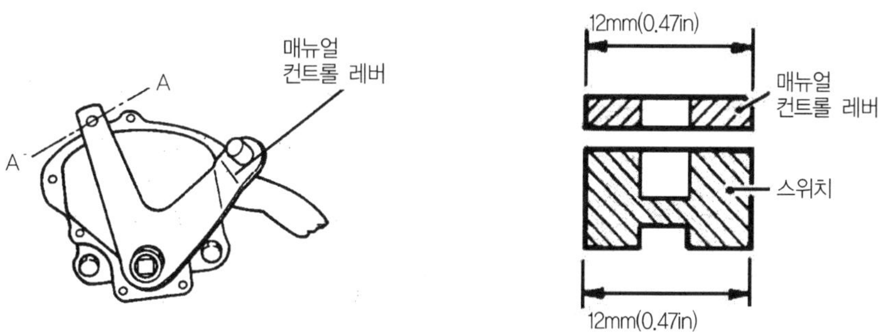

(a) (b)

그림 5-117. 매뉴얼 컨트롤 밸브 조정

⑦ 선택레버가 N위치에 있는가를 점검한다.

⑧ 조정너트를 조정하여 컨트롤 케이블이 끌리지 않도록 하고 선택레버가 부드럽게 작동하는가를 점검한다.

⑨ 그림 5-118과 같이 선택레버를 작동시킬 때 선택레버의 각 위치와 상응하는 위치로 매뉴얼 컨트롤 레버가 움직이는지 점검한다.

그림 5-118. 선택레버 작동 상태 점검

5.2.2. 통전시험

[1] F4A2계열

단자 번호	P	R	N	D	2	L	연결단자
1					○		TCU
2			○				TCU
3	○						TCU
4	○	○	○	○	○	○	점화스위치
5						○	TCU
6				○			TCU
7		○					TCU
8	○		○				점화스위치
9	○		○				스타터모터
10		○					점화스위치
11		○					후진등

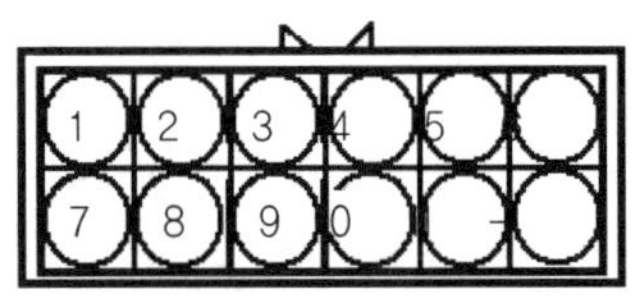

[2] F4A3계열

단자 번호	배선 색깔	P	R	N	D	2	L
1	YB					○	
2	BW			○			
3	BY	○					
4	L	○	○	○	○	○	○
5	YR						○
6	Y				○		
7	RL		○				
8	BW	○		○			
9	BY	○		○			
10	G		○				
11	GW		○				

○—○ 단자간의 접속을 나타낸다.

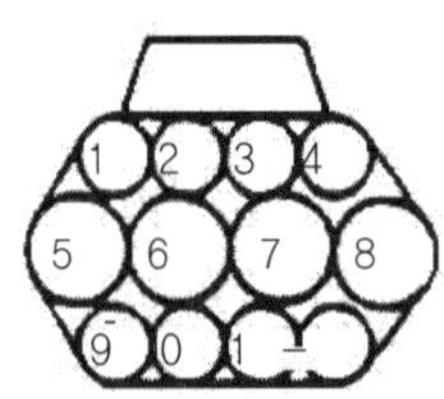

[3] F4A42계열

단자번호	P	R	N	D
1				○
2				
3	○			
4			○	
5				
6				
7		○		
8	○	○	○	○
9	○		○	
10	○		○	

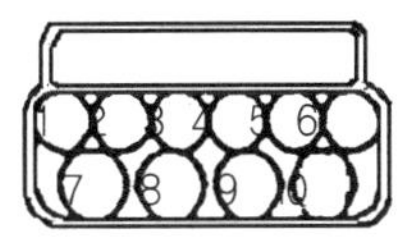

5.3. 킥다운 서보의 조정

5.3.1. 조정

① 킥다운 조정 스크루 주변의 이물질을 깨끗이 닦아 낸다.

② 록크 너트를 풀고 조정 스크루의 끝까지 손으로 돌린다.

③ 조정 스크루를 푼 다음 0.5kgf·m의 토크로 조인다.

④ 조여진 조정 스크루를 3~3 1/3회전 푼다.

⑤ 조정 스크루가 돌아가지 않도록 렌치로 고정시킨 채로 록크 너트를 규정토크로 조인다. 그림 5-119와 같이 조정 스크루를 케이스에서 완전히 빼낸 다음 재조립 할 때는 스크루 안쪽에서 15~20mm의 부위에 쓰리본드를 5mm 정도 바른 다음 조립한다.

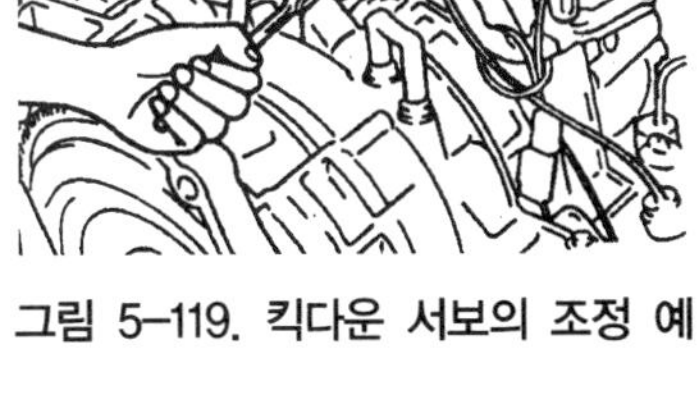

그림 5-119. 킥다운 서보의 조정 예

5.3.2. 점검

① 차량에 설치된 상태에서 킥다운 스위치 터미널과 변속기 케이스 사이를 멀티 테스터기로 통전시험을 점검하여 0Ω 이면 정상이고, 엔진 시동을 걸고 선택레버를 L레인지로 위치시킨 후 엔진을 공회전 시키면서 킥다운 스위치 터미널과 변속기 사이의 통전을 점검하여 ∞Ω 이면 정상이다.

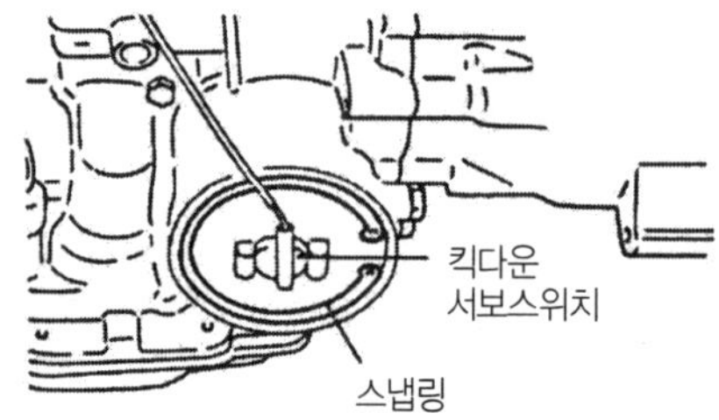

그림 5-120. 킥다운 스위치 위치 및 커넥터

② 킥다운 서보 스위치를 분해하여 멀티 테스터기로 서보 스위치 커넥터의 단자와 A 지점을 연결했을 때 통전이 되면 정상, 통전이 되지 않으면 불량이다.

③ 볼펜이나 뾰족한 공구로 B지점을 누른 다음 멀티 테스터기로 킥 다운 서보 스위치 커넥터의 단자와 A지점에 연결하였을 때 불통되면 정상, 통전이 되면 불량이다.

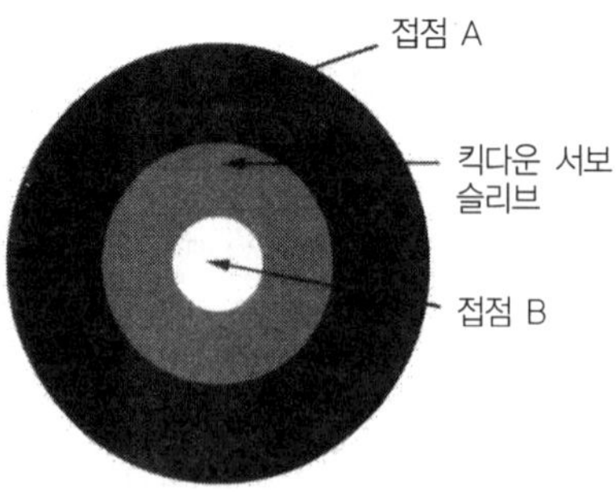

그림 5-121. 킥다운 서보 스위치 점검

5.4. 라인압력의 조정

① 자동변속기 오일을 배출시킨다.

② 오일 팬을 분리한다.

③ 오일 필터를 분리한다.

④ 그림 5-122와 같이 유온 센서를 분리한다.

⑤ 그림 5-123과 같이 솔레노이드밸브 하이스 그로맷의 탭을 눌러 안쪽으로 민다.

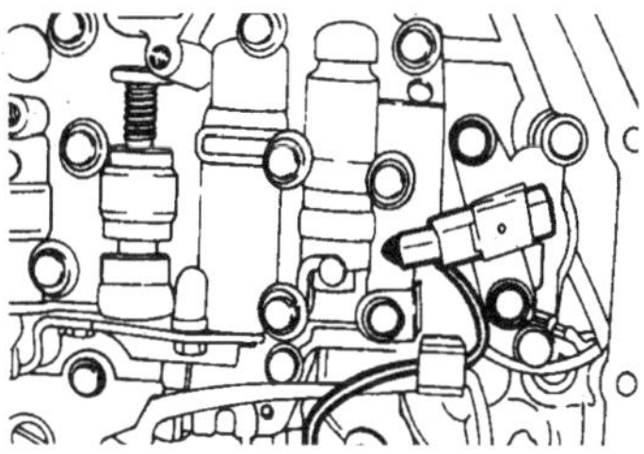

그림 5-122. 유온센서 분리

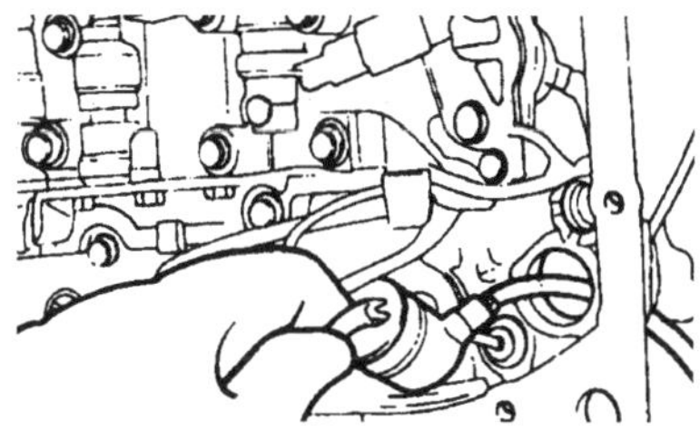

그림 5-123. 솔레노이드밸브 하니스 그로맷 조정

⑥ 그림 5-124와 같이 밸브보디 어셈블리를 분리한다. 이때 매뉴얼밸브가 빠져나와 떨어질 수도 있으므로 주의해서 작업한다.

⑦ 레귤레이터밸브의 조정 스크루를 돌려 라인압력이 규정치가 되도록 조정한다. 조정 스크루를 오른쪽으로 돌리면 라인압력이 낮아지고 왼쪽으로 돌리면 라인 압력이 올라간다. 규정 라인압력은 해당 차량의 정비지침서를 참고한다.

⑧ 그림 5-125와 같이 밸브보디의 상부면에 O링이 장착되었는지 확인한다.

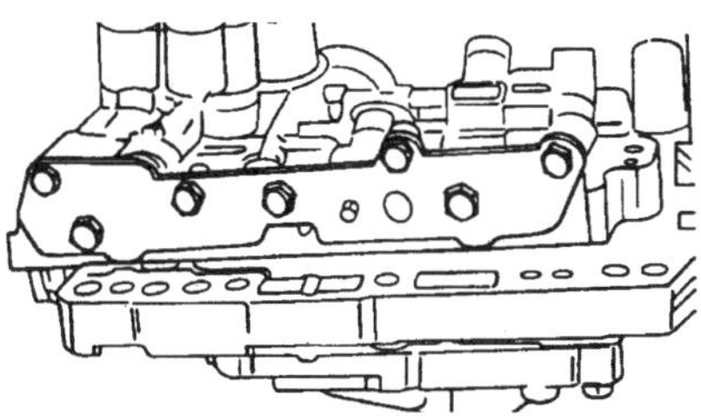

그림 5-124. 밸브보디 어셈블리 분리

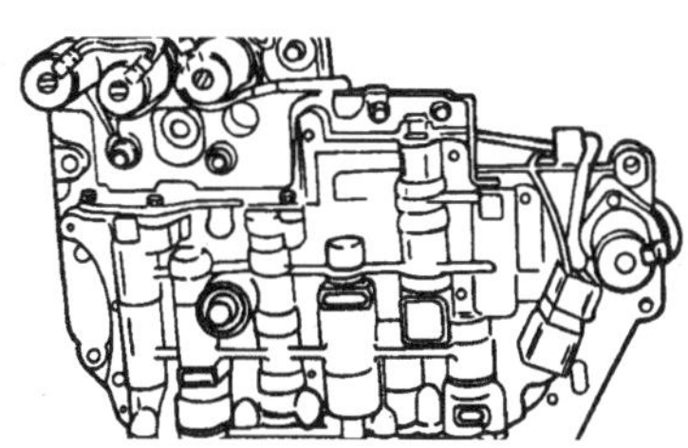

그림 5-125. 밸브 보디 상부면의 O링 장착여부 확인

⑨ 솔레노이드밸브 커넥터의 O링을 신품으로 교환한다.

⑩ 밸브보디 어셈블리를 케이스에 장착하고 솔레노이드밸브 커넥터를 케이스에 집어넣는다. 이때 커넥터의 절단면이 그림 5-126과 같이 위치하도록 하며 리드 와이어가 끼지 않도록 주의한다.

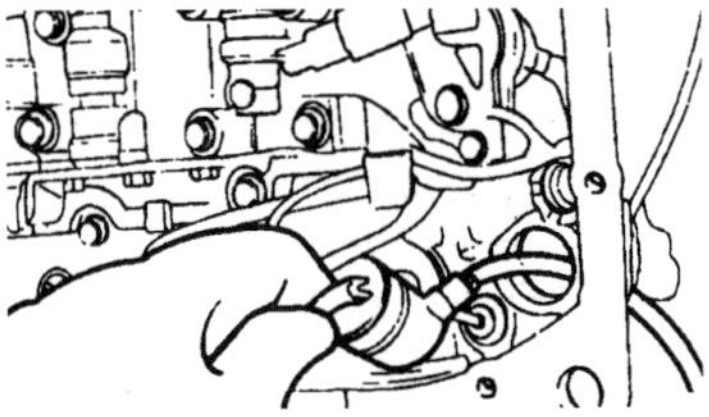

그림 5-126. 솔레노이드밸브 커넥터 케이스에 삽입

⑪ 밸브보디 어셈블리 장착볼트를 해당차종의 정비지침서를 참고로 하여 규정토크로 조인다.

⑫ 오일 필터를 장착한다.

⑬ 신품의 오일팬 개스킷과 오일팬을 장착한다.

⑭ 규정량만큼의 자동변속기 오일을 주유한다.

⑮ 오일 압력을 시험하여 필요시에는 재조정한다.

5.5. 스피드미터 케이블의 교환

① 그림 5-127과 같이 계기판 패널에 어댑터를 정확히 집어넣고 신품의 스피드미터 케이블을 고정시킨다.

② 케이블 장착부위와 돌출 부위가 수평이 되도록 그림 5-128과 같이 그로맷을 장착한다. 이때 케이블을 약 150mm 이상 구부려야만 케이블이 수평이 된다.

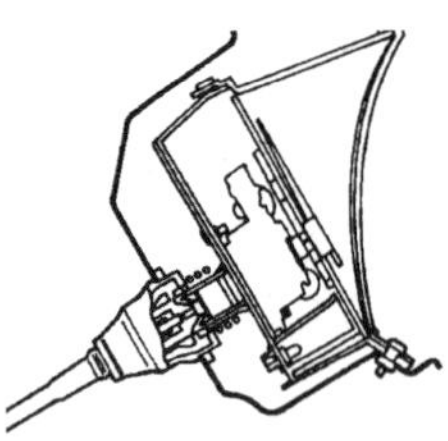

그림 5-127. 스피드미터 케이블의 고정

그림 5-128. 케이블 그로맷 장착방법

③ 그림 5-129와 같이 스피드미터 케이블 끝에 있는 키이 조인트를 변속기에 집어넣고 너트를 완전히 조인다. 이 때 케이블이 완전하게 그리고 정확하게 연결되지 않으면 스피드미터의 지침이 틀리거나 비정상적인 소음이 발생하므로 반드시 정확히 연결해야 한다.

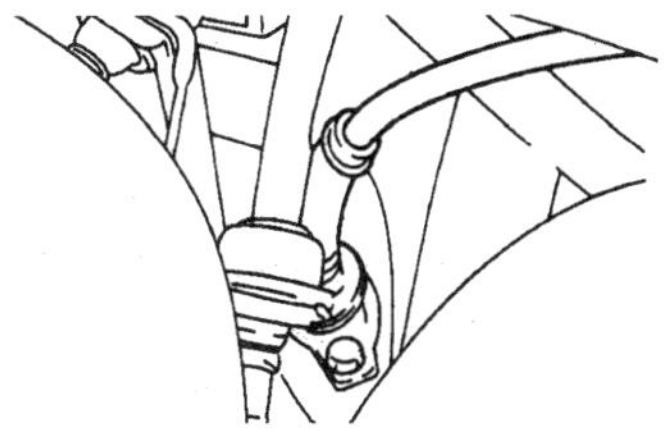

그림 5-129. 스피드미터 케이블 센서 장착 방법

5.6. 변속기 컨트롤

5.6.1. 구성부품

그림 5-130은 변속기 컨트롤의 구성부품을 나타내는 것이다.

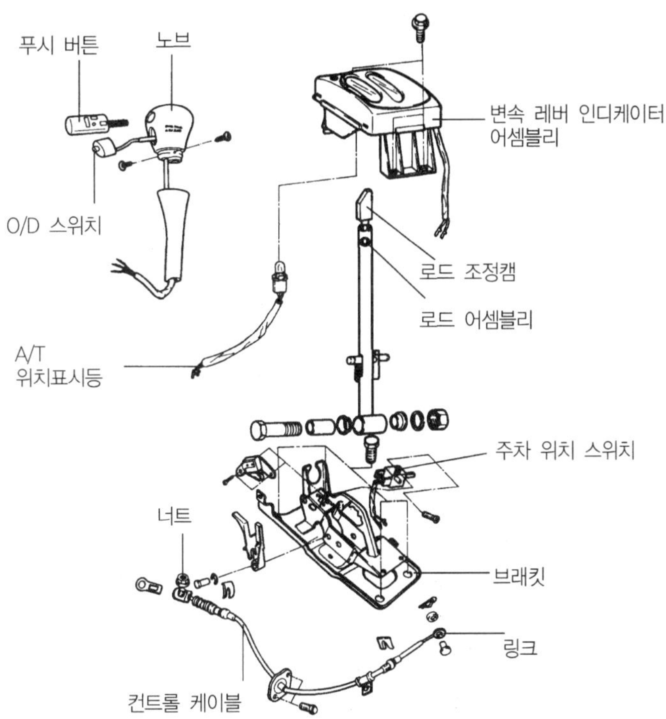

그림 5-130. 변속기 컨트롤 구성부품

5.6.2. 떼어내기

① 컨솔박스 어셈블리를 떼어낸다.

② 노브 장착 스크루를 푼다.

③ 그림 5-131과 같이 오버드라이브 스위치 커넥터를 분리시키고 노브를 떼어낸다.

④ 그림 5-132와 같이 변속레버 인디케이터 어셈블리를 떼어낸다.

⑤ 위치 표시등 커넥터를 분리시킨다.

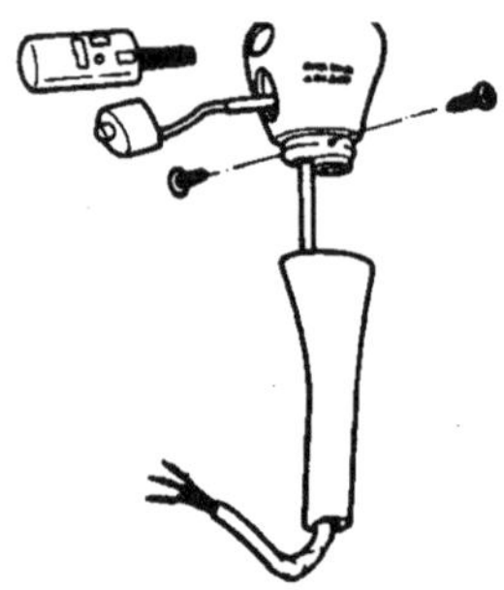

그림 5-131. 오버 드라이브 스위치 커넥터 분리

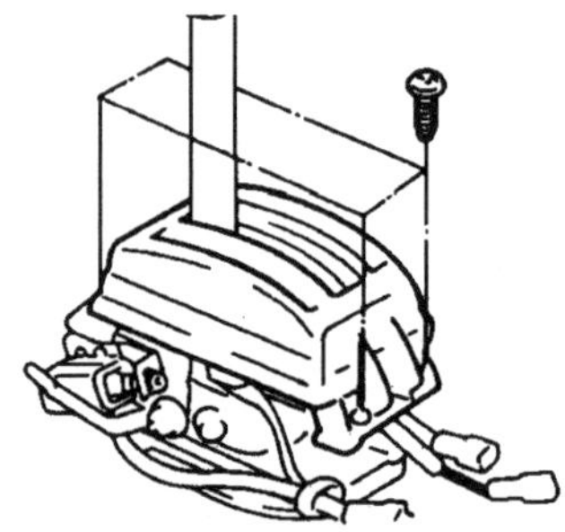

그림 5-132. 변속레버 인디케이터 어셈블리 떼어내기

⑥ 그림 5-133과 같이 링크에서 셀프 록크 너트 핀을 뺀다.

⑦ 그림 5-134와 같이 클립을 빼낸 다음 변속레버 측에서 너트를 푼다.

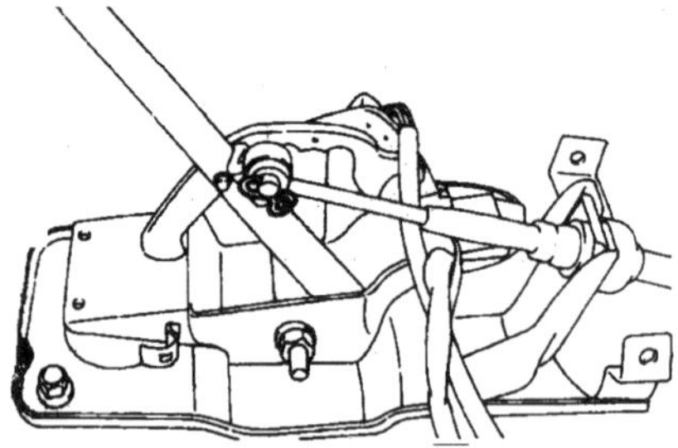

그림 5-133. 셀프 록크 너트 핀 빼냄

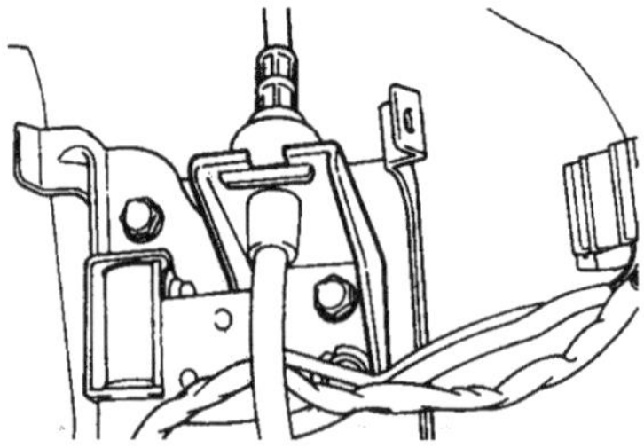

그림 5-134. 변속레버 측에서 너트 품

⑧ 그림 5-135과 같이 대쉬 패널에 붙어 있는 볼트 와셔 어셈블리를 푼다.

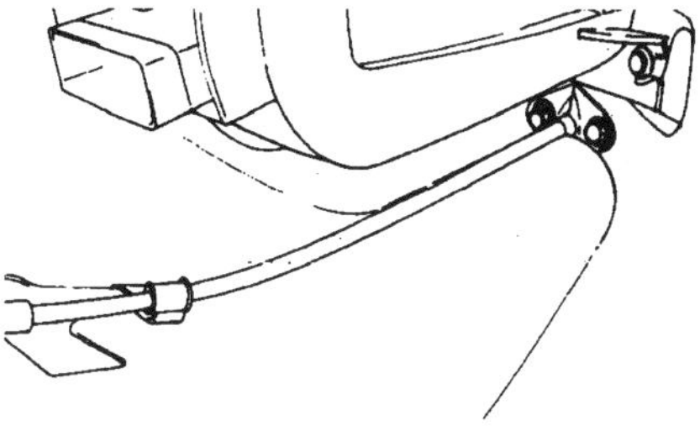

그림 5-135. 대쉬 패널 볼트 와셔 어셈블리 품

⑨ 클립을 뺀다.

⑩ 그림 5-136과 같이 트랜스액슬 컨트롤 케이블 어셈블리를 떼어낸다.

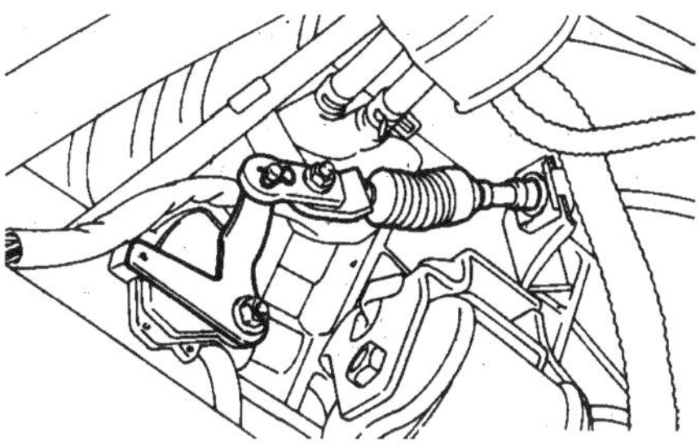

그림 5-136. 트랜스액슬 컨트롤 케이블 어셈블리 떼어냄

5.6.3. 검사

① 컨트롤 케이블의 기능 및 손상을 점검한다.

② 부싱의 마모와 손상을 점검한다.

③ 스프링의 손상 및 약화를 점검한다.

④ 오버 드라이브 스위치의 통전을 점검한다.

터미널 / 스위치위치	1 (0.3-RW)	2 (0.3-LR)	3 (0.3-BW)
오버드라이브 작동		○	○
오버드라이브 비작동	○	○	

○—○ : 통전

〔참고〕

색깔 코드	와이어 색깔	색깔 코드	와이어 색깔
R	적색	B	흑색
W	백색	L	청색

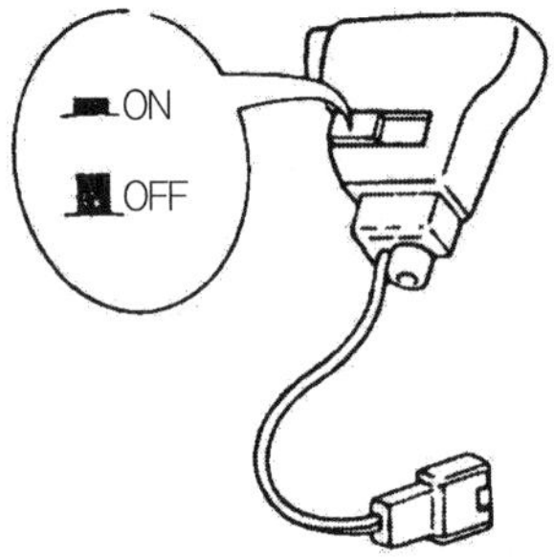

그림 5-137. 오버드라이브 스위치

⑤ 파워/이코노미 스위치의 통전을 점검한다.

위치 \ 터미널	이코노미	점화스위치	파 워
이코노미(원위치)	○——	——○	
파워(누름)		○——	——○

○—○ : 통전

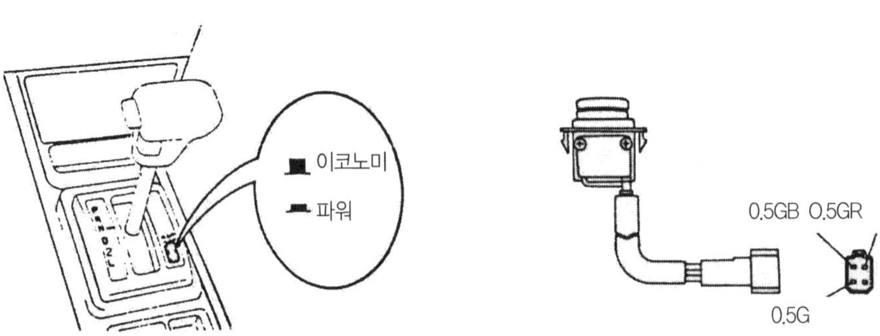

그림 5-138. 파워/노말 스위치 및 커넥터

5.6.4. 장착

① 부싱의 내부에 규정된 그리스를 바른다.

② 그림 5-139와 같이 변속레버를 움직여 인히비터 스위치를 "N" 위치에 놓고 컨트롤 케이블을 장착한다.

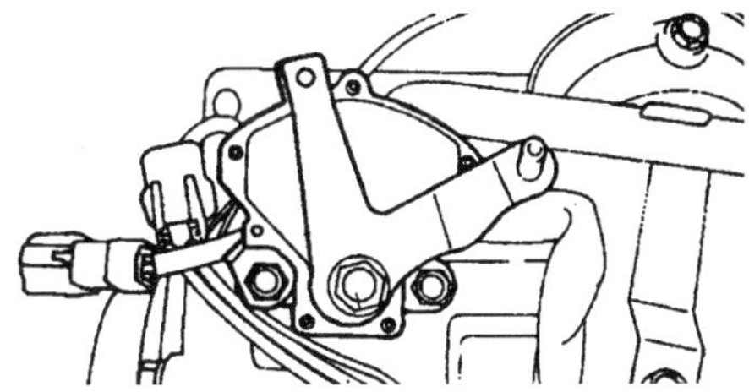

그림 5-139. 인히비터 스위치 "N" 상태서 컨트롤 케이블 장착

③ 그림 5-140과 같이 컨트롤 케이블을 트랜스액슬 마운팅 브래킷에 장착할 때 클립을 컨트롤 케이블의 제 위치에 놓는다.

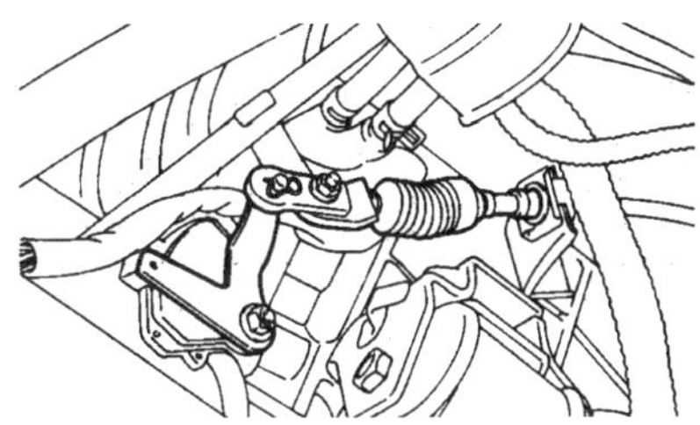

그림 5-140. 클립을 컨트롤 케이블 제 위치 확인

④ 그림 5-141와 같이 볼트 와셔 어셈블리와 너트를 장착한다.

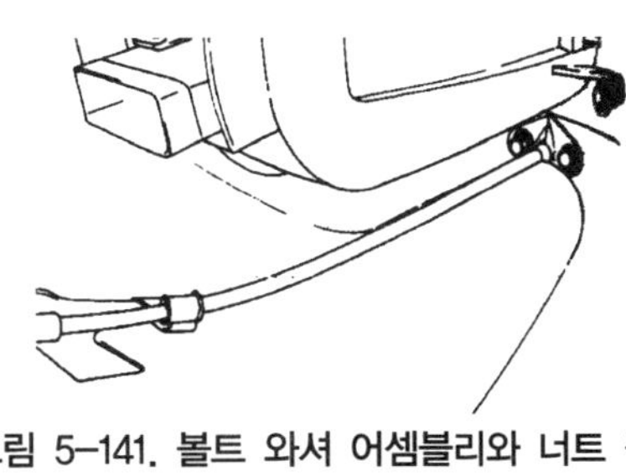

그림 5-141. 볼트 와셔 어셈블리와 너트 장착

⑤ 그림 5-142와 같이 클립 핀과 스플리트 핀을 장착한다.

(a) (b)

그림 5-142. 클립 핀과 스플리트 핀을 장착

⑥ 위치 표시등 커넥터, 오버 드라이브 스위치 커넥터를 연결한다.

⑦ 변속레버 인디케이터를 장착한다.

⑧ 그림 5-143과 같이 변속레버를 N위치에 놓고 캠 조정기를 돌려 캠 조정기와 레버 어셈블리 끝 사이의 간극이 해당차량의 정비지침서를 참고로 하여 규정치 내에 있도록 한다. 이 때 캠 조정기의 B면이 푸시 버튼쪽인 운전석 측을 향하도록 한다.

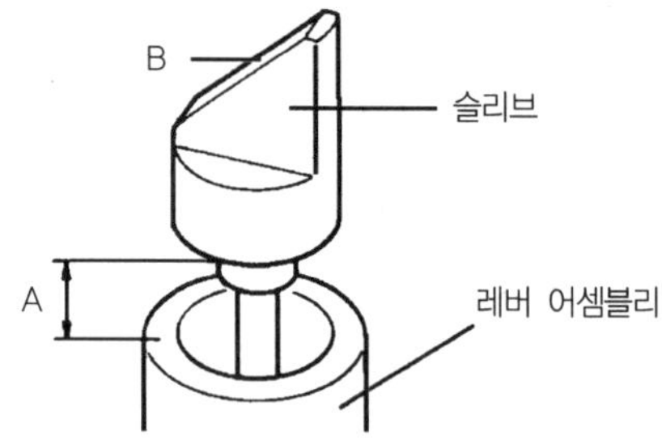

그림 5-143. 캠 조정기 조정방법

5.7. 컨트롤 케이블의 조정

① 그림 5-144와 같이 플랜지 너트를 조정하여 컨트롤 케이블의 느슨함을 없앤 다음 선택레버가 부드럽게 움직이는지 점검한다.

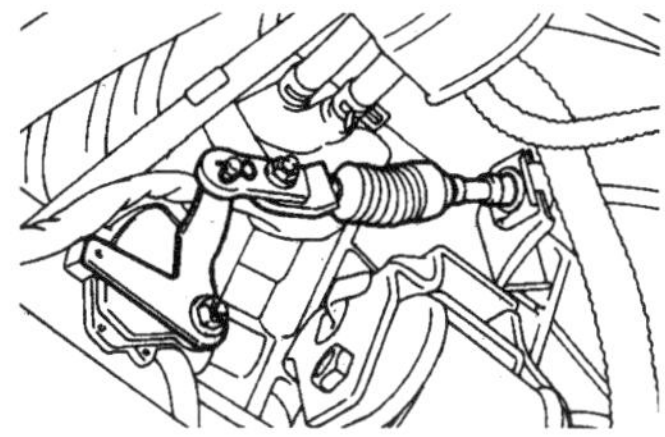

그림 5-144. 컨트롤 케이블의 조정

② 차량을 운행하면서 선택레버를 각 위치로 변속했을 때 트랜스액슬이 적절히 작동하는지 점검한다.

5.8. 액셀러레이터 스위치 점검 및 조정

① 엔진을 워밍업시킨 후에 액셀러레이터 페달을 밟지 않았을 때 액셀러레이터 스위치가 ON상태(스위치 커넥터 2핀 사이의 전압을 측정하여 0V)인가를 확인한 후 페달을 밟았을 때 OFF상태(커넥터 2핀 사이의 전압측정시 12V)인가를 확인한다.

터미널 / 위 치	0.5G(L)	0.5GR(E)
OFF		
ON	○	○

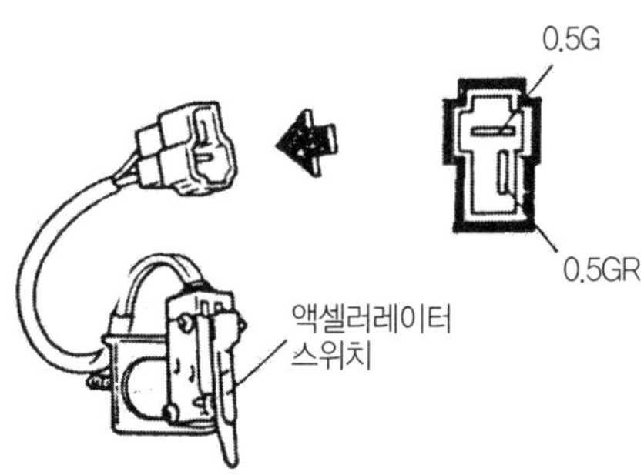

그림 5-145. 액셀러레이터 커넥터

② 페달을 밟았을 때 액셀러레이터 스위치가 ON에서 OFF되는 위치인 거리 B(4~8mm)를 측정한다.

③ 거리 B가 규정치를 벗어나면 조정 볼트로 조정한다.

항 목	규정치
액셀러레이터 스위치 ON시	0V
액셀러레이터 스위치 OFF시	12V

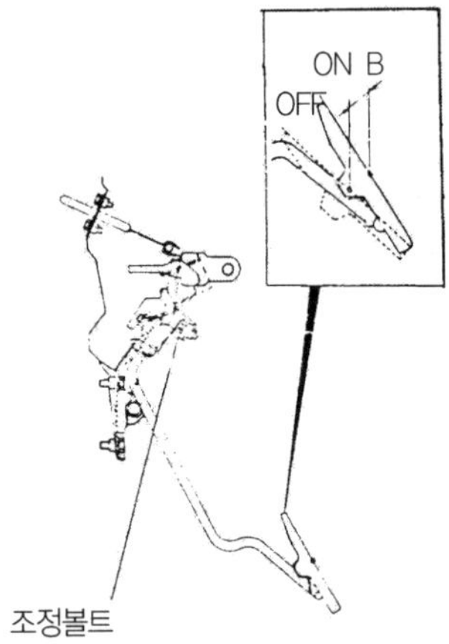

그림 5-146. 액셀러레이터 스위치

5.9. 변속레버 어셈블리

5.9.1. 구성부품

그림 5-147은 변속레버의 구성부품을 나타내는 것이다.

5.9.2. 검사

① 디텐트 플레이트의 마모를 점검한다.

② 부싱의 손상을 점검한다.

③ 스프링의 손상과 약화를 점검한다.

④ 로드 어셈블리의 끝에 있는 핀의 마모를 점검한다.

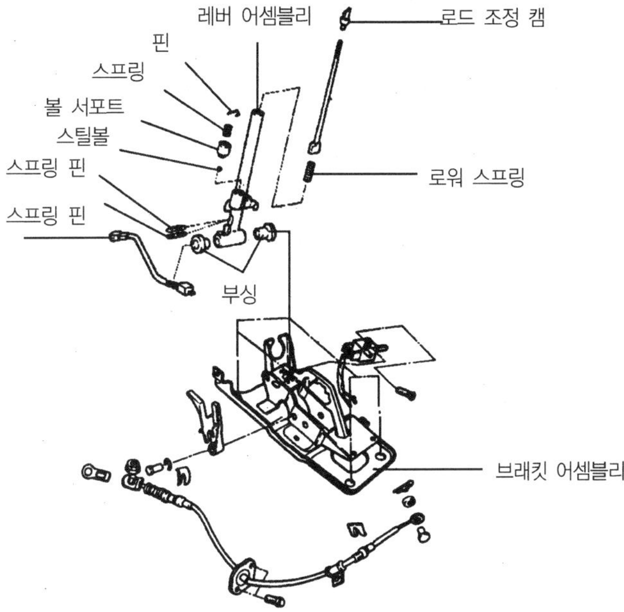

그림 5-147. 변속레버 어셈블리의 구성부품

5.9.3. 조립

① 부싱의 윤활부에 그리스를 도포한다.

② 그림 5-148에 표시된 부위에 규정된 그리스를 바른다.

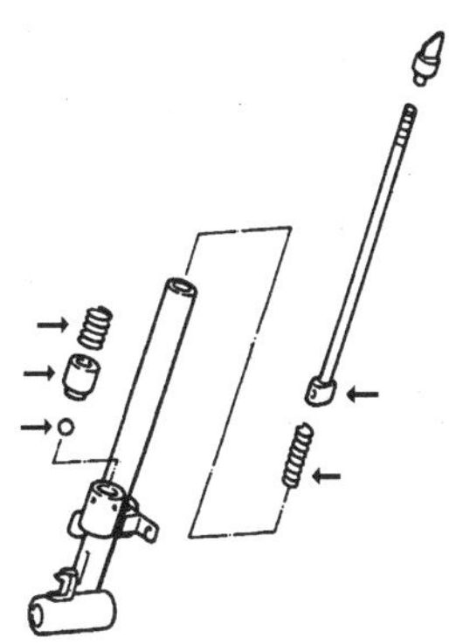

그림 5-148. 규정 그리스 바름

5.10. 자동변속기

5.10.1. 구성부품

그림 5-149는 자동변속기 구성부품의 조임 토크를 나타낸 것이다.

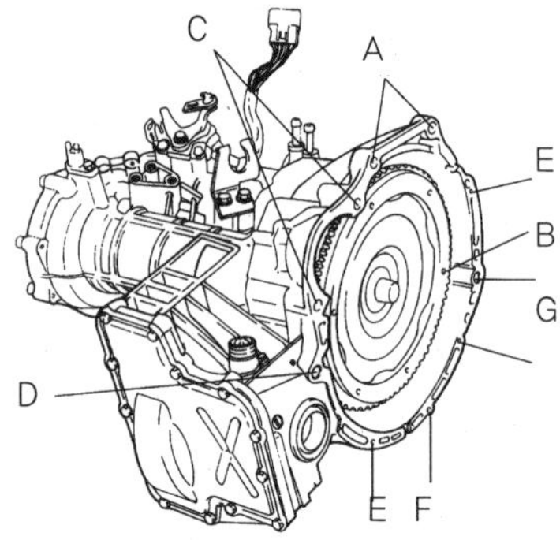

명칭	조임 토크 (kgf · m)	외경×길이 (mm)	볼트 식별표시
A	4.3~5.5	7 12×40	7 A×B
B	4.3~5.5	7 10×70	
C	2.7~3.4	7 10×55	
D	3.0~3.5	7 8×60	
E	1.0~1.2	7 6×12	
F	3.0~3.5	7 8×12	
G	4.6~5.3	-	

그림 5-149. 자동변속기의 조임토크표

5.10.2. 떼어내기

① 그림 5-150과 같이 배출 플러그를 빼낸 다음 ATF를 배출시킨다.

② 에어클리너 어셈블리를 분리시켜 떼어낸다.

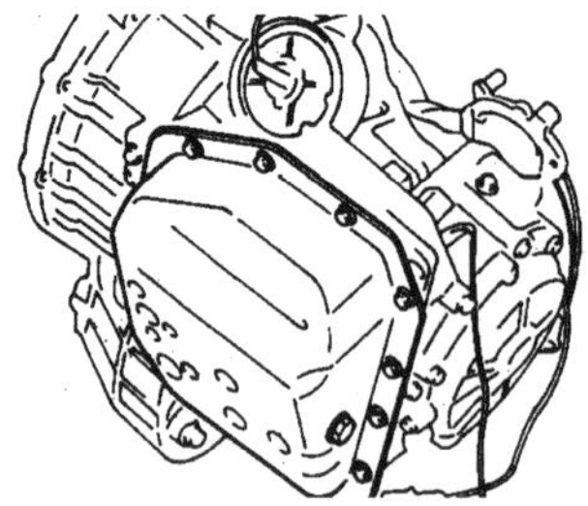

그림 5-150. ATF 배출

③ 그림 5-151과 같이 리턴호스와 공급호스의 장착 클램프를 풀고 호스를 분리시킨다. 이 때 이물질이 유입되지 않도록 분리된 호스 끝과 변속기 피팅 부위를 플러그로 막는다.

④ 그림 5-152와 같이 컨트롤 케이블을 분리한다.

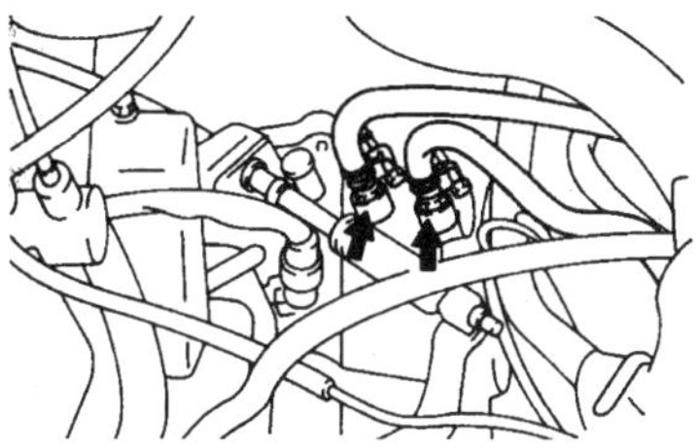

그림 5-151. 리턴호스와 공급호스 분리

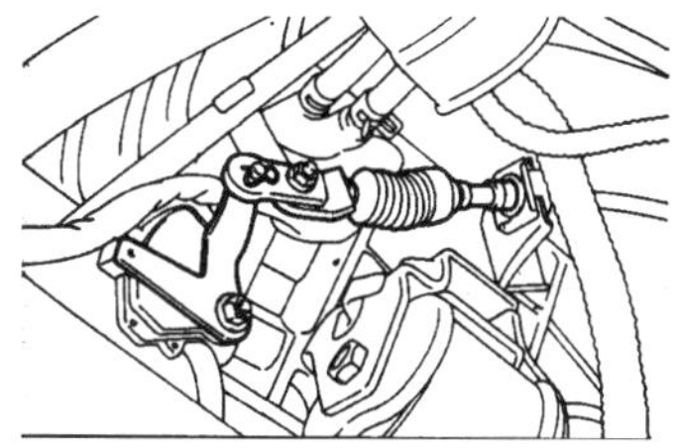

그림 5-152. 컨트롤 케이블 분리

⑤ 스피드미터 케이블을 분리한다.

⑥ 그림 5-153과 같이 펄스 제너레이터 커넥터, 인히비터 스위치 커넥터, 킥다운 서보스위치 커넥터, 솔레노이드밸브 커넥터, 유온센서 커넥터를 분리시킨다.

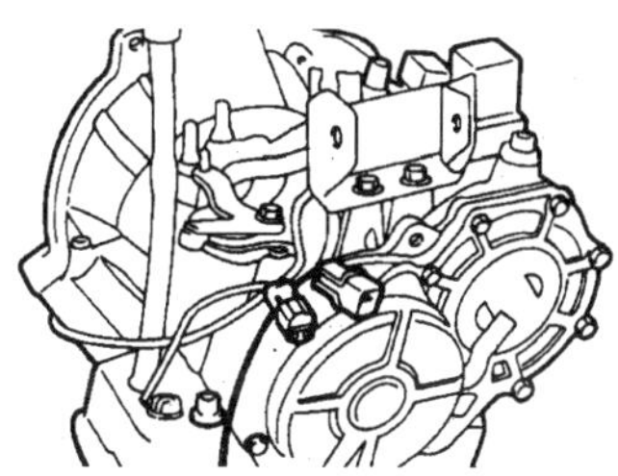

그림 5-153. 각종 커넥터 분리

⑦ 그림 5-154와 같이 트랜스액슬의 윗부분에서 변속기와 엔진을 체결하는 볼트를 푼다.

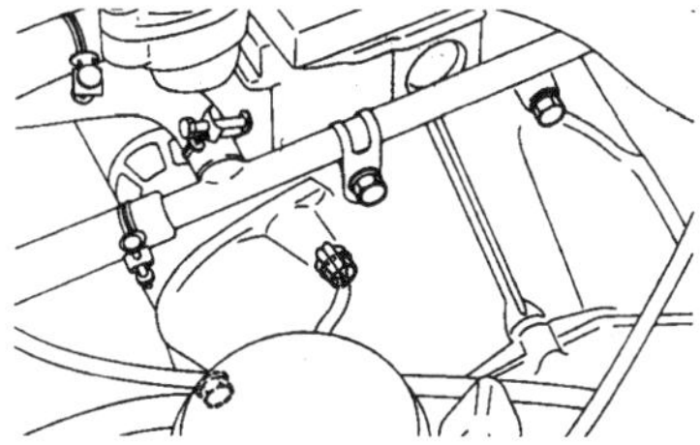

그림 5-154. 트랜스액슬 상부와 변속기 엔진 연결볼트 품

⑧ 그림 5-155와 같이 엔진지지용 공구를 장착한다.

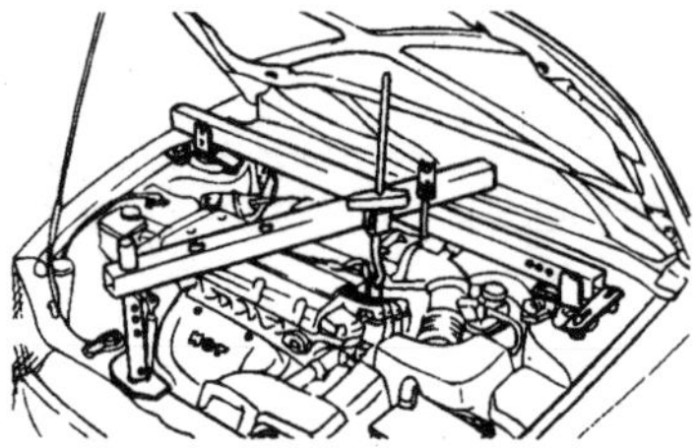

그림 5-155. 엔진지지용 공구 장착

⑨ 기어박스, 타이로드 엔드, 드라이브 샤프트, 너클 마운팅 볼트를 푼다.

⑩ 기어박스 유니버셜 조인트와 리턴튜브 마운팅 볼트를 푼다.

⑪ 그림 5-156과 같이 서브 프레임 마운팅 볼트를 푼 다음 서브 프레임을 떼어낸다.

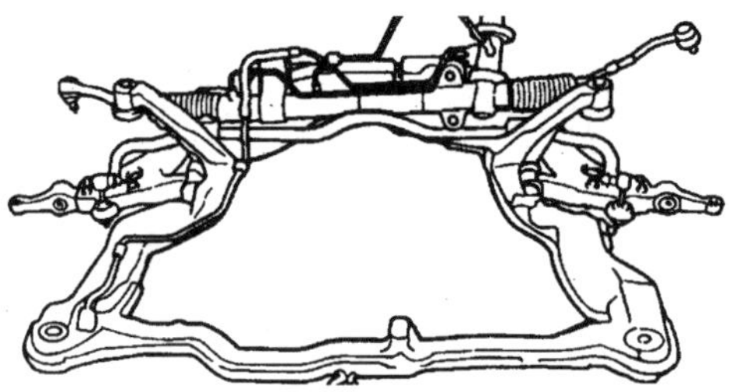

그림 5-156. 서브 프레임 떼어내기

⑫ 스타터 모터를 떼어낸다.

⑬ 자동변속기 앞, 뒤 및 옆쪽 마운팅 브래킷을 떼어낸다.

⑭ 엔진과 변속기를 체결하는 볼트를 푼다.

⑮ 변속기를 지지하는 잭을 이용하여 변속기를 지지하면서 변속기를 떼어낸다.

5.10.3. 장착

① 트랜스액슬쪽에 토크 컨버터를 장착하고서 트랜스액슬 어셈블리를 엔진에 장착한다. 이때 토크 컨버터에 먼저 엔진쪽에 장착하면 트랜스액슬 쪽에 있는 오일 실이 손상되므로 반드시 토크 컨버터를 먼저 트랜스액슬에 장착한다.

② 트랜스액슬 컨트롤 케이블을 장착하고 다음과 같이 트랜스액슬 컨트롤 케이블을 조정한다.

㉮ 변속레버와 인히비터 스위치를 N위치에 놓고 컨트롤 케이블을 장착한다.

㉯ 컨트롤 케이블을 트랜스액슬에 장착할 때 클립이 그림 5-157과 같이 컨트롤 케이블과 접촉되게 장착한다.

㉰ 조정너트를 조정하여 컨트롤 케이블을 당긴 다음 선택레버가 부드럽게 움직이는가를 점검한다.

㉱ 컨트롤 케이블이 정확히 조정되었는가를 점검한다.

③ 다른 부분은 떼어내기의 역순으로 작업한다.

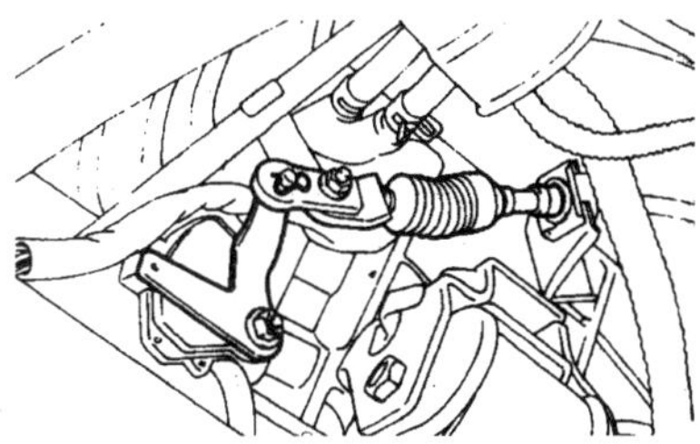

그림 5-157. 컨트롤 케이블 장착

5.11. 자동변속기 어셈블리

5.11.1. 분해

알아두기

① 트랜스액슬의 모든 접촉면은 매우 정교하게 기계 가공되어 있으므로 부품을 다룰 때 파이거나 흠집이 생기지 않게 각별히 주의를 기울인다.

② 분해 조립 작업 중에는 반드시 청결을 유지해야 한다.

③ 각 부품을 분해한 다음 세척할 때는 적정한 솔벤트로 닦은 다음 압축 공기로 건조시켜야 하며 타월 등으로 닦아서는 안된다.

④ 클러치디스크, 브레이크디스크, 플라스틱 스러스트와 고무부품은 ATF로 청소해야하며 청결을 유지해야 한다.

① 트랜스액슬에 묻어있는 모래와 오물을 청소한다.

② 오일팬이 아래로 가도록 변속기를 작업대에 놓는다.

③ 그림 5-158과 같이 토크 컨버터를 탈거한다. 이 때 토크 컨버터를 떼어낼 때는 8×60mm 정도 되는 볼트를 사용한다.

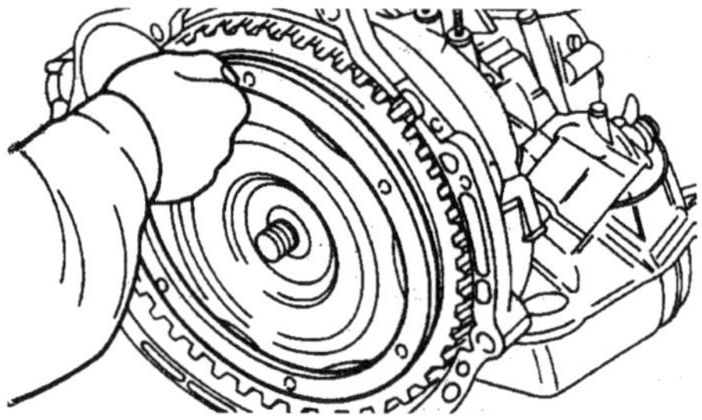

그림 5-158. 토크 컨버터 탈거

④ 분해 전에 입력샤프트의 엔드 플레이를 측정하여 스러스트 와셔를 교환해야 할 곳을 알아낸다. 단 주요부품을 교환해야할 때는 제외한다. 이때 스러스트 와셔는 리액션 샤프트 서포트와 리어 클러치 리테이너사이, 리액션 샤프트 서포트 및 프런트 클러치 리테이너사이에 위치해 있다.

그림 5-159와 같이 다이얼 인디케이터 서포트를 사용하여 컨버터 하우징에 다이얼 인디케이터를 장착한다. 엔드 플레이를 측정할 때는 핀을 사용하여 입력샤프트를 밀고 당긴다. 이때 입력샤프트가 긁히지 않도록 주의한다. 측정치를 기록하여 조립할 때 참고로 하여 규정치는 0.3~1.0mm이다.

그림 5-159. 다이얼 게이지를 이용한 엔드 플레이 측정

⑤ 그림 5-160과 같이 펄스 제너레이터 "A" 와 "B" 를 분리한다.

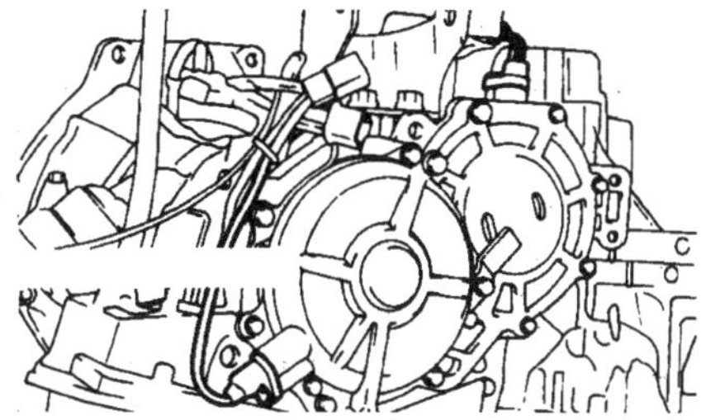

그림 5-160. 펄스 제너레이터 A와 B 분리

⑥ 그림 5-161와 같이 매뉴얼 컨트롤 레버와 인히비터 스위치를 떼어낸다.

그림 5-161. 매뉴얼 컨트롤 레버와 인히비터 스위치 떼어내기

⑦ 그림 5-162와 같이 스냅링을 뺀 다음 킥다운 서보 스위치를 분리한다.

⑧ 그림 5-163과 같이 오일펌프를 고정하고 있는 6개의 볼트를 푼 다음 특수공구를 사용하여 오일펌프를 떼어낸다.

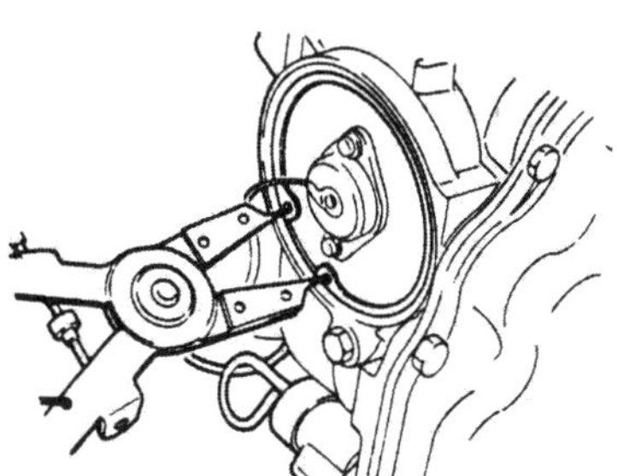

그림 5-162. 킥다운 서보 스위치 분리

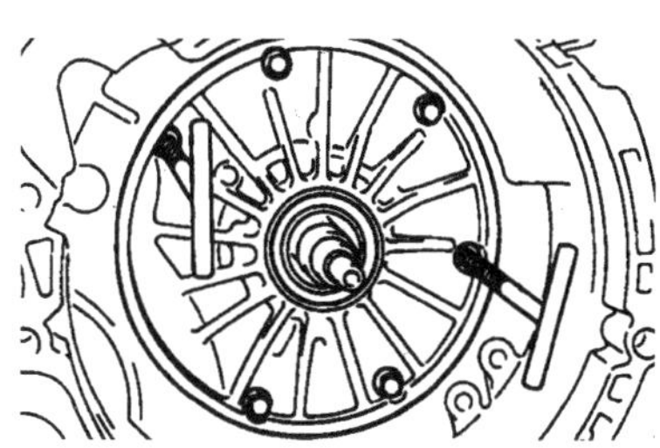

그림 5-163. 오일펌프 떼어냄

⑨ 그림 5-164와 같이 화이버 스러스트 와셔를 빼낸다.

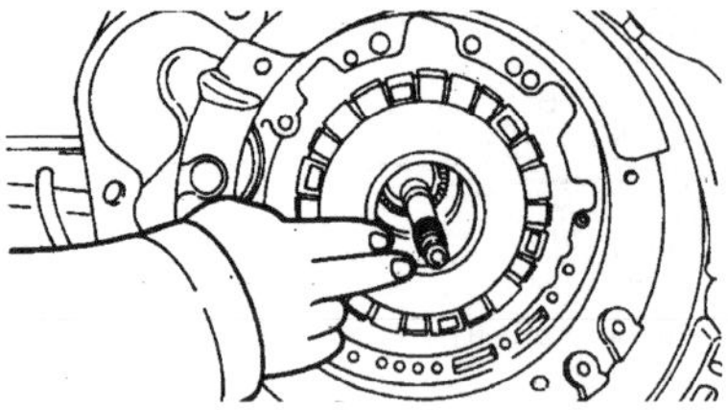

그림 5-164. 화이버 스러스트 와셔 빼냄

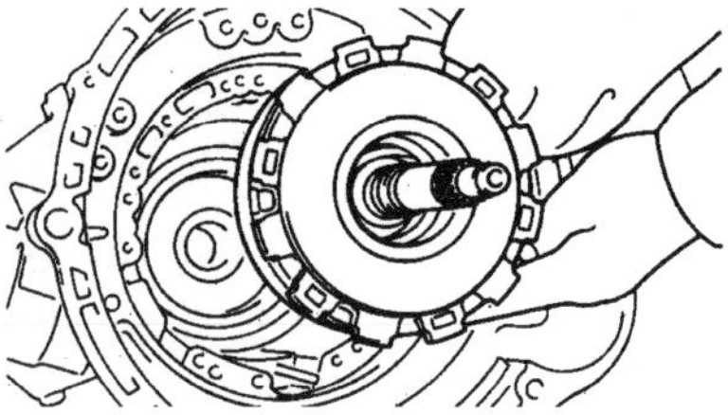

그림 5-165. 프런트 클러치와 리어 클러치 어셈블리 분리

⑩ 그림 5-165와 같이 입력 샤프트를 들어올려 프런트 클러치 어셈블리와 리어 클러치 어셈블리를 함께 분리한다.

⑪ 그림 5-166과 같이 스러스트 베어링을 빼낸다.

⑫ 그림 5-167과 같이 클러치 허브를 떼어낸다.

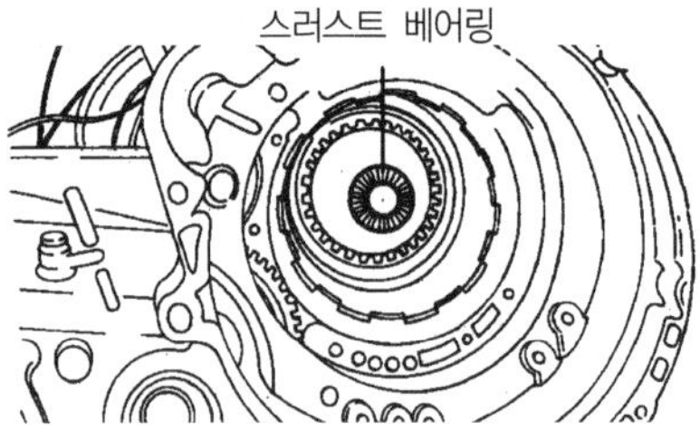

그림 5-166. 스러스트 베어링 빼냄

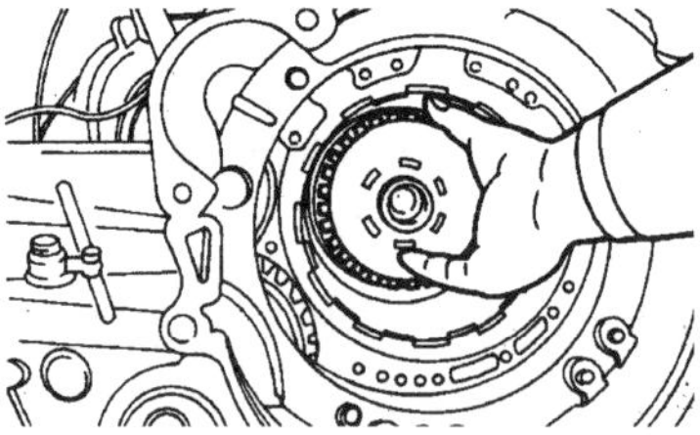

그림 5-167. 클러치 허브 떼어냄

⑬ 그림 5-168과 같이 스러스트 레이스와 베어링을 분리한다.

⑭ 그림 5-169와 같이 킥다운 드럼을 좌우로 돌리면서 빼낸다.

그림 5-168. 스러스트 레이스와 베어링 분리

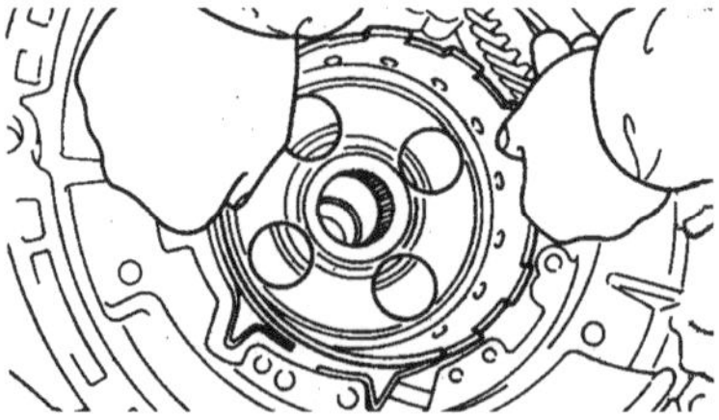

그림 5-169. 킥다운 드럼 빼냄

⑮ 그림 5-170과 같이 킥다운 밴드를 빼낸다.

⑯ 그림 5-171과 같이 로우 앤 리버스 서포트 고정 스냅링을 빼낸다.

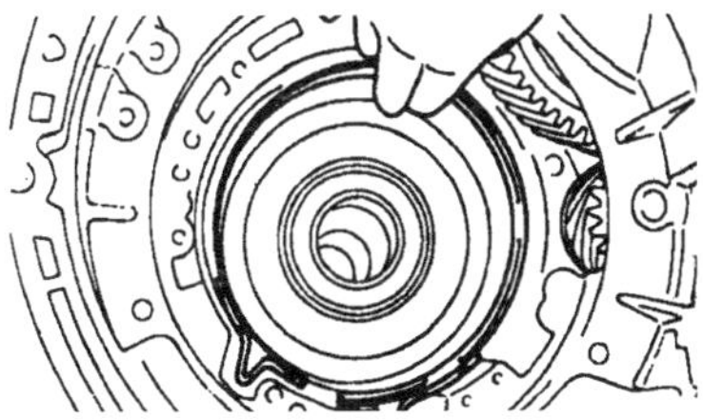

그림 5-170. 킥다운 밴드 빼냄

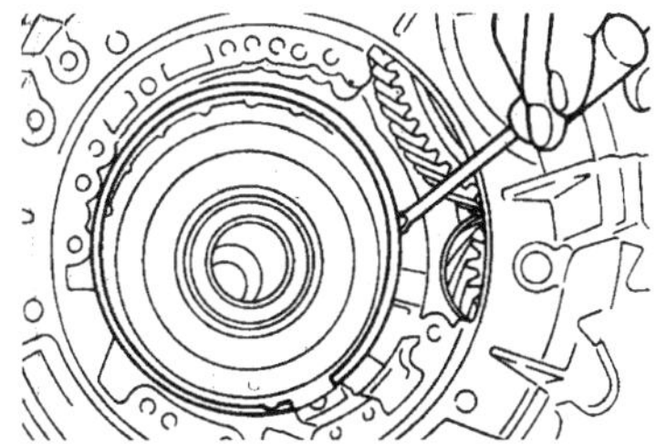

그림 5-171. 로우 앤 리버스 서포트 고정 스냅링 빼냄

⑰ 그림 5-172와 같이 센터 서포트에 특수공구를 장착하여 센터 서포트를 들어 올린다.

⑱ 그림 5-173과 같이 후진 선 기어와 전진 선 기어를 함께 분리한다.

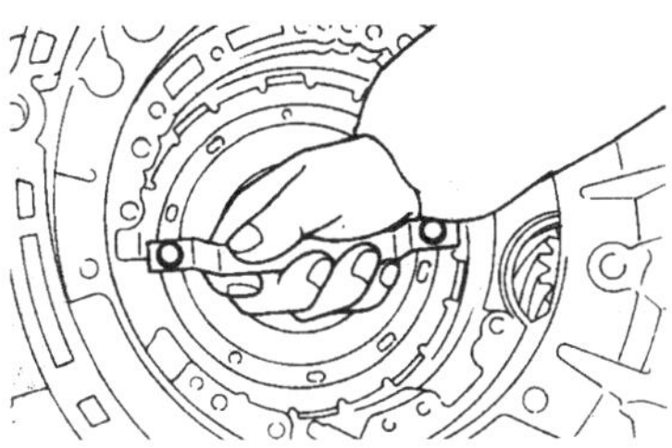

그림 5-172. 센터 서포트 분리

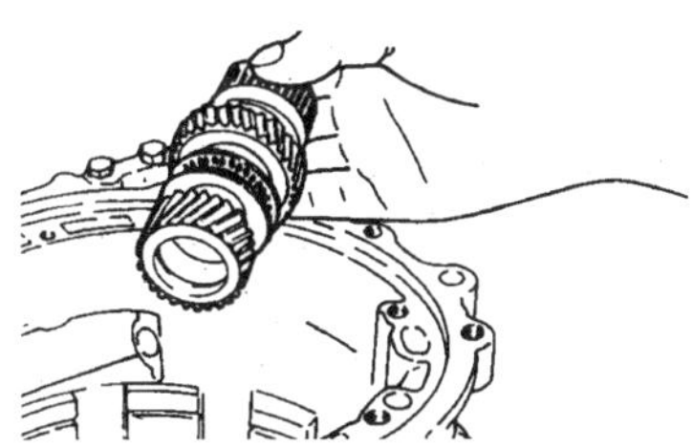

그림 5-173. 후진 선 기어와 전진 선 기어 분리

⑲ 그림 5-174와 같이 유성 캐리어 어셈블리와 스러스트 베어링을 함께 분리한다.

⑳ 그림 5-175와 같이 웨이브 스프링, 리턴 스프링, 리액션 플레이트, 브레이크 디스크, 브레이크 플레이트를 분리한다.

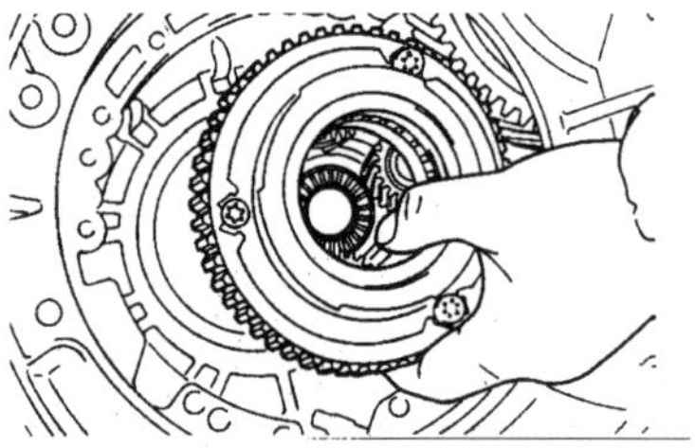

그림 5-173. 유성 캐리어 어셈블리와 스러스트 베어링 분리

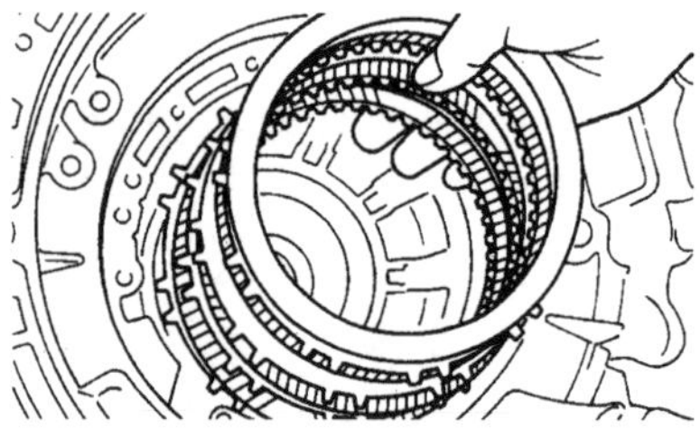

그림 5-174. 웨이브 스프링, 리턴 스프링, 리액션 플레이트 등 분리

㉑ 그림 5-175와 같이 엔드 클러치 커버 장착볼트, 커버, 홀더, 엔드 클러치 커버를 분리한다. 이때 엔드커버 O링을 확인하여 함께 떼어낸다.

㉒ 그림 5-176과 같이 엔드 클러치를 분리한다.

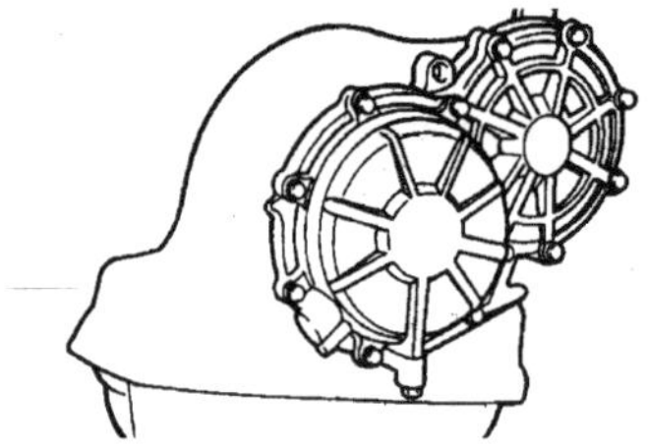

그림 5-175. 엔드 클러치 커버 분리

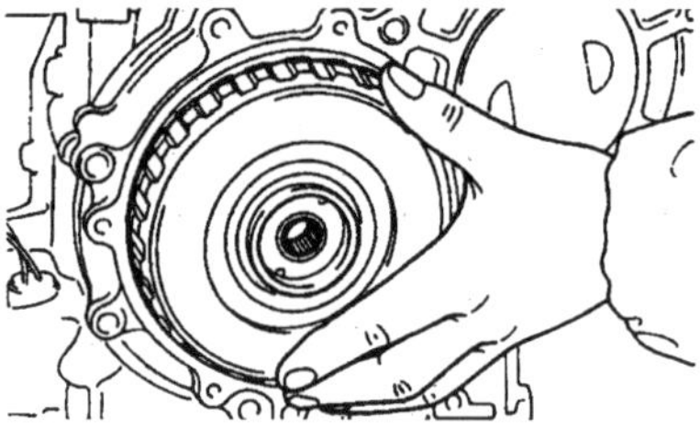

그림 5-176. 엔드 클러치 분리

㉓ 그림 5-177과 같이 스러스트 플레이트를 분리한다.

㉔ 그림 5-178과 같이 엔드 클러치 허브와 스러스트 베어링을 분리한다.

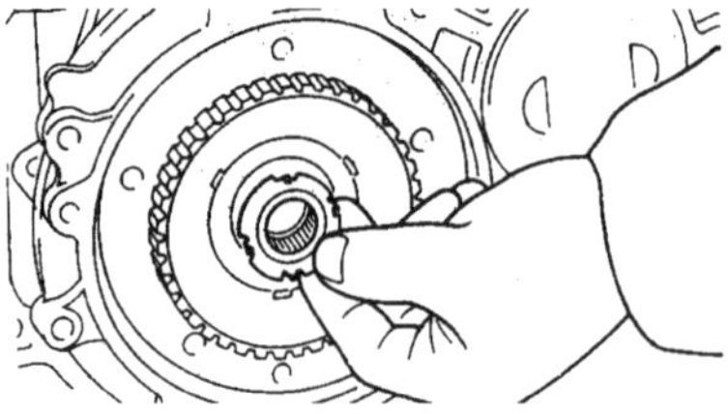

그림 5-177. 스러스트 플레이트 분리

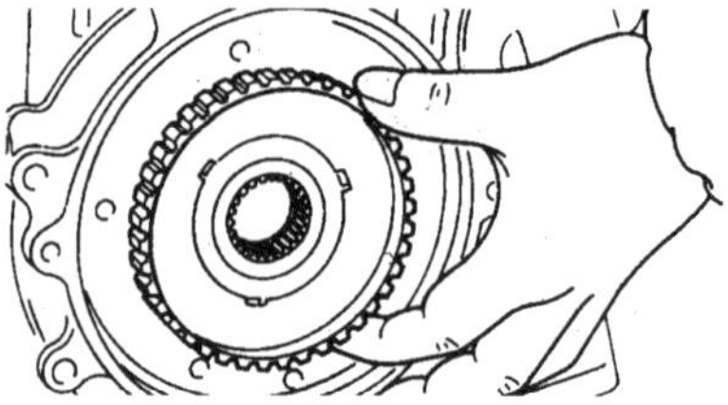

그림 5-178. 엔드 클러치 허브와 스러스트 베어링 분리

㉕ 그림 5-179과 같이 엔드 클러치 샤프트를 빼낸다.

㉖ 그림 5-180과 같이 오일팬과 개스킷을 빼낸다.

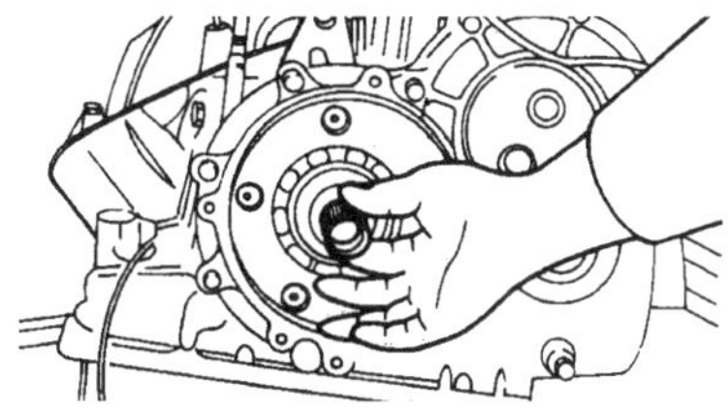

그림 5-179. 엔드 클러치 샤프트 빼냄

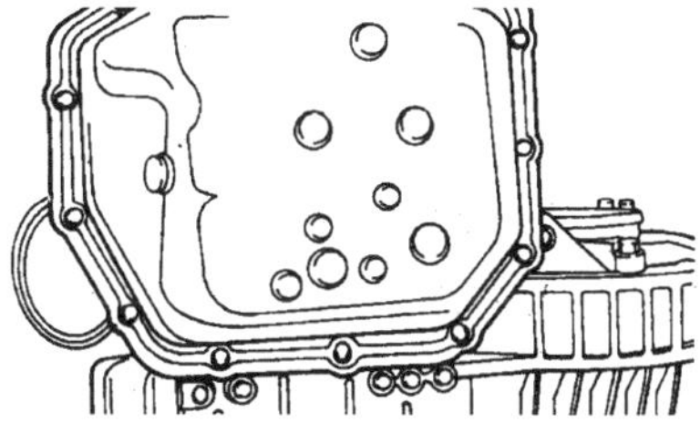

그림 5-180. 오일팬과 개스킷 빼냄

㉗ 그림 5-181과 같이 밸브 보디에서 오일 필터를 분리한다.

㉘ 그림 5-182와 같이 유온센서 장착볼트를 풀고 유온센서를 브래킷에서 분리한 다음 커넥터쪽에서 빼낸다.

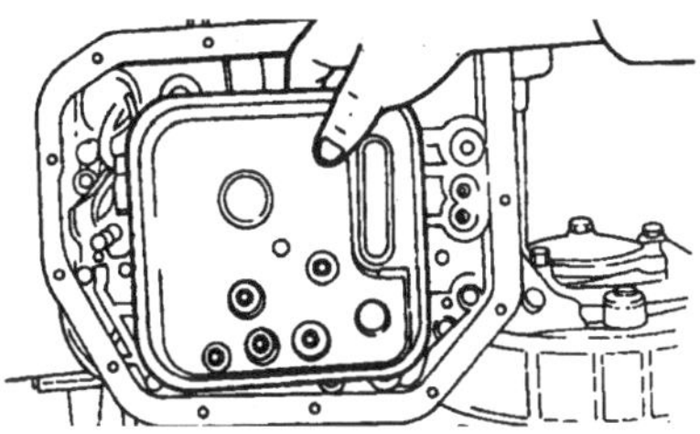

그림 5-181. 밸브 보디에서 오일 필터 분리

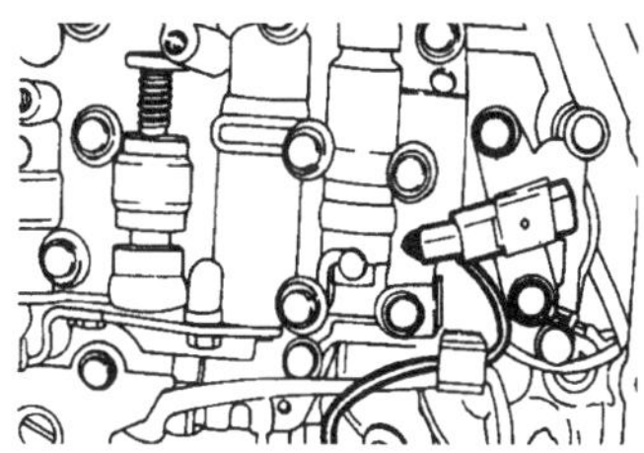

그림 5-182. 유온센서 분리

㉙ 그림 5-183과 같이 캐치를 밀면서 솔레노이드밸브 커넥터를 분리한다.

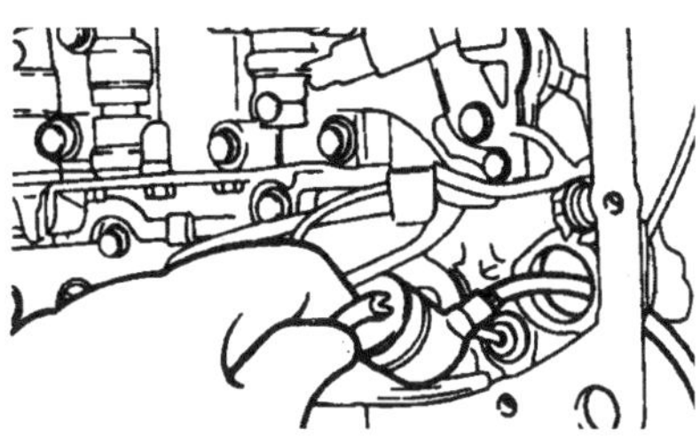

그림 5-183. 솔레노이드 밸브 커넥터 분리

㉚ 그림 5-184와 같이 볼트를 푼 다음 밸브 보디를 분리한다.

㉛ 그림 5-185와 같이 트랜스퍼 샤프트 록크 너트에 코킹한 것을 펀치로 펴낸다.

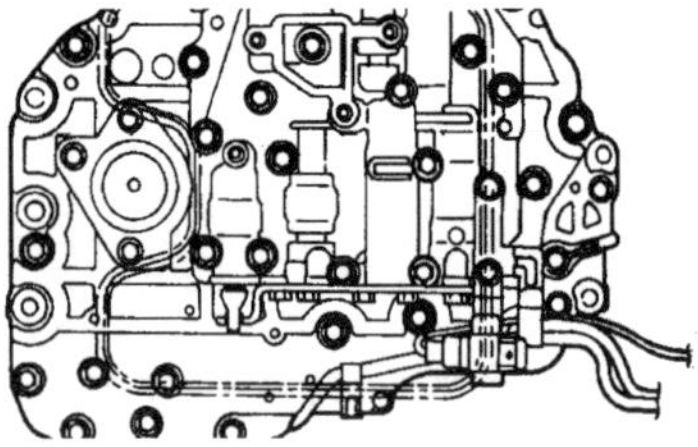

그림 5-184. 밸브 보디 분리

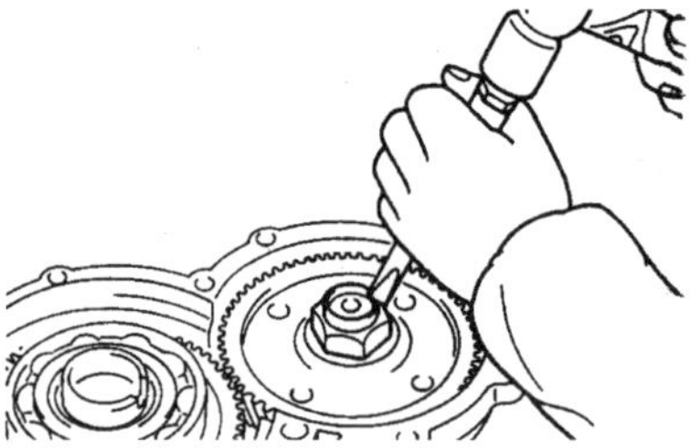

그림 5-185. 트랜스퍼 록크 너트 코킹부 펀치로 폄

㉜ 그림 5-186과 같이 록킹 너트를 푼다.

㉝ 그림 5-187과 같이 특수공구를 이용하여 트랜스퍼 드리븐 기어를 분리한다.

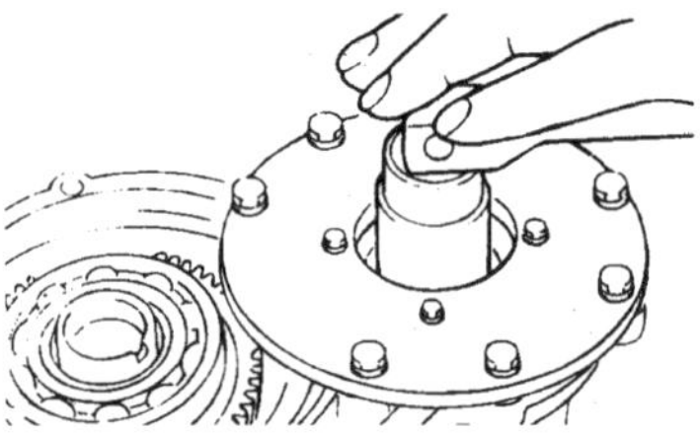

그림 5-186. 록킹 너트 품

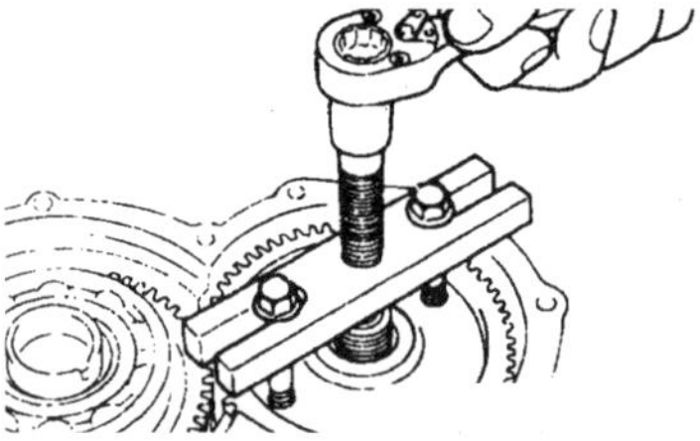

그림 5-187. 트랜스퍼 드리븐 기어 분리

㉞ 그림 5-188과 같이 테이퍼 롤러 베어링의 외측 레이스를 분리한다.

㉟ 그림 5-189와 같이 스냅링 플라이어로 스냅링을 빼낸다.

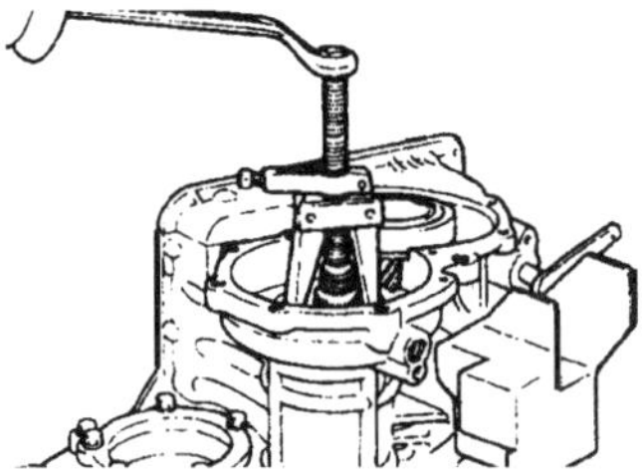

그림 5-188. 테이퍼 롤러 베어링 외측 레이스 분리

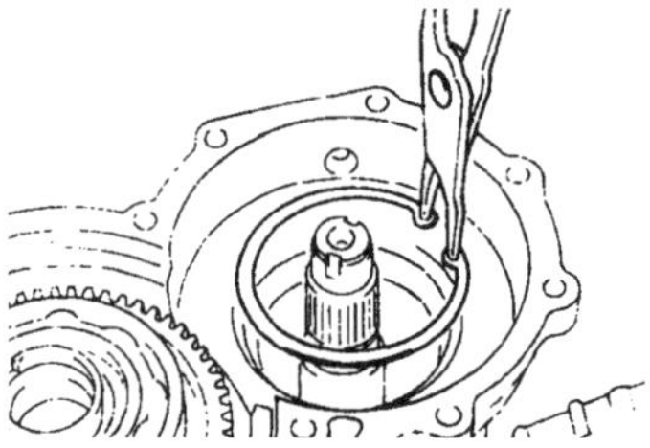

그림 5-189. 스냅링 분리

㊱ 그림 5-189와 같이 트랜스퍼 샤프트 및 테이퍼 롤러 베어링 외측 레이스를 분리한다. 이때 트랜스퍼 샤프트에 록크너트를 가조립하여 잡아당긴다.

㊲ 그림 5-190과 같이 디퍼렌셜 커버 및 개스킷을 떼어낸다.

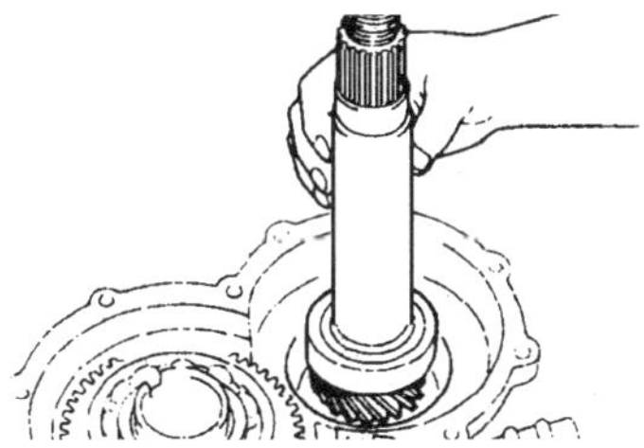

그림 5-189. 트랜스퍼 샤프트 및 테이퍼 롤러 베어링 외측 레이스 분리

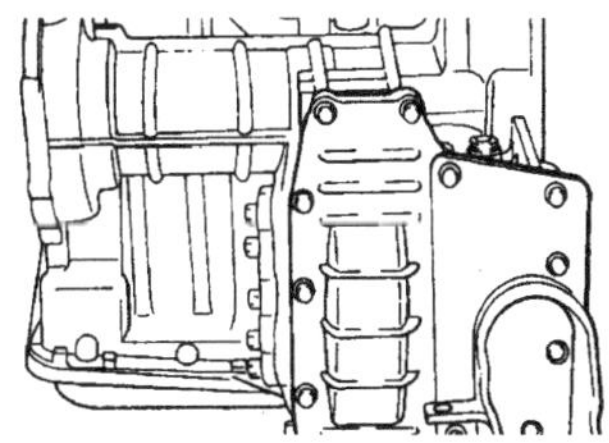

그림 5-190. 디퍼렌셜 커버 및 개스킷 떼어냄

㊳ 그림 5-191과 같이 스피드미터 슬리브를 분리한다.

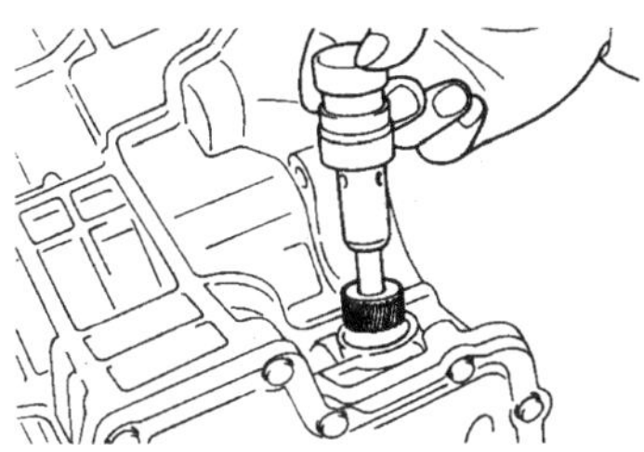

그림 5-191. 스피드미터 슬리브 분리

㊴ 그림 5-192와 같이 다이얼 게이지를 설치하고 엔드 플레이를 측정한 다음 기록하여 두었다가 조립할 때 참고한다.

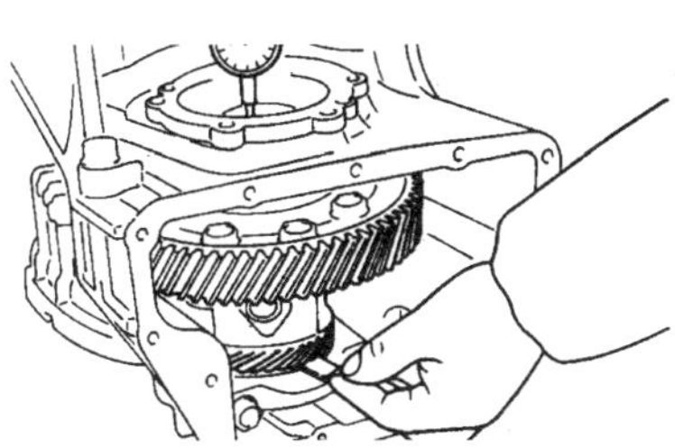

그림 5-192. 다이얼 게이지를 사용한 엔드 플레이 측정

㊵ 그림 5-193과 같이 디러펜셜 베어링 리테이너 장착볼트 5개를 푼다.

㊶ 그림 5-194와 같이 특수공구를 사용하여 디퍼렌셜 베어링 리테이너를 떼어낸다. 떼어낼 때 양쪽 공구의 균형을 맞추면서 서서히 분해한다.

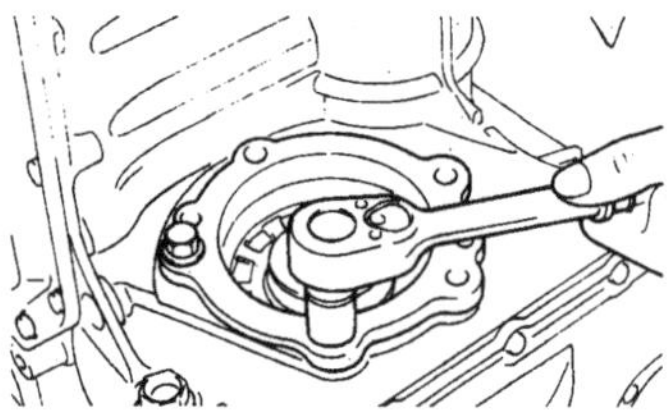

그림 5-193. 디퍼렌셜 베어링 리테이너 장착볼트

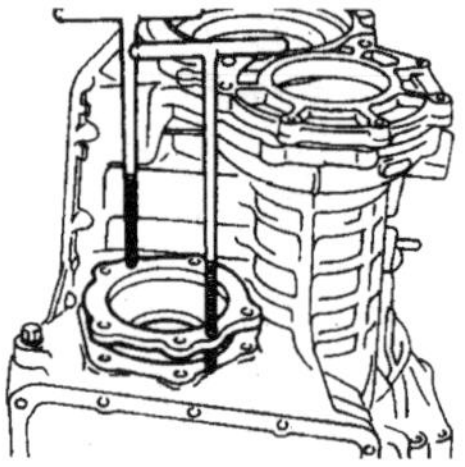

그림 5-194. 디퍼렌셜 베어링 리테이너 떼어냄

㊷ 그림 5-195와 같이 디퍼렌셜 베어링 캡 장착볼트를 풀고 베어링 캡을 분리한다.

㊸ 그림 5-196과 같이 디퍼렌셜 케이스 어셈블리를 떼어낸다.

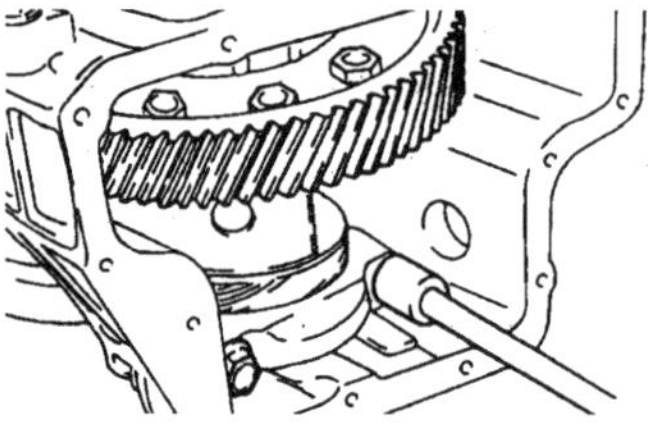

그림 5-195. 디퍼렌셜 베어링 캡 분리

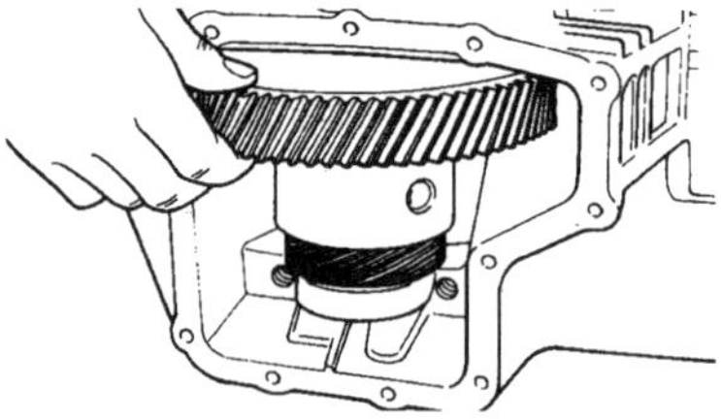

그림 5-196. 디퍼렌셜 케이스 어셈블리 떼어냄

㊹ 그림 5-197과 같이 2개의 볼트를 풀고 주차 스프래그 로드를 분리한다.

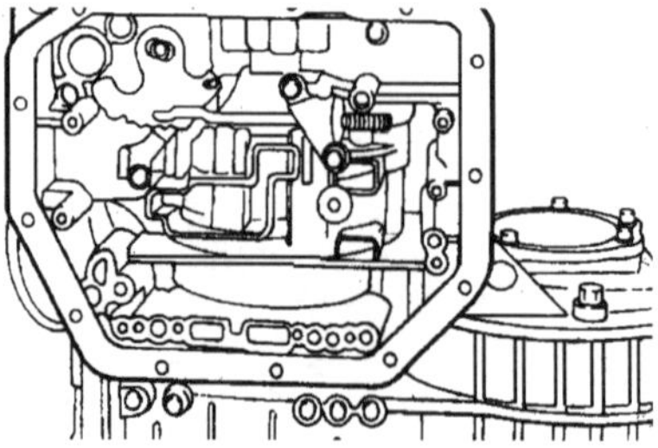

그림 5-197. 주차 스프래그 로드 분리

㊺ 그림 5-198과 같이 고정 스크루와 매뉴얼 컨트롤 샤프트 어셈블리를 분리한 다음 스틸볼, 시트, 스프링을 동시에 분리한다. 이 때 케이스를 교환할 때만 떼어낸다.

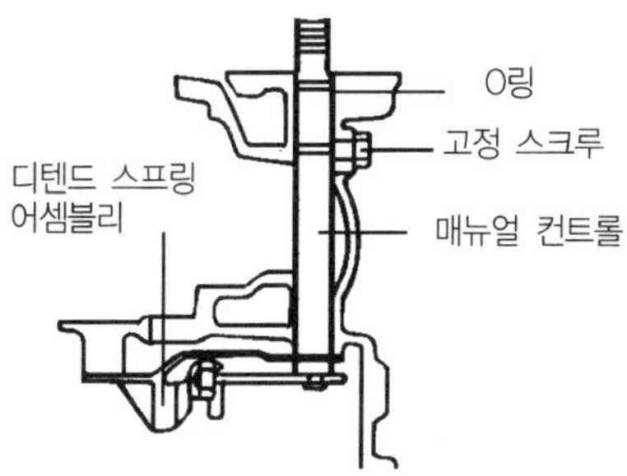

그림 5-198. 고정 스크루와 매뉴얼 컨트롤 샤프트 어셈블리 떼어냄

㊻ 그림 5-199와 같이 킥다운 서보를 떼어내기 위해 특수공구를 장착한다.
   ㉮ 공구를 집어넣는다.
   ㉯ 스냅링의 구멍을 그림 5-199와 같이 서로 교차시킨다.
   ㉰ 핸들을 돌려 스프링을 압축시킨다.

㊼ 그림 5-200과 같이 킥다운 피스톤 어셈블리를 분리한다.

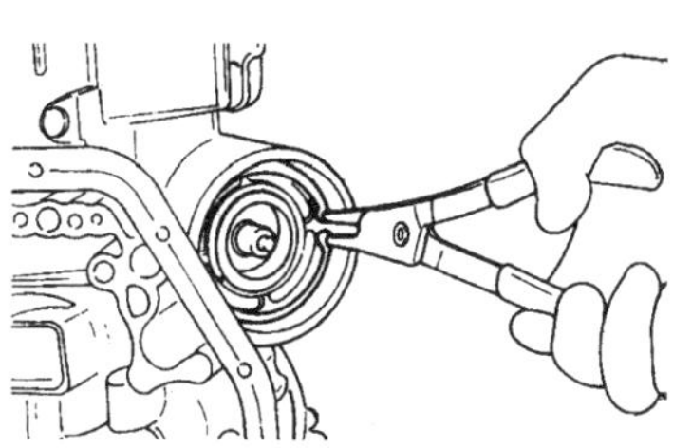

그림 5-199. 킥다운 서보 떼어냄

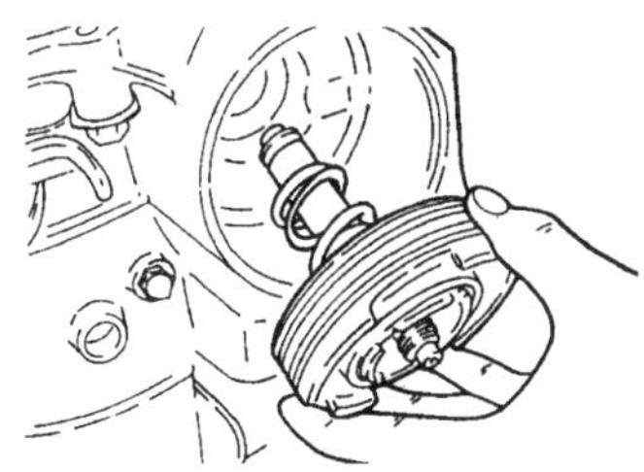

그림 5-200. 킥다운 피스톤 어셈블리 떼어냄

5.11.2. 조 립

알아두기

① 개스킷, 오일실, 고무부품 등은 조립할 때 신품으로 교환해야 한다.
② 광유나 바셀린 이외의 그리스는 사용하지 않는다.

③ 마찰부위, 회전부위, 섭동부위는 장착하기 전에 ATF를 도포해야 하며 ATF는 제작사의 자동변속기 오일을 사용해야 한다.
④ 신품의 클러치 디스크는 장착하기 전에 ATF 속에 2시간 정도 담궈 놓아야 한다.
⑤ 개스킷에 실러나 접착제를 도포하여서는 안 된다.
⑥ 부싱을 교환해야 할 때는 그것을 포함한 어셈블리를 교환한다.
⑦ 분해와 조립작업을 할 때는 걸레 등을 사용해서는 안 된다.

① 그림 5-201과 같이 매뉴얼 컨트롤 샤프트를 변속기 케이스에 집어넣고 매뉴얼 컨트롤 레버 쪽으로 완전히 민다. 이때 매뉴얼 컨트롤 레버에 있는 2개의 O링 중에 큰 것은 장착하지 않는다. 또한 샤프트에 O링을 장착하면 O링이 샤프트의 고정 스크루 구멍과 간섭될 수 있다.

② 그림 5-202과 같이 매뉴얼 컨트롤 샤프트에 신품의 O링을 장착한 다음 샤프트를 뒤로 빼내고 고정 스크루와 개스킷을 장착하고 디텐트 스틸볼, 시트와 스프링을 장착한다.

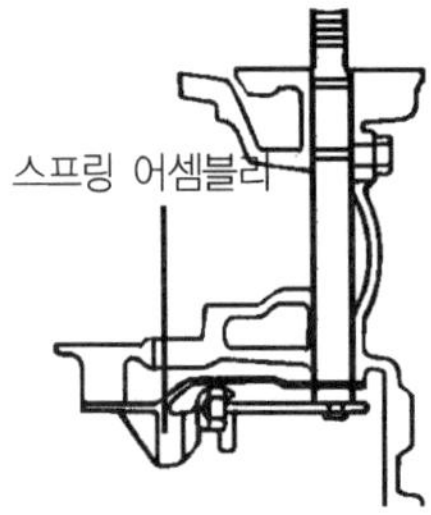

그림 5-201. 매뉴얼 컨트롤 샤프트 장착요령

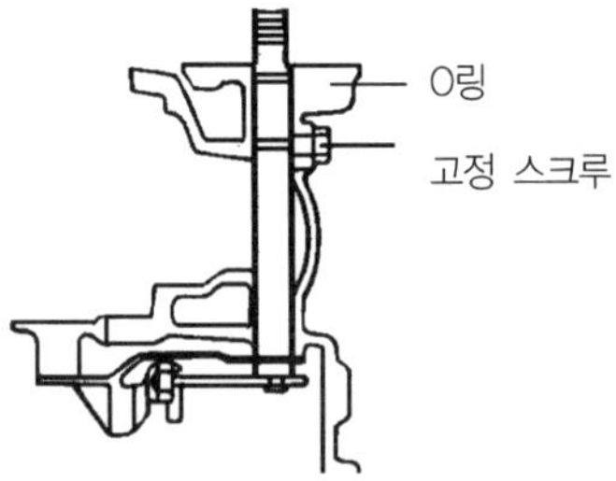

그림 5-202. 매뉴얼 컨트롤 샤프트에 신품의 O링 장착

③ 그림 5-203과 같이 매뉴얼 컨트롤 샤프트에 있는 디텐트 플레이트에 주차 스프래그 로드를 장착한 다음 스프래드 로드 서포트를 장착하고 해당 차량의 정비지침서를 참고로 하여 2개의 볼트를 조인다.

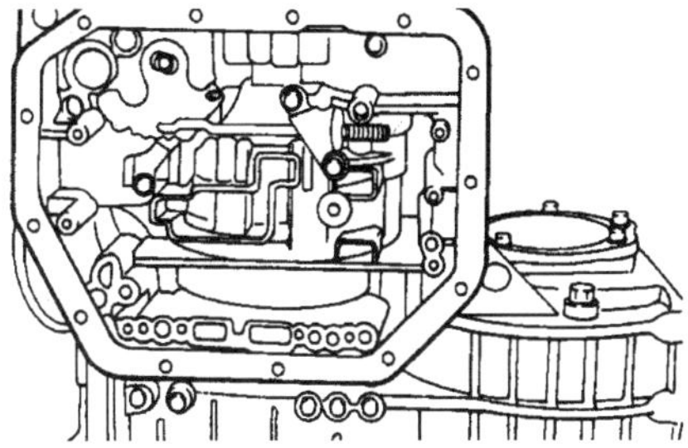

그림 5-203. 스프래드 로드 장착

④ 변속기를 조립하기 전에 로우-리버스 브레이크의 엔드 플레이를 측정하고 사용할 압력판을 선택하여서 엔드 플레이를 규정치로 조정한다.

㉮ 압력판 선택방법

㉠ 그림 5-204와 같이 브레이크 리액션 플레이트, 브레이크 플레이트, 브레이크 디스크를 트랜스액슬 케이스에 장착한다.

㉡ 그림 5-205와 같이 적절한 압력판을 장착한 다음 리턴 스프링을 장착한다. 이 때 리턴 스프링의 장착방향에 주의한다.

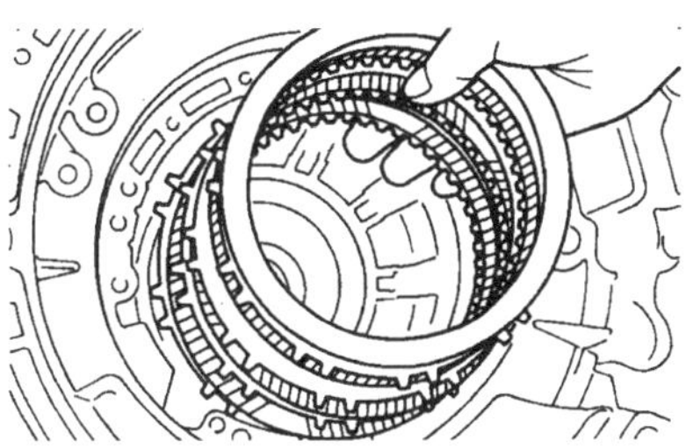

그림 5-204. 브레이크 리액션 플레이트 등 트랜스액슬 케이스에 장착

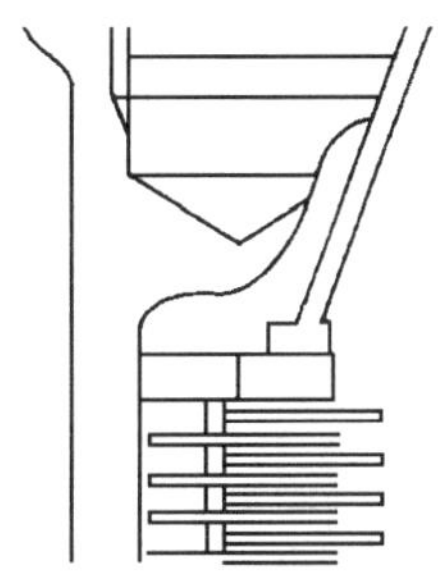

그림 5-205. 리턴 스프링 장착

㉢ 그림 5-206과 같이 웨이브 스프링에 광유를 도포한 다음 센터 서포트에 장착한다.

㉣ 그림 5-207과 같이 특수공구를 센터 서포트에 조립한 다음 케이스에 장착한다.

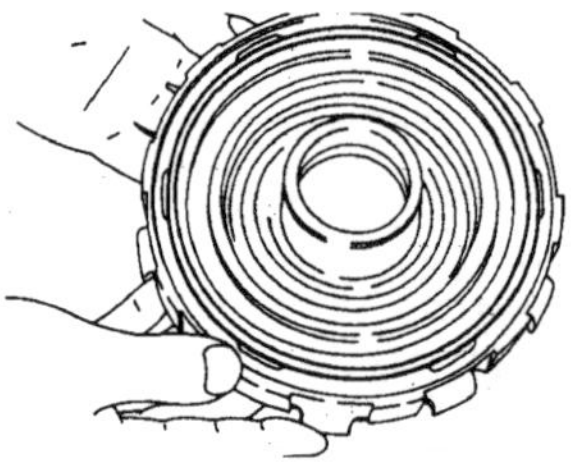

그림 5-206. 센터 서포트 장착

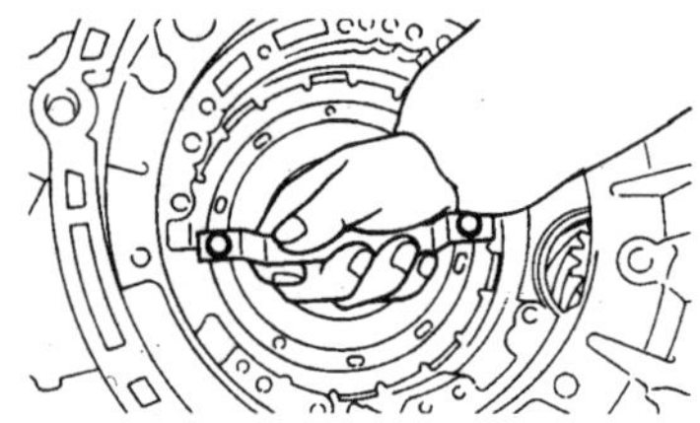

그림 5-207. 특수공구 사용

ⓜ 그림 5-208과 같이 로우 앤 리버스 서포트 스냅링을 장착한다.

ⓑ 그림 5-209와 같이 변속기의 뒤쪽에 다이얼 게이지를 장착한다. 이 때 다이얼 게이지를 장착할 때는 트랜스퍼 드라이브 기어 구멍에서 다이얼 게이지가 브레이크 리액션 플레이트와 직각으로 접촉하게 한다.

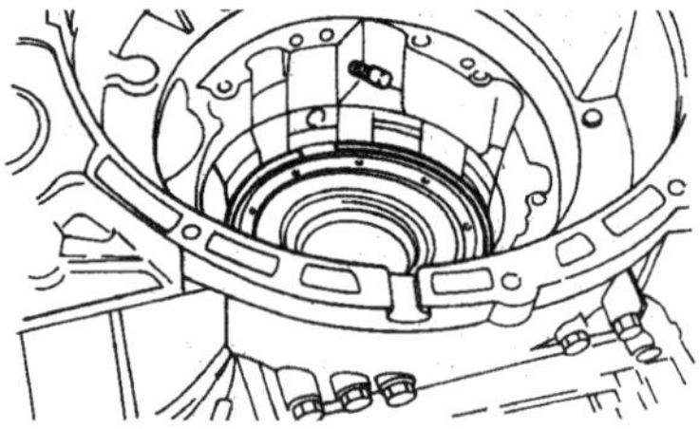

그림 5-208. 로우 앤 리버스 서포트 스냅링

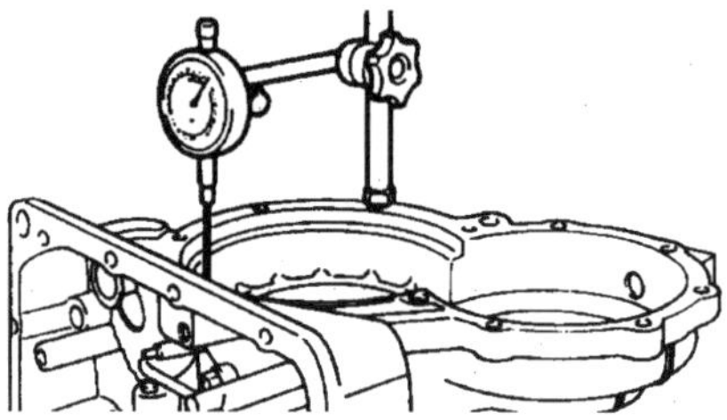

그림 5-209. 변속기의 뒤쪽에 다이얼게이지 장착

ⓢ 그림 5-210와 같이 5kgf/cm^{2}의 압축공기로 해당차량의 정비지침서를 참고로 하여 로우 리버스 브레이크의 엔드 플레이를 측정한다. 이 때 엔드 플레이가 규정치(0.775~1.097mm)에 맞도록 압력판을 선택한다. 압력판은 5.6~6.8 mm까지 0.1mm 단위로 있다.

그림 5-210. 로우 리버스 브레이크의 엔드 플레이 측정

⑤ 그림 5-211과 같이 트랜스퍼 샤프트를 케이스에 장착한 다음 특수공구로 베어링 외측 레이스를 압입한다. 이 때 레이스를 장착할 때 원주에 균일하게 힘을 가한다.

⑥ 그림 5-212와 같이 트랜스퍼 샤프트 스냅링을 홈안에 확실히 조립한다.

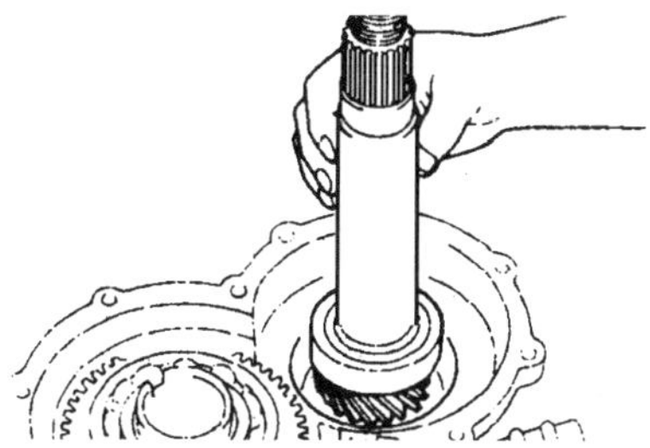

그림 5-211. 트랜스퍼 샤프트 케이스 장착

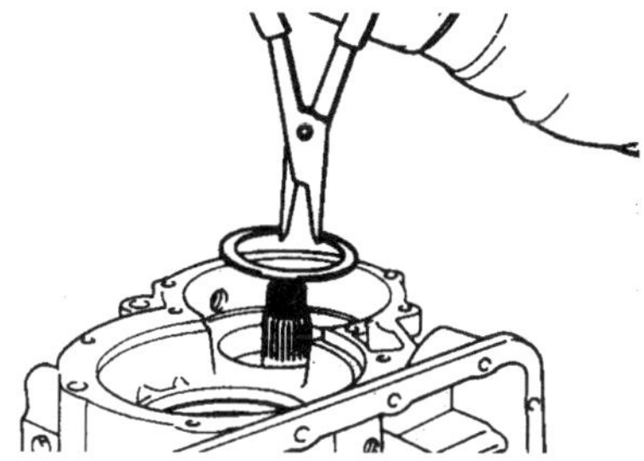

그림 5-212. 트랜스퍼 샤프트 스냅링 홈안에 확실히 조립

⑦ 그림 5-213 트랜스퍼 샤프트에 스페이서를 장착한다. 이 때 스페이서는 원래 사용한 것과 동일한 두께를 사용한다.

⑧ 그림 5-214와 같이 베어링 외측 레이스를 케이스에 장착한다.

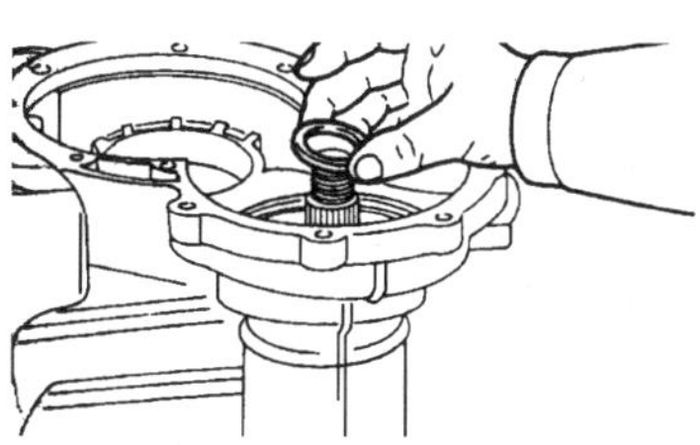

그림 5-213. 트랜스퍼 샤프트에 스페이서 장착

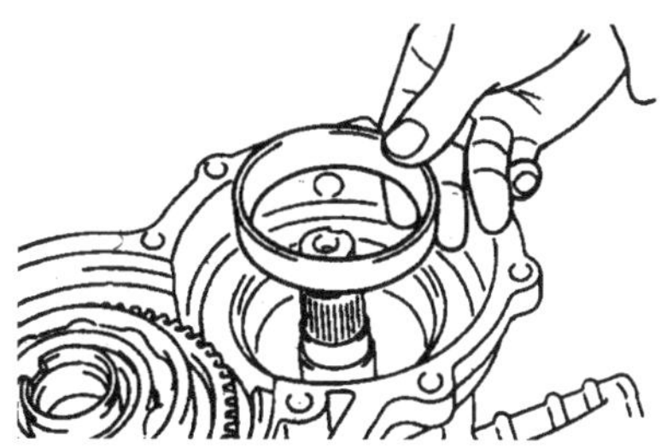

그림 5-214. 베어링 외측 레이스를 케이스에 장착

⑨ 그림 5-215와 같이 트랜스퍼 샤프트에 트랜스퍼 드리븐 기어를 가조립한 다음 프레스를 사용하여 압입한다.

⑩ 그림 5-216과 같이 트랜스퍼 드라이브 기어 어셈블리를 가볍게 밀어 장착한다.

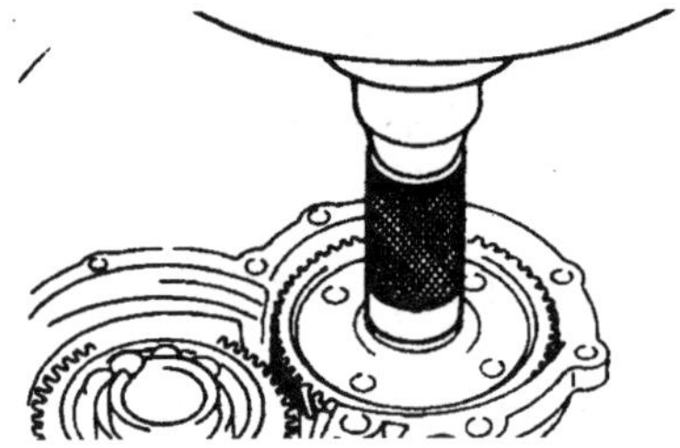

그림 5-215. 트랜스퍼 샤프트에 트랜스퍼 드리븐 기어 압입

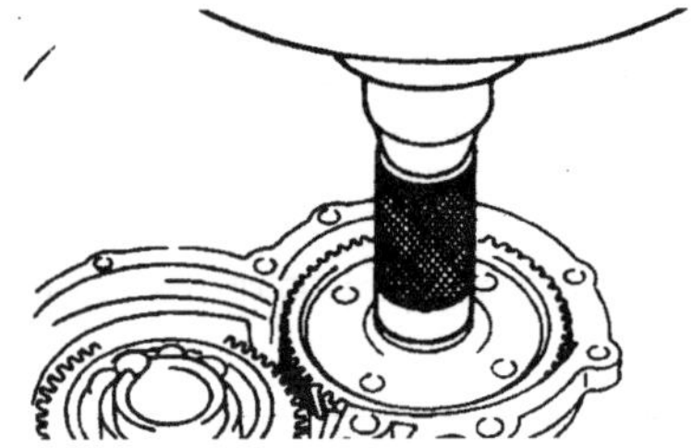

그림 5-216. 트랜스퍼 드라이브기어 어셈블리 장착

⑪ 그림 5-217과 같이 토크렌치를 사용하여 록크 너트를 조인다. 이때 록크 너트를 체결할 때 매뉴얼 컨트롤 레버를 P로 놓는다.

⑫ 그림 5-218과 같이 다이얼 게이지를 설치하고 트랜스퍼 샤프트의 끝단을 디퍼렌셜 케이스쪽에서 드라이버로 가볍게 들어올려 해당차량의 정비지침서를 참고로 하여 엔드 플레이를 측정한다. 이 때 엔드 플레이가 규정치(0~0.06mm)를 벗어나면 분해하여 재작업한다. 스페이서는 1.20~1.80mm까지 0.03mm 간격으로 있다.

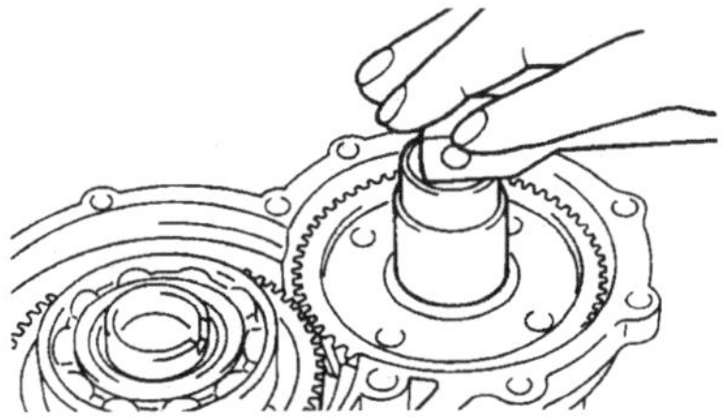

그림 5-217. 토크렌치를 사용하여 록크너트 조임

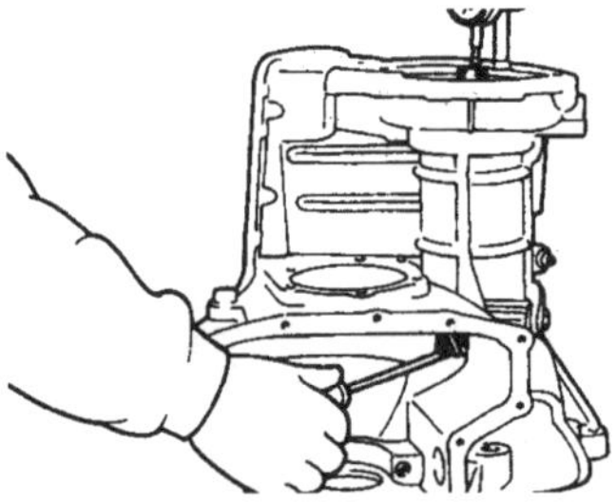

그림 5-218. 트랜스퍼 샤프트의 엔드 플레이 측정

⑬ 그림 5-219와 같이 펀치를 사용하여 록크 너트를 고정시켜 회전되지 않도록 한다.

⑭ 그림 5-220과 같이 케이스의 리어 커버 장착면에 해당 차량의 정비지침서를 참고로 하여 씰런트를 고르게 도포한다. 이 때 씰런트가 엔드 클러치 오일 구멍이 막히지 않도록 한다.

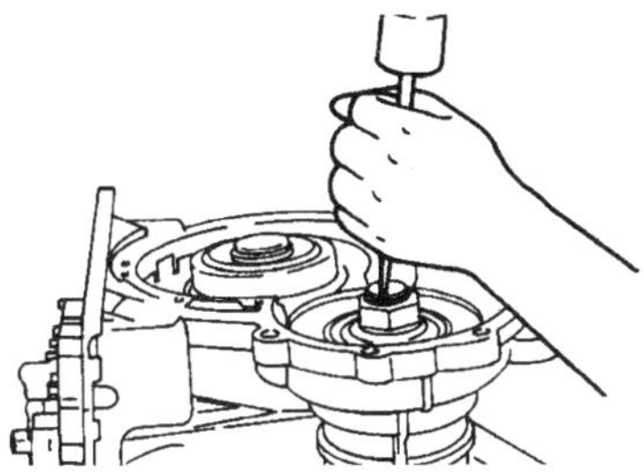

그림 5-219. 록크 너트 고정

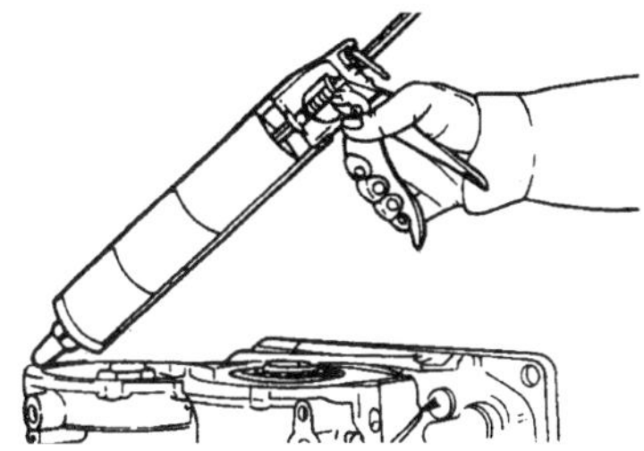

그림 5-220. 리어 커버 장착면에 씰런트 바름

⑮ 리어 커버 어셈블리를 케이스에 장착하고 규정토크로 조인다.

⑯ 그림 5-221과 같이 리어 베어링 외측에 스냅링을 장착한다. 이 때 장착할 때 반드시 엔드 클러치 공급압 O링을 장착해야 한다.

⑰ 해당차량의 정비지침서를 참고로 하여 그림 5-222와 같이 스러스트 베어링 #12에 광유를 도포하여 유성캐리어에 부착한다.

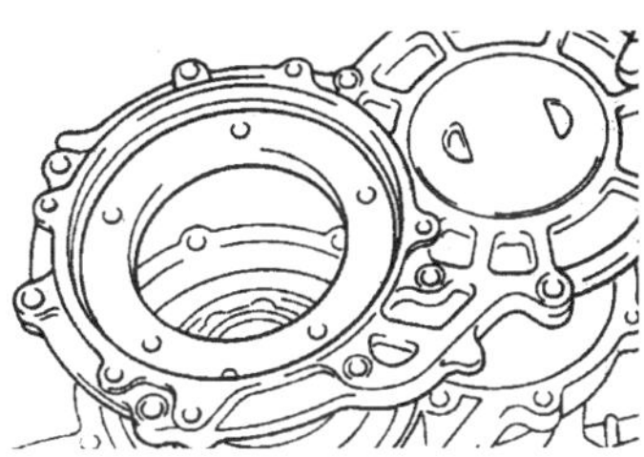

그림 5-221. 엔드 클러치 공급압 O링 장착

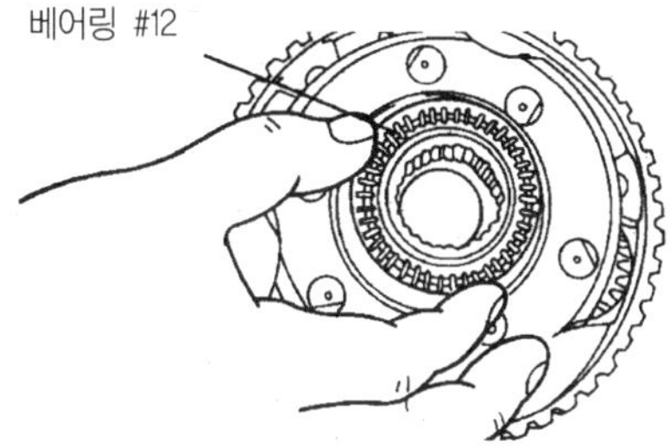

그림 5-222. 스러스트 베어링 #12 유성캐리어에 부착

⑱ 그림 5-223과 같이 유성 캐리어를 케이스에 장착한다.

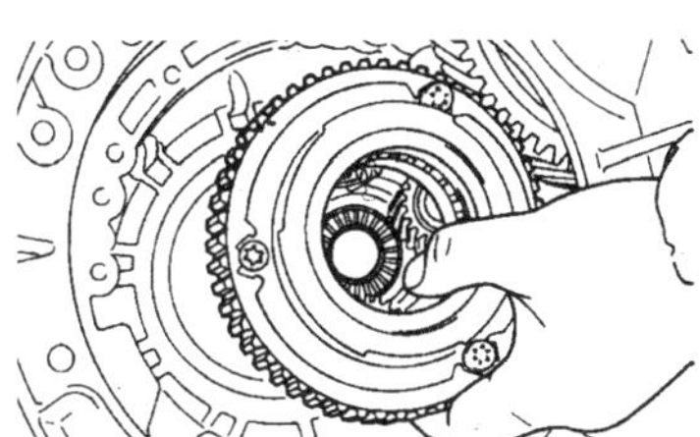

그림 5-223. 유성 캐리어를 케이스에 장착

⑲ 후진 선 기어와 전진 선 기어를 다음 순서로 조립한다.

㉮ 실링과 스냅링을 전진 선 기어에 장착한다. 실링을 장착할 때는 그림 5-119와 같이 눌러서 장착한다.

㉯ 스러스트 베어링 #9를 전진 선 기어에 장착한다.

㉰ 그림 5-224와 같이 스러스트 레이스 #10을 전진 선 기어에 장착한다.

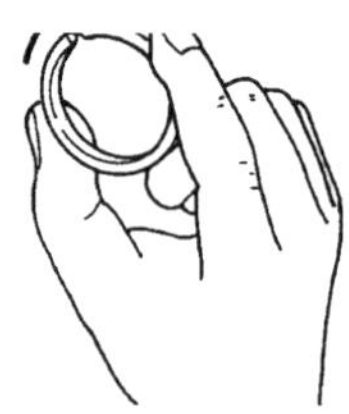

그림 5-224. 스러스트 레이스 #10을 전진 선 기어에 장착

㉱ 그림 5-225와과 같이 후진 선 기어와 전진 선 기어를 조립한다.

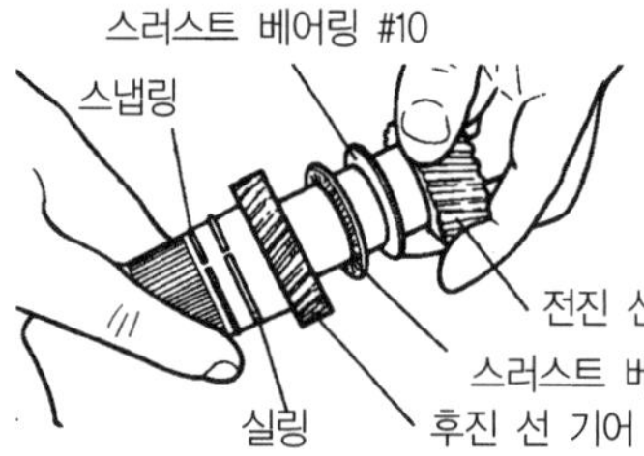

그림 5-225. 후진 선 기어와 전진 선 기어 조립

⑳ 그림 5-226과 같이 유성 캐리어 내부에 조립된 선 기어를 장착한다.

㉑ 그림 5-227과 같이 브레이크 리액션 플레이트를 장착한다.

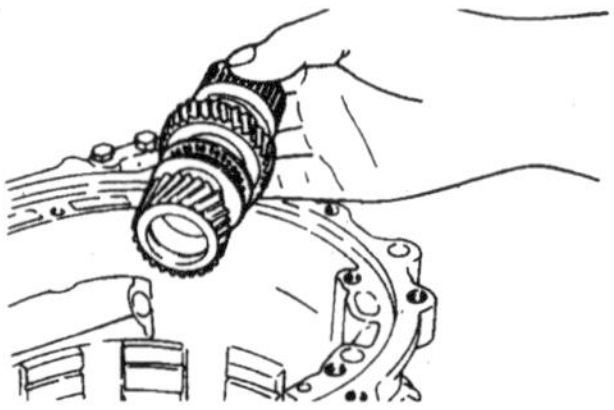

그림 5-226. 유성 캐리어 내부에 조립된 선 기어 장착

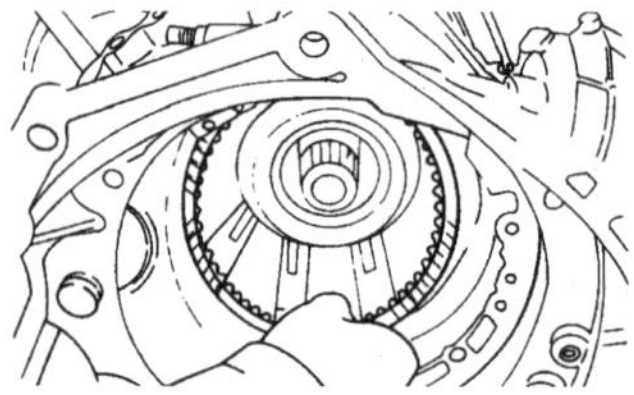

그림 5-227. 브레이크 리액션 플레이트 장착

㉒ 그림 5-228과 같이 브레이크 디스크와 브레이크 플레이트를 장착한다.

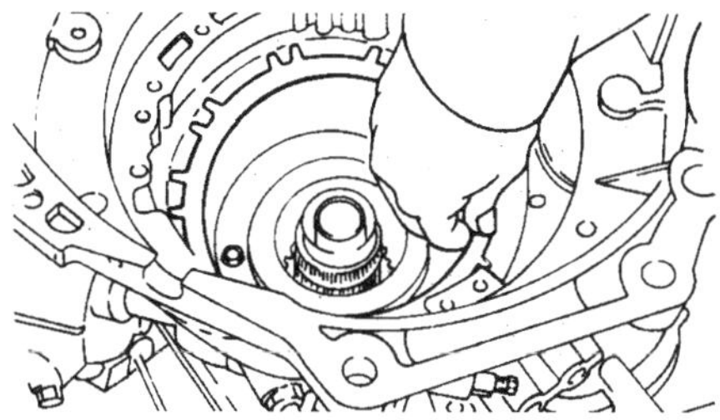

그림 5-228. 브레이크 디스크와 브레이크 플레이트 장착

㉓ 그림 5-230과와 같이 작업 ④에서 선택한 압력판 및 리턴 스프링을 장착한다. 이 때 리턴 스프링의 방향을 압력판의 형상과 일치시킨다.

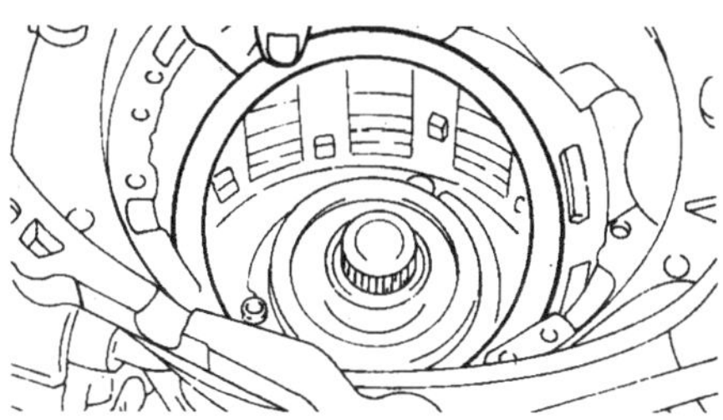

그림 5-230. 압력판 및 리턴 스프링 장착

㉔ 그림 5-231과 같이 웨이브 스프링에 광유를 바른 다음 센터 서포트를 장착한다.

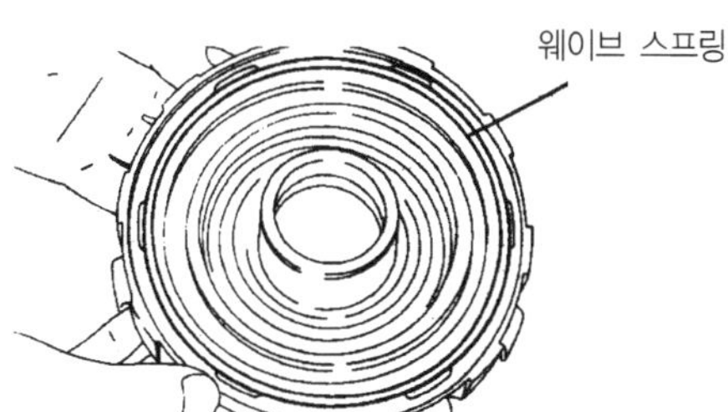

그림 5-231. 웨이브 스프링 센터 서포트 장착

㉕ 그림 5-232와 같이 신품의 패킹 2개를 센터 서포트에 장착한다.

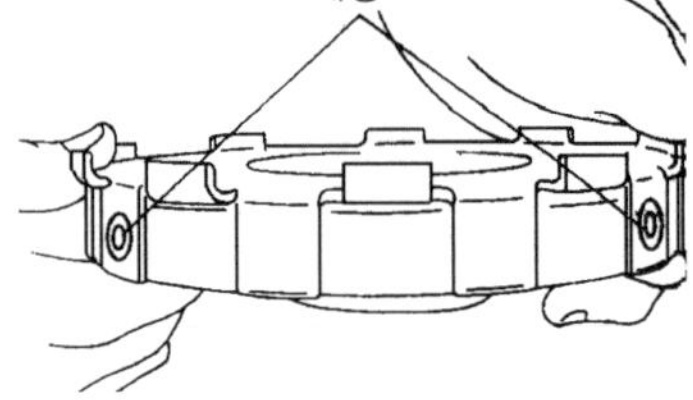

그림 5-232. 신품의 패킹을 센터 서포트에 장착

㉖ 그림 5-233과 같이 패킹에 광유를 바른 다음 특수공구를 센터 서포트에 장착하여 케이스 내에 장착한다. 이 때 웨이브 스프링이 제 위치에서 이탈하지 않도록 한다.

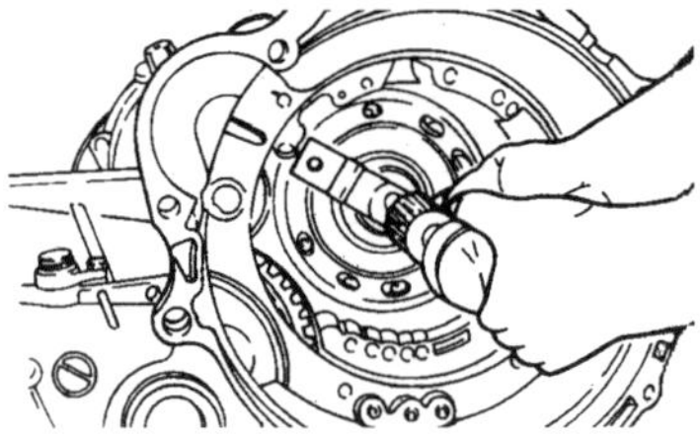

그림 5-233. 특수공구를 센터 서포트에 장착

㉗ 그림 5-234와 같이 스냅링을 장착한다.

㉘ 그림 5-235와 같이 킥다운 서보 피스톤에 신품의 직경이 큰 실링과 직경이 작은 O링을 조립하고 슬리브 둘레의 홈에 신품의 O링을 장착한다. 그 다음 킥다운 서보 스프링, 피스톤, 슬리브를 변속기에 조립한다.

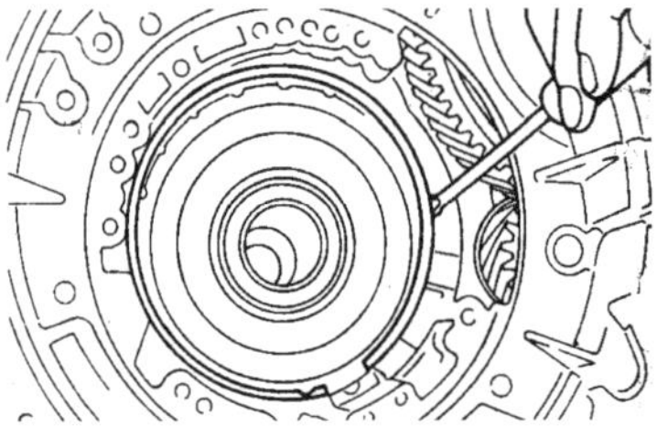

그림 5-234. 스냅링 장착

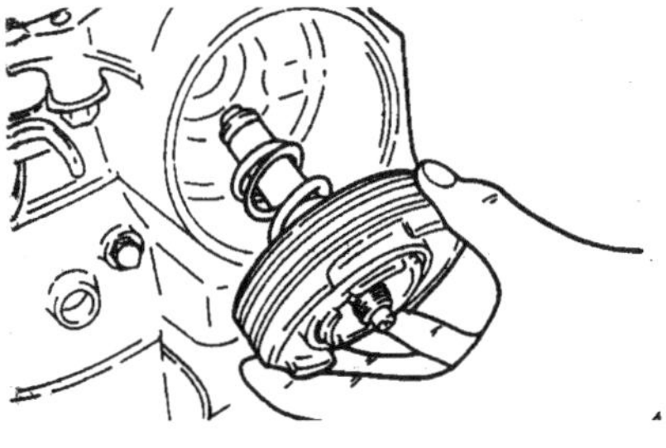

그림 5-235. 킥다운 서보 조립

㉙ 그림 5-236과 같이 특수공구를 사용하여 킥다운 서보와 슬리브를 누르면서 스냅링을 장착한다.

㉚ 그림 5-237과 같이 엔드 클러치를 조립한다.

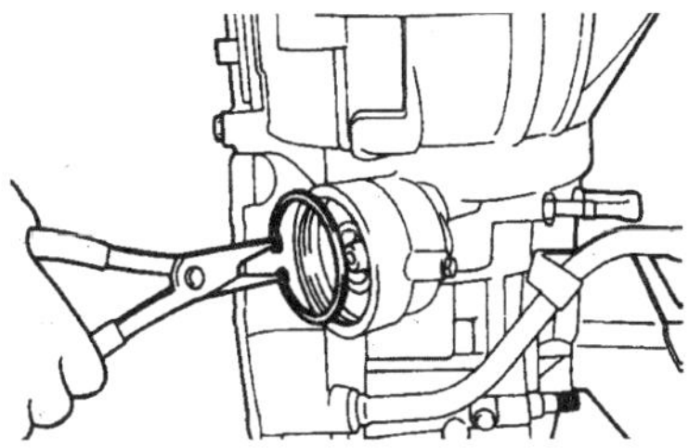

그림 5-236. 킥다운 서보와 슬리브 장착

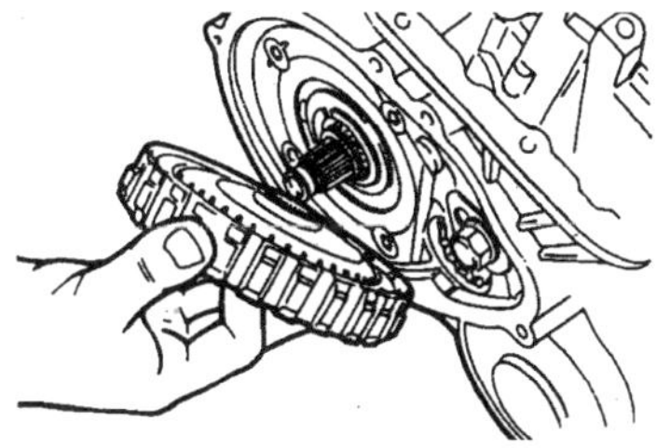

그림 5-237. 엔드 클러치 조립

㉛ 그림 5-238과 같이 엔드 커버를 조립한다.

㉜ 그림 5-240과 같이 선 기어와 스플라인을 일치시켜 킥다운 드럼을 장착한다. 킥다운 드럼에 밴드를 놓고 킥다운 서보 조정 스크루를 가조립하여 킥다운 밴드의 위치를 잡는다.

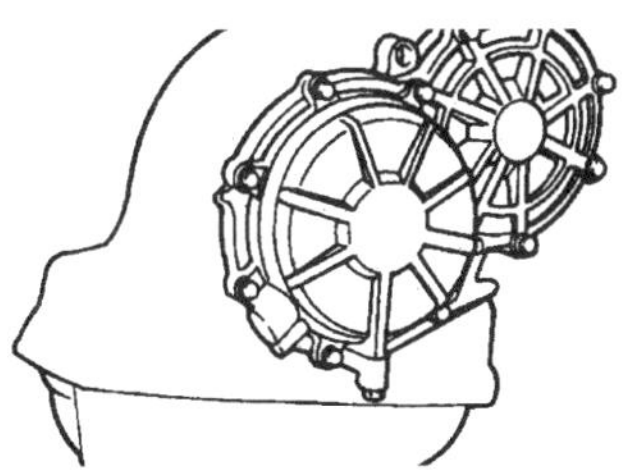

그림 5-238. 엔드 커버 조립

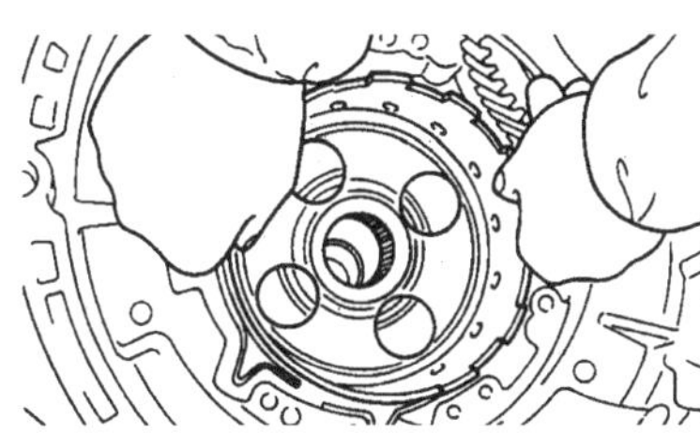

그림 5-239. 킥다운 드럼 장착

㉝ 그림 5-240과 같이 스러스트 베어링 #8에 광유를 바른 다음 킥다운 드럼에 부착한다.

㉞ 그림 5-241과 같이 스러스트 레이스 #7에 광유를 바른 다음 리어 클러치 허브에 부착한다.

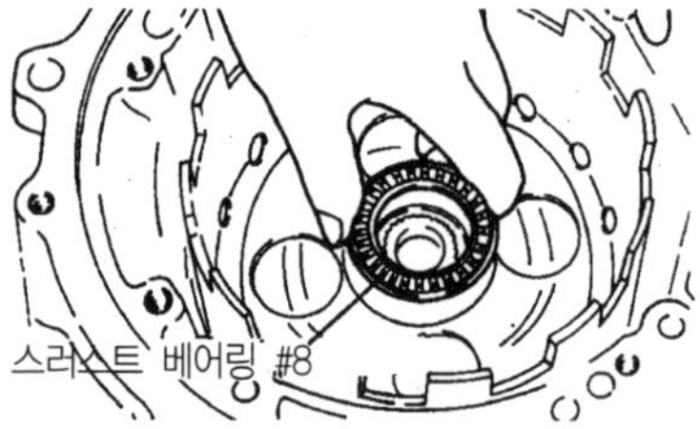

그림 5-240. 스러스트 베어링 #8을 킥다운 드럼에 부착

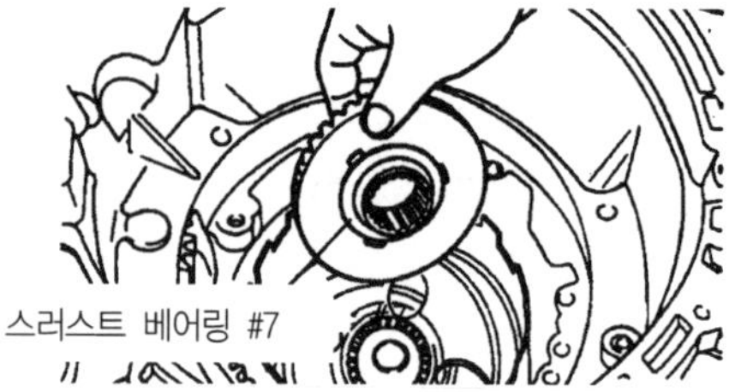

그림 5-241. 스러스트 레이스 #7을 리어 클러치 허브에 부착

㉟ 그림 5-242와 같이 선 기어 스플라인에 클러치 허브를 장착한다.

㊱ 그림 5-243과 같이 스러스트 베어링 #6에 광유를 바른 다음 허브에 부착한다.

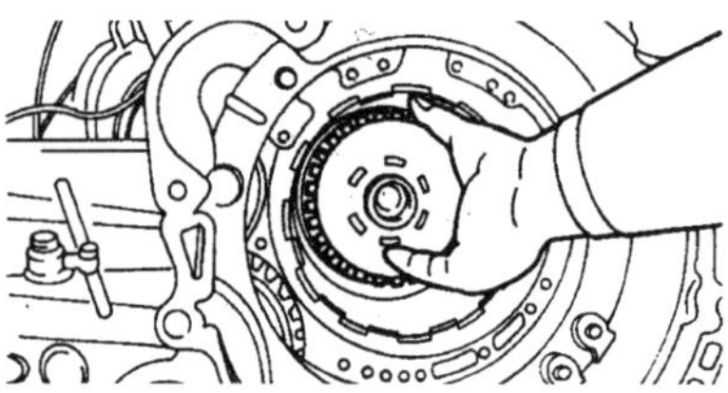

그림 5-242. 선 기어 스플라인에 클러치 허브장착

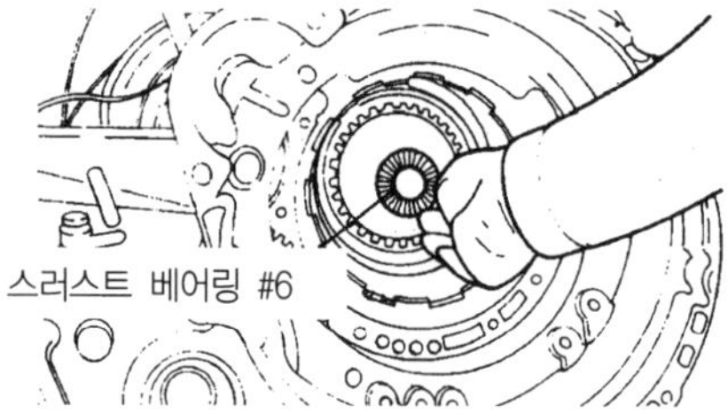

그림 5-243. 스러스트 베어링 #6을 허브에 부착

㊲ 그림 5-244와 같이 스러스트 와셔 #2와 스러스트 베어링 #4에 광유를 바른 다음 리어 클러치 어셈블리에 장착한다.

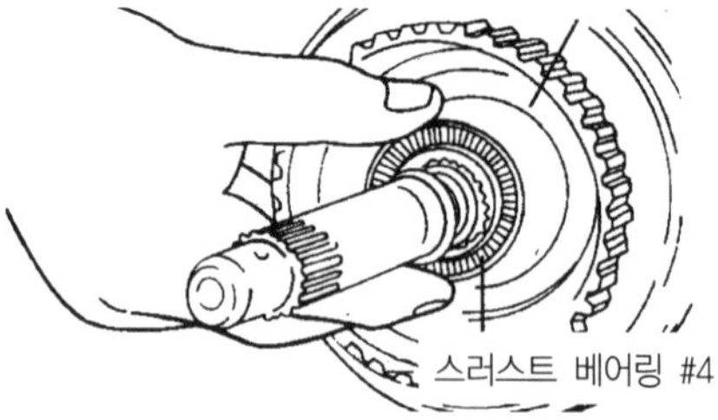

그림 5-244. 스러스트 베어링 #4를 리어 클러치에 장착

㊳ 그림 5-245와 같이 리어 클러치 어셈블리와 프런트 클러치 어셈블리를 조립한다.

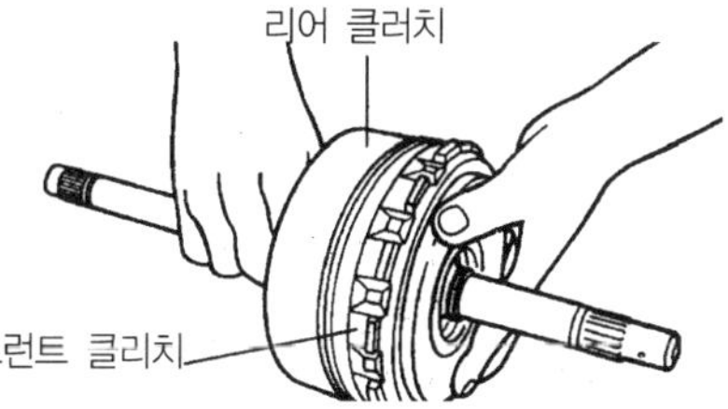

그림 5-245. 리어 클러치와 프런트 클러치 어셈블리 조립

㊴ 그림 5-246과 같이 입력축을 장착하고 좌우로 돌려 리어 클러치 허브가 확실히 들어가게 한다.

㊵ 분해할 때 측정한 엔드 플레이가 규정치가 아니었으면 스러스트 레이스 #3과 스러스트 와셔 #1을 해당차량의 정비지침서를 참고로 하여 엔드플레이를 적절히 조정한다.

㊶ 그림 5-247과 같이 특수공구를 케이스에 장착한다.

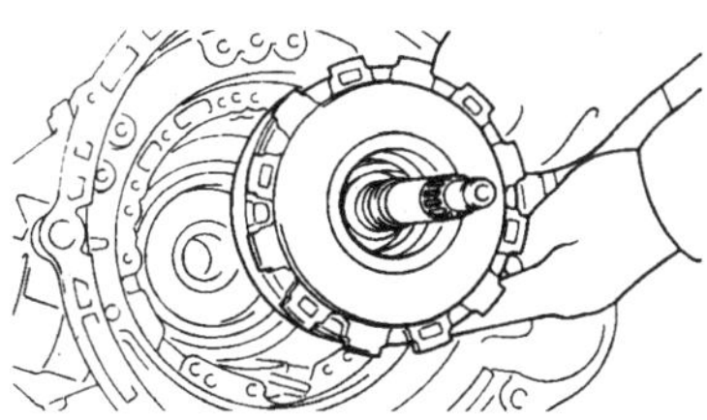

그림 5-246. 입력 샤프트 장착

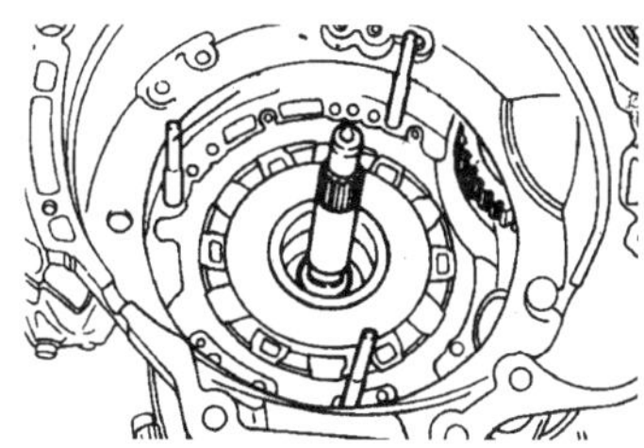

그림 5-247. 특수공구를 변속기 케이스에 장착

㊷ 그림 5-248과 같이 사용하였던 스러스트 레이스 #3 또는 40번 작업에서 선택한 스러스트 레이스 #3에 그리스를 바른 다음 스러스트 와셔 #1에 광유를 발라 오일펌프에 부착한다.

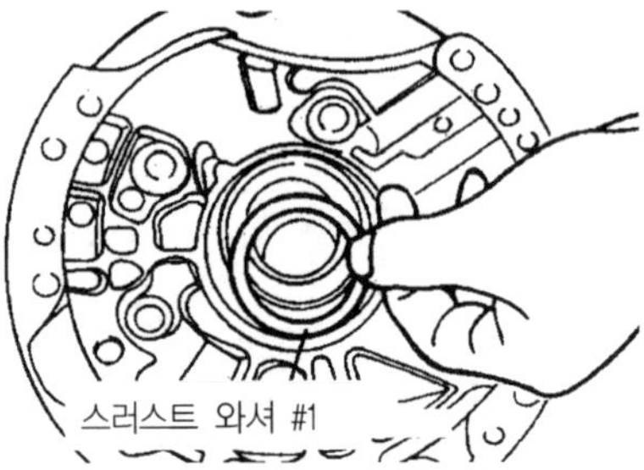

그림 5-248. 스러스트 와셔를 오일펌프에 부착

㊸ 신품의 오일펌프 개스킷과 오일펌프 어셈블리를 장착한다. 이 때 작업을 할 때 오일펌프 하우징과 O링에 광유를 가볍게 바른다.

㊹ 그림 5-249와 같이 오일펌프가 완전히 장착되도록 입력샤프트와 리액션 샤프트의 중심을 맞춘 다음 오일펌프 하우징의 리브부분을 알루미늄 봉으로 가볍게 두드려 조립한다.

㊺ 그림 5-250과 같이 샤프트에 엔드 플레이를 점검하여 필요할 때는 재조정한다.

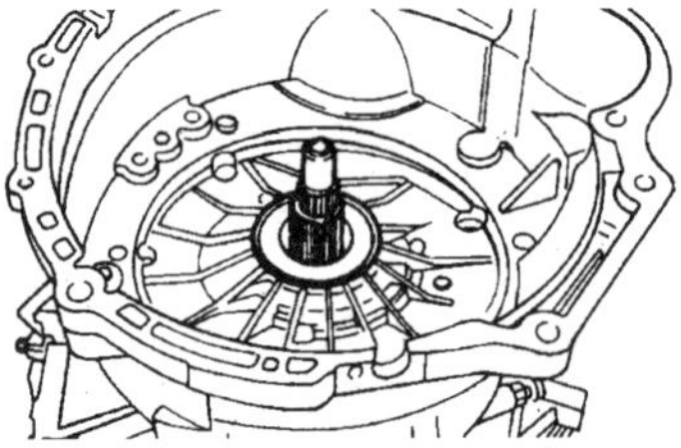

그림 5-249. 오일펌프 조립시 중심 맞추기

그림 5-250. 입력샤프트 엔드 플레이 점검

㊻ 그림 5-251과 같이 밸브보디 어셈블리의 상부 중앙인 로우 앤 리버스 브레이크 압력통로에 O링을 장착한다.

㊼ 그림 5-252와 같이 밸브보디를 장착한다.

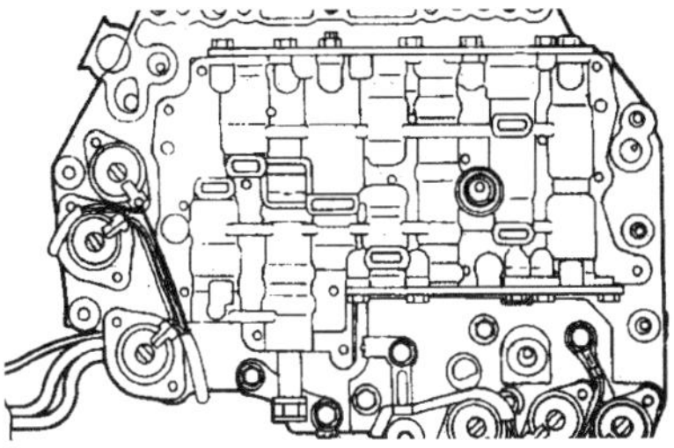
그림 5-251. 밸브 보디 중앙에 O링 장착

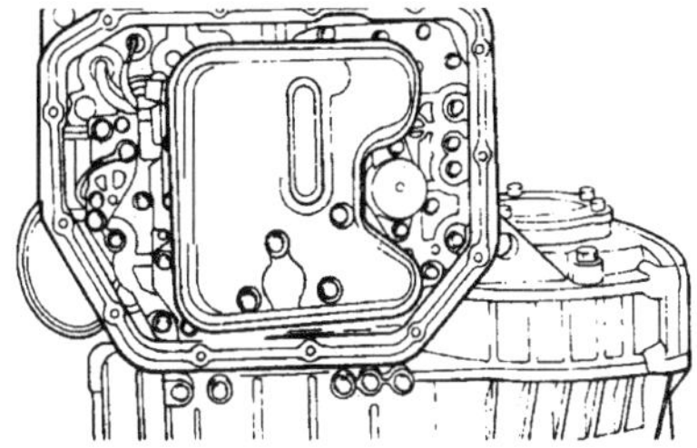
그림 5-252. 밸브 보디 조립

⑱ 오일 필터를 장착하고 볼트를 해당차량의 정비지침서를 참고로 하여 규정 토크로 조인다.

⑲ 그림 5-253과 같이 오일팬에 있는 5개의 자석을 장착한다. 이 때 이물질을 완전히 세척한 다음 장착한다.

⑳ 그림 5-254와 같이 신품의 오일팬 개스킷을 장착하고 오일팬을 장착한다.

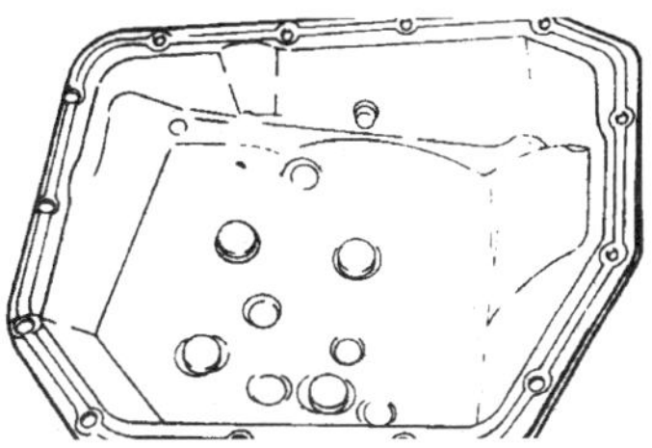
그림 5-253. 오일팬에 있는 자석 장착

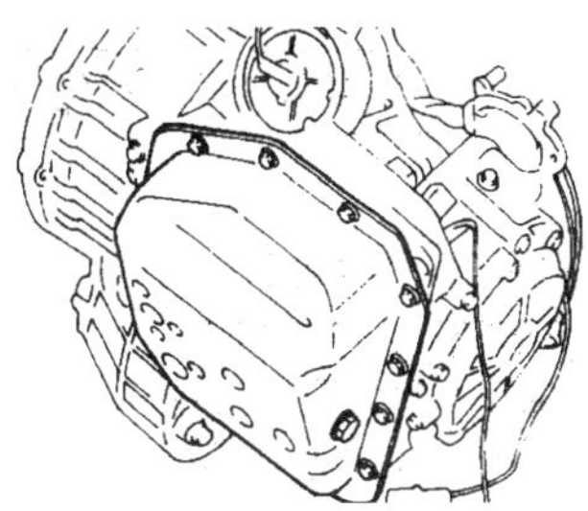
그림 5-254. 오일 팬 개스킷 장착 후 오일팬 장착

㉑ 그림 5-255와 같이 인히비터 스위치와 매뉴얼 컨트롤 레버를 장착하고 인히비터 스위치를 조정한다. 매뉴얼 컨트롤 샤프트를 중립에 놓고 인히비터 스위치를 장착하여 인히비터 스위치와 매뉴얼 컨트롤 레버의 구멍이 일치되어 있는가를 확인한 다음 볼트를 조인다.

㉒ 그림 5-256과 같이 펄스 제너레이터 A와 B를 장착한다. 이때 펄스 제너레이터 A와 B가 바뀌지 않도록 한다.

그림 5-255. 인히비터 스위치와 매뉴얼 컨트롤 레버 장착

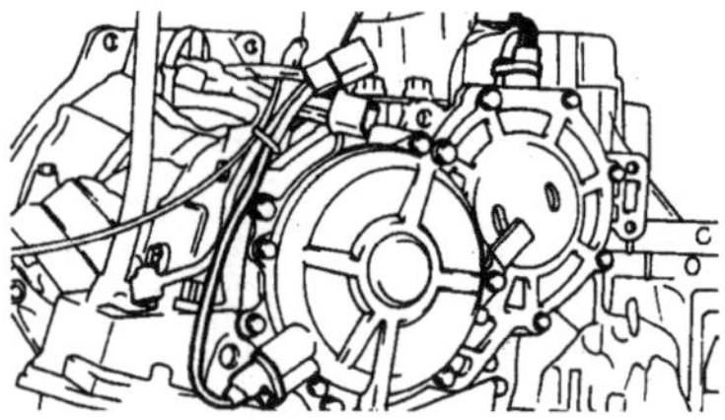

그림 5-256. 펄스 제너레이터 A와 B 장착

⑤③ 그림 5-257과 같이 디퍼렌셜 서브 어셈블리를 케이스에 장착하고 베어링 캡과 볼트를 장착한다. 이 때 장착 방향에 주의하도록 한다.

⑤④ 그림 5-258과 같이 디퍼렌셜 베어링 리테이너 어셈블리에 사용하였던 스페이서에 광유를 바른 다음 베어링 중심높이에 맞춰 올려놓는다.

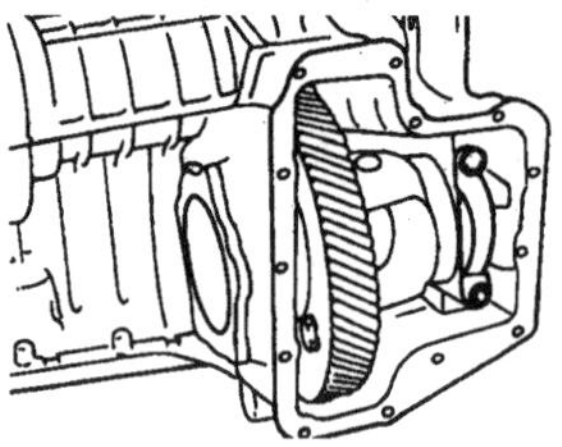

그림 5-257. 디퍼렌셜 서브 어셈블리 케이스에 장착

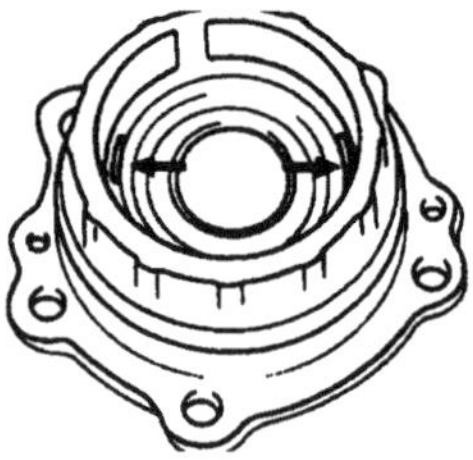

그림 5-258. 디퍼렌셜 리테이너 어셈블리에 스페이서 올려놓음

⑤⑤ 그림 5-259와 같이 디퍼렌셜 베어링 리테이너에 O링을 조립하고 광유를 바른 다음 고무망치로 가볍게 두드려 조립한다.

⑤⑥ 그림 5-260과 같이 다이얼 게이지를 장착하여 해당 차량의 정비지침서를 참고로 하여 엔드 플레이를 측정한다. 엔드 플레이가 규정치를 벗어나면 분해하여 알맞은 스페이서로 교환 장착한다.

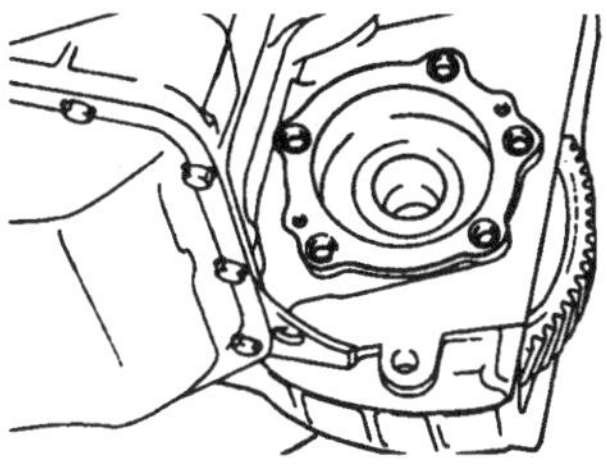

그림 5-259. 디퍼렌셜 베어링 조립

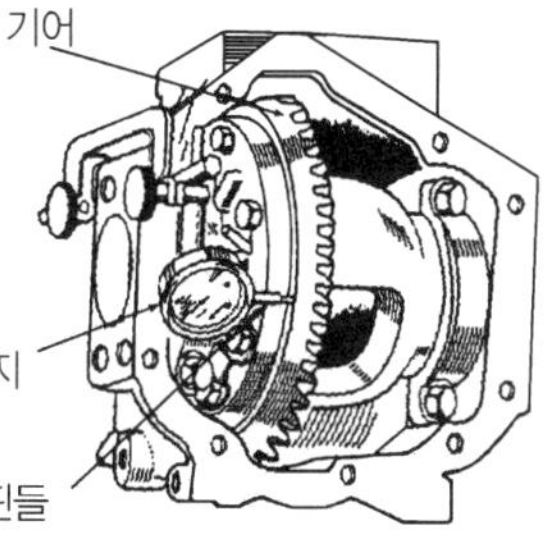

그림 5-260. 디퍼렌셜 엔드 플레이 측정

㊼ 그림 5-261과 같이 스피드미터 슬리브를 장착한다. 이 때 베어링 캡과 간섭이 없는지 확인한다.

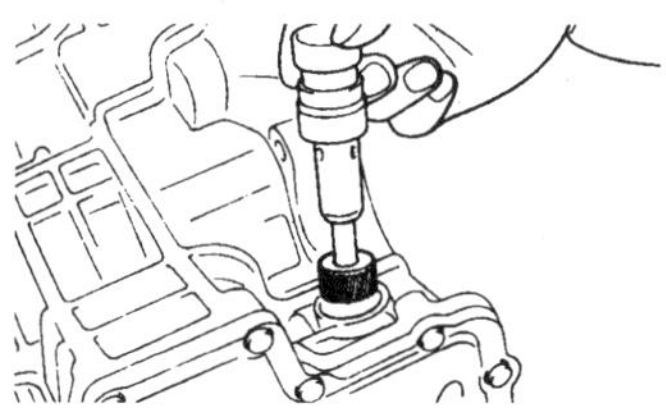

그림 5-261. 스피드미터 슬리브 장착

㊽ 그림 5-262와 같이 디퍼렌셜 커버 어셈블리 및 개스킷을 장착한다.

㊾ 그림 5-263과 같이 토크 컨버터의 오일펌프측 원통형 부위의 표면에 ATF를 바른 다음 오일 실링이 손상되지 않도록 주의하면서 조심스럽게 토크 컨버터에 장착한다. 이때 토크 컨버터가 오일펌프 드라이브 기어와 맞물렸는지 확인한다. 링 기어 끝과 컨버터 하우징 끝 사이의 거리를 측정하여 그 거리가 약 12mm 정도이면 토크 컨버터는 적절히 장착된 것이다.

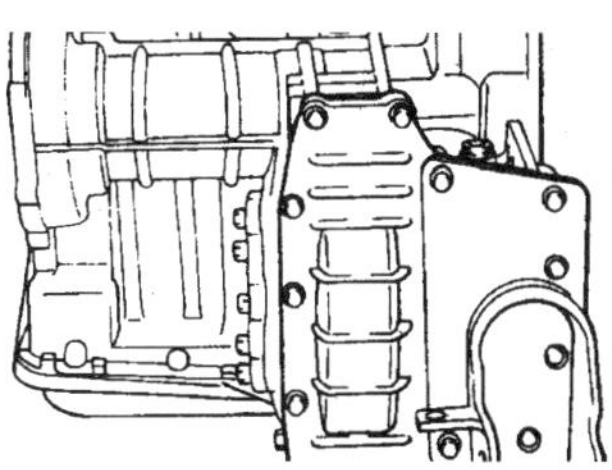

그림 5-262. 디퍼렌셜 커버 어셈블리 및 개스킷 장착

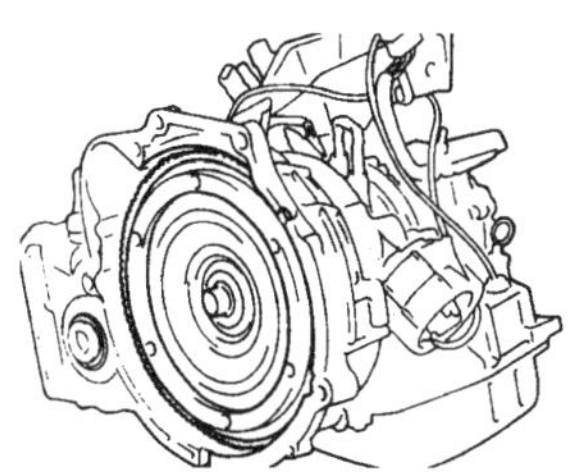

그림 5-263. 토크 컨버터의 장착

5.12. 오일펌프 어셈블리

5.12.1. 구성부품

그림 5-264는 오일펌프의 구성부품을 나타내는 것이다.

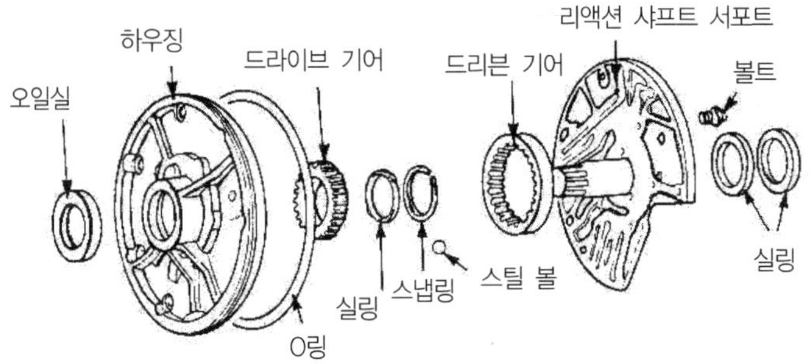

그림 5-264. 오일펌프의 구성부품

5.12.2. 분 해

① 그림 5-265와 같이 오일펌프 하우징에서 O링을 분리한다.

② 하우징에서 5개의 볼트를 푼 다음 리액션 샤프트 서포트를 떼어낸다.

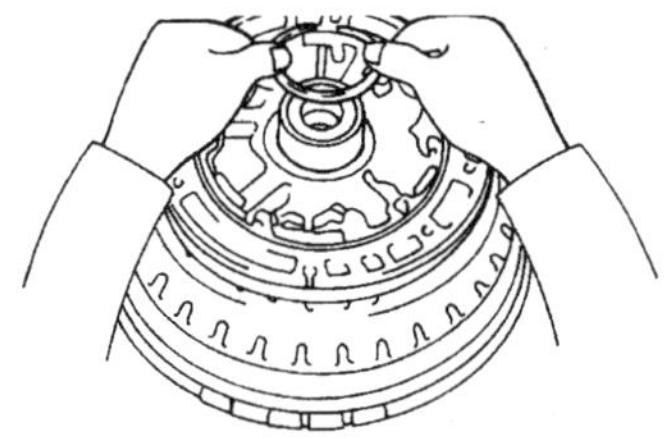

그림 5-265. 오일펌프 하우징에서 O링 분리

③ 펌프 하우징에서 오일펌프 드라이브 기어와 드리븐 기어를 떼어낸다.

④ 조립을 할 때 참고하기 위해 드라이브 기어와 드리븐 기어에 일치표시를 해 둔다.

⑤ 하우징에서 스틸볼을 분리한다.

⑥ 그림 5-266과 같이 오일펌프 드라이브 기어에서 스냅링과 오일실을 분리한다.

⑦ 그림 5-267과 같이 리액션 샤프트 서포트에서 실링을 분리한다.

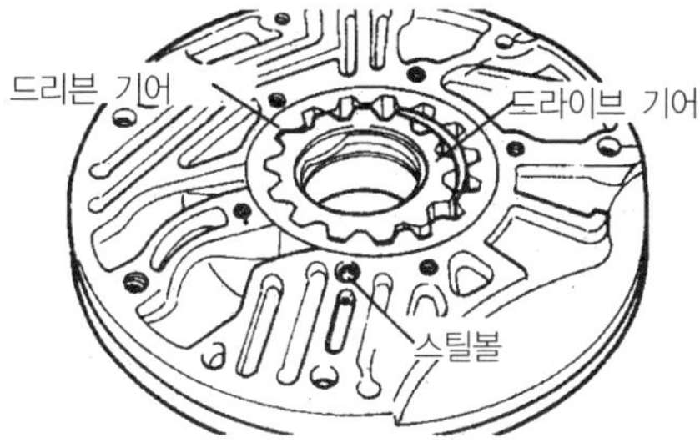

그림 5-266. 오일펌프 드라이브 기어에서 스냅링과 오일실 분리

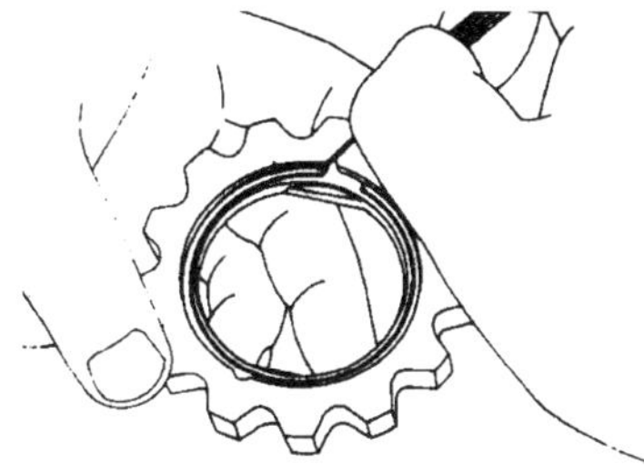

그림 5-267. 리액션 샤프트 서포트 실링 분리

5.12.3. 검 사

① 해당차량의 정비지침서를 참고로 하여 오일펌프 기어의 측면 간극을 측정하여 간극이 규정치를 초과하거나 오일펌프 기어와 접촉하는 오일펌프 하우징 면을 검사했을 때 간섭한 흔적이 있으면 오일펌프 어셈블리를 교환한다.

② 그림 5-268과 같이 오일펌프 기어와 접하는 리액션 샤프트 서포트의 면을 점검하여 간섭된 흔적이 있으면 오일펌프 어셈블리를 교환한다.

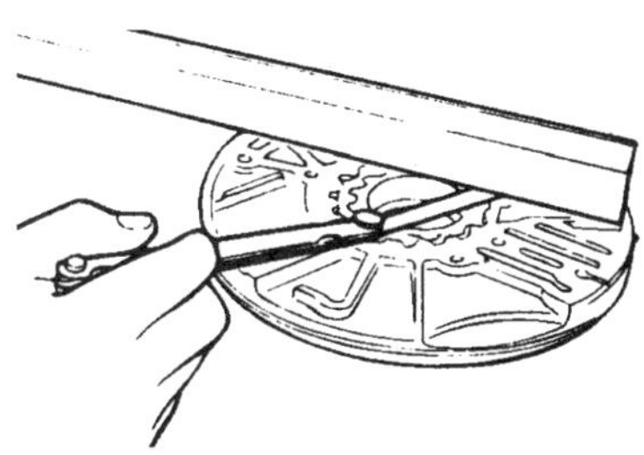

그림 5-268. 오일펌프 기어와 접하는 리액션 샤프트 서포트 면 점검

5.12.4. 조 립

① 그림 5-269와 같이 오일펌프 드라이브 기어에 오일실을 홈에 일치시켜 장착한다.

② 그림 5-270과 같이 스냅링을 장착한다.

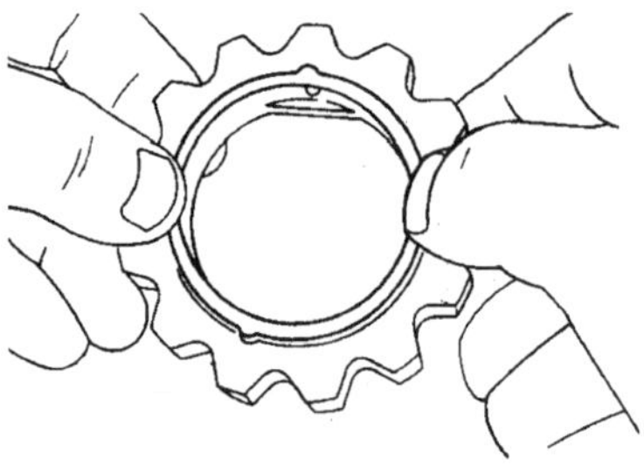

그림 5-269. 오일펌프 드라이브 기어에 오일 실 장착

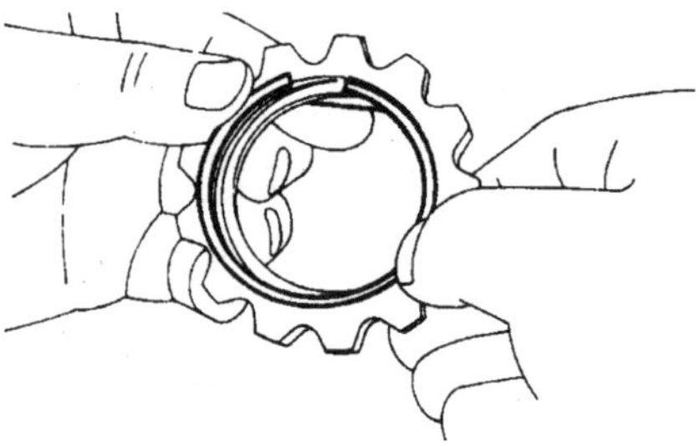

그림 5-270. 스냅링 장착

③ 드라이브 기어와 드리븐 기어를 펌프 하우징에 장착한다. 기어를 재사용할 때는 일치표시를 정확히 일치시킨다.

④ 드라이브 기어 내측 둘레에 있는 홈에 신품 O링을 끼운다.

⑤ 그림 5-271과 같이 표시된 구멍에 스틸볼을 장착한다.

⑥ 그림 5-272와 같이 실링 2개에 ATF를 바른 다음 리액션 샤프트 서포트에 장착한다.

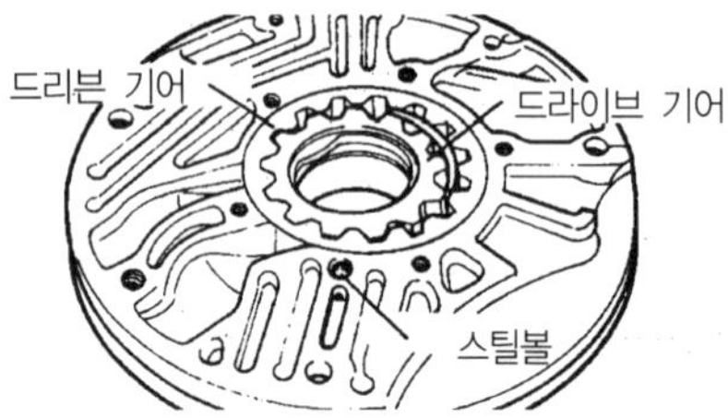

그림 5-271. 스틸볼 장착

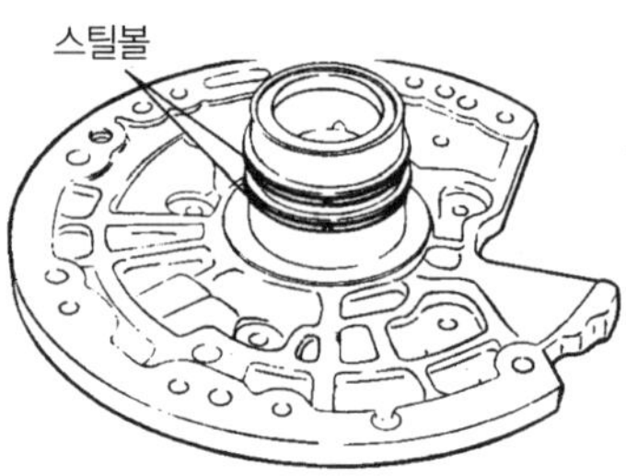

그림 5-272. 실링을 리액션 샤프트 서포트에 장착

⑦ 오일펌프 기어가 부드럽게 회전하는지 확인한다.

⑧ 펌프 하우징 둘레에 있는 홈에 O링을 장착하고 O링 둘레에 광유를 바른다.

⑨ 펌프 하우징에 리액션 샤프트 서포트를 가볍게 장착한다.

⑩ 그림 5-273과 같이 특수공구를 사용하여 펌프 하우징을 해당 차량의 정비지침서를 참고로 하여 규정 토크로 조인다.

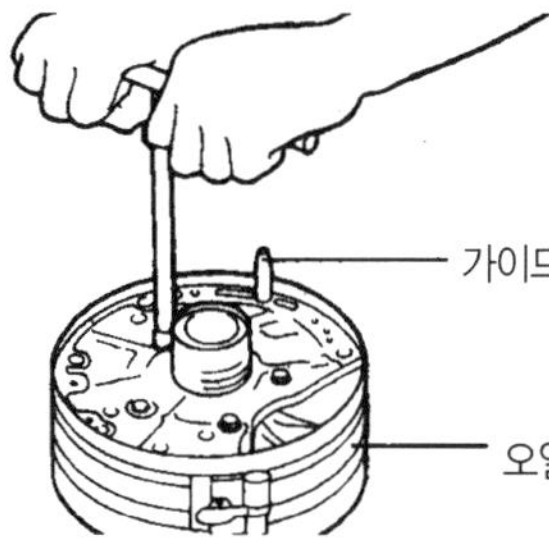

그림 5-273. 펌프 하우징 장착

5.12.5. 오일실의 교환

① 그림 5-274와 같이 스크루 드라이브를 사용하여 펌프 하우징 오일실을 빼낸다.

② 그림 5-275와 같이 특수공구를 사용하여 펌프 하우징에 오일실을 장착한다. 오일실을 장착하기 전에 오일실 둘레에 ATF를 가볍게 바른다.

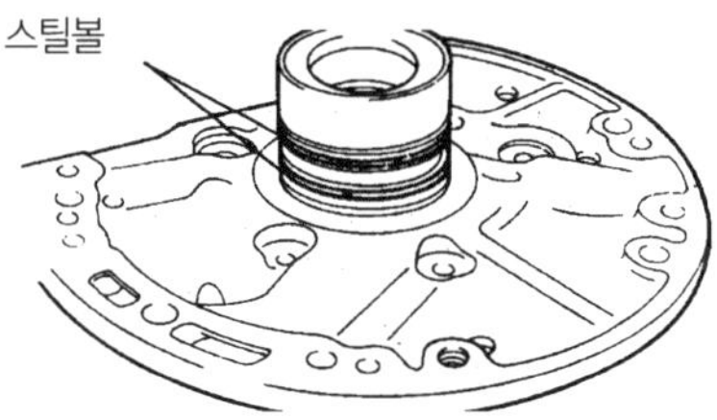

그림 5-274. 펌프 하우징 오일실 분리

그림 5-275. 펌프 하우징에 오일실 장착

5.13. 클러치 어셈블리

5.13.1. 프런트 클러치

[1] 구성부품

그림 5-276은 프런트 클러치 어셈블리의 구성부품을 나타내는 것이다.

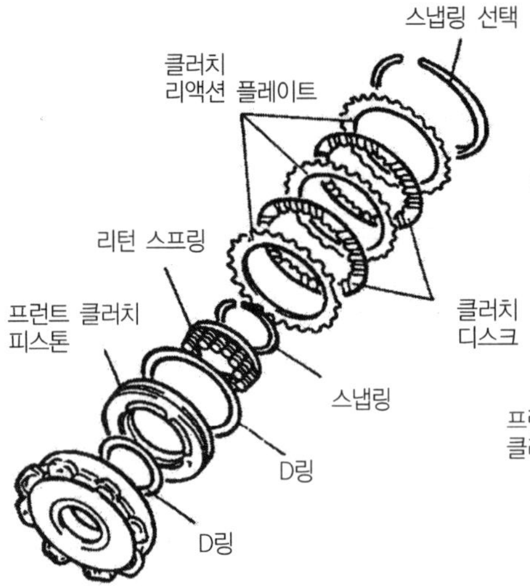

(a)

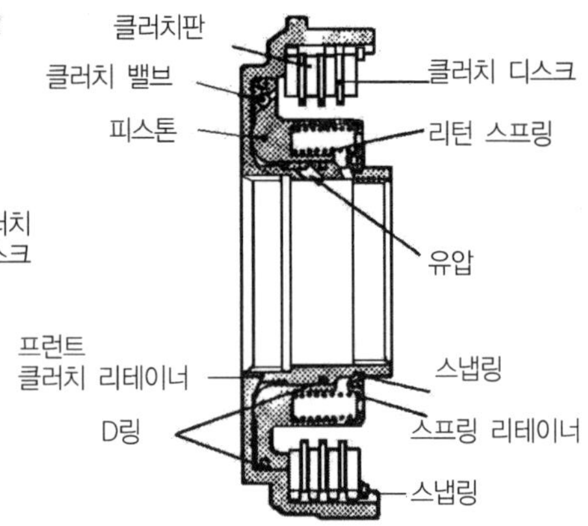

(b)

그림 5-276. 프런트 클러치 어셈블리의 구성부품

[2] 분해

① 클러치 리테이너에서 스냅링을 빼낸다.

② 3개의 클러치 리액션 플레이트, 2개의 클러치 디스크를 빼낸다. 클러치 리액션 플레이트와 클러치 디스크를 재사용 코저 할 때는 장착순서나 방향을 바꾸지 않도록 한다.

③ 그림 5-277과 같이 특수공구로 리턴 스프링을 압축하면서 스냅링을 분해하고 스프링 리테이너와 리턴 스프링을 빼낸다.

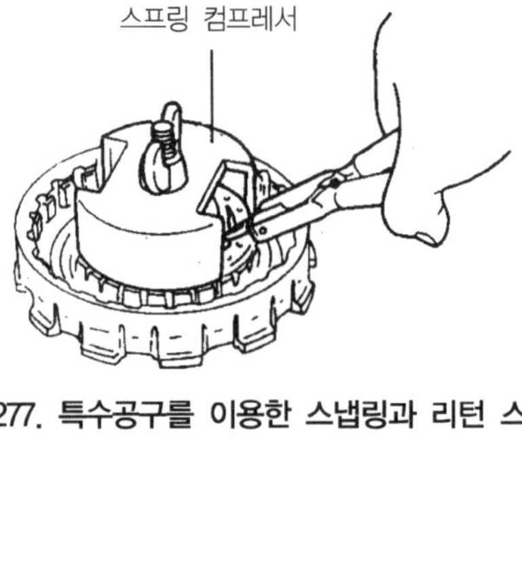

그림 5-277. 특수공구를 이용한 스냅링과 리턴 스프링 분리

④ 리테이너에서 피스톤을 분리한다.

⑤ 피스톤의 내측 및 외측 둘레에서 D링을 분리한다.

[3] 조립

① 그림 5-278과 같이 피스톤 외면에 있는 홈에 D링을 둥근측이 밖을 향하게 하여 장착하고 또 한 개의 D링은 프런트 클러치 리테이너에 장착한다.

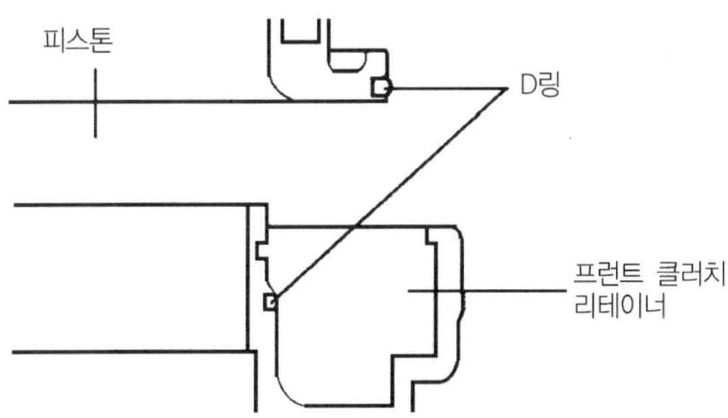

그림 5-278. D링을 프런트 클러치에 장착

② D링의 외측에 ATF를 도포한 다음 손으로 피스톤을 프런트 클러치 리테이너에 밀어 넣는다.

③ 리턴 스프링과 스프링 리테이너를 장착한다.

④ 그림 5-279와 같이 특수공구로 리턴 스프링을 압축시키면서 스냅링을 장착한다.

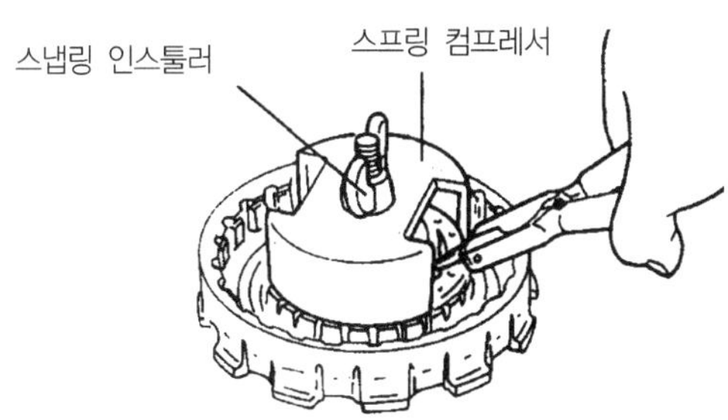

그림 5-279. 리턴 스프링 압축시키면서 스냅링 장착

⑤ 그림 5-280과 같이 3개의 클러치 리액션 플레이트와 2개의 클러치 디스크에 ATF를 도포하여 장착한다. 이 때 신품의 클러치와 디스크를 사용할 때는 디스크를 ATF에 2시간 이상 담구어 둔다. 또한 클러치 리액션 플레이트는 이빨이 없는 곳에 3개를 일치시켜 장착한다.

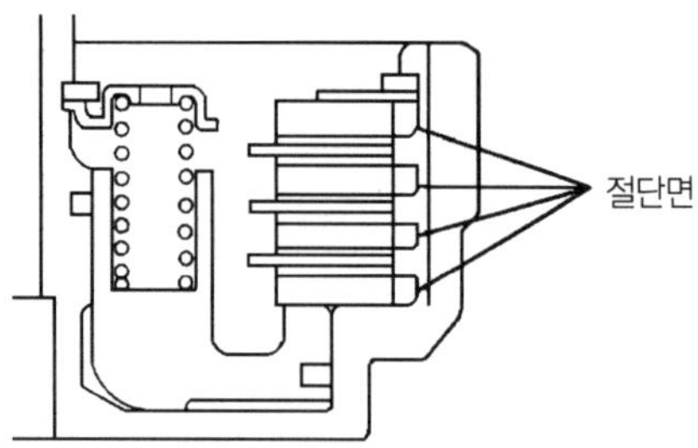

그림 5-280. 클러치 리액션 플레이트와 클러치 디스크 장착

⑥ 스냅링을 장착한 다음 스냅링과 클러치 리액션 플레이트 사이의 간극을 확인한다. 간극을 점검할 때 클러치 리액션 플레이트를 5kgf의 힘으로 누르면서 점검해야 하며 간극이 규정을 벗어나면 적당한 스냅링을 선택 장착하여 간극을 재조정한다.

5.13.2. 리어 클러치

[1] 구성부품

그림 5-281은 리어 클러치 어셈블리의 구성부품을 나타낸 것이다.

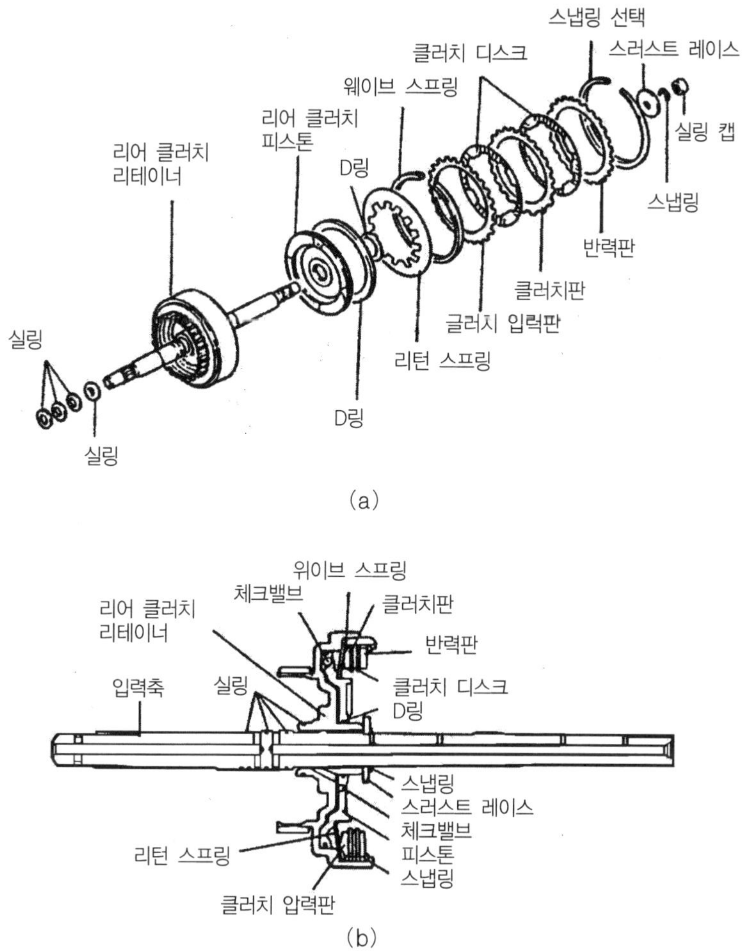

그림 5-281. 리어 클러치 어셈블리의 구성부품

[2] 분해

① 스냅링을 탈거하면서 스러스트 레이스를 빼낸다.

② 리어 클러치 리테이너에서 입력 샤프트를 빼낸다.

③ 클러치 리테이너에서 스냅링을 빼낸다.

④ 그림 5-282와 같이 클러치 리액션 플레이트, 2개의 클러치 플레이트, 3개의 클러치 디스크, 클러치 압력판을 리테이너에서 분리한다.

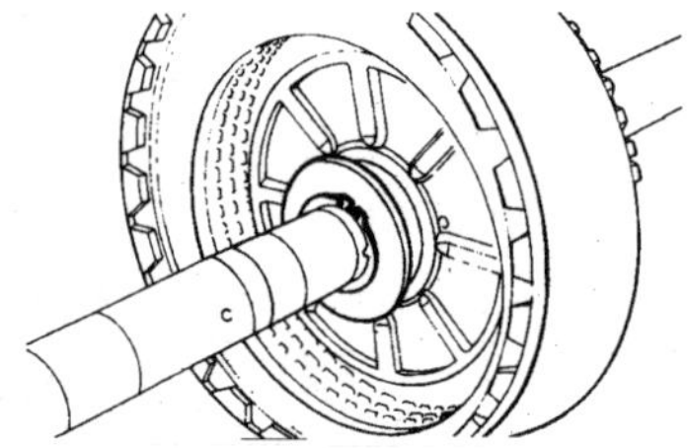

그림 5-282. 클러치 리액션 플레이트, 클러치 플레이트, 디스크 분리

⑤ 스프링 컴프레서로 리턴 스프링을 압축한다.

⑥ 스크루 드라이버를 사용하여 웨이브 스프링을 분리한다.

⑦ 리턴 스프링과 피스톤을 빼낸다.

⑧ 그림 5-283과 같이 피스톤에서 2개의 D링을 분리한다.

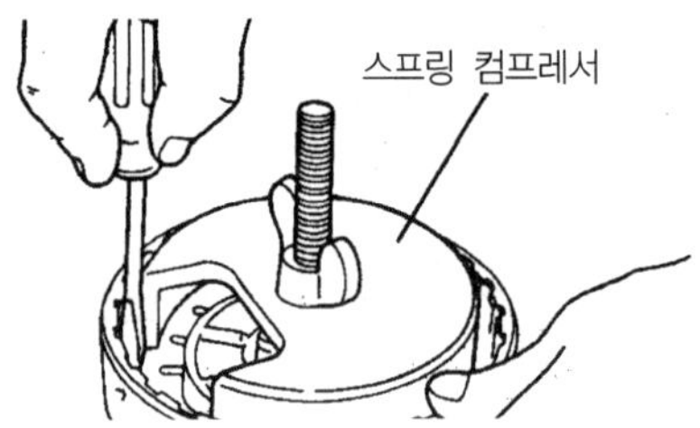

그림 5-283. 피스톤에서 D링 분리

[3] 조립

① 피스톤의 내면 및 외면의 홈에 D링을 장착한다.

② D링의 외면에서 ATF를 바른 다음 손으로 피스톤을 리어 클러치 리테이너에 밀어 넣는다.

③ 피스톤에 리턴 스프링을 장착한다.

④ 그림 5-284와 같이 스크루 드라이버를 밑으로 눌러 스냅링과 함께 리턴 스프링을 눌러서 스냅링을 홈 안에 고정시킨다.

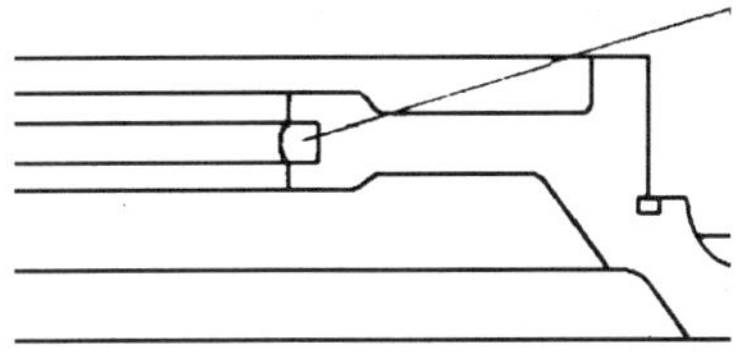

그림 5-284. 리턴 스프링을 눌러서 스냅링 홈에 고정

⑤ 그림 5-285와 같이 클러치 압력판, 2개의 플레이트 디스크, 클러치 플레이트, 클러치 리액션 플레이트를 리어 클러치 리테이너에 장착한다. 리액션 플레이트, 클러치 플레이트, 클러치 디스크를 장착할 때는 떼어내기의 역순으로 작업하며 장착에 앞서 플레이트와 디스크에 ATF를 도포한다. 이때 신품의 클러치 디스크를 사용할 때는 2시간 이상 ATF에 담구어 놓은 다음 장착한다.

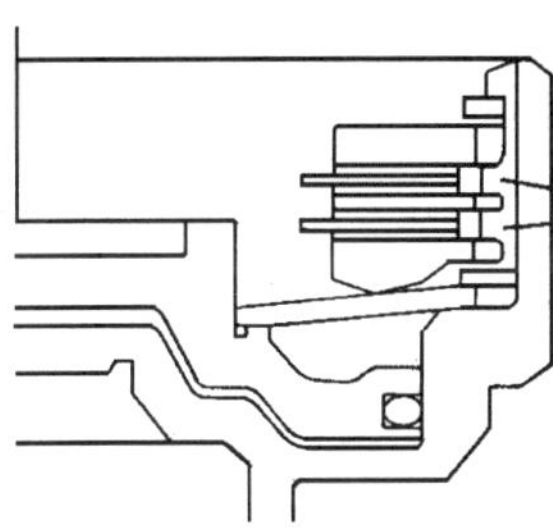

그림 5-285. 클러치 압력판, 클러치 디스크, 플레이트 장착

⑥ 그림 5-286과 같이 스냅링을 장착한 다음 스냅링과 클러치 리액션 플레이트의 간극을 확인한다. 간극을 측정할 때는 클러치 리액션 플레이트의 전 둘레를 5kgf의 힘으로 누르면서 측정해야 하고 측정치가 규정치(0.7~0.9mm)와 일치하지 않으면 스냅링을 선택하여 간극을 조정한다.

⑦ 입력 샤프트를 리어 클러치 리테이너에 장착한다. 이 때 스냅링은 1.6~3.0mm사이에 0.1mm 간격으로 있으므로 적당한 것은 선택하여 사용한다.

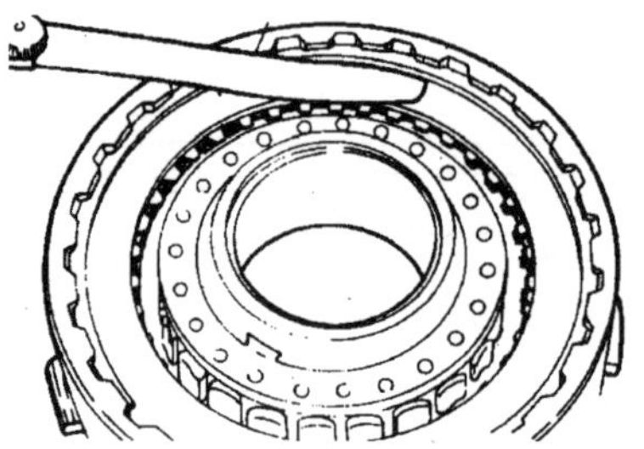

그림 5-286. 스냅링과 클러치 리액션 플레이트 간극 점검

⑧ 그림 5-287과 같이 스러스트 레이스를 장착하고 스냅링을 장착한다.

⑨ 입력 샤프트에 있는 3개의 홈에 실링을 장착한다.

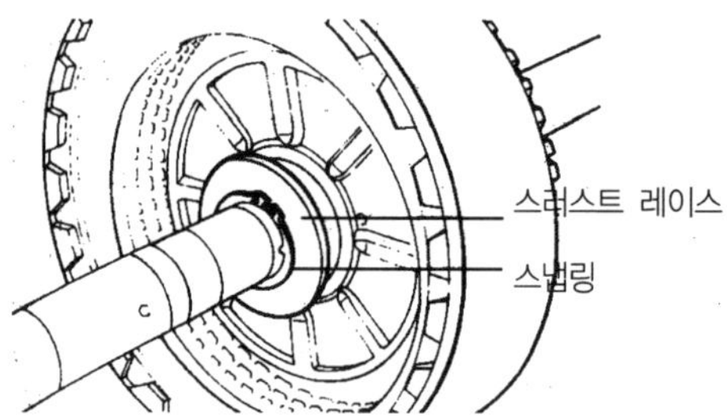

그림 5-287. 입력 샤프트에 스러스트 레이스와 스냅링 장착

5.13.3. 엔드 클러치

[1] 구성부품

그림 5-288은 엔드 클러치 어셈블리의 구성부품을 나타내는 것이다.

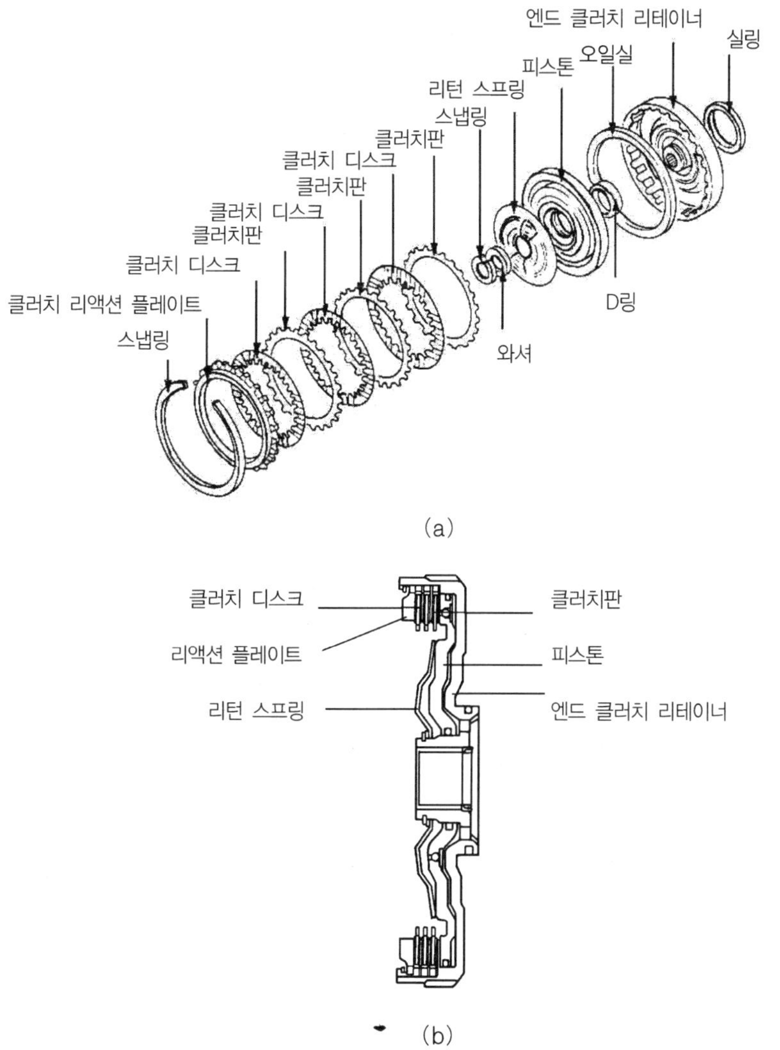

그림 5-288. 엔드 클러치 어셈블리의 구성부품

[2] 분해

① 그림 5-289와 같이 스냅링을 빼낸 다음 클러치 리액션 플레이트, 클러치 디스크, 클러치 플레이트를 분리한다. 만일 디스크와 플레이트를 재사용하고자 할 때는 방향이 바뀌지 않도록 주의한다.

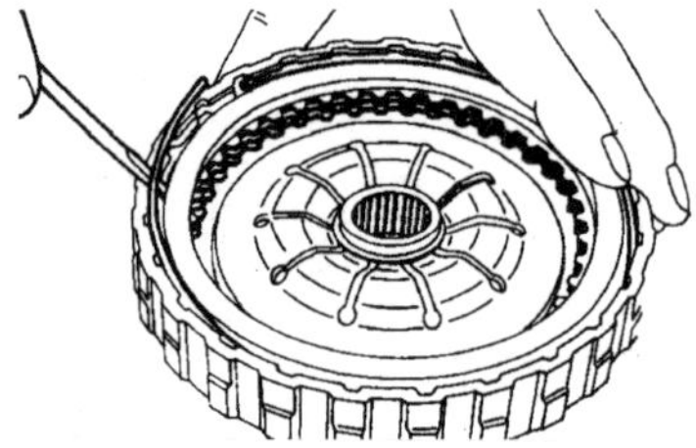

그림 5-289. 엔드 클러치 리액션 플레이트, 디스크 플레이트 분리

② 그림 5-290과 같이 스냅링 플라이어로 스냅링을 분리한 다음 와셔와 리턴 스프링을 빼낸다.

③ 그림 5-291과 같이 피스톤을 분리한다. 만일 피스톤을 분리하기가 힘이 들 때는 피스톤을 밑으로 가게하고 리테이너를 베이스로 하여 뒷면의 오일통로로 공기를 불어 넣어 피스톤을 분리한다.

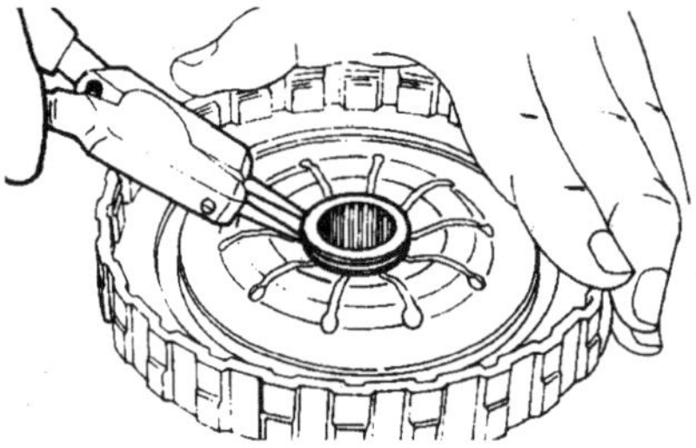

그림 5-290. 스냅링 플라이어로 스냅링 분리

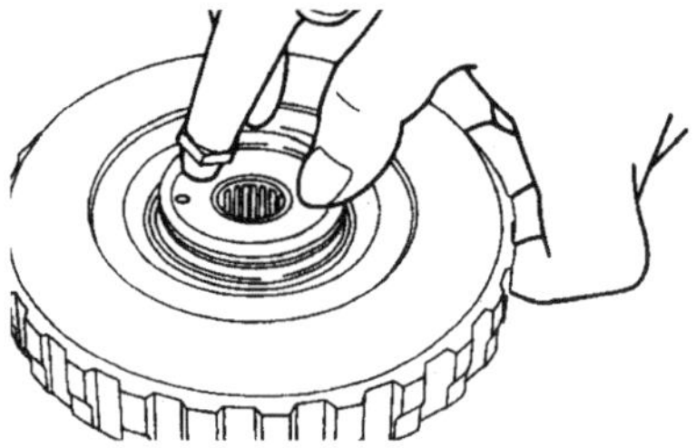

그림 5-291. 피스톤 탈거

④ 리테이너에서 실링을 분리한다.

⑤ 피스톤에서 2개의 D링과 오일실을 분리한다.

[3] 조립

① 피스톤의 외측 및 내측 홈에 D링과 오일실을 장착한다.

② D링의 외부에 ATF를 바른 다음 손으로 피스톤을 엔드 클러치 리테이너에 눌러 넣는다.

③ 리턴 스프링과 와셔를 장착한다.

④ 그림 5-292와 같이 특수공구의 가이드에 스냅링을 끼워 리테이너에 장착하고 특수공구를 스냅링이 홈안으로 들어갈 때까지 누른다. 그림의 화살표로 표시된 부위는 지지되는 곳이 없으므로 특수공구를 너무 필요이상으로 누르지 않도록 한다.

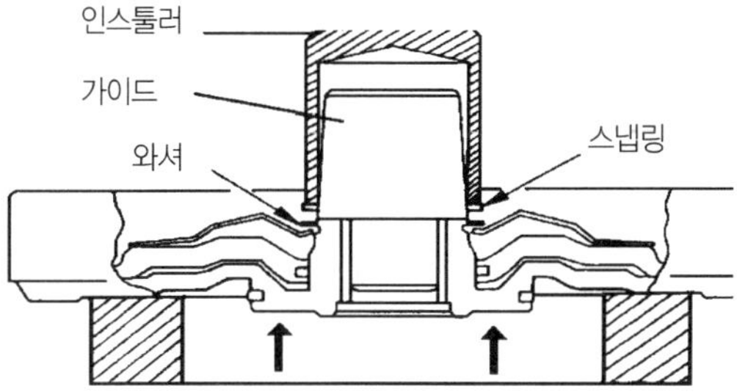

그림 5-292. 특수공구를 이용한 스냅링 조립

⑤ 그림 5-293과 같이 엔드 클러치 리테이너에 클러치 플레이트, 클러치 디스크, 리액션 플레이트를 장착한다. 만일 클러치 플레이트, 클러치 디스크, 리액션 플레이트를 재사용 코저할 때는 분해할 때와 같은 순서로 장착해야 하며 장착 전에 ATF를 발라 준다. 이때 신품의 디스크를 사용할 때는 2시간 이상 ATF에 담구어 놓은 다음 장착한다.

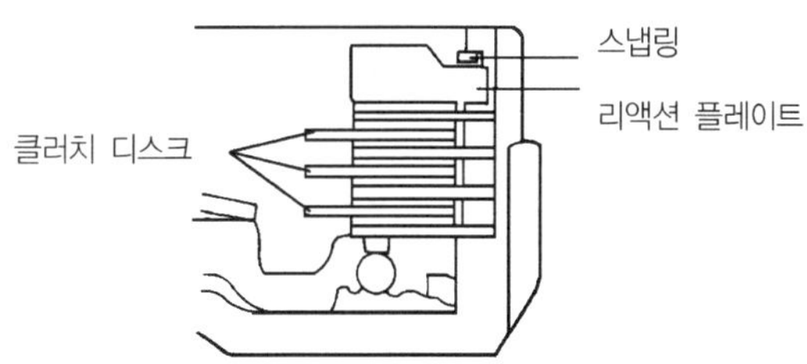

그림 5-293. 엔드 클러치 리테이너에 플레이트, 디스크 장착

⑥ 그림 5-294와 같이 스냅링을 장착하고 스냅링과 리액션 플레이트 사이의 간극을 점검한다. 간극을 점검할 때는 클러치 리액션 플레이트를 5kgf의 힘으로 누르면서 점검하고 측정치가 규정치(0.4～0.6mm)를 벗어나면 적당한 스냅링을 선택하여 간극을 조정한다.

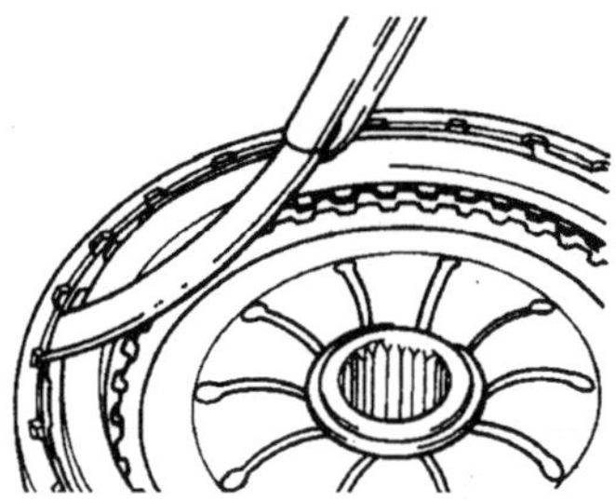

그림 5-294. 스냅링과 리액션 플레이트 사이의 간극 측정

5.14. 유성기어 세트

5.14.1. 구성부품

그림 5-295는 유성기어 세트의 구성부품을 나타내는 것이다.

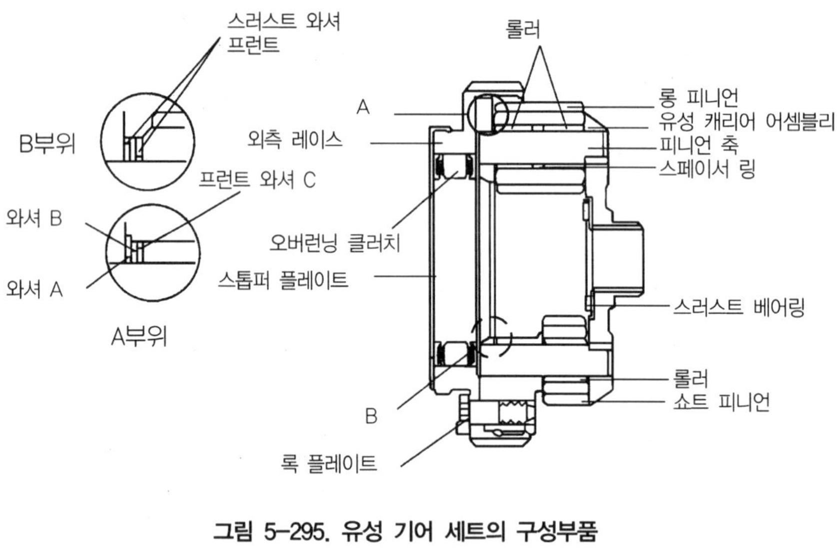

그림 5-295. 유성 기어 세트의 구성부품

5.14.2. 분해

① 그림 5-296과 같이 볼트 3개를 푼다.

② 그림 5-297과 같이 오버런닝 클러치 외측레이스 어셈블리를 분리한 다음에 오버런닝 클러치 엔드 플레이트를 떼어낸다.

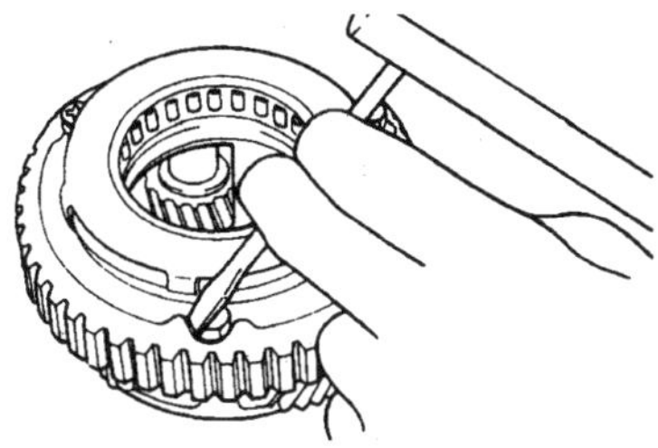
그림 5-296. 유성 기어 볼트 품

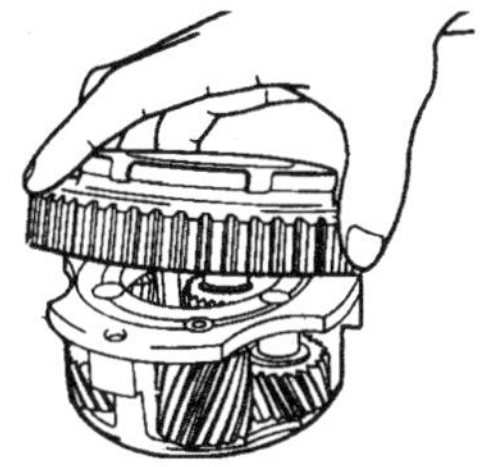
그림 5-297. 오버런닝 클러치 떼어냄

③ 피니언 샤프트를 분리한다.

④ 그림 5-298과 같이 스페이서 부싱과 프런트 스러스트 와셔 2개를 분리한다.

⑤ 쇼트 피니언에 있는 17개의 롤러를 떨어뜨리거나 분실하지 않도록 쇼트 피니언을 분리한다.

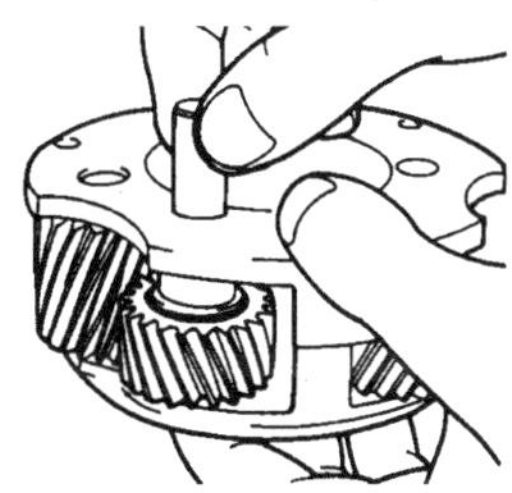
그림 5-298. 스페이서 부싱과 와셔 분리

⑥ 그림 5-299과 같이 스러스트 베어링을 분리한다.

⑦ 그림 5-300과 같이 손가락으로 오버런 원웨이 클러치를 밀어 외측 레이스를 빼낸다.

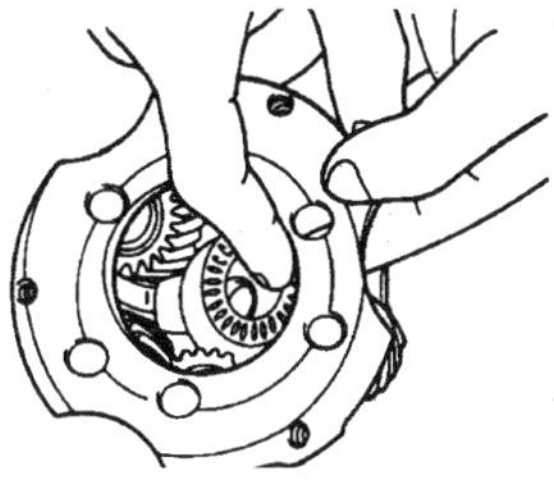
그림 5-299. 스러스트 베어링 분리

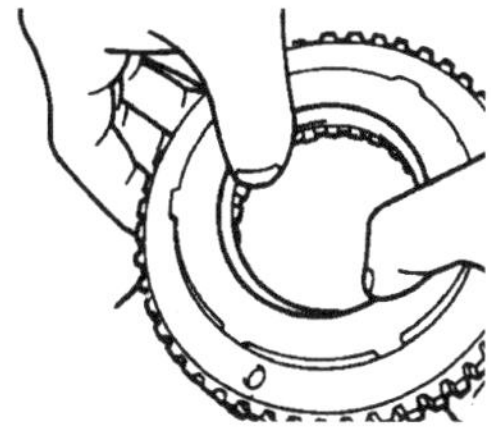
그림 5-300. 오버런 원웨이 클러치 분리

5.14.3. 조립

① 그림 5-301과 같이 베어링을 캐리어에 정확히 끼워 장착한다.

② 그림 5-302와 같이 쇼트 피니언 내부에 바셀린을 충분하게 바른 다음 17개의 롤러를 고정시킨다.

그림 5-301. 베어링을 캐리어 끼움

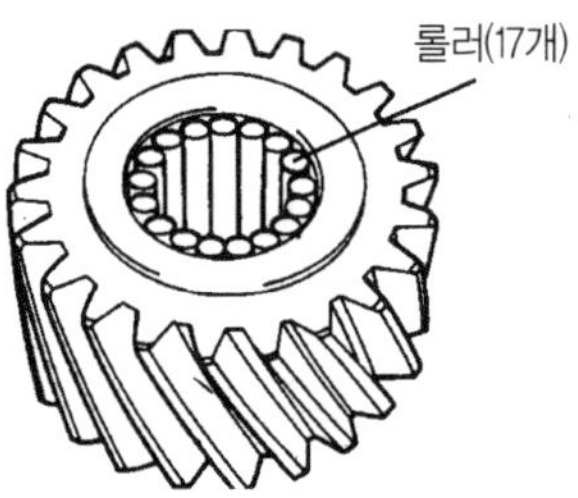

그림 5-302. 쇼트 피니언에 롤러 고정시킴

③ 그림 5-303과 같이 캐리어의 샤프트 구멍과 리어 스러스트 와셔와 프런트 스러스트 와셔의 구멍을 일치시킨다.

④ 쇼트 피니언, 스페이서 부싱, 프런트 스러스트 와셔 2개를 장착하여 구멍을 일치시킨다. 이 때 롤러가 밖으로 빠져 나오지 않도록 주의하며 작업한다.

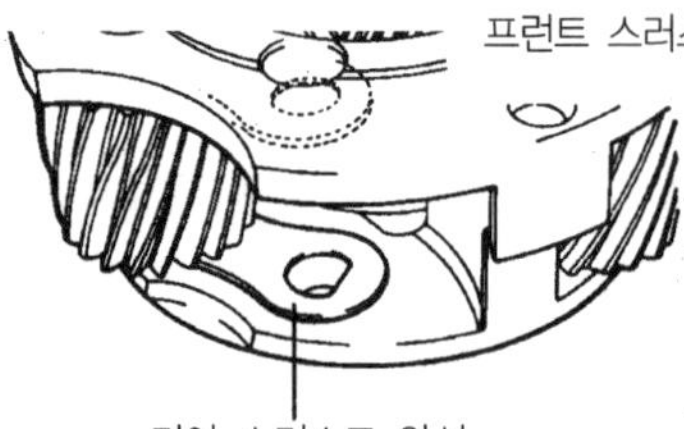

그림 5-303. 스러스트 와셔와 프런트 스러스트 와셔 구멍 일치시킴

⑤ 그림 5-304와 같이 피니언 샤프트의 노치면이 리어 스러스트 플레이트의 구멍에 정확히 끼워지도록 주의를 기울이며 피니언 샤프트를 집어넣는다.

⑥ 그림 5-305와 같이 외측 레이스에 엔드 플레이를 집어넣는다.

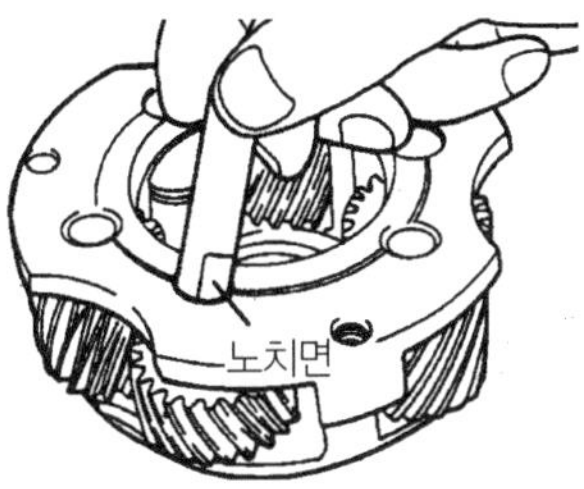

그림 5-304. 피니언 샤프트를 노치면에 끼움

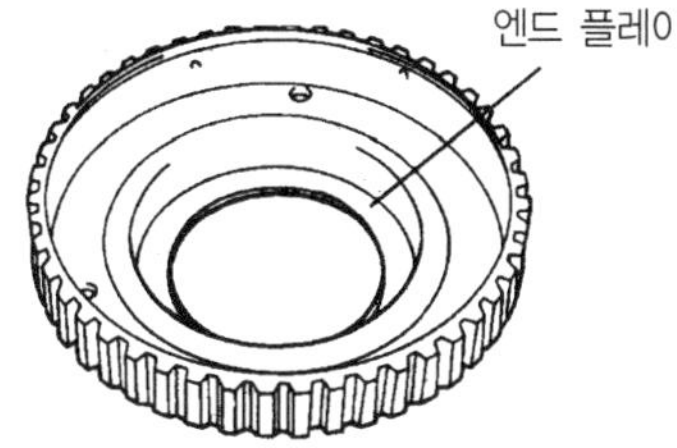

그림 5-305. 외측 레이스에 엔드 플레이 집어넣음

⑦ 그림 5-306과 같이 케이지의 외측면에 표시되어 있는 화살표가 위로 향하게 하여 원웨이 클러치를 외측 레이스 안으로 밀어 넣는다.

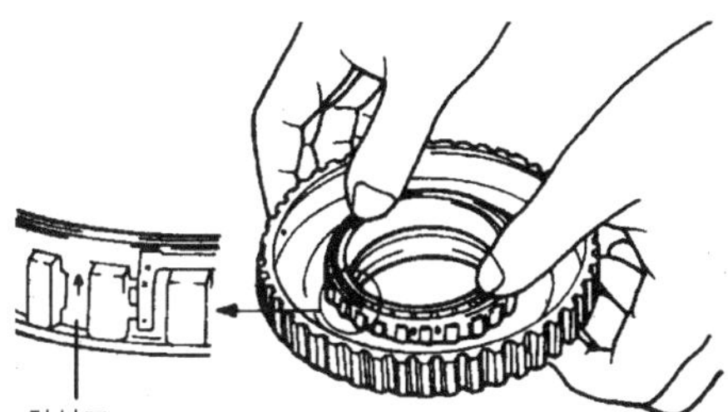

그림 5-306. 원 웨이 클러치 조립

⑧ 그림 5-307과 같이 오버런닝 클러치 엔드 플레이트에 광유를 바른 다음 원웨이 클러치에 부착시킨다.

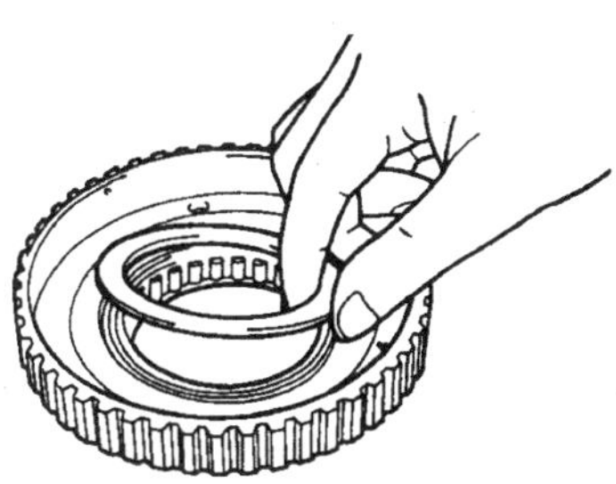

그림 5-307. 오버런닝 클러치 엔드 플레이트를 원 웨이 클러치에 부착

5.15. 애뉼러스 기어

5.15.1. 구성부품

그림 5-308은 애뉼러스 기어의 구성부품을 나타내는 것이다.

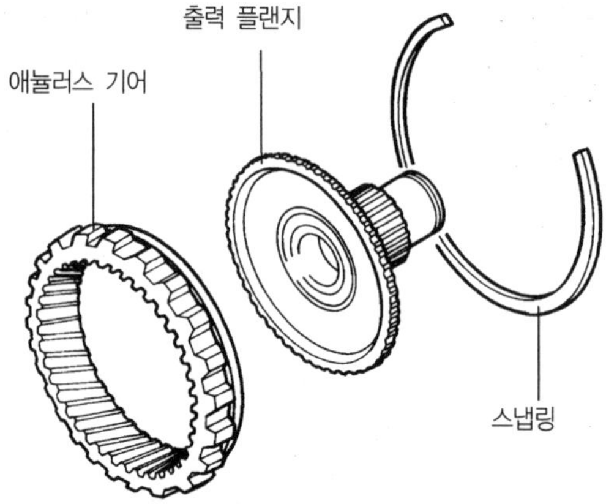

그림 5-308. 애뉼러스 기어의 구성부품

5.15.2. 분 해

그림 5-309와 같이 스냅링을 탈거하고 출력 플랜지에서 애뉼러스 기어를 분리시킨다.

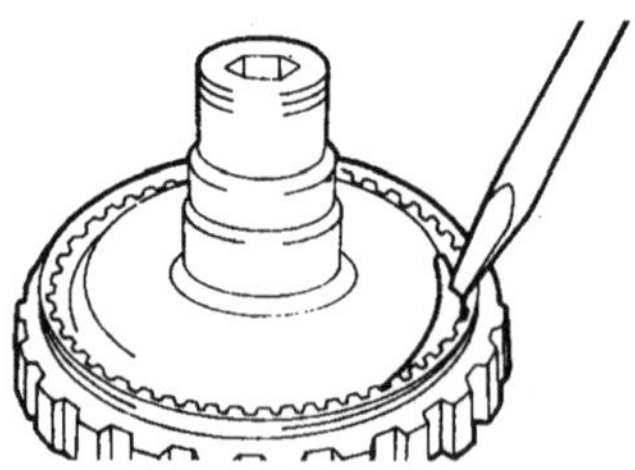

그림 5-309. 애뉼러스 기어 분리

5.16. 트랜스퍼 드라이브 기어 어셈블리

5.16.1. 구성부품

그림 5-310은 트랜스퍼 드라이브 기어 어셈블리를 나타낸 것이다.

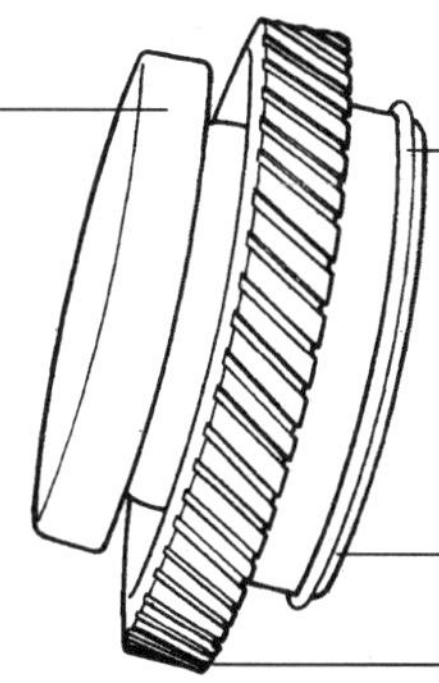

그림 5-310. 트랜스퍼 드라이브 기어 어셈블리의 구성부품

5.16.2. 분해

그림 5-311과 같이 특수공구를 이용하여 트랜스퍼 드라이브 기어에서 프런트 베어링과 리어 베어링을 빼낸다.

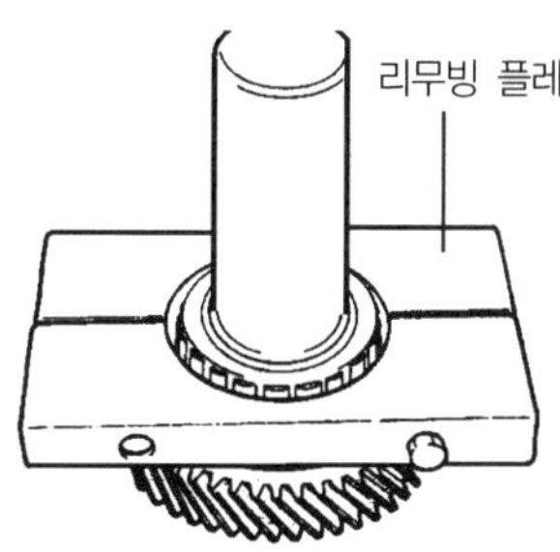

그림 5-311. 트랜스퍼 드라이브 기어에서 프런트 베어링과 리어 베어링 빼냄

5.16.3. 조립

분해시와 동일한 특수공구를 사용하여 트랜스퍼 드라이브 기어에 프런트 및 리어 베어링을 압입한다.

5.17. 트랜스퍼 드리븐 기어 어셈블리

5.17.1. 구성부품

그림 5-312는 트랜스퍼 드리븐 기어 어셈블리를 나타낸 것이다.

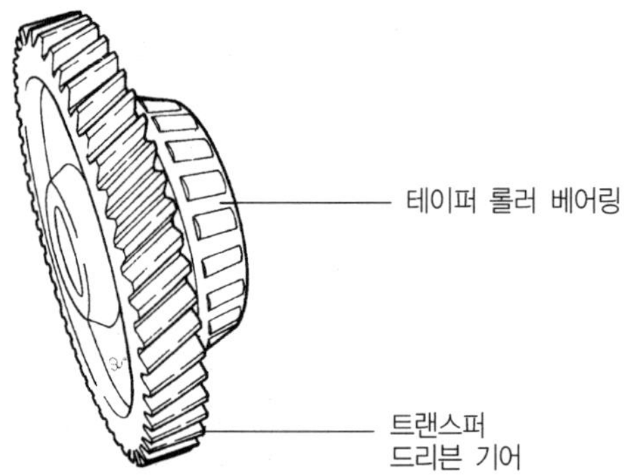

그림 5-312. 트랜스퍼 드리븐 기어 어셈블리의 구성부품

5.17.2. 분해

그림 5-313과 같이 특수공구를 사용하여 트랜스퍼 드리븐 기어에서 베어링을 빼낸다.

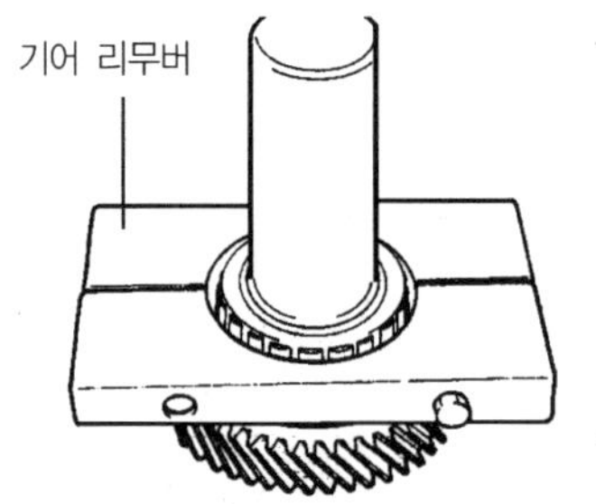

그림 5-313. 트랜스퍼 드리븐 기어에서 베어링 빼냄

5.17.3. 조립

그림 5-314와 같이 특수공구를 사용하여 트랜스퍼 드리븐 기어에 테이퍼 롤러 베어링을 압입한다.

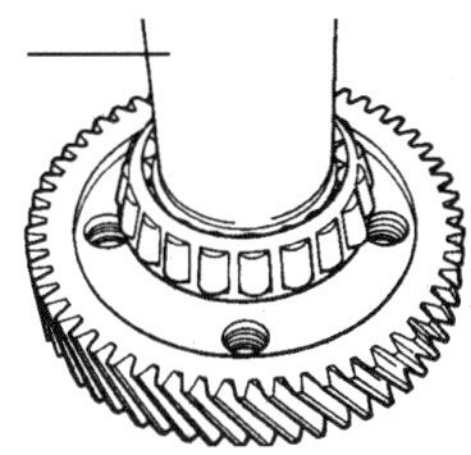

그림 5-314. 트랜스퍼 드리븐 기어에 테이퍼 롤러 베어링 압입

5.18. 트랜스퍼 샤프트 어셈블리

5.18.1. 구성부품

그림 5-315는 트랜스퍼 샤프트 어셈블리의 구성부품을 나타낸 것이다.

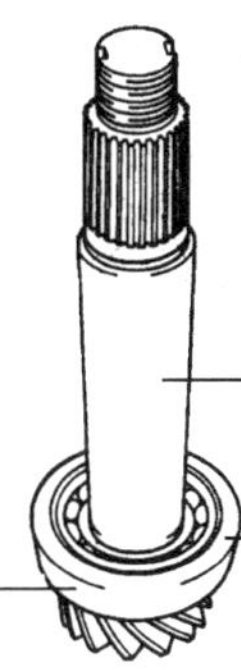

그림 5-315. 트랜스퍼 샤프트 어셈블리의 구성부품

5.18.2. 분해

그림 5-316과 같이 특수공구를 사용하여 트랜스퍼 샤프트에서 베어링을 빼낸다.

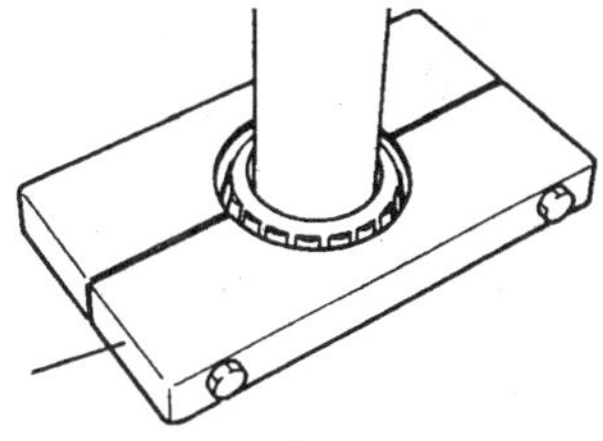

그림 5-316. 트랜스퍼 샤프트에서 베어링 빼냄

5.18.3. 조립

그림 5-317과 같이 특수공구를 사용하여 트랜스퍼 샤프트에 베어링을 압입한다.

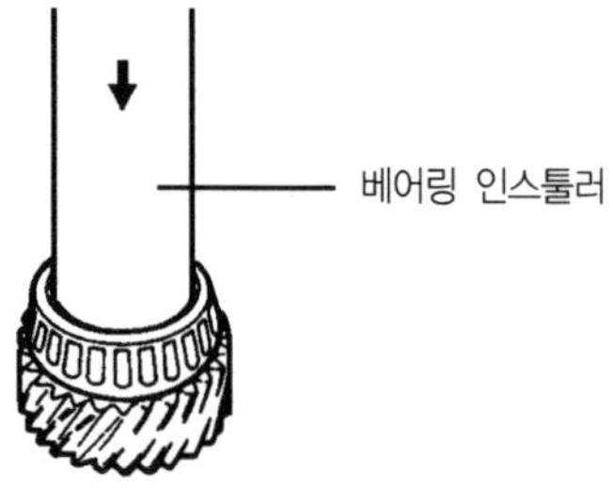

그림 5-317. 트랜스퍼 샤프트에 베어링 압입

5.19. 디퍼렌셜

5.19.1. 구성부품

그림 5-318은 디퍼렌셜의 구성부품을 나타낸 것이다.

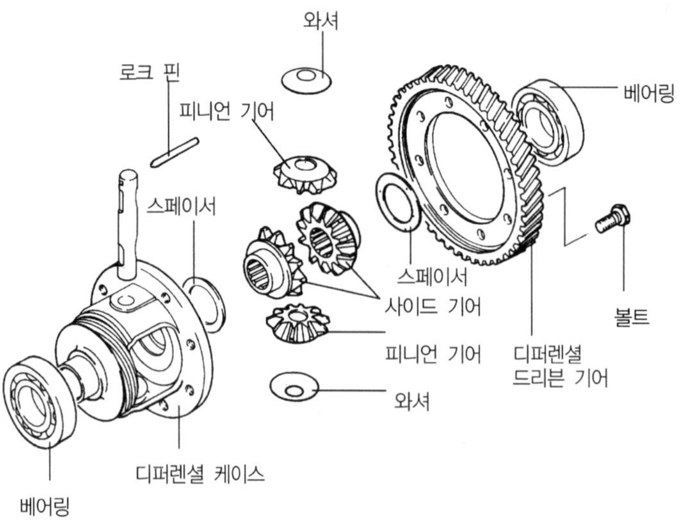

그림 5-318. 디퍼렌셜의 구성부품

5.19.2. 분해

① 그림 5-319와 같이 디퍼렌셜 케이스를 바이스에 고정시켜 드라이브 기어 지지볼트를 푼 다음 디퍼렌셜 케이스에서 드라이브 기어를 떼어 낸다. 이 때 볼트를 풀 때는 대각선방향으로 분해한다.

② 그림 5-320과 같이 기어 풀러로 볼 베어링 내측 레이스를 분리한다.

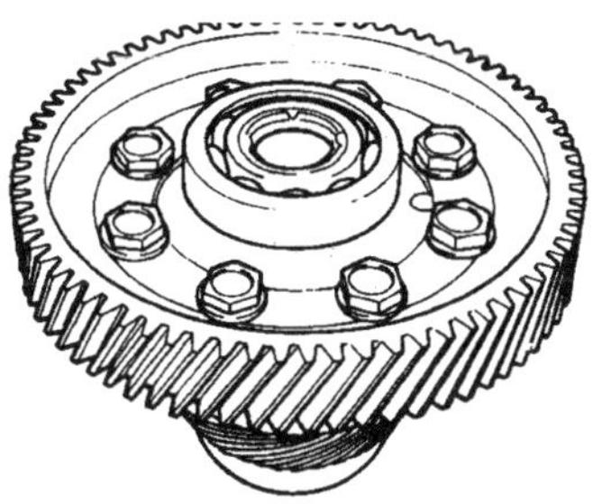

그림 5-319. 디퍼렌셜 케이스에서 드라이브 기어 떼어냄

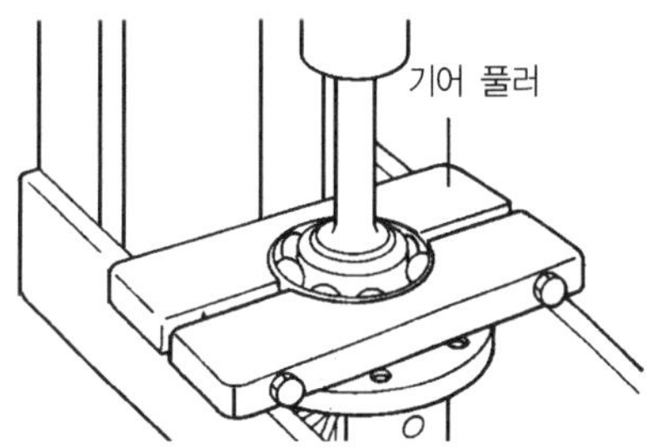

그림 5-320. 기어 풀러로 볼 베어링 내측 레이스 분리

③ 구멍 A에 펀치를 삽입하여 로크 핀을 빼낸다.

④ 그림 5-321과 같이 피니언 샤프트, 피니언 기어, 와셔를 분리한다. 이 때 분리한 기어와 스페이서를 좌우측용으로 분리시켜 놓는다.

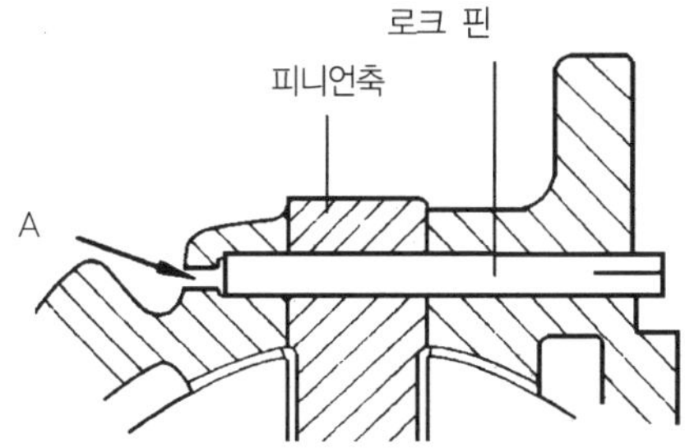

그림 5-321. 피니언 샤프트, 피니언 기어, 와셔 분리

5.19.3. 조립

① 디퍼렌셜 사이드 기어 뒤에 스페이서를 장착한 채로 디퍼렌셜 케이스에 기어를 장착한다. 부품을 재사용할 때는 분해할 때 구별해 원래의 위치에 장착하며 신품의 디퍼렌셜 기어를 사용할 경우는 스페이서를 중간 두께인 1.0mm의 것을 사용한다.

② 피니언 기어 뒤에 와셔를 장착하고 기어를 디퍼렌셜 케이스에 장착한 다음 피니언 기어 샤프트를 집어넣는다.

③ 그림 5-322와 같이 사이드 기어와 피니언 기어 사이의 백래시를 측정하여 그 값이 0.025~0.150mm이며, 좌우측 기어의 백래시가 동일한가를 확인한다. 만일 백래시가 규정치를 벗어나면 분해하여 백래시를 규정치로 만드는 스페이서로 재장착한 다음 조립한다.

④ 그림 5-323에 지시한 방향으로 피니언 샤프트 로크 핀을 장착하고 돌출이 3mm 미만인가를 확인한다. 이 때 로크 핀은 재사용해서는 안되며 장착 부하가 200kgf 이상인 것을 사용해서는 안된다.

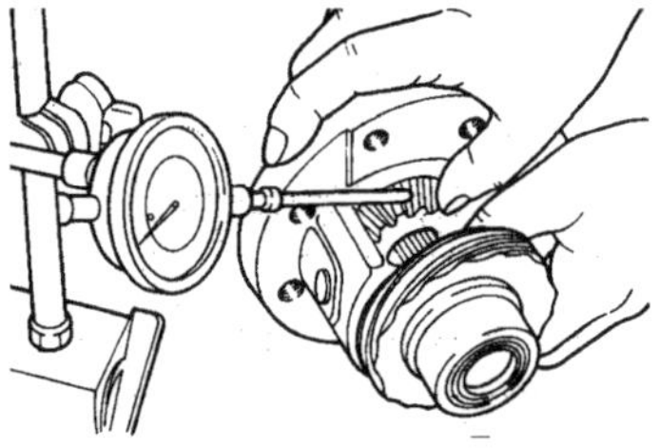

그림 5-322. 사이드 기어와 피니언 기어의 백래시 측정

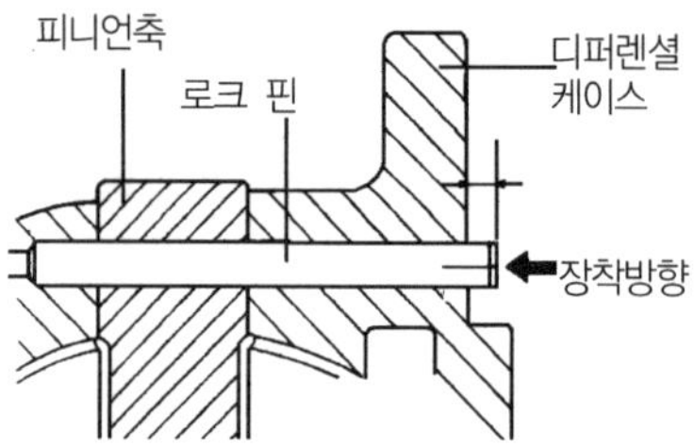

그림 5-323. 피니언 샤프트 로크 핀 장착

⑤ 디퍼렌셜 케이스의 양쪽 끝에 볼베어링 내측 레이스를 눌러 놓는다. 베어링을 누를 때 내측 레이스에만 하중을 가해야 하며 외측 레이스에는 하중을 가하지 않도록 한다.

⑥ 그림 5-324와 같이 케이스에 디퍼렌셜 드라이브 기어를 장착한다.

⑦ 디퍼렌셜 케이스를 바이스에 고정하고 볼트를 가조립한 다음 그림 5-325에 표시된 순서에 의해 규정토크로 조인다.

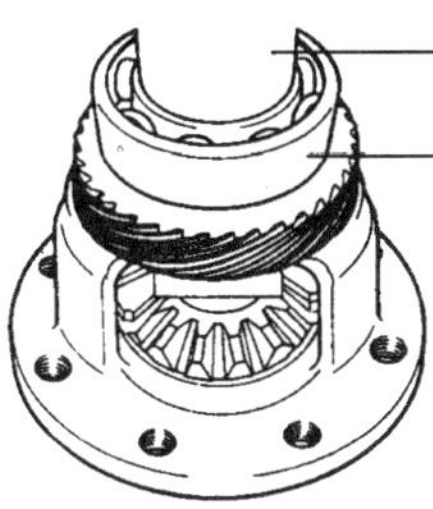

그림 5-324. 디퍼렌셜 드라이브 기어 장착

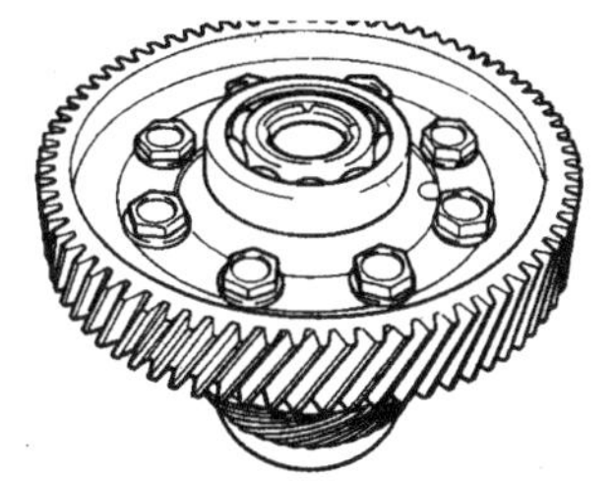

그림 5-325. 디퍼렌셜 케이스에 볼트 조립

5. 20. 밸브보디

5.20.1. 밸브의 장착위치

[1] 어퍼 밸브보디

그림 5-326은 어퍼 밸브보디의 장착위치를 나타내는 것이다.

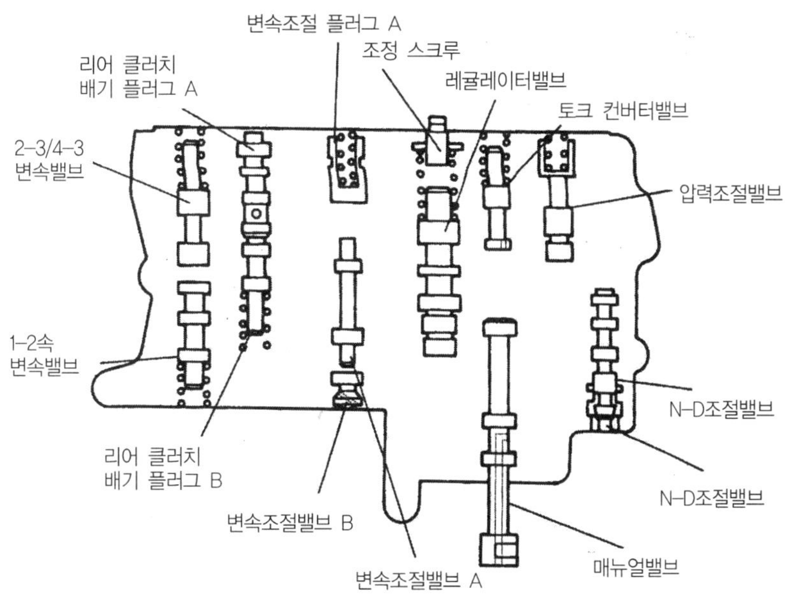

그림 5-326. 어퍼 밸브보디의 장착위치

[2] 로워 밸브보디

그림 5-327은 로워 밸브보디의 장착위치를 나타내는 것이다.

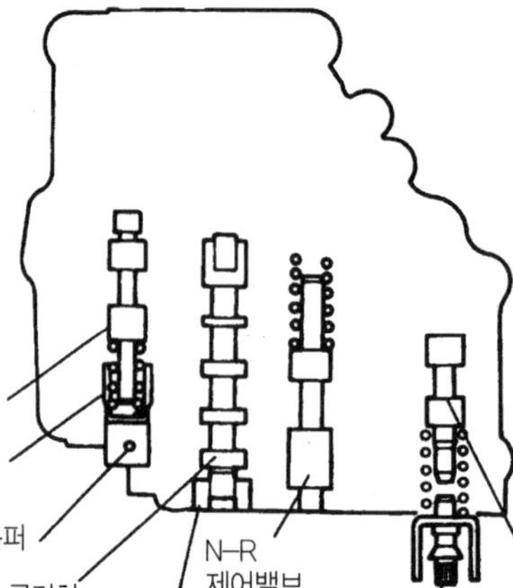

그림 5-327. 로워 밸브보디의 장착위치

5.20.2. 분해

① 그림 5-328과 같이 6개의 솔레노이드밸브와 유온센서 브래킷을 떼어낸다.

② 그림 5-329와 같이 매뉴얼밸브를 떼어낸다.

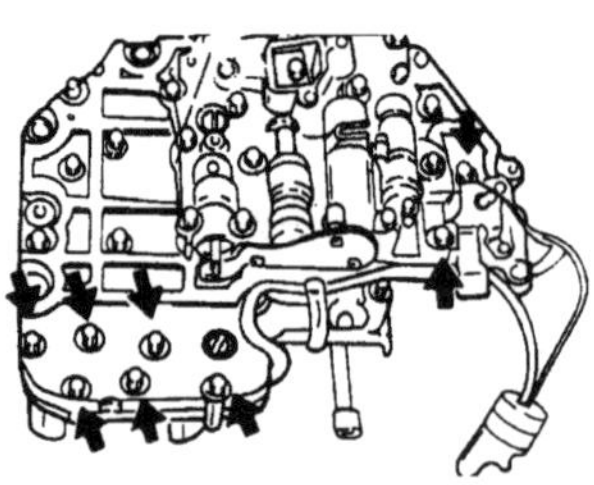

그림 5-328. 솔레노이드밸브와 유온센서 브래킷 떼어냄

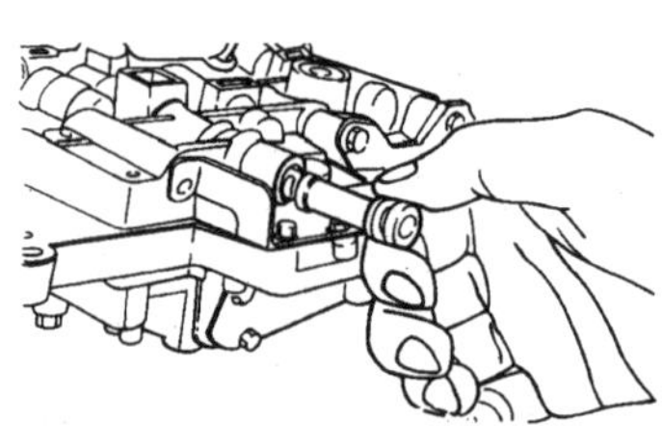

그림 5-329. 매뉴얼밸브 떼어냄

③ 그림 5-330과 같이 밸브 스톱퍼와 클램프를 분리한다.

④ 그림 5-331과 같이 16개의 볼트를 푼 다음 로워 밸브보디를 분리한다.

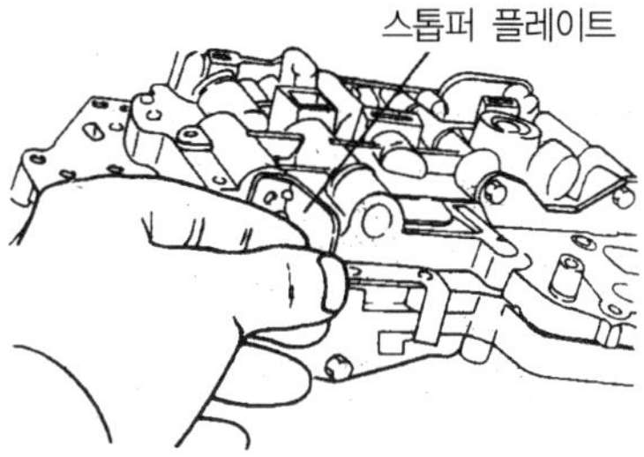

그림 5-330. 밸브 스톱퍼와 클램프 분리

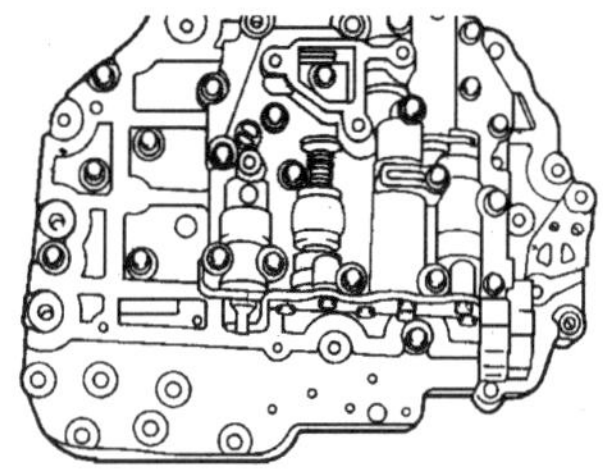

그림 5-331. 로워 밸브보디 분리

⑤ 그림 5-332와 같이 세퍼레이팅 플레이트를 분리한다.

⑥ 그림 5-333과 같이 인터미디어트 플레이트에서 릴리프 스프링, 2개의 스틸볼, 오일필터를 분리한다.

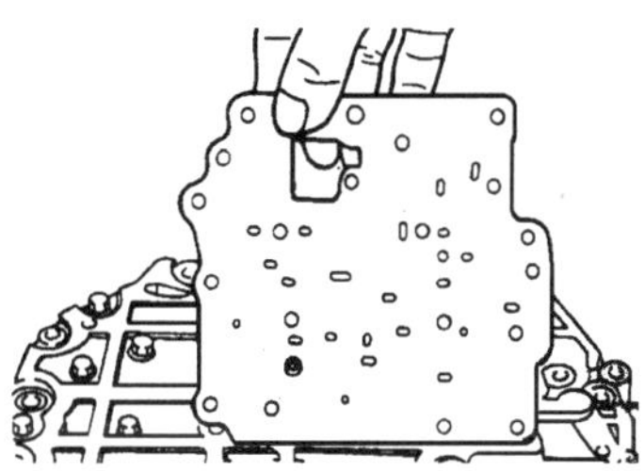

그림 5-332. 세퍼레이팅 플레이트 분리

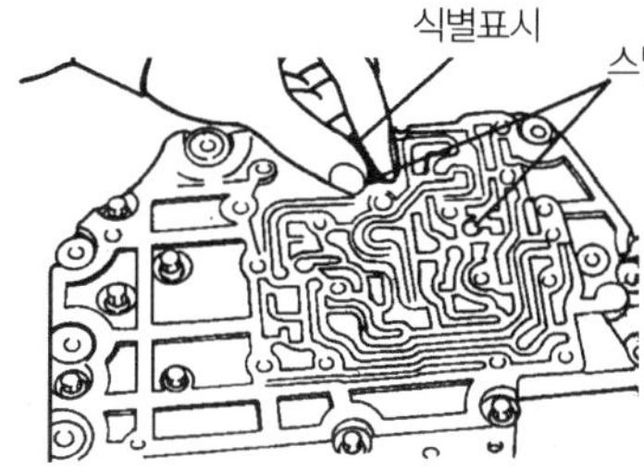

그림 5-333. 인터미디어트 플레이트에서 릴리프 스프링과 오일필터 분리

⑦ 그림 5-334와 같이 볼트 6개를 푼 다음 인터미디어트 플레이트와 어퍼 세퍼레이팅 플레이트를 분리한다.

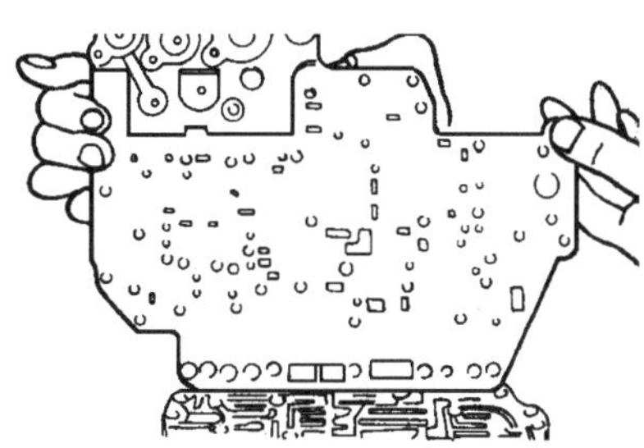

그림 5-334. 인터미디어트 플레이트와 어퍼 세퍼레이팅 플레이트 분리

⑧ 그림 5-335와 같이 볼트 1개를 푼 다음 블록을 분리한다.

⑨ 그림 5-336과 같이 어퍼 세퍼레이팅 플레이트를 분리한다.

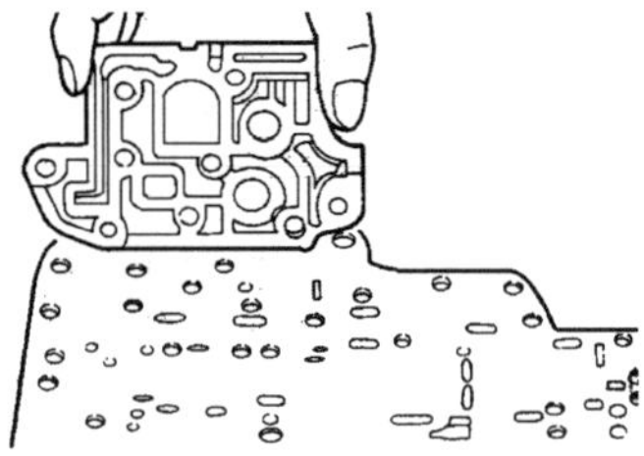

그림 5-335. 블록 분리

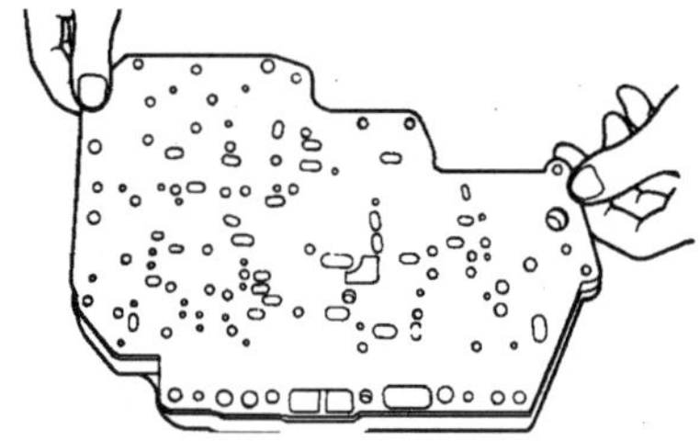

그림 5-336. 어퍼 세퍼레이팅 플레이트 분리

⑩ 그림 5-337과 같이 어퍼 밸브보디에서 스틸볼, 스톱퍼 플레이트를 분리한다.

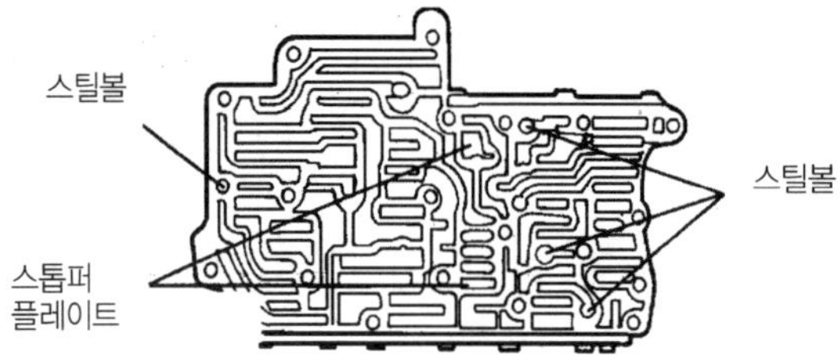

그림 5-337. 스틸볼, 스톱퍼 플레이트 분리

⑪ 그림 5-338과 같이 어퍼 밸브 보디에서 7개의 볼트를 푼 다음 프런트 엔드 커버와 조정 스크루를 푼다. 이 때 볼트를 풀 때 스프링에 의해 조정 스크루가 튀어나오는 것과 엔드 커버가 휘는 것을 방지하기 위해서 프런트 엔드 커버를 완전히 누른 채로 작업한다.

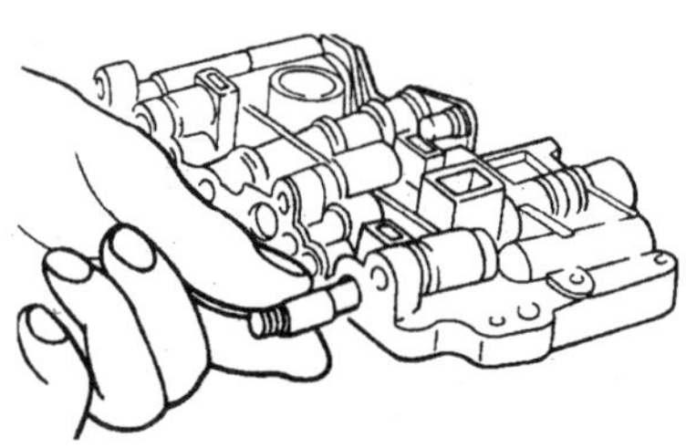

그림 5-338. 프런트 엔드 커버와 조정 스크루 분리

⑫ 그림 5-339와 같이 압력 제어밸브의 스프링과 압력 제어밸브를 분리한다.

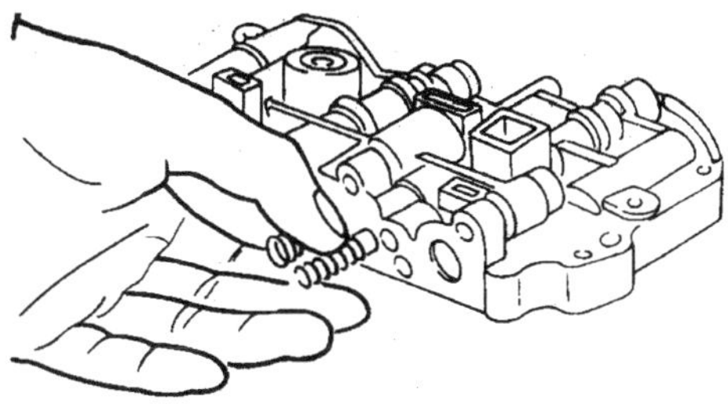

그림 5-339. 압력 제어밸브의 스프링과 압력 제어밸브 분리

⑬ 그림 5-340과 같이 토크 컨버터 조절밸브의 스프링과 토크 컨버터 조절밸브를 분리한다.

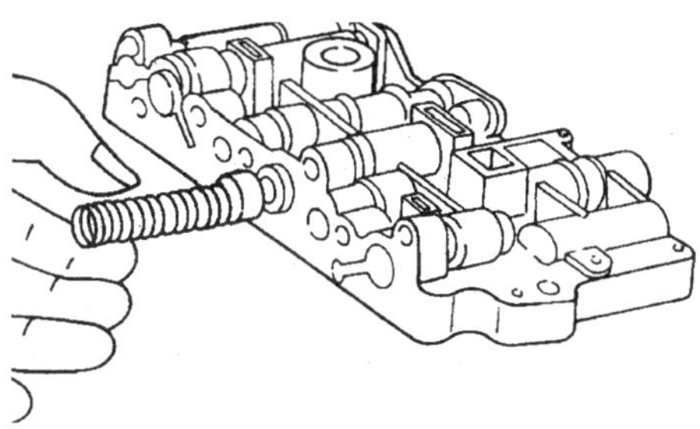

그림 5-340. 토크 컨버터 조절밸브의 스프링과 토크 컨버터 조절밸브 분리

⑭ 그림 5-341과 같이 레귤레이터밸브의 스프링과 레귤레이터밸브를 분리한다.

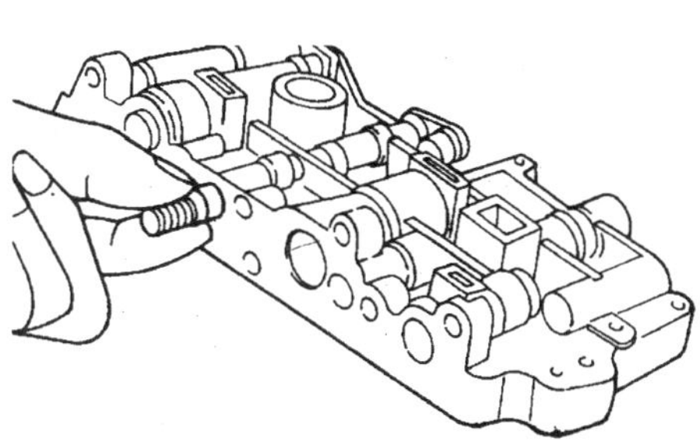

그림 5-341. 레귤레이터밸브의 스프링과 레귤레이터밸브 분리

⑮ 그림 5-342와 같이 변속 제어밸브의 스프링과 변속 제어밸브의 플러그를 분리한다.

⑯ 그림 5-343과 같이 리어 클러치 릴리스밸브의 스프링 및 리어 클러치 릴리스밸브 A와 B를 분리한다.

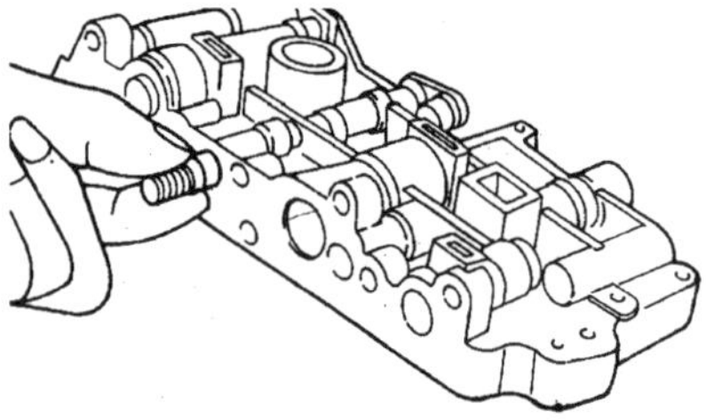

그림 5-342. 변속 제어밸브의 스프링과 변속 제어밸브의 플러그 분리

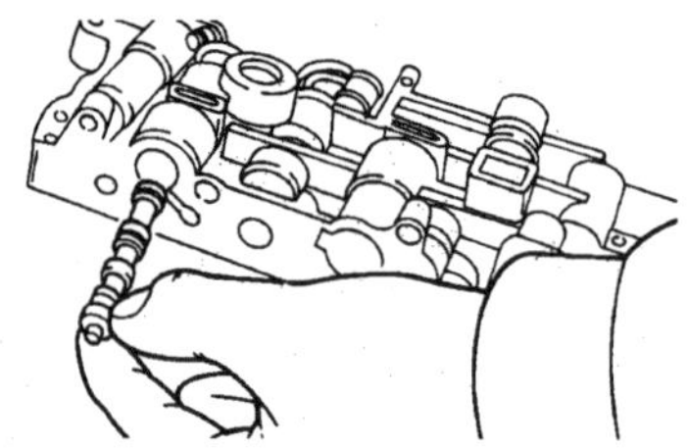

그림 5-343. 리어 클러치 릴리스밸브 A와 B 분리

⑰ 그림 5-344와 같이 2-3 및 4-3 변속밸브의 스프링과 2-3 및 4-3 변속밸브를 분리한다.

⑱ 그림 5-345와 같이 어퍼 밸브보디의 뒤쪽에서 압력 조절밸브의 슬리브와 압력 조절밸브를 분리한다.

그림 5-344. 2-3/4-3 변속 밸브 스프링과 2-3/4-3 변속 밸브 분리

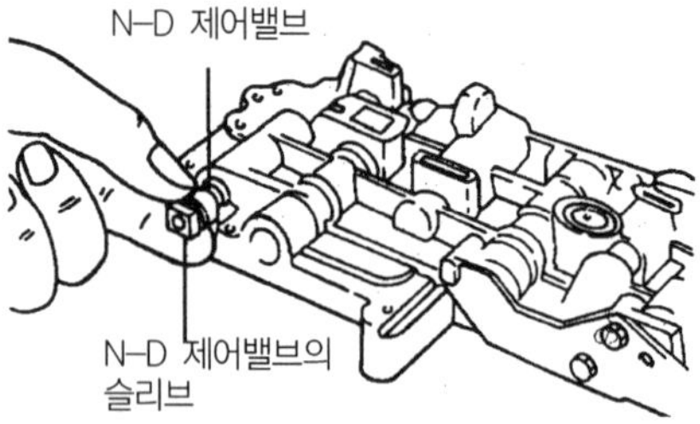

그림 5-345. 압력 조절밸브의 슬리브와 압력 조절밸브 분리

⑲ 그림 5-346과 같이 볼트 5개를 푼 다음 리어 엔드 커버를 분리한다.

⑳ 그림 5-347과 같이 1-2단 변속밸브의 스프링과 1-2 변속밸브를 분리한다.

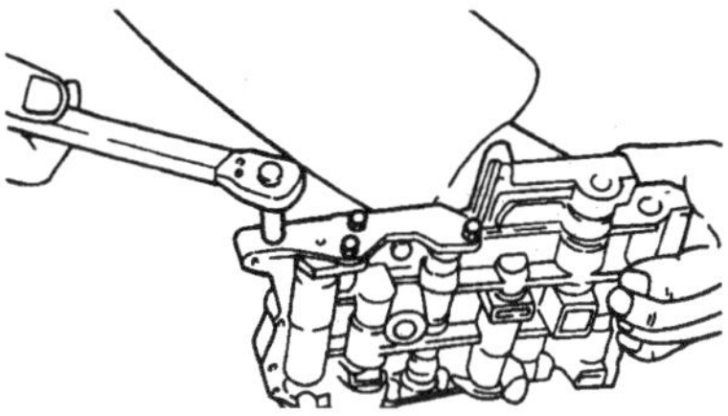

그림 5-346. 리어 엔드 커버 분리

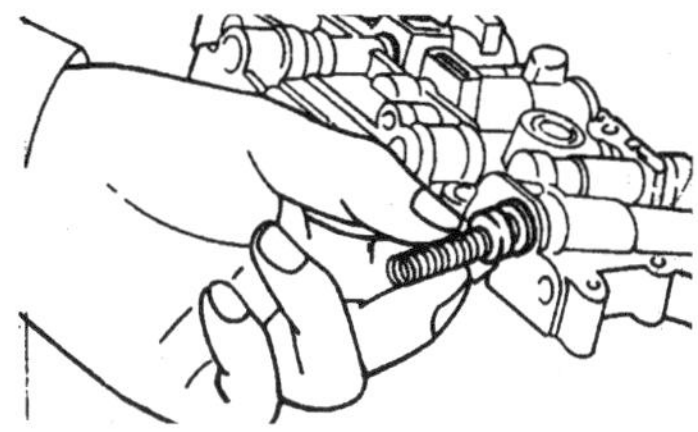

그림 5-347. 1-2단 변속밸브의 스프링과 1-2단 변속밸브 분리

㉑ 그림 5-348과 같이 변속 제어밸브의 플러그 B를 분리한다.

㉒ 그림 5-349와 같이 변속 제어밸브와 하이 로우 압력밸브를 분리한다.

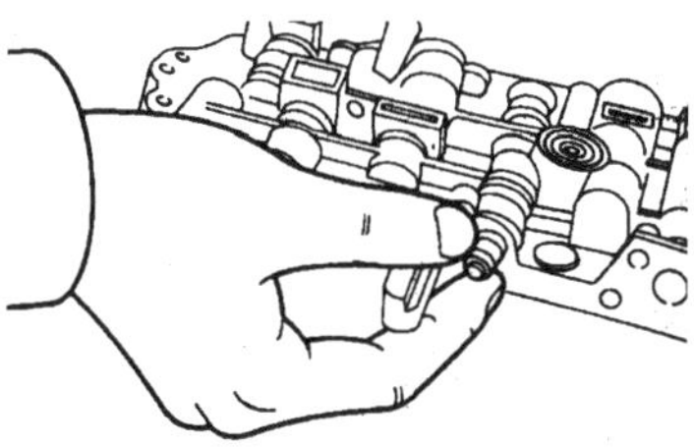

그림 5-348. 변속 제어밸브 플러그 B 분리

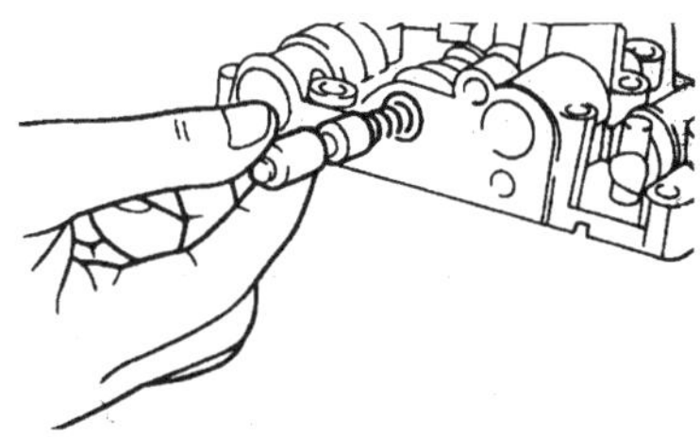

그림 5-349. 변속 제어밸브와 하이 로우 압력밸브 분리

㉓ 그림 5-350과 같이 자석이나 유사한 공구를 사용하여 로워 밸브보디에서 핀을 빼내고 스톱퍼를 분리한다.

㉔ 그림 5-351과 같이 엔드 클러치 밸브의 플러그, 엔드 클러치 밸브의 스프링, 엔드 클러치 밸브를 분리한다.

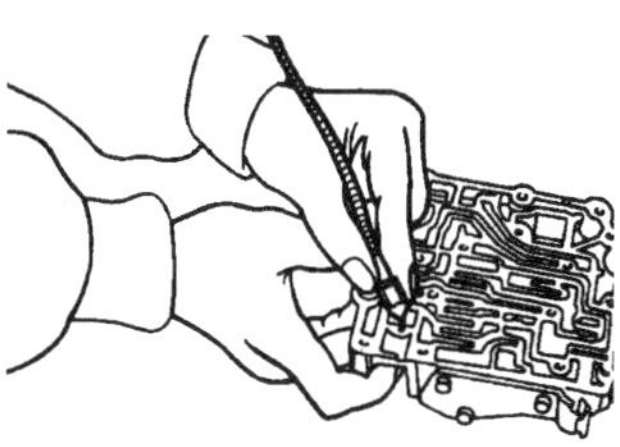

그림 5-350. 로워 밸브보디에서 스톱퍼 분리

그림 5-351. 엔드 클러치 플러그, 엔드 클러치 밸브의 스프링 분리

㉕ 그림 5-352와 같이 로워 밸브보디에서 6개의 볼트를 푼 다음 엔드커버, 조정 스크루, 감압밸브의 스프링을 분리한다.

㉖ 그림 5-353과 같이 감압밸브를 분리한다.

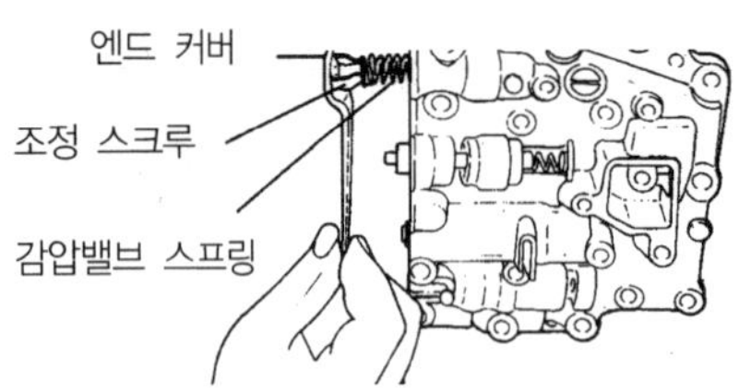

그림 5-352. 엔드커버, 조정 스크루, 감압밸브의 스프링 분리

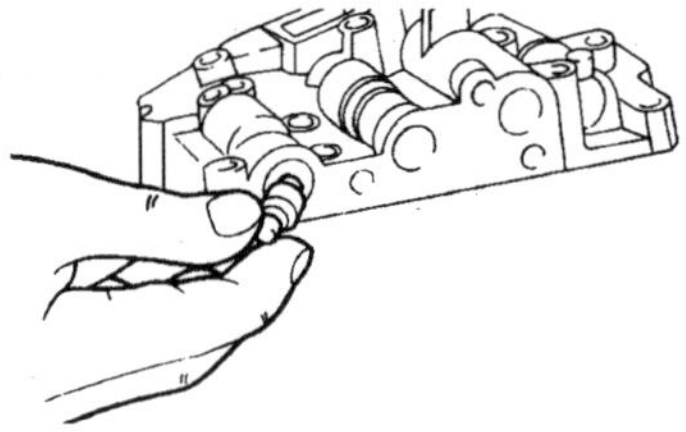

그림 5-353. 감압밸브 분리

㉗ 그림 5-354와 같이 N-R 제어밸브와 N-R 제어밸브의 스프링을 분리한다.

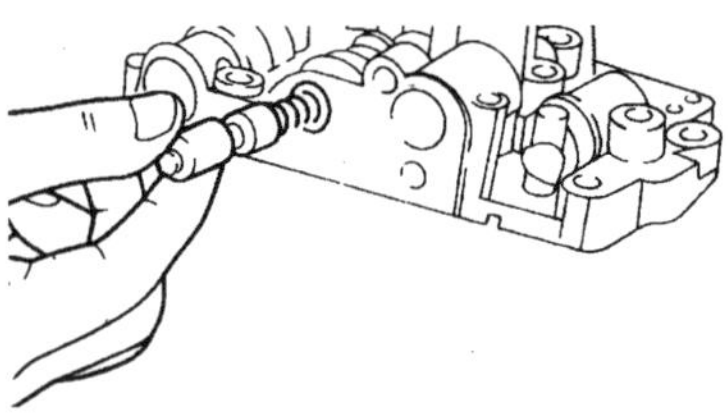

그림 5-354. N-R 제어밸브와 N-R 제어밸브의 스프링 분리

㉘ 그림 5-355와 같이 댐퍼 클러치 제어밸브의 슬리브, 댐퍼 클러치 제어밸브, 댐퍼 클러치 제어밸브의 스프링을 분리한 다음 페일 세이프 밸브를 떼어낸다.

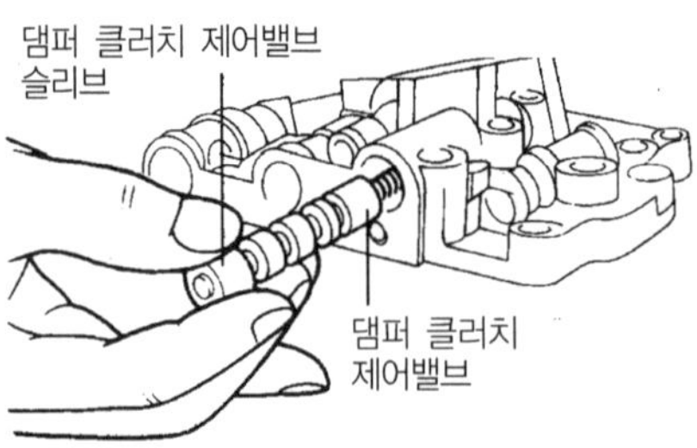

그림 5-355. 댐퍼 클러치 제어 밸브 분리

5.20.3. 조립

① 그림 5-356과 같이 로워 밸브보디에 댐퍼 클러치 제어밸브의 스프링, 댐퍼 클러치 제어밸브, 댐퍼 클러치 제어밸브의 슬리브, 페일 세이프 밸브를 장착한다.

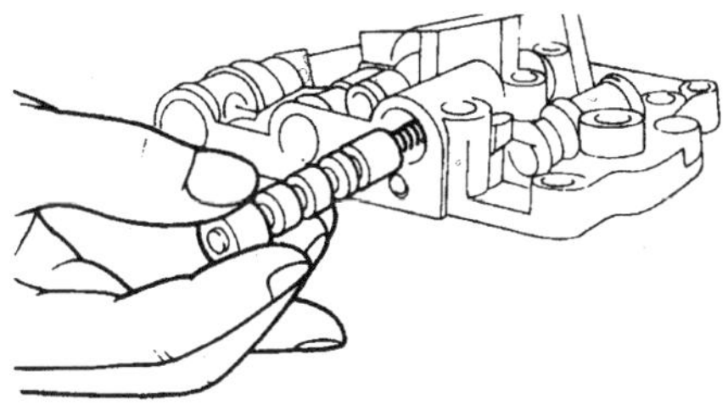

그림 5-356. 댐퍼 클러치 제어밸브, 페일 세이프 밸브 장착

② 그림 5-357과 같이 N-R 제어밸브의 스프링과 N-R 제어밸브를 장착한다.

③ 그림 5-358과 같이 감압밸브를 장착한다.

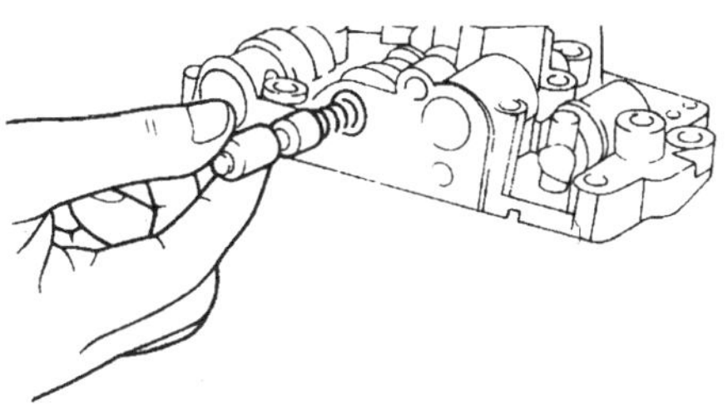

그림 5-357. N-R 제어밸브의 스프링과 N-R 제어밸브 장착

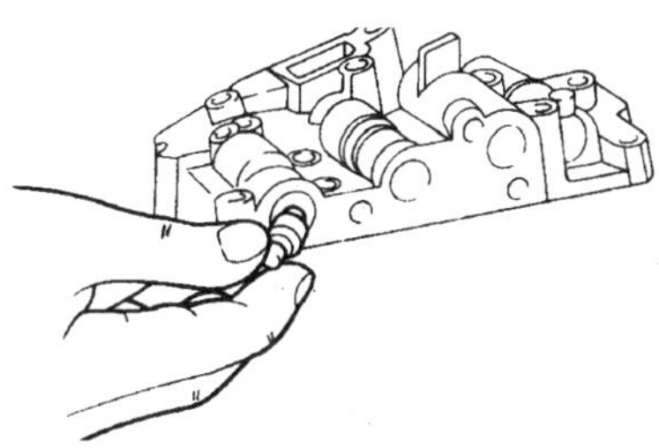

그림 5-358. 감압밸브의 장착

④ 그림 5-259와 같이 감압 스프링, 조정 스크루, 엔드 커버를 장착하고 특수공구를 사용하여 볼트를 해당 차량의 정비지침서를 참고로 하여 규정토크로 조인다.

⑤ 그림 5-360과 같이 엔드 클러치 밸브, 엔드 클러치 밸브의 스프링, 엔드 클러치 밸브의 플러그를 장착한다.

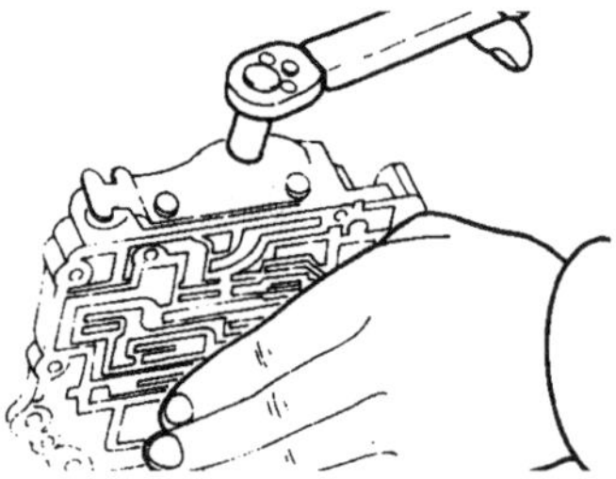

그림 5-359. 감압 스프링, 조정 스크루 엔드 커버 장착

그림 5-360. 엔드 클러치 밸브 와 플러그 장착

⑥ 그림 5-361과 같이 1-2단 변속밸브와 하이 로우 압력밸브를 어퍼 밸브보디에 장착한다.

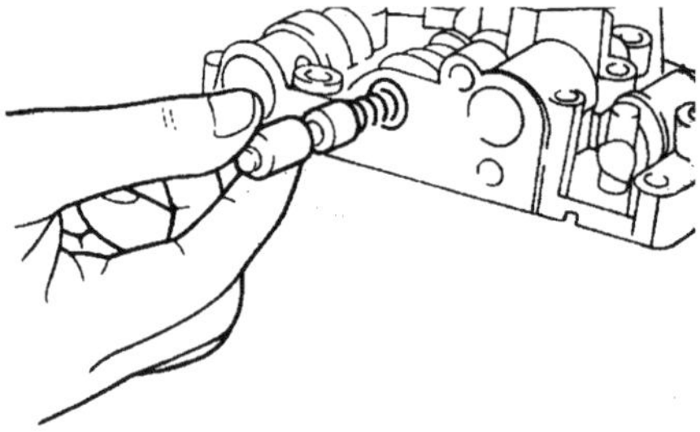

그림 5-361. 1-2단 변속 밸브와 하이 로우 압력 밸브 장착

⑦ 그림 5-362와 같이 1-2단 변속 플러그를 장착한다.

⑧ 그림 5-363과 같이 1-2단 변속밸브와 1-2단 변속 스프링을 장착한다.

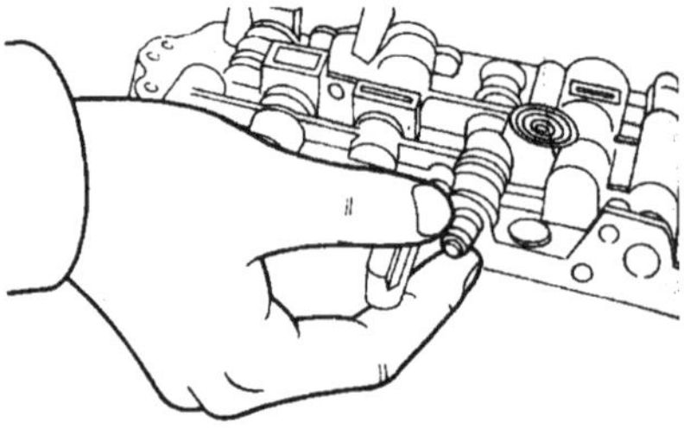

그림 5-362. 1-2단 변속 플러그 장착

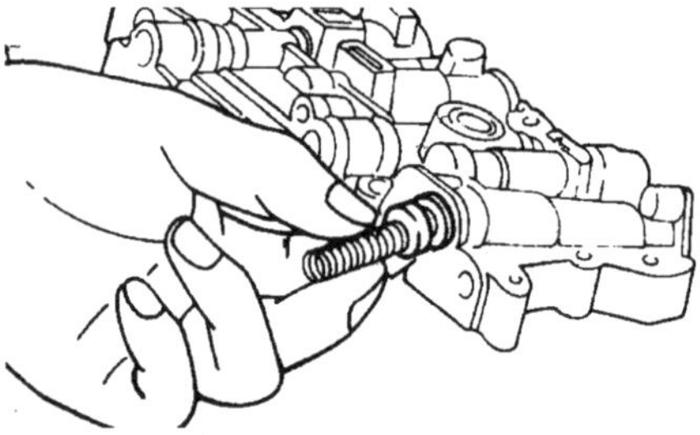

그림 5-363. 1-2단 변속밸브와 1-2단 변속 스프링을 장착

⑨ 그림 5-364와 같이 리어 엔드 커버를 장착하고 특수공구를 사용하여 볼트를 해당차량의 정비지침서를 참고로 하여 규정토크로 조인다.

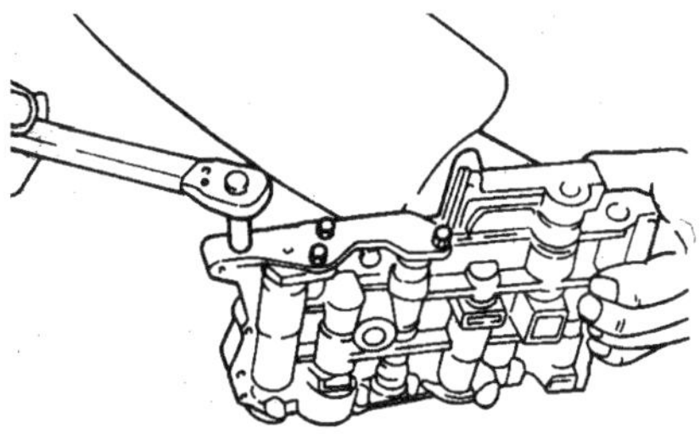

그림 5-364. 리어 엔드 커버 장착

⑩ 그림 5-365와 같이 압력 조절밸브와 압력 조절밸브의 슬리브를 장착한다.

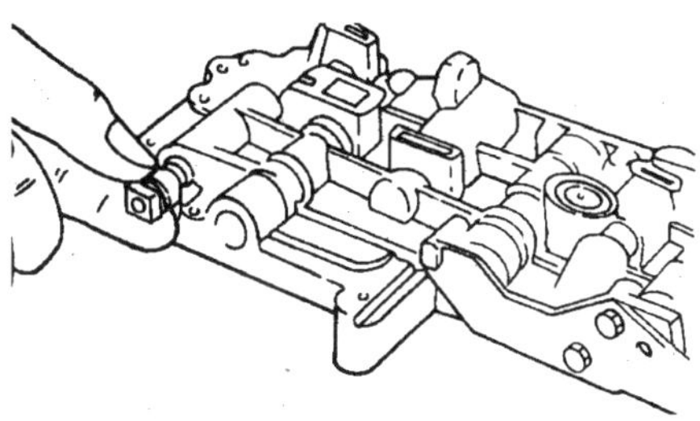

그림 5-365. 압력 조절밸브와 압력 조절밸브의 슬리브 장착

⑪ 그림 5-366과 같이 2-3 및 4-3단 변속밸브와 2-3 및 4-3단 변속밸브의 스프링을 장착한다.

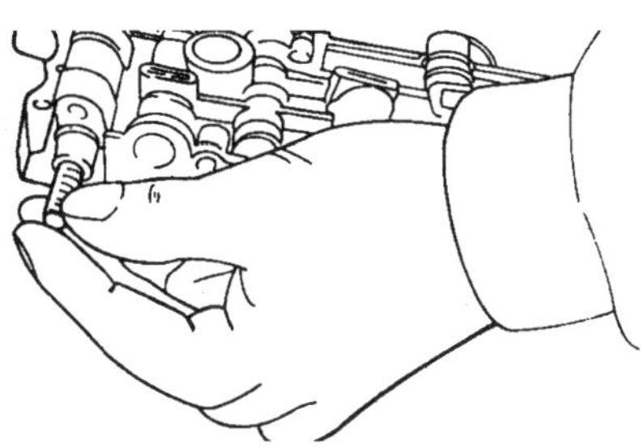

그림 5-366. 2-3 및 4-3단 변속밸브, 스프링 장착

⑫ 그림 5-367과 같이 리어 클러치 릴리스밸브의 스프링과 리어 클러치 릴리스밸브 A와 B를 장착한다.

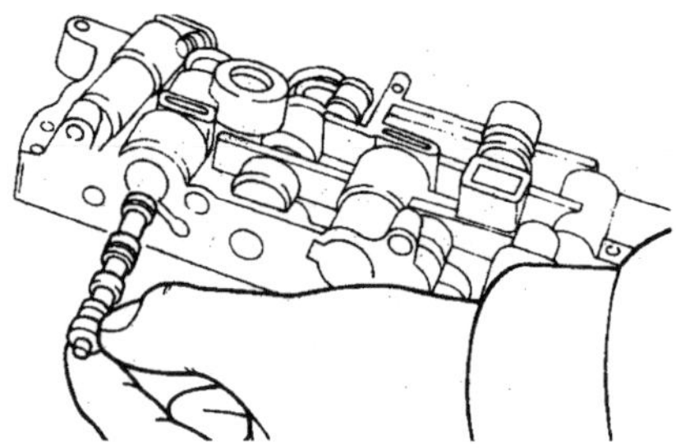

그림 5-367. 리어 클러치 릴리스 밸브 A와 B 장착

⑬ 그림 5-368과 같이 변속 제어밸브와 변속 제어밸브 스프링을 장착한다.
⑭ 그림 5-369와 같이 레귤레이터밸브와 레귤레이터밸브의 스프링을 장착한다.

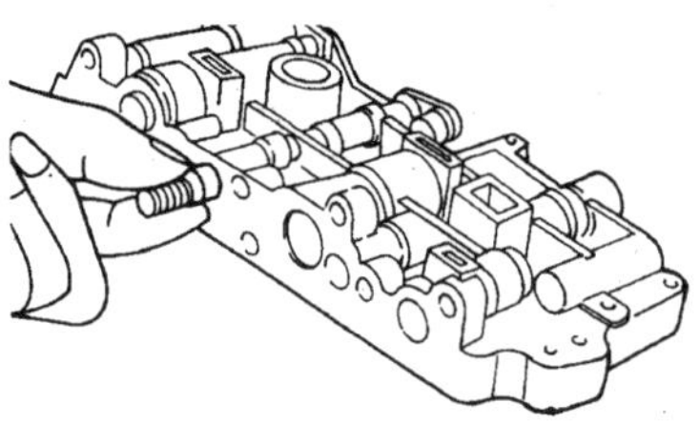

그림 5-368. 변속 제어밸브와 스프링 장착

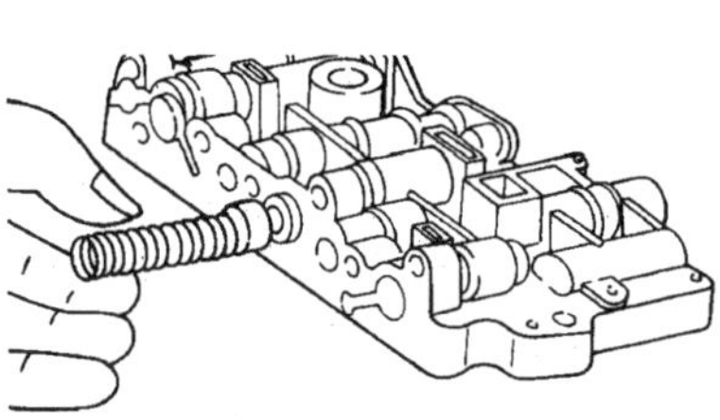

그림 5-369. 레귤레이터밸브와 스프링 장착

⑮ 그림 5-370과 같이 토크 컨버터 조절밸브와 토크 컨버터밸브의 스프링을 장착한다.

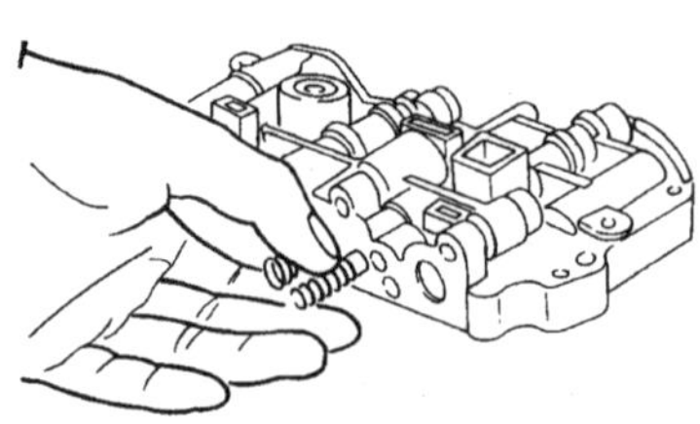

그림 5-370. 토크 컨버터 조절밸브와 스프링 장착

⑯ 그림 5-371과 같이 압력 제어밸브와 압력 제어밸브의 스프링을 장착한다.
⑰ 그림 5-372와 같이 조정 스크루와 엔드 커버를 장착한 다음 특수공구를 사용하여 볼트를 규정토크로 조인다.

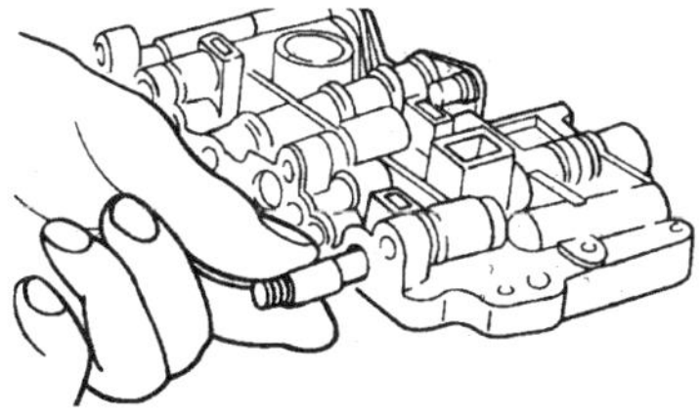
그림 5-371. 압력 제어밸브와 스프링 장착

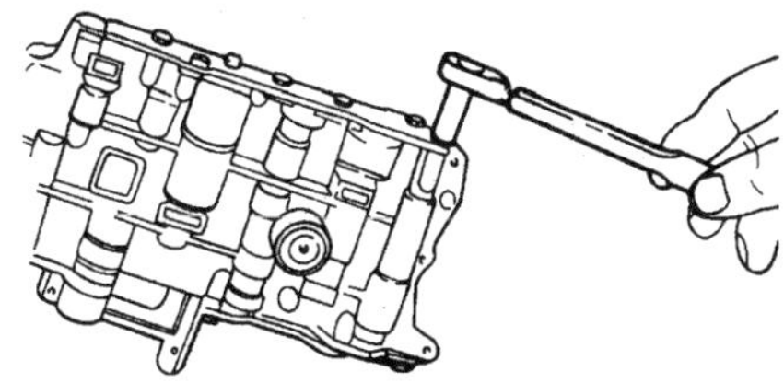
그림 5-372. 조정 스크루와 엔드 커버 장착

⑱ 그림 5-373과 같이 어퍼 밸브보디에 3개의 스틸볼, 테프론 볼, 스톱퍼 플레이트를 장착한다.

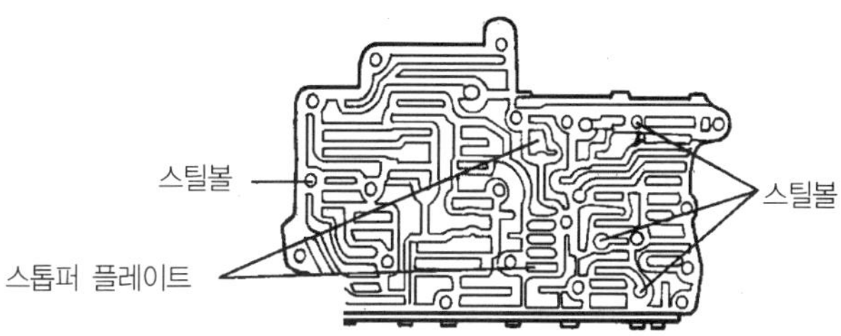

그림 5-373. 스틸볼, 테프론 볼, 스톱퍼 플레이트 장착

⑲ 그림 5-374와 같이 어퍼 세퍼레이팅 플레이트를 장착한다.
⑳ 그림 5-375와 같이 블록을 장착한다.

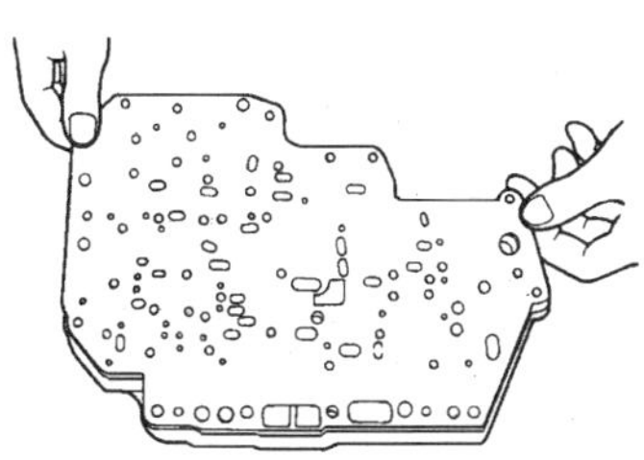
그림 5-374. 어퍼 세퍼레이팅 플레이트 장착

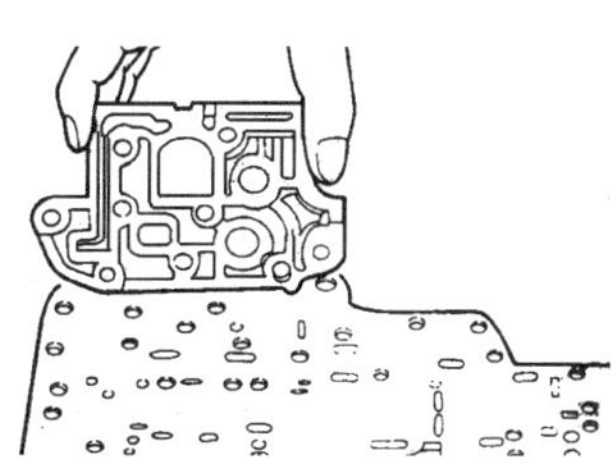
그림 5-375. 블록 장착

㉑ 그림 5-376과 같이 특수공구를 장착하고 7개의 볼트를 장착하여 어퍼 세퍼레이팅 플레이이트와 인터미디어트 플레이트를 고정시킨 다음 특수공구를 분리한다.

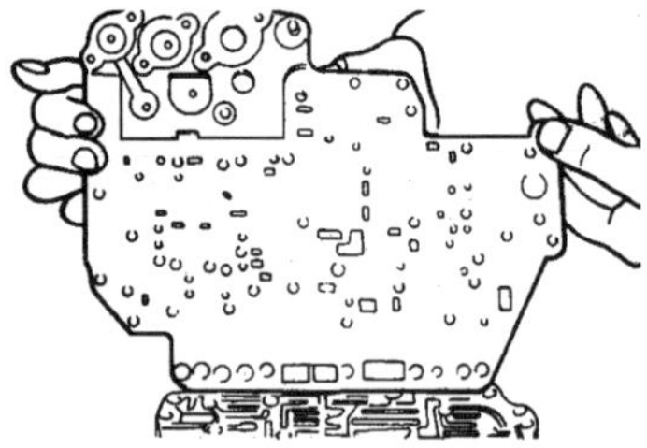

그림 5-376. 어퍼 세퍼레이팅 플레이트와 인터미디어트 플레이트 고정

㉒ 그림 5-377과 같이 인터미디어트 플레이트에 오일 필터, 스틸볼 2개, 스프링을 장착한다.

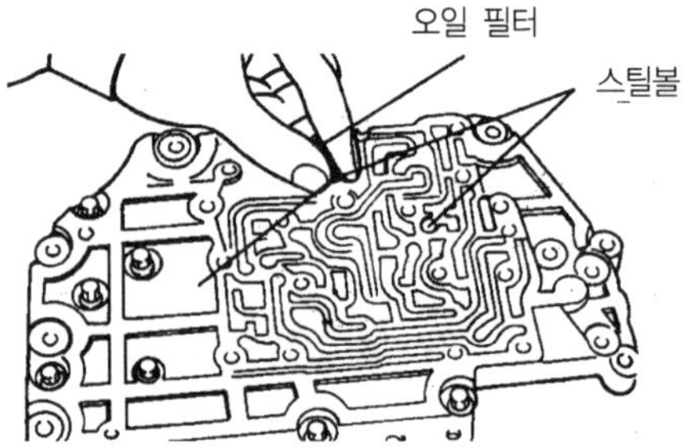

그림 5-377. 오일필터, 스틸볼 2개, 스프링 장착

㉓ 그림 5-378과 같이 특수공구를 인터미디어트 플레이트에 장착한다.

㉔ 그림 5-379와 같이 세퍼레이팅 플레이트를 장착한다.

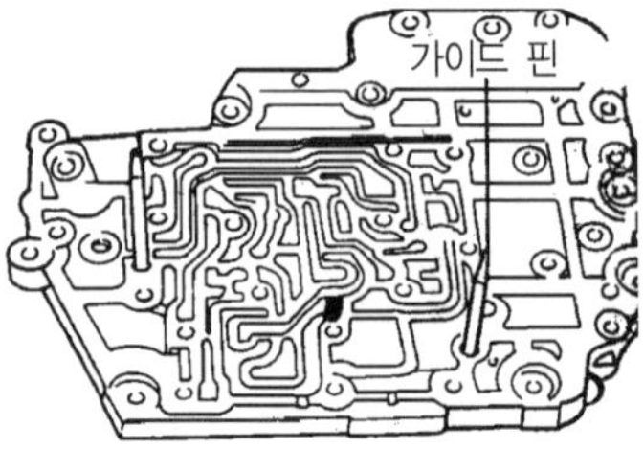

그림 5-378. 인터미디어트 플레이트 장착

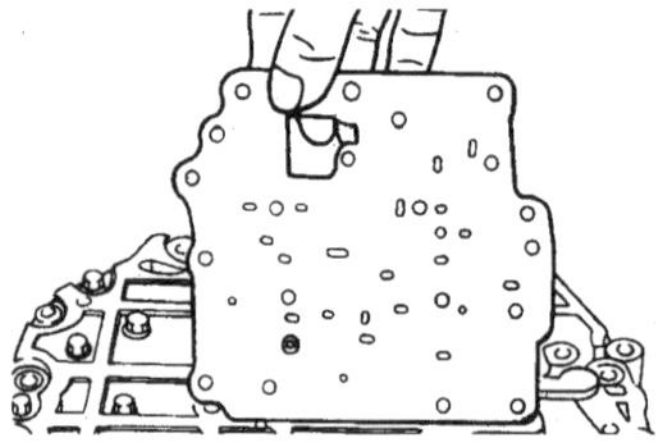

그림 5-379. 세퍼레이팅 플레이트 장착

㉕ 그림 5-380과 같이 장착볼트로 로워 밸브보디를 고정시킨 다음 특수공구를 분리한다.

㉖ 그림 5-381과 같이 스톱퍼와 클램프를 장착한다.

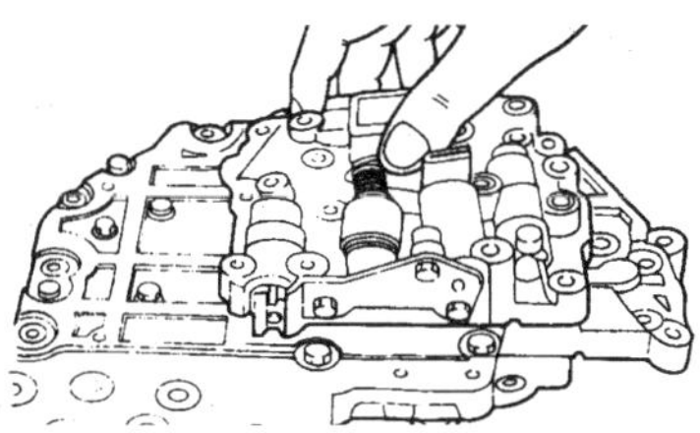

그림 5-382. 로워 밸브 보디 고정

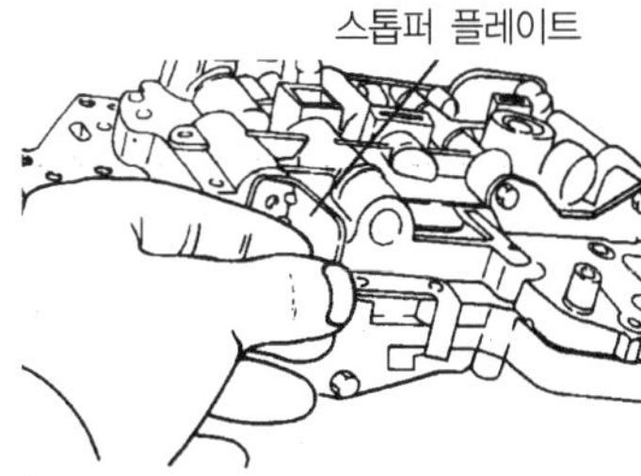

그림 5-383. 스톱퍼와 클램프 장착

㉗ 그림 5-384와 같이 4개의 솔레노이드밸브 및 유온 센서 브래킷을 장착한다.

㉘ 그림 5-385와 같이 매뉴얼밸브를 장착한다.

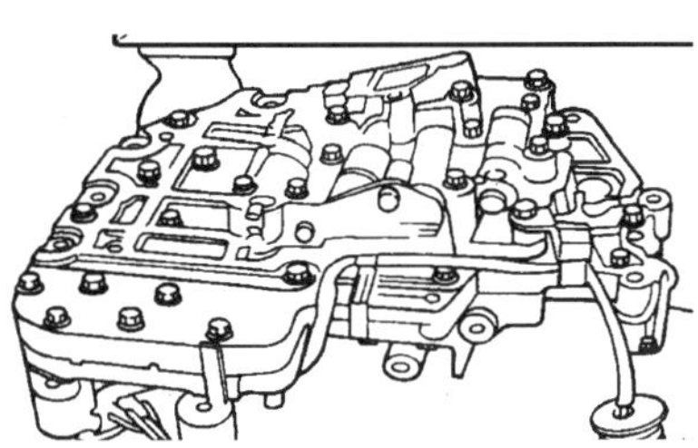

그림 5-384. 솔레노이드밸브 및 유온센서 브래킷 장착

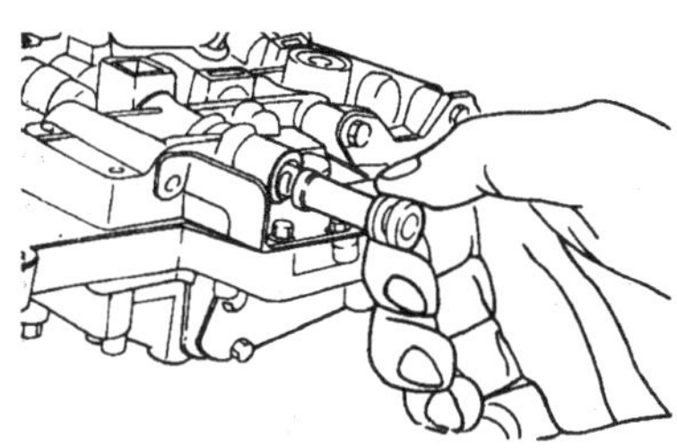

그림 5-385. 매뉴얼밸브 장착

5.21. 킥다운 서보

5.21.1. 구성부품

그림 5-386은 킥다운 서보의 구성부품을 나타내는 것이다.

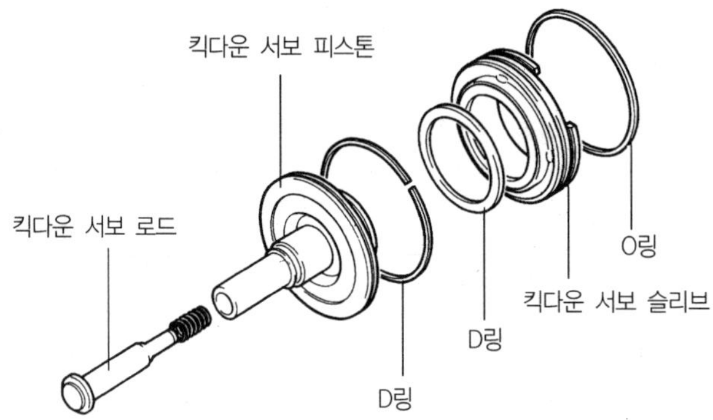

그림 5-386. 킥다운 서보의 구성부품

5.21.2. 분해

① 피스톤을 분해하고 피스톤에 조립되어 있는 O링을 분리한다.

② 피스톤에서 D링과 실링을 분리한다.

③ 피스톤에 조립되어 있는 스냅링을 분해한다.

5.21.3. 조립

① 킥다운 서보 피스톤에 로드와 너트를 장착한다.

② 피스톤에 2개의 신품 D링을 장착하고 D링에 소량의 ATF를 도포한다.

③ 킥다운 서보 피스톤과 슬리브를 조립한다.

④ 슬리브에 신품의 O링을 장착하고 소량의 ATF를 O링에 바른다.

5.22. 스피드미터 슬리브

5.22.1. 구성부품

그림 5-387은 스피드미터 슬리브의 구성부품을 나타내는 것이다.

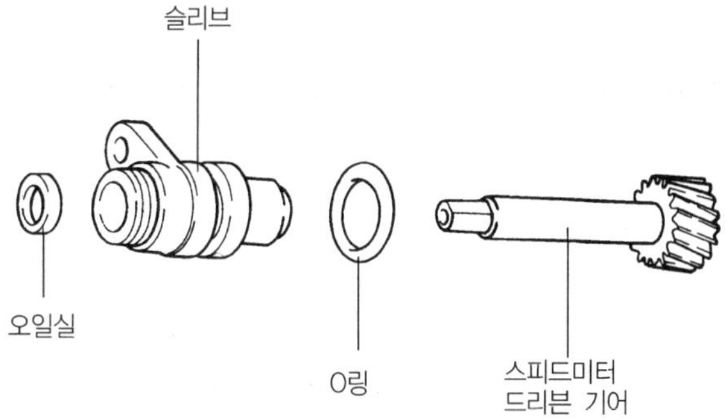

(a) 케이블 타입

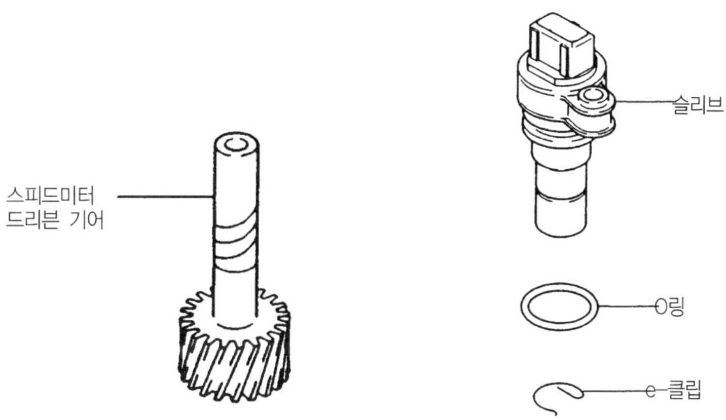

(b) 커넥터 타입

그림 5-387. 스피드미터 슬리브의 구성부품

5.22.2. 분해

스프링 핀을 빼내고 기어와 슬리브를 분해한다. 이때 그림 5-388과 같이 O링과 오일실을 재사용하지 않는다.

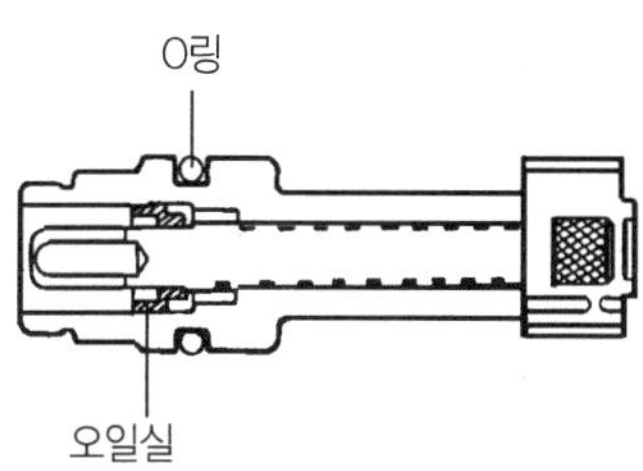

그림 5-388. O링과 오일실 장착위치

5.22.3. 조립

① 기어의 샤프트에 신품의 O링을 장착하고 O링에 소량의 ATF를 바른다.

② 기어를 슬리브에 집어넣고 핀 구멍과 기어 샤프트의 홈을 일치시킨다.

③ 슬리브에 신품의 스프링 핀을 두드려 넣는다.

④ 슬리브의 외측 홈에 신품의 O링을 장착하고 O링의 둘레에 소량의 ATF를 바른다.

06 제어 구성부품의 점검

6.1. 솔레노이드밸브의 점검

① 밸브 보디 커버를 탈거한다.

② 솔레노이드밸브의 커넥터를 탈거한다.

③ 솔레노이드밸브 커넥터의 단자 2와 트랜스액슬 케이스사이의 저항을 측정하여 저항값이 3Ω /20℃가 정상이다.

④ 솔레노이드밸브 커넥터의 단자 1과 트랜스액슬 케이스사이의 저항을 측정하여 저항값이 2.9±0.3Ω /20℃가 정상이다.

⑤ 솔레노이드밸브 커넥터의 단자 3 또는 4와 트랜스액슬 케이스사이의 저항을 측정하여 저항값이 22.3±1.5Ω /20℃가 정상이다.

⑥ 트랜스액슬 케이스와 단자 2 또는 3, 4사이에 12V전원을 연결하고 전원을 ON, OFF시키면서 작동음을 점검한다.

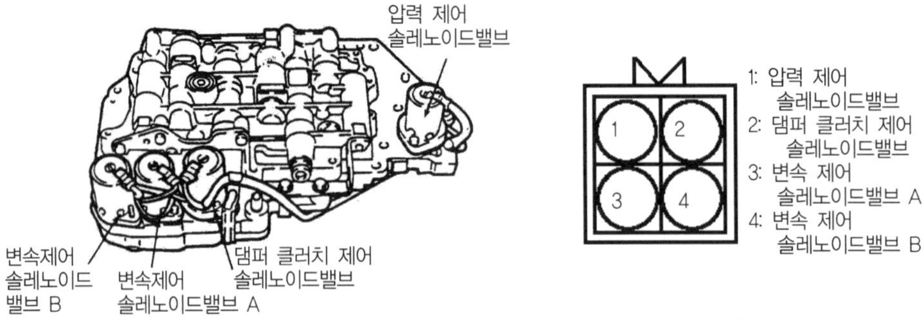

(a) 솔레노이드밸브 (b) 커넥터 형상

그림 5-389. A타입 솔레노이드밸브

구 분	저항치(20℃기준)
댐퍼클러치 컨트롤(DCC) 솔레노이드밸브	2.7~3.4Ω
로우/리버스(LR) 솔레노이드밸브	
세컨드(2ND) 솔레노이드밸브	
언더드라이브(UD) 솔레노이드밸브	
오버드라이브(OD) 솔레노이드밸브	

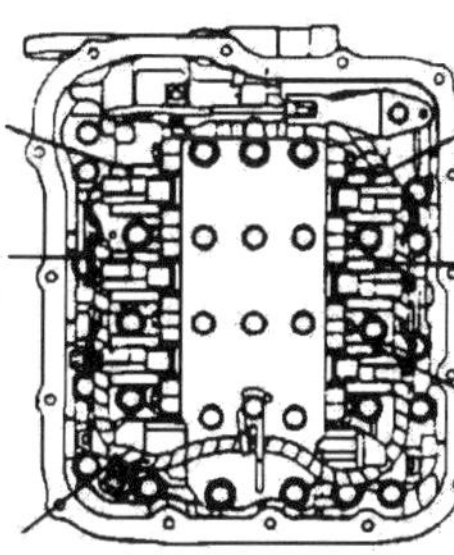

(a)

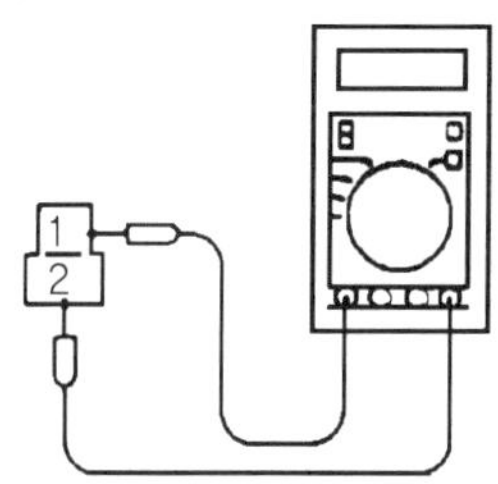

(b)

그림 5-390. B타입 솔레노이드밸브

⑦ 규정값을 벗어날 경우 각 솔레노이드밸브를 교환한다.

6.2. 오일온도 센서 점검

① 오일온도 센서를 탈거한다.

② 오일온도 센서 측의 커넥터 단자 No.1과 No.2사이의 저항을 측정한다.

온 도(℃)	저항치(kΩ)
0	16.7~20.5
100	0.57~0.69

③ 규정값을 벗어날 경우 온도센서를 교환한다.

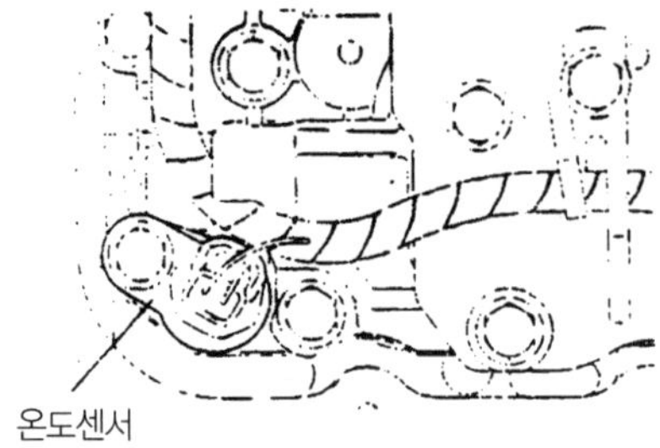

(a)

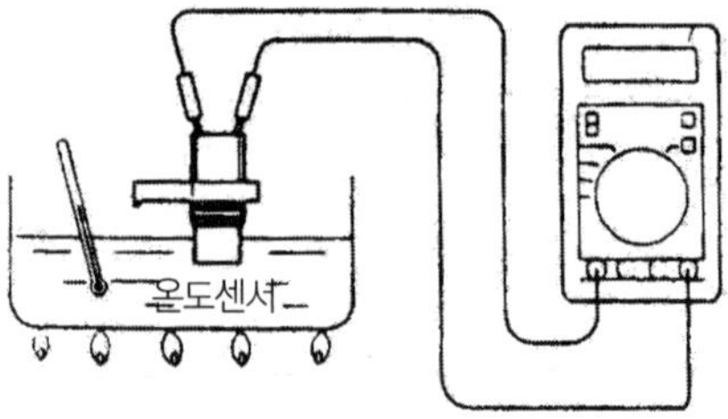

(b)

그림 5-391. 오일온도 센서

6.3. A/T컨트롤 릴레이 점검

① A/T컨트롤 릴레이를 탈거한다.

② 점퍼 와이어를 사용하여 A/T컨트롤 릴레이의 단자 No,2에 (-)단자, No,4에 (+) 단자를 접속한다.

③ 배터리 단자측의 점퍼 와이어를 접속하면서 A/T컨트롤 릴레이의 단자 No,1 및 No,3사이의 통전유무를 점검한다.

점퍼 와이어	No.1과 No.3단자 사이의 도통
접속한다.	유
분리한다.	무

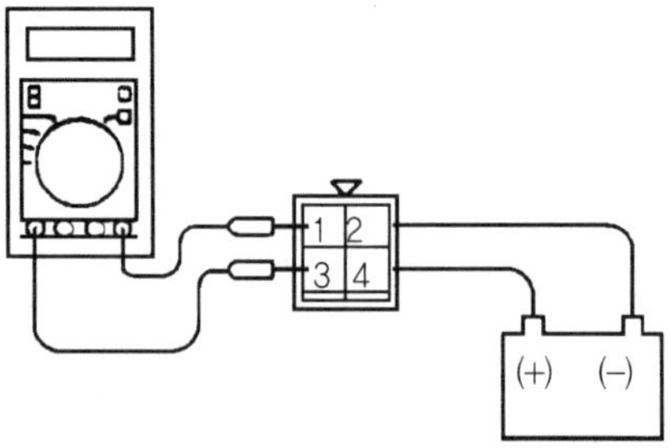

그림 5-392. A/T컨트롤 릴레이 점검

④ 불량인 경우는 A/T컨트롤 릴레이를 교환한다.

6.4. 펄스제너레이터 점검

① 펄스제너레이터 A, B를 탈거한다.

② 터미널 1과 2 또는 3과 4사이의 저항을 점검한다.

③ 규정값 215~275Ω (20℃기준)을 벗어나면 펄스제너레이터를 교환한다.

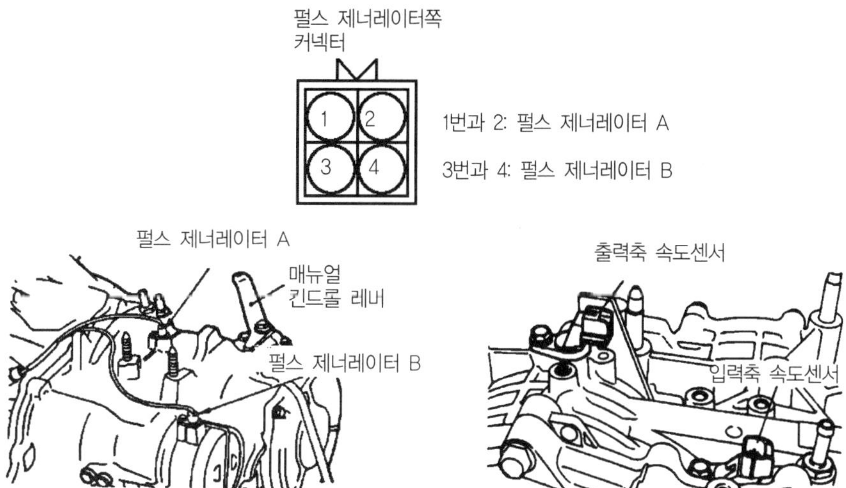

(a) α-TA계열　　　　(b) F4A42계열

그림 5-393. 펄스제너레이터

학습정리

1. 정비 작업의 공구 및 측정 공구를 사용할 수 있다.
2. 자동변속기의 구조 및 작동원리를 설명할 수 있다.
3. 지동변속기를 분해 조립할 수 있다.
4. 자동변속기의 작동상태를 점검 조정할 수 있다.
5. 작업내용을 규정에 따라 작성할 수 있다.

종괄평가

1. 전륜구동 자동변속기의 주요 부품 및 공구를 설명하시오.

2. 전륜구동 자동변속기의 분해 방법을 설명하시오.

3. 기어비, 변속비를 계산하시오.

4. 자동변속기에서 기어 변속의 원리를 설명하시오.

5. 자동변속기에서 오일 상태를 판단하고, 교환하시오.

6. 링 기어의 작동 및 접촉 상태를 점검하고, 회전 흔들림을 측정 · 기록하시오.

자기진단평가표

■ 점검항목(Check Lists)

다음 표는 자동차 정비시 해당 업무를 수행하는 데 필요한 능력수준을 스스로 확인할 수 있는 점검항목입니다. 본인의 평소 수준을 생각하여, 해당하는 항목에 √표시를 할 것.

■ 실습내용

자동차 동력전달장치 부품

영역	문항	우수하다	보통이다	미흡하다
실습 준비	1. 실습 태도와 교재 등이 준비되어 있다.	③	②	①
	2. 관련 공구 및 장비의 용어를 이해한다.	③	②	①
	3. 관련 실습의 부품의 용어와 기능을 설명할 수 있다.	③	②	①
정비 실습	1. 관련 정비 지침서를 이해할 수 있다.	③	②	①
	2. 관련 정비 부품을 점검할 수 있다.	③	②	①
	3. 관련부품을 교환할 수 있다.	③	②	①
	4. 교환 후 관련 부품을 점검할 수 있다.	③	②	①
정비 실습평가	1. 실습 내용을 설명할 수 있다.	③	②	①
정비 실습정리	1. 실습 내용을 관련 문서로 작성할 수 있다.	③	②	①
	2. 실습 후 관련 공구를 정리 정돈할 수 있다.	③	②	①

■ 예상 작업시간(　　시간　　분)

CHAPTER Ⅵ 동력전달축과 액슬

학습목표

① 드라이브 샤프트와 액슬의 구조와 작동원리를 이해할 수 있다.
② 드라이브 샤프트와 액슬을 분해, 점검 및 조립할 수 있다.
③ 드라이브 샤프트와 액슬의 이상 유무를 판정하여 정비능력을 키울 수 있다.

사용공구 및 내용

드라이브 샤프트 및 액슬, 그리스, 걸레

정비부품 및 장비

유니버셜 조인트가 있는 드라이브 샤프트와 액슬이 장착된 자동차, 그리스 주입기, 일반 공구세트, 다이얼 게이지

안전 및 주의사항

① 기관을 운전하면서 점검, 조립할 때는 회전 부분에 몸이나 옷이 닿지 않도록 해야 한다.
② 각 부품을 분해한 다음 세척할 때는 적정한 솔벤트로 닦은 다음 압축 공기로 건조시켜야 하며 수건 등으로 닦아서는 안 된다.
③ 조인트와 변속기가 손상되지 않도록 하기 위해 프라이바를 사용한다. 이 때 프라이바를 너무 깊이 끼울 경우 오일 시일에 손상을 줄 수 있다.
④ 드라이브 샤프트 조인트는 특수 그리스를 사용해야 하므로 다른 종류의 그리스를 첨가하지 않는다.
⑤ 제작사의 정비 지침서를 참고하여 점검 및 정비를 해야 한다.

기 재 사 항

※주어진 항목에 맞게 기입하시오.

1. _________부품 정비 실습에 필요한 공구 및 장비를 기입하시오.
   - 개인 공구
   - 공용 공구 및 측정 장비
   - 정비 장비
   - 개인 안전 장비 및 장비

2. _________부품 정비실습에 사용할 부품의 주요 명칭과 기능을 설명하시오.
   - 부품의 명칭
   - 부품의 기능
   - 부품의 주요 점검항목

01 추진축의 개요

엔진의 동력은 일반적으로 그림 6-1과 같이 변속기를 거쳐 추진축(propeller shaft 또는 drive shaft)에 의해 바퀴까지 전달되며, 요철 도로의 주행에서는 차축이 상하로 움직이기 때문에 추진축 길이의 신축이 필요하고, 변속기와의 각도 변동에 따라서도 엔진의 동력을 원활하게 차축에 전달하기 위해서는 추진축 양 끝에 자재이음(universal joint)이 있고, 추진축 양쪽 또는 중간부분에는 슬립요크가 설치되어 있다.

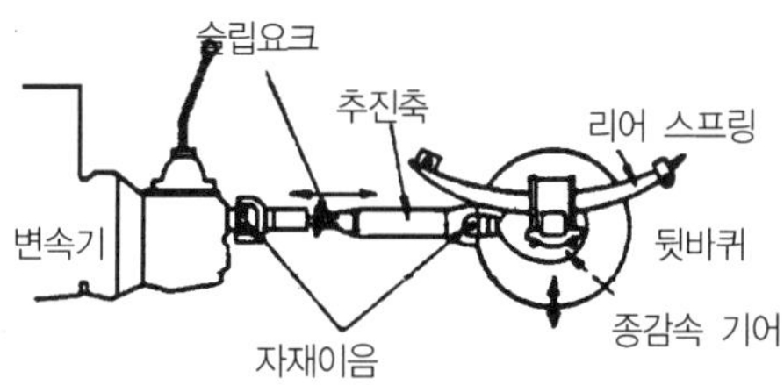

그림 6-1. 추진축 및 자제이음

1.1. 추진축

추진축은 강한 비틀림을 받으면서 고속으로 회전하기 때문에 이에 견디도록 속이 빈(中空) 강관이나 환봉으로 되어 있으며, 회전할 때 평형을 유지하기 위한 평형추(balance piece)와 길이 변화에 대응하기 위한 슬립조인트가 설치되어 있다.

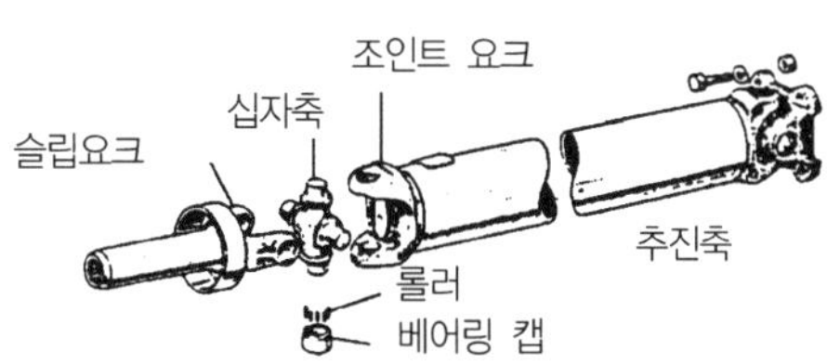

그림 6-2. 추진축의 구성부품

그림 6-3은 FR자동차의 추진축을 일례로 든 것이다. 탄소강으로 된 강관의 양쪽 끝에 자재이음 요크(york)가 용접되어 있고, 강관의 바깥둘레에는 회전 중량의 균형을 잡기 위한 평형추가 부착되어 있다.

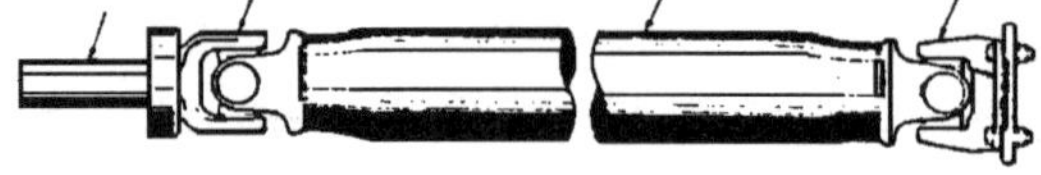

(a)

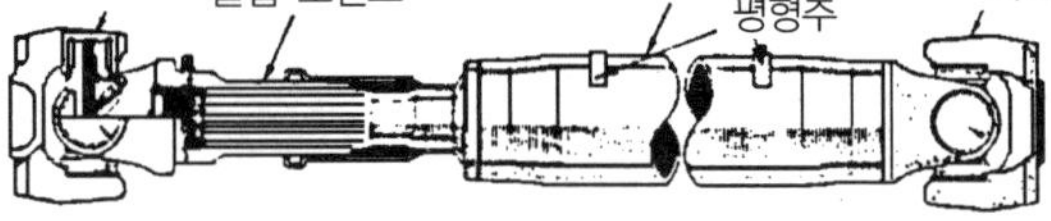

(b)

그림 6-3. 2분할 추진축

1.2. 자재이음

자재이음(universal joint)의 종류는 훅 조인트(hook's joint)와 등속 조인트(constant velocity joint)가 있다. 훅 조인트는 승용차를 비롯하여 대형차에 이르기까지 광범위하게 사용되고 있으며, 일반적으로 FR자동차의 추진축에 널리 사용되고 있는 반면, 등속조인트(CV : constant velocity joint)는 FF자동차의 구동 액슬에 사용된다.

1.2.1. 훅 조인트

훅 조인트는 구조가 간단하고 작동도 확실하기 때문에 FR자동차에서는 대부분 이 형식을 사용하고 있으며, 그림 6-4와 같이 입력축과 출력축의 2개의 요크 및 이것을 결합하는 십자축과 4개의 니들 롤러 베어링 등으로 구성되어 있다. 양쪽의 요크는 서로 직각으로 결합되어 십자축을 통해 회전력을 전달하는 구조로 되어 있다.

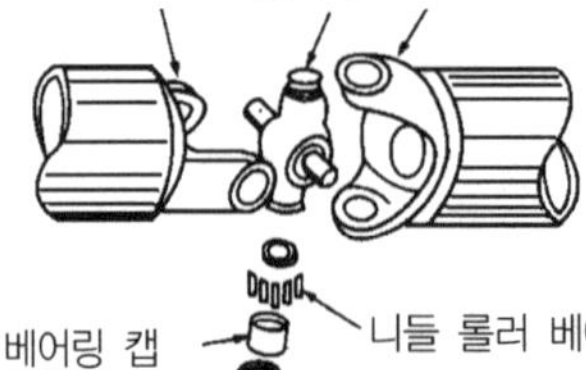

그림 6-4. 훅 조인트

1.2.2. 슬립 요크

슬립 요크는 그림 6-2와 같이 변속기의 출력축 스플라인과 연결되는 부품으로, 액슬축이 상하방향으로 움직임에 따라 축방향의 신축에 적응하도록 내경에는 스플라인으로 되어 있고, 외경 부위에는 변속기의 리어 오일 실이 접촉되도록 연마되어 있다.

1.2.3. 등속 조인트

등속 조인트(constant velocity joint)는 구동축과 수동축과의 동력전달에서 그림 6-5와 같이 회전 속도의 변동이 없이 두축의 접점을 축의 교차각 ø의 2등분 선상에 있게 하여 등속으로 동력을 전달하는 장점이 있기 때문에 앞바퀴 굴림식의 구동과 뒤바퀴 굴림식의 독립 현가방식 등 큰 각도로 동력을 전달하는 부분에 사용된다.

트랜스액슬의 추진축인 등속 조인트는 그림 6-6과 같이 BJ(birfield joint)와 중간 및 DOJ(double offset joint)로 구성되어 있으며, 트랜스액슬의 우측에는 단축이 설치되고 좌측에는 장축이 설치된다. 설치방향은 트랜스액슬 쪽이 슬라이드형인 DOJ가 디프 사이드 기어의 스플라인에 삽입되고, 휠 쪽에 고정형인 BJ가 휠 허브의 스플라인에 삽입된다.

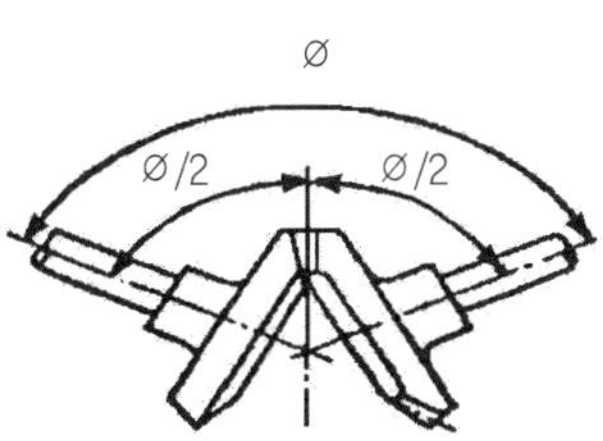

그림 6-5. 등속 조인트의 원리

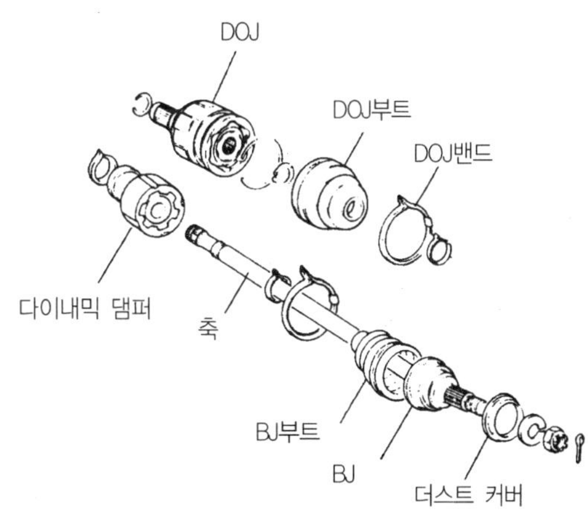

그림 6-6. 등속 조인트의 구조

등속 조인트의 BJ는 그림 6-7과 같이 외륜과 6개의 볼 및 볼을 지지하는 케이지가 있고 축이 삽입되는 쪽에는 그리스가 새지 못하도록 고무 부트가 끼워져 있다. 내륜의 외면은 볼록한 형태의 구면(球面)이고 그 위에 6개의 등간격으로 안내 홈이 있다. 외륜의 내면은 오목형태의 구면으로 되어 있고 내륜에 해당하는 위치에 안내 홈이 있으며, 이들의 홈에 동력을 전달하는 볼이 1개씩 끼워져 있다. 이 볼은 케이지에 의해 안내 홈 안에서 항상 일정한 위치에 지지되고, 두 축사이에 각도가 있을 때에는 외륜 및 내륜의 구면이 미끄러지면서 동시에 볼을 통해 동력이 전달된다. 이러한 BJ의 정적 최대 허용 각도는 46.5° 이다.

트랜스액슬 쪽에 삽입되는 DOJ의 부품구성은 BJ와 동일하지만, 외륜의 내에는 홈이 축방향으로 되어 있어 축의 신축에 따른 변위가 가능하도록 되어 있다. DOJ의 최대 허용각도는 대략 23° 정도이다.

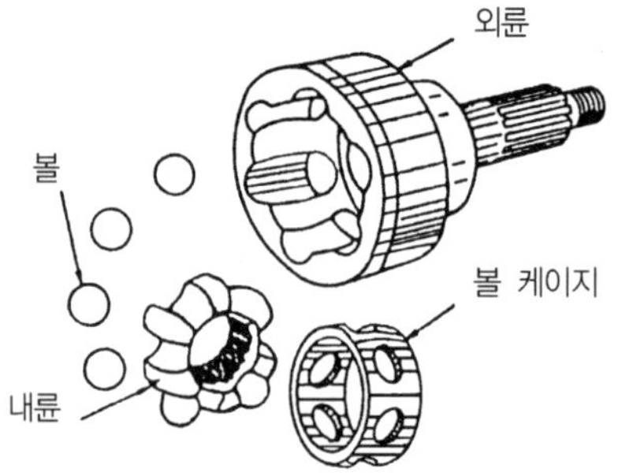

그림 6-7. BJ의 구조

02 차동장치와 리어 액슬

2.1. 차동장치와 리어 액슬의 개요

엔진에서 발생한 동력은 FR 자동차인 경우 변속기에서 변속과 동시에 회전력의 변환이 이루어져 추진축으로 전달된다. 추진축은 자동차의 진행방향에 대하여 보통 평행으로 설치되어 있으며, 회전력은 좌우 구동축으로 나뉘어 원활한 발진과 더 강력한 토크를 얻을 목적에 따라 종감속 장치를 두고 있다. 이 종감속 장치는 주행 중 좌우 바퀴의 회전차가 있을 때, 자동적으로 원활한 주행이 될 수 있도록 한 차동장치의 역할도 하고 있다.

2.2. 차동장치

차동장치 안에 있는 디프 기어와 피니언은 차동장치의 주요 부품으로서 차가 회전할 때 안쪽과 바깥쪽 바퀴의 회전수를 다르게 하는 기능을 가지고 있다. 차가 회전할 때는 안쪽과 바깥쪽 바퀴의 회전반경이 틀리기 때문에 이 차동장치가 없으면 회전이 원활하지 못하며, 따라서 타이어의 마모도 많게 된다. 이 저항의 차이를 이용해서 차동이 이루어지게 된다.

차동장치의 구조는 그림 6-8과같이 차동 케이스 내에 차동 피니언이 피니언 샤프트에 결합되어 이것이 사이드기어가 물려 있으며, 사이드 기어 중심부는 스플라인으로 되어 있고 구동축인 액슬 샤프트(FF차인 경우에는 CV joint)와 결합되어 있다.

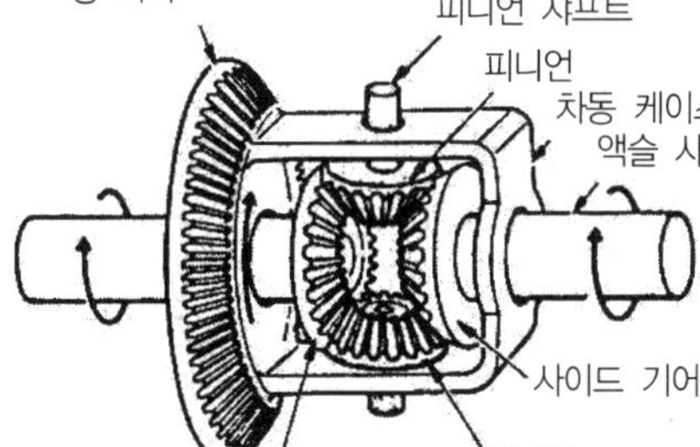

그림 6-8. 차동장치의 기본구조

차동 케이스(diffrential case)는 링 기어와 일체로 되어 있으며, 회전력은 축에서 구동 피니언 → 링 기어 → 차동 케이스 → 차동 피니언 → 사이드 기어 → 액슬 샤프트 등의 순서로 전달하게 된다.

그림 6-9는 직진을 표시한 것이다. 좌우 바퀴의 구르는 거리는 동일하므로 사이드 기어와 물려있는 차동 케이스는 피니언 샤프트 위에서 회전하지 않고 같은 속도로 회전한다. 그림 6-10은 선회하는 좌우 바퀴의 구르는 거리가 다르기 때문에 회전 안쪽 바퀴는 감속되고 바깥쪽의 바퀴는 가속되며, 그 후 노면거리에 적응된 속도로 굴러간다.

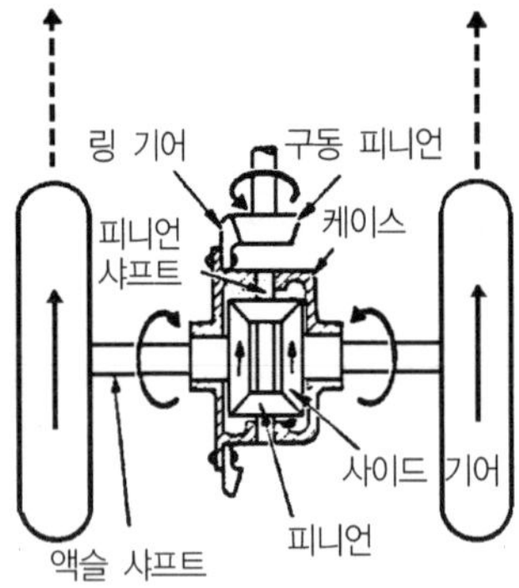

그림 6-9. 직진시

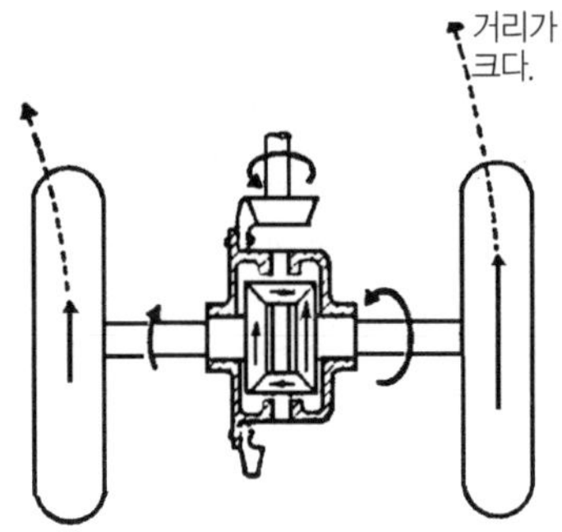

그림 6-10. 선회시

2.3. 리어 액슬

FR자동차 엔진의 동력은 일반적으로 변속기를 거쳐 추진축(propeller shaft)에 의해 뒤차축에 전달되며, 회전력은 좌우 구동축으로 나뉘어 힘찬 발진과 큰 토크를 얻도록 된 종가속 장치 및 원활한 주행성을 위한 차동장치로 구성되어 있다.

03 정비 및 점검절차

3.1. 드라이브샤프트

3.1.1. 구성부품

그림 6-11은 드라이브샤프트의 구성부품을 나타내는 것이다.

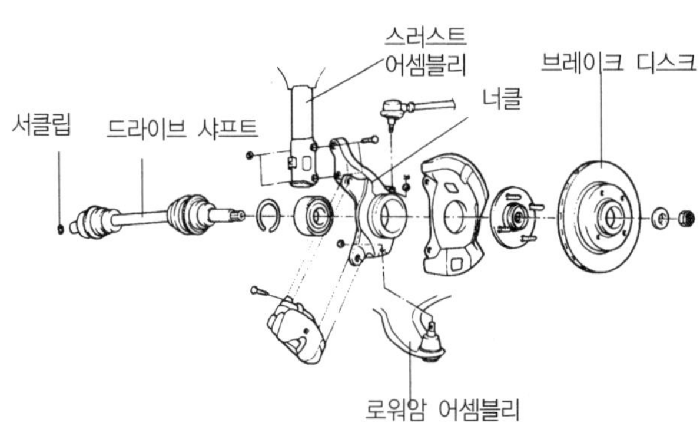

그림 6-11. 드라이브샤프트의 구성부품

3.1.2. 떼어내기

① 차량을 들어올려 휠 및 타이어를 떼어낸다.

② 프런트 허브에서 분할핀을 떼어낸 다음 드라이브 샤프트 너트를 푼다.

③ 변속기 오일을 배출한다.

④ 그림 6-12와 같이 플라스틱 해머를 이용하여 액슬 허브에서 드라이브 샤프트을 분리한다.

⑤ 액슬 허브를 차량 바깥쪽에서 밀어 액슬 허브에서 드라이브 샤프트를 분리한다.

⑥ 그림 6-13과 같이 드라이버를 변속기 케이스와 조인트 케이스 사이에 끼워서 변속기 케이스로부터 드라이브 샤프트를 분리한다.

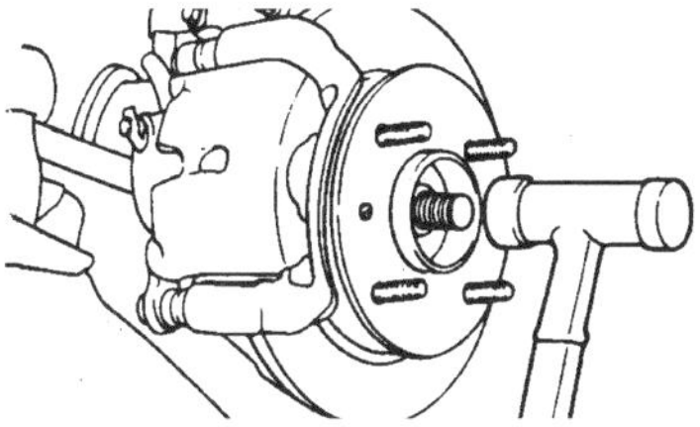

그림 6-12. 액슬 허브에서 드라이브 샤프트 분리

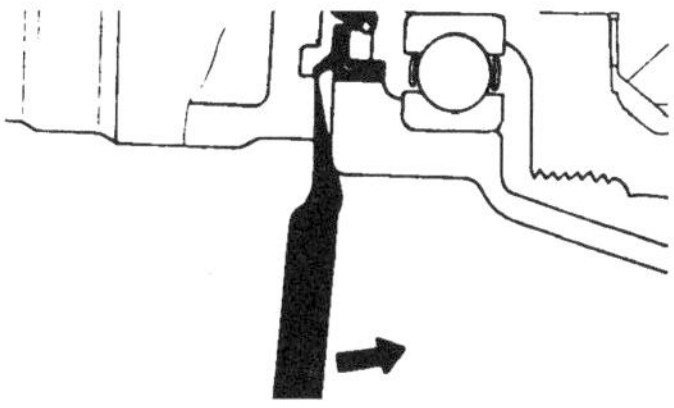

그림 6-13. 변속기 케이스로부터 드라이브 샤프트 분리

알아두기

① 그림 6-14와 같이 조인트와 변속기가 손상되지 않도록 하기 위해 프라이바를 사용한다.

② 프라이바를 너무 깊게 끼운 경우 오일실에 손상을 줄 수 있다. 이때 최대 깊이는 7mm 정도로 한다.

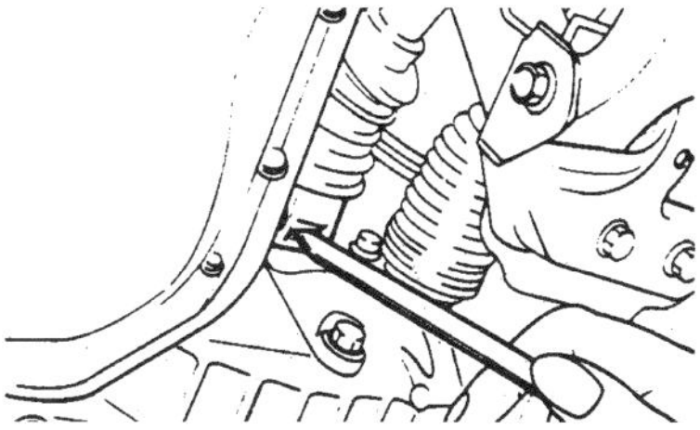

그림 6-14. 드라이브 샤프트 떼어낼 때 프라이바 사용하기

③ 자동변속기 장착 차량의 경우 프라이바를 드라이브 샤프트의 홈에 끼워 드라이브 샤프트를 빼낸다.
④ 드라이브 샤프트를 바깥에서 무리한 힘으로 당길 때 B.J 또는 T.J 조인트 키트 내부가 이탈되어 부트 찢어짐이나 베어링부가 손상될 수 있다.

⑦ 변속기 케이스에서 드라이브 샤프트를 떼어낸다. 이때 오염을 방지하기 위해 변속기 케이스의 구멍을 오일실 캡으로 막는다. 드라이브 샤프트를 적절하게 지지한다. 트랜스미션 케이스에서 드라이브 샤프트를 분리할 때마다 리테이너 링을 교환한다.

3.1.3. 검사

① 그림 6-15와 같이 드라이브 샤프트의 균열과 마모를 점검한다.
② 스플라인부의 마모, 손상을 점검한다.
③ 볼 조인트의 마모, 손상을 점검한다.
④ 다이내믹 댐퍼의 균열, 마모를 점검한다.

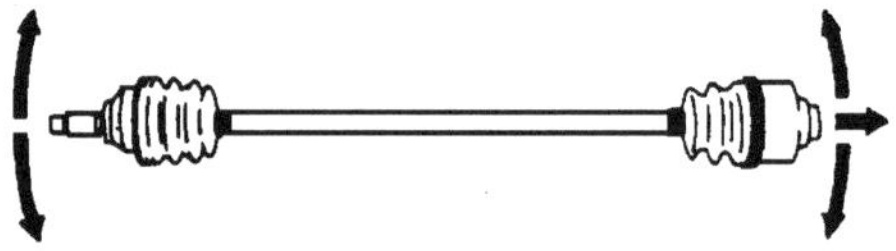

그림 6-15. 드라이브 샤프트의 균열과 마모 점검

3.1.4. 장착

① 드라이브 샤프트 스플라인부와 변속기 케이스 접촉면에 기어오일을 바른다.
② 드라이브 샤프트를 장착하기 전에 리테이너 링의 절개부를 아래쪽으로 오도록 한다.
③ 드라이브 샤프트를 장착한 다음 손으로 잡아당겨 빠지지 않는지 확인한다.
④ 그림 6-16과 같이 와셔의 블록면이 바깥쪽을 향하도록 한 다음 너트와 분할핀을 장착한다.

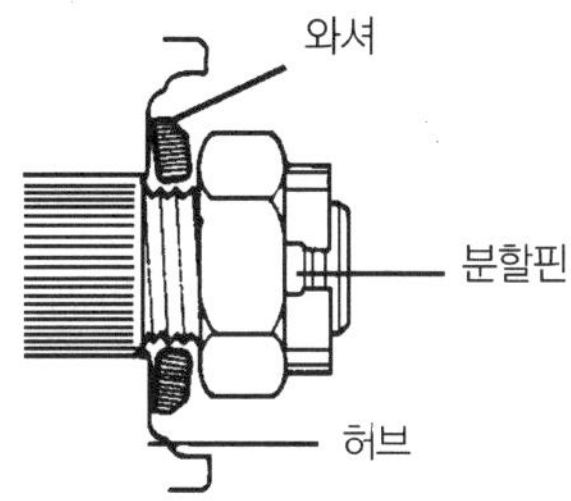

그림 6-16. 와셔의 블록면에 너트와 분할핀 장착

3.2. 프런트 드라이브샤프트

3.2.1. DOJ-BJ형식

[1] 구성부품

그림 6-17은 프런트 드라이브샤프트의 구성부품을 나타내는 것이다.

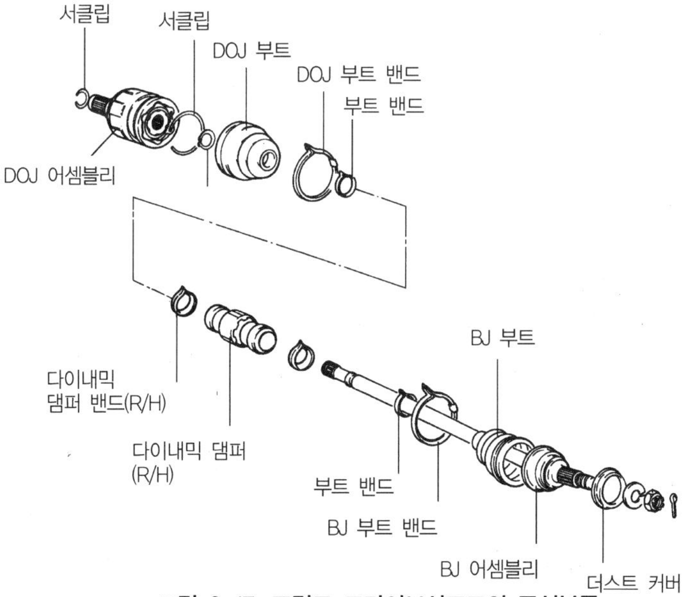

그림 6-17. 프런트 드라이브샤프트의 구성부품

[2] 분해

알아두기

① BJ 어셈블리는 분해하지 않는다.
② 드라이브 샤프트 조인트는 특수 그리스를 사용해야 하므로 다른 종류의 그리스를 첨가하지 않는다.

① DOJ 부트 밴드를 뺀 다음 DOJ 외측 레이스에서 DOJ 부트를 당긴다. 이 때 부트가 손상되지 않도록 주의한다.
② 그림 6-19와 같이 "-" 자 드라이버로 서클립을 분리한다.

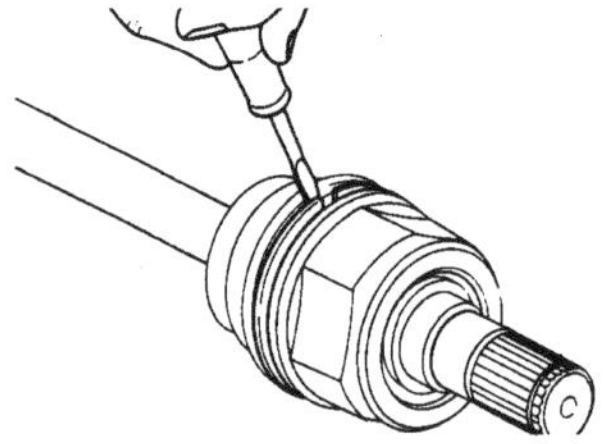

그림 6-18. DOJ 부트 분해

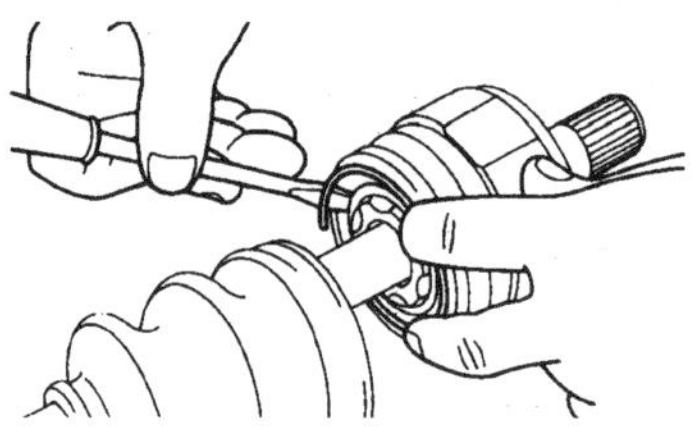

그림 6-19. 서클립 분리

③ DOJ 외측 레이스에서 드라이브 샤프트를 빼낸다.
④ 그림 6-20과 같이 스냅링을 분리한 다음 내측 레이스, 케이지, 볼을 일체로 빼낸다.

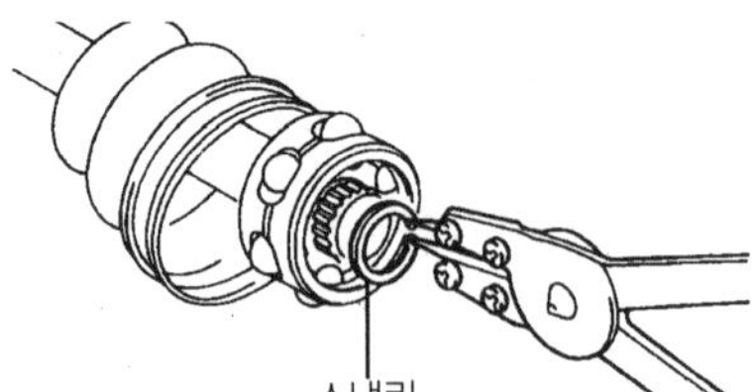

그림 6-20. 내측 레이스, 케이지, 볼 분리

⑤ 분해하지 않고 내측 레이스, 케이지, 볼을 청소한다.

⑥ 그림 6-21과 같이 BJ 부트 밴드를 빼낸 다음 DOJ 부트와 BJ 부트를 빼낸다. 이 때 부트를 재사용하려면 테이프를 드라이브 샤프트의 스플라인부에 감아 부트를 보호해 준다.

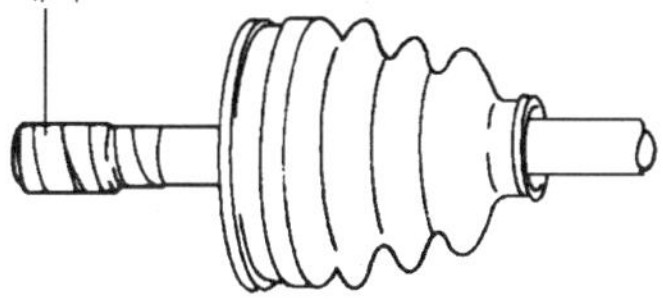

그림 6-21. DOJ 부트와 BJ 부트 분리

[3] 점검

① DOJ 외측 레이스, 내측 레이스, 케이지 볼의 녹슴과 손상을 방지한다.

② 스플라인의 마모를 점검한다.

③ 그림 6-22와 같이 BJ 부트에 물이나 이물질이 유입되었는가를 점검한다. 이 때 BJ 어셈블리를 재사용코저 할 때는 그리스를 닦아내지 않은 상태로 그리스 내에 이물질이 있는가를 확인하며 필요할 때는 BJ 어셈블리를 청소하고 그리스를 교환한다.

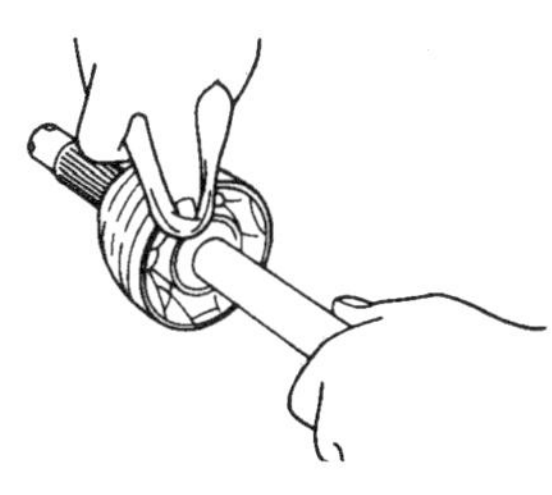

그림 6-22. BJ 부트에 물이나 이물질 유입 점검

[4] 조립

① 드라이브 샤프트 스플라인(DOJ)측에 테이프를 감아서 부트의 손상을 방지한다.

② 해당 차량의 정비지침서를 참고로 하여 그리스를 드라이브 샤프트에 바른 다음 부트를 장착한다.

③ 그림 6-23과 같이 다이내믹 댐퍼를 장착하기 위해서 BJ 샤프트를 일렬로 유지시키면서 다이내믹 댐퍼밴드로 다이내믹 댐퍼를 고정시킨다.

④ 해당차량의 정비지침서를 참고로 하여 그림 6-24와 같이 규정의 그리스를 내측 레이스와 케이지에 바른 다음 내측 레이스와 케이지를 장착한다. 이 때 리페어 키트 속에 있는 그리스를 사용한다.

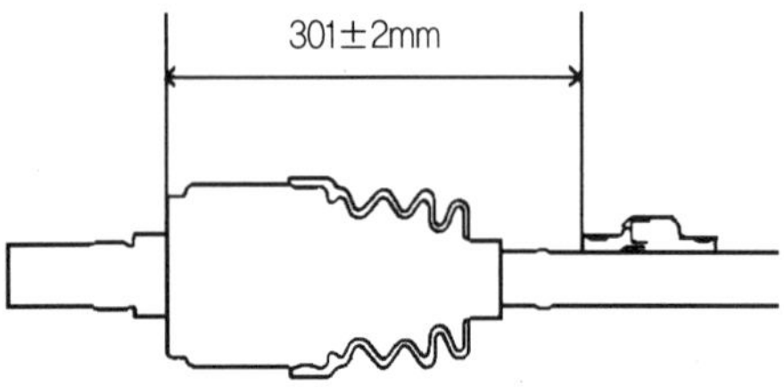

그림 6-23. 다이내믹 밴드로 다이내믹 댐퍼 고정

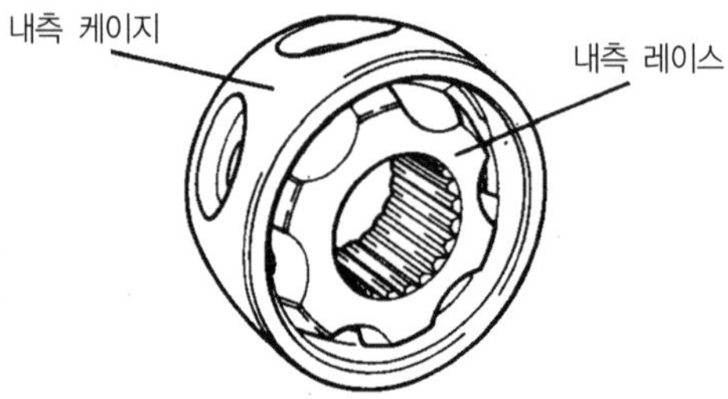

그림 6-24. 내측 레이스와 케이지 장착

⑤ 그리스를 케이지에 바른 다음 볼을 케이지에 끼운다.

⑥ 챔퍼 가공면이 그림 6-25와 같이 향하게 한 채로 내측 레이스를 드라이브 샤프트에 장착하고 스냅링을 장착한다.

⑦ 해당 차량의 정비지침서를 참고로 하여 BJ 외측 레이스에 규정된 그리스를 40~50g 정도 바른 다음 외측 레이스를 드라이브 샤프트에 장착한다.

⑧ DOJ 외측 레이스에 규정된 그리스를 20~40g 정도 바른 다음 클립을 장착한다.

⑨ DOJ 부트 밴드를 조인다.

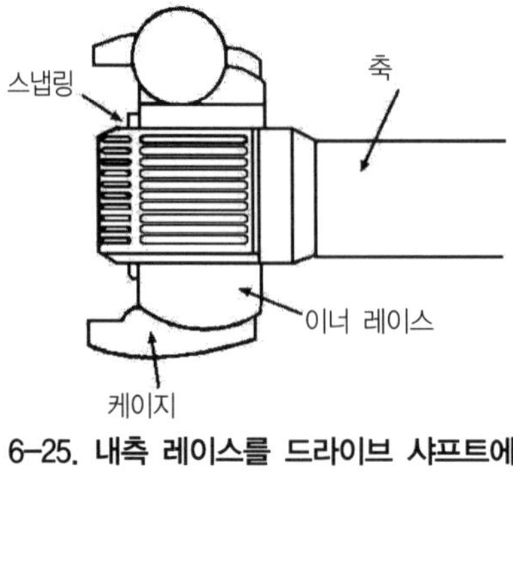

그림 6-25. 내측 레이스를 드라이브 샤프트에 장착

⑩ 규정된 그리스를 점검할 때 닦아낸 양만큼 B.J에 첨가한다.

⑪ 부트를 장착한다.

⑫ BJ 부트 밴드를 조인다.

⑬ 그림 6-26과 같이 DOJ부트 내의 공기를 조절하기 위해서 부트밴드를 조일 때 부트 밴드간의 거리 A를 해당 차량의 정비지침서를 참고로 하여 표준치로 유지한다.

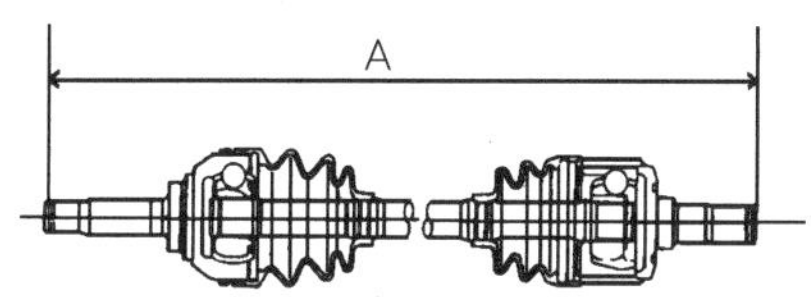

그림 6-26. 부트 밴드간의 거리 조정

3.2.2. TJ - BJ형식

[1] 구성부품

프런트 드라이브 샤프트의 TJ - BJ형식의 구성부품이 그림 6-27에 나타나 있다.

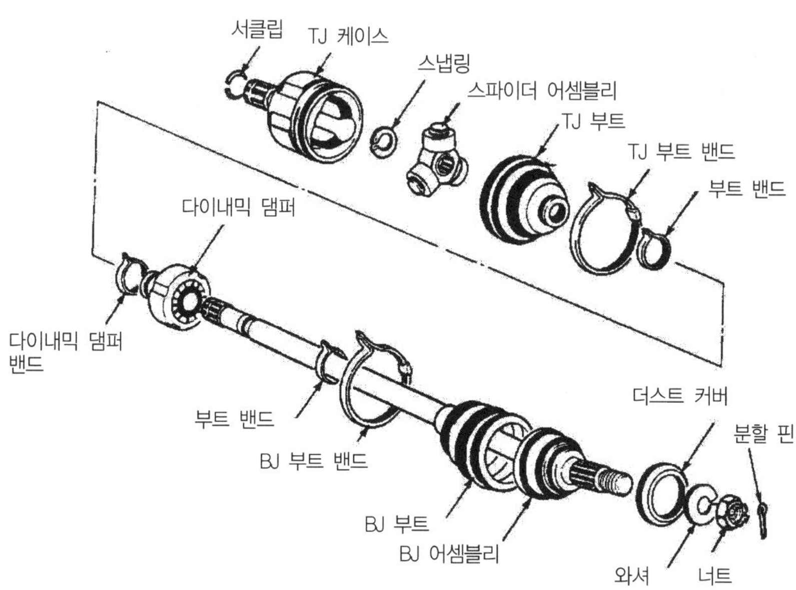

그림 6-27. 프런트 드라이브 샤프트(TJ - BJ) 구성부품

[2] 분해

알아두기

① BJ 어셈블리는 분해하지 않는다.
② 드라이브 샤프트 조인트는 특수그리스를 사용해야 하므로 다른 종류의 그리스를 첨가하지 않는다.
③ 부트 밴드는 반드시 신품으로 교환해야 한다.

① 그림 6-28과 같이 TJ 부트 밴드를 탈거하고 TJ 부트를 당긴다. 이때 부트가 손상되지 않도록 주의한다.
② 그림 6-29와 같이 스냅링을 빼낸 다음 드라이브 샤프트에서 스파이더 어셈블리를 분리한다.

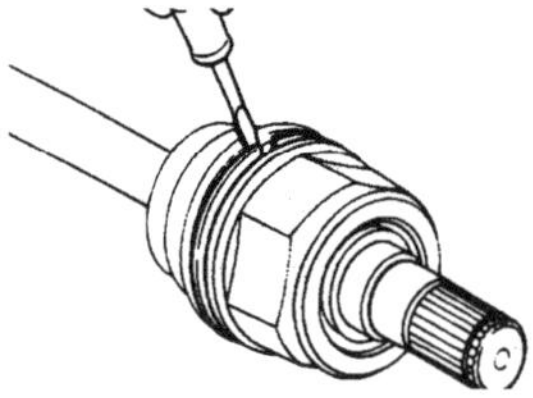

그림 6-28. TJ 부트 분리

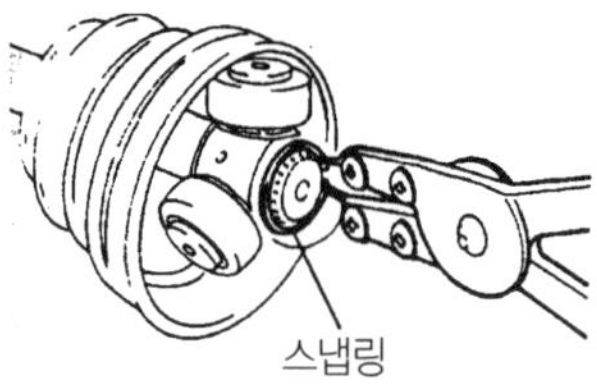

그림 6-29. 드라이브 샤프트에서 스파이더 어셈블리 분리

③ 스파이더 어셈블리를 청소한다.
④ 그림 6-30과 같이 BJ 부트 밴드를 분리한 다음 TJ 부트와 BJ 부트를 빼낸다. 이 때 부트를 재사용하려면 테이프를 드라이브 샤프트의 스플라인부에 감아 부트를 보호해 준다.

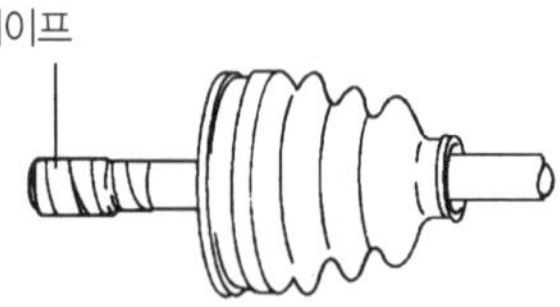

그림 6-30. 부트에 테이프를 감아 부트 보호

[3] 점검

① 스플라인부의 마모를 검사한다.

② BJ 부트에 물이나 이물질이 유입되었는가를 점검한다.

③ 그림 6-31과 같이 스파이더의 회전과 마모를 검사한다.

④ TJ 케이스 안쪽의 마모와 녹슴을 검사한다.

⑤ 다이내믹 댐퍼의 마모를 검사한다.

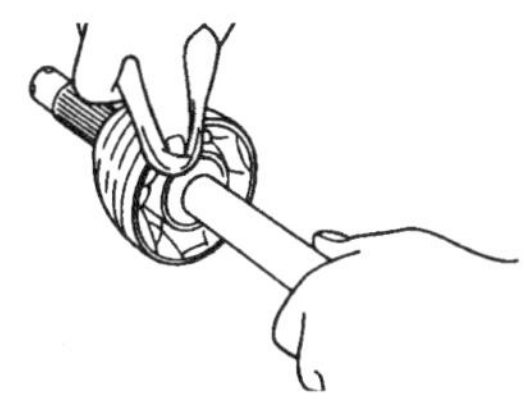

그림 6-31. 스파이더의 회전과 마모 검사

[4] 조립

① 드라이브 샤프트 스플라인(TJ) 측에 테이프를 감아 부트의 손상을 방지한다.

② 해당 차량의 정비지침서를 참고로 하여 그리스를 드라이브 샤프트에서 바른 다음 부트를 장착한다.

③ 다이내믹 댐퍼를 장착하기 위해서 BJ 샤프트를 일렬로 유지시키면서 그림 6-32와 같이 다이내믹 댐퍼 밴드로 다이내믹 댐퍼를 고정시킨다.

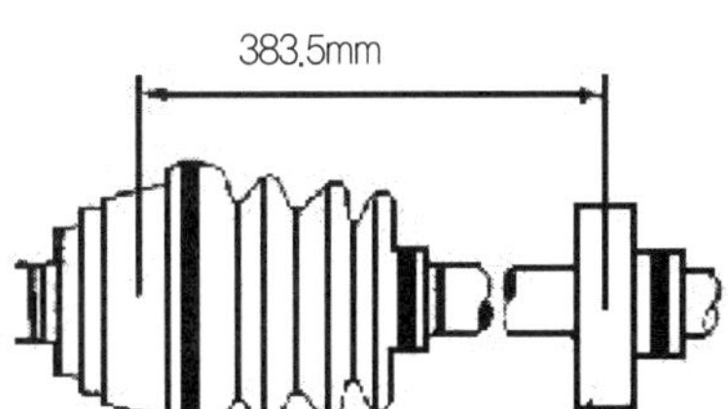

그림 6-32. 다이내믹 댐퍼 고정

④ TJ 부트에 해당 차종의 정비지침서를 참고로 하여 규정된 그리스를 도포하고 부트를 장착한다.

⑤ TJ 부트 밴드를 조인다.

⑥ 규정된 그리스를 검사할 때 닦아낸 양만큼 BJ에 첨가한다.

⑦ 부트를 장착한다.

⑧ BJ 부트 밴드를 조인다.

⑨ TJ 부트 내의 공기를 조절하기 위해 드라이브 샤프트간 거리를 해당차종의 정비 지침서를 참고로 하여 표준치가 되도록 한 다음 부트 밴드를 조인다.

3.3. 프런트 액슬

3.3.1. 프런트 허브와 너클의 구성부품

그림 6-33은 프런트 허브와 너클의 구성품을 나타내는 것이다.

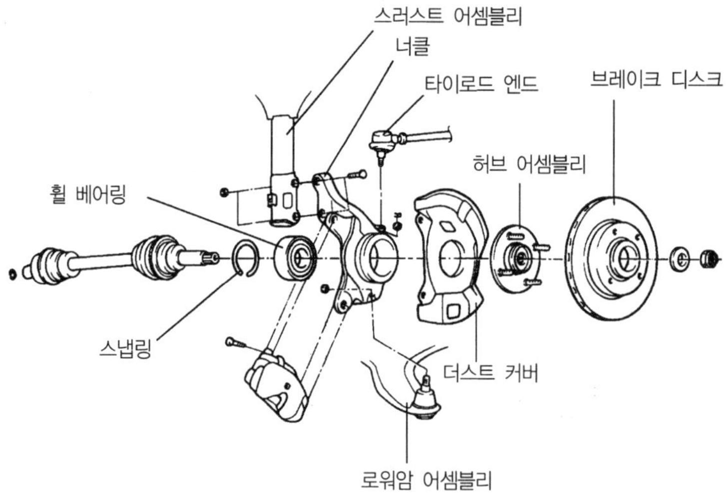

그림 6-33. 프런트 허브와 너클의 구성부품

3.3.2. 떼어내기

① 휠 및 타이어를 떼어낸다.

② 프런트 허브에서 분할핀을 떼어낸 다음 드라이브 샤프트의 너트를 푼다.

③ 너클에서 프런트 브레이크 어셈블리를 분리하여 와이어로 묶는다.

④ 너클에서 차속 센서를 분리한다.

⑤ 그림 6-34와 같이 특수공구를 이용하여 너클에서 타이로드 엔드 볼 조인트를 분리한다. 이 때 특수공구가 떨어지지 않도록 근처 부품에 끈으로 묶는다. 또한 너트를 느슨하게 하고 풀지는 않는다.

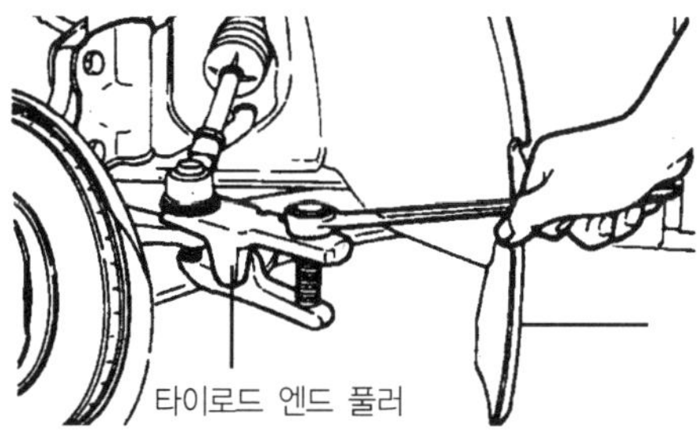

그림 6-34. 너클에서 타이로드 엔드 볼 조인트 분리

⑥ 그림 6-35와 같이 스러스트 어셈블리를 분리한다.
⑦ 허브에서 드라이브 샤프트를 분리한다.
⑧ 그림 6-36과 같이 너트를 느슨하게 한 다음 특수공구를 이용하여 너클에서 로워 암 볼 조인트를 분리한다.

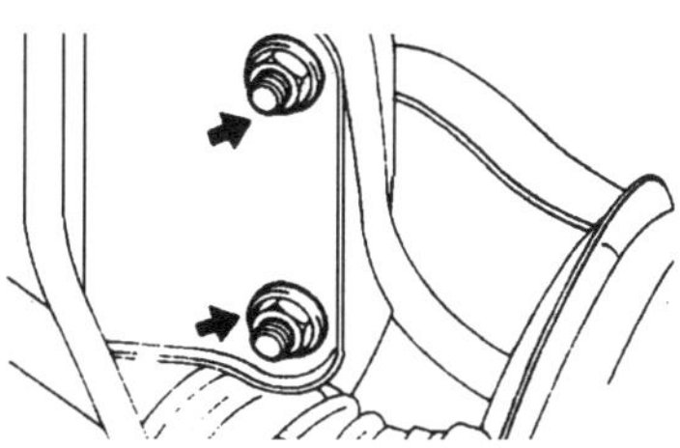

그림 6-35. 스러스트 어셈블리 분리

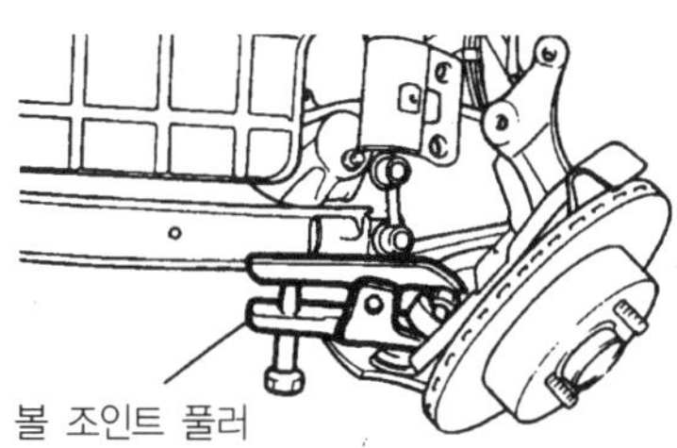

그림 6-36. 로워 암 볼 조인트 분리

⑨ 허브 및 너클을 함께 분리한다.
⑩ 장착은 떼어내기의 역순으로 행한다.

3.3.3. 분해

① 허브에서 브레이크 디스크를 분리한다.
② 그림 6-37과 같이 스냅 링을 분리한다.

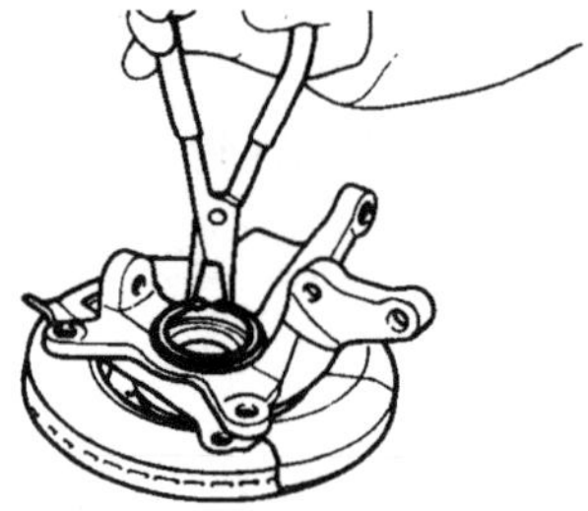

그림 6-37. 스냅링 분리

③ 특수공구를 그림 6-38과 같이 장착한다.

④ 특수공구의 너트를 조이면 너클에서 허브가 분리된다.

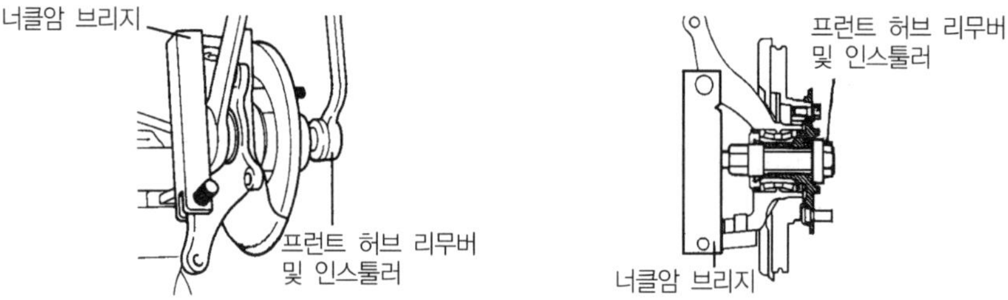

그림 6-38. 특수공구 장착

⑤ 특수공구와 더스트 커버를 분리한다.

⑥ 그림 6-39와 같이 특수공구를 이용하여 허브에서 베어링 인너레이스를 떼어낸다.

⑦ 그림 6-40과 같이 특수공구를 이용하여 너클에서 휠 베어링 아웃터레이스를 분리한다.

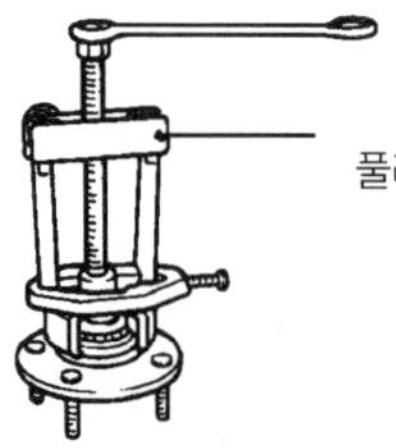

그림 6-39. 허브에서 베어링 인너 레이스 떼어내기

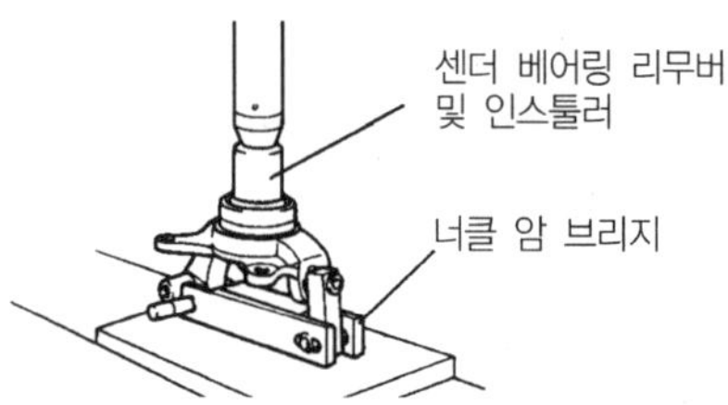

그림 6-40. 너클에서 휠 베어링 아웃터 레이스 떼어내기

3.3.4. 점검

① 허브의 균열, 스플라인의 마모를 점검한다.

② 브레이크 디스크의 긁힘, 손상을 점검한다.

③ 너클의 균열을 점검한다.

④ 베어링의 결함을 점검한다.

3.3.5. 조립

① 너클과 베어링 접촉면에 다목적 그리스를 엷게 바른다.

② 그림 6-41과 같이 특수공구를 이용하여 너클에 베어링을 압입한다. 이때 베어링의 손상을 방지하기 위하여 휠 베어링의 아우터 레이스를 압입한다. 또한 휠 베어링은 항상 새 것으로 장착한다.

③ 더스트 커버를 장착한다.

④ 그림 6-42와 같이 특수공구를 이용하여 너클에 허브를 압입한다. 이 때 베어링의 손상을 방지하기 위해 휠 베어링 인너 레이스를 압입한다.

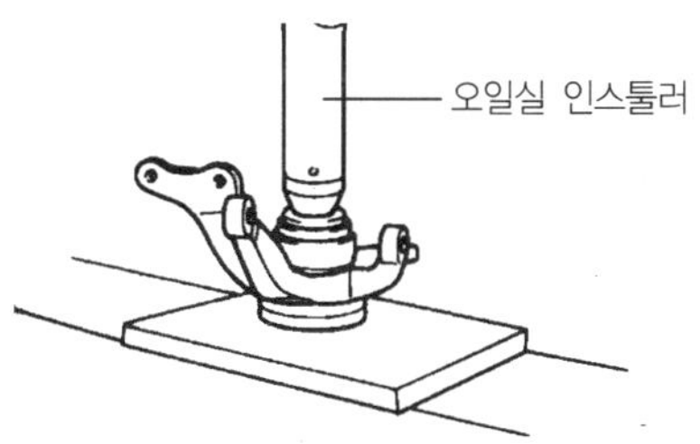

그림 6-41. 너클에 베어링 압입

그림 6-42. 너클에 허브 압입

⑤ 브레이크 디스크를 장착한다.

⑥ 그림 6-43과 같이 특수공구를 이용하여 너클에 허브를 24kgf·m의 토크로 조인다.

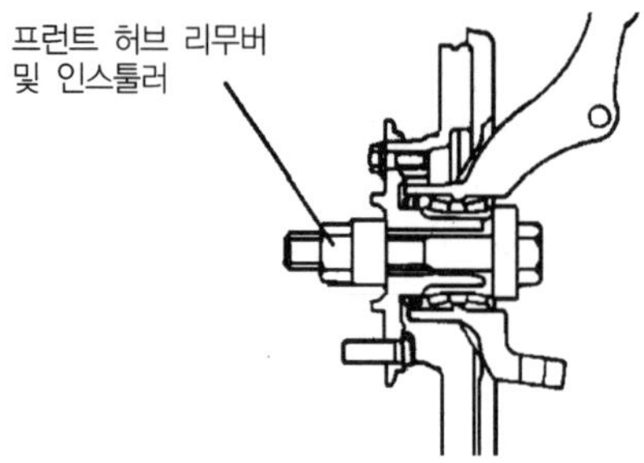

그림 6-43. 너클에 허브 압입 후 토크로 조임

⑦ 베어링의 자리 잡기를 위하여 허브를 회전시킨다.

⑧ 허브 베어링 기동 토크를 측정한다.

⑨ 그림 6-44와 같이 기동토크가 0kgf·cm이면 허브 베어링 방향 유격을 측정한다.

⑩ 그림 6-45와 같이 너트를 24kgf·m로 조인 상태에서 허브의 축 방향 유격이 한계치보다 과도하면 베어링 허브, 너클이 올바르게 장착되지 않았으므로 다시 분해하여 재조립한다.

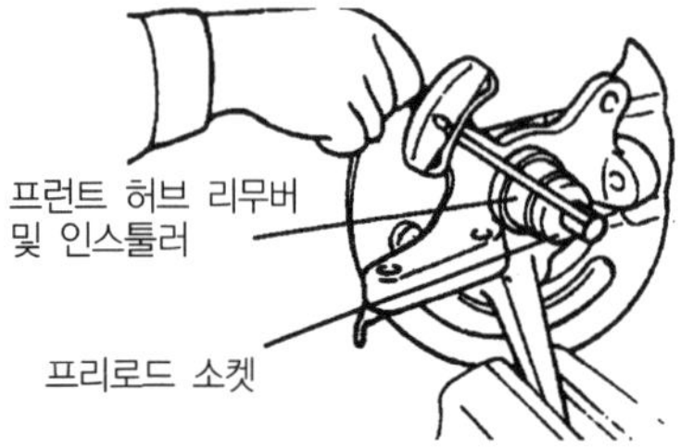

그림 6-44. 허브 베어링 방향 유격 측정

그림 6-45. 허브 베어링 축방향 유격 점검

⑪ 특수 공구를 떼어낸다.

3.4. 리어 액슬

3.4.1. 리어 액슬 및 허브의 구성부품

그림 6-46은 리어 액슬과 허브의 구성부품을 나타낸 것이다.

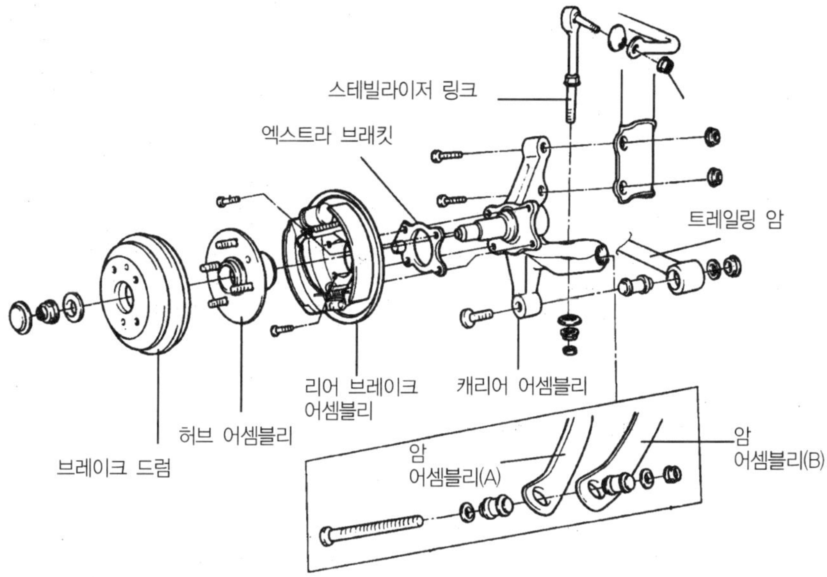

그림 6-46. 리어 액슬 및 허브의 구성부품

3.4.2. 떼어내기

① 휠 및 타이어를 떼어낸다.

② 브레이크 드럼을 떼어낸다.

③ 액슬 캐리어에서 차속 센서를 떼어낸다.

④ 그림 6-47과 같이 브레이스 호스 클립을 떼어낸 다음 리어 스트러트에서 브레이크 호스를 분리한다.

⑤ 그림 6-48과 같이 코킹 부위를 편 다음 플랜지 너트를 떼어낸다.

⑥ 허브 어셈블리를 떼어낸다. 이때 리어 허브 베어링은 분해하지 않는다.

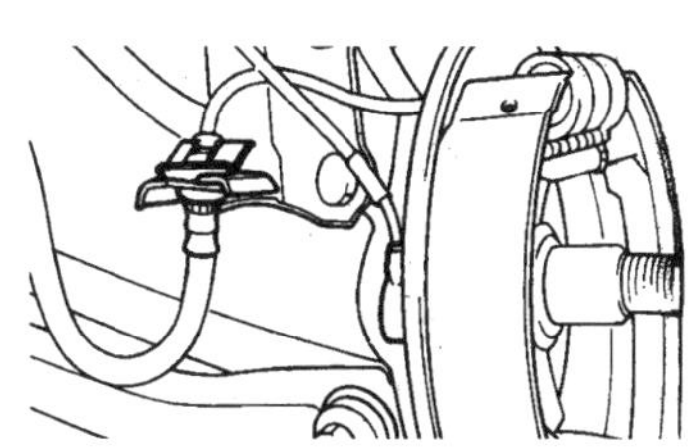

그림 6-47. 리어 스트러트에서 브레이크 호스 분리

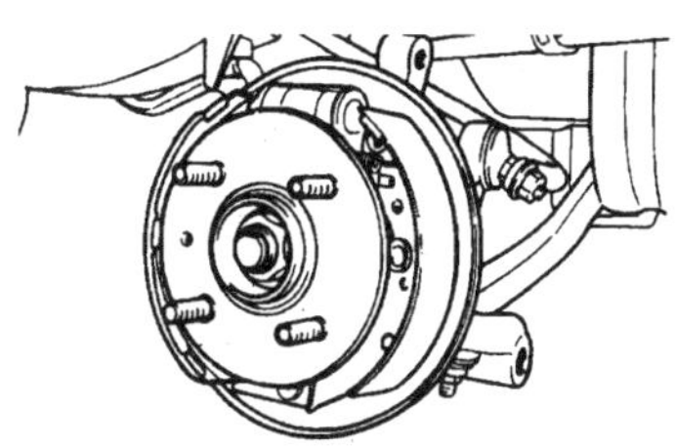

그림 6-48. 플랜지 너트 떼어내기

3.4.3. 점 검

① 허브 베어링의 마모와 손상을 점검한다.

② 톤 휠의 깨짐과 손상을 점검한다.

③ 허브 내부면의 긁힘을 점검한다.

④ 캐리어 균열을 점검한다.

3.4.4. 장착

① 휠 베어링 너트를 조립한 다음 풀림방지 홈에 코킹을 한다.

② 허브 캡을 장착한다.

04 추진축의 구성부품

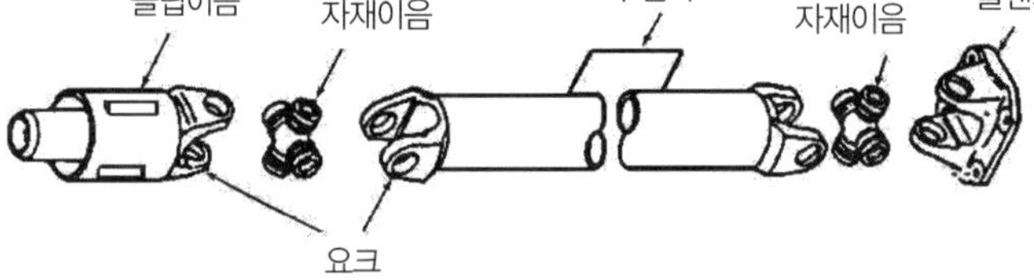

그림 6-49. 추진축의 구성부품

4.1. 추진축 탈거 및 점검

4.1.1. 실차에서 추진축 탈거

① 자동차를 리프트에 들어 올린다.

② 리어 디퍼렌셜 컴패니언 플랜지 요크에 일치 마크를 표시하고 컴패니언 플랜지를 탈거한다.

③ 추진축을 변속기 쪽으로 밀어 플랜지 쪽의 공간을 확보한 후 플랜지를 뒤쪽으로 잡아당겨 추진축을 탈거한다.

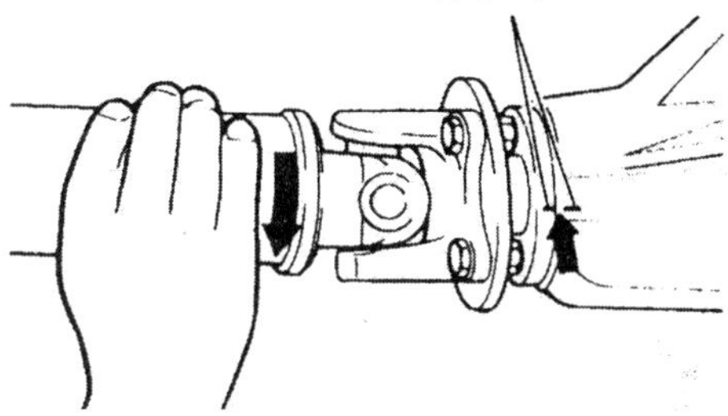

그림 6-50. 컴패니언 플랜지 탈거

4.1.2. 점검

① 슬리브 요크, 센터 요크, 플랜지 요크부의 마모 및 파손여부를 점검한다.

② 추진축 요크부와 추진축의 마모, 파손, 굽힘, 균열, 비틀림 등을 점검한다.

③ 자재이음 스파이더의 각 방향 작동상태를 점검한다.

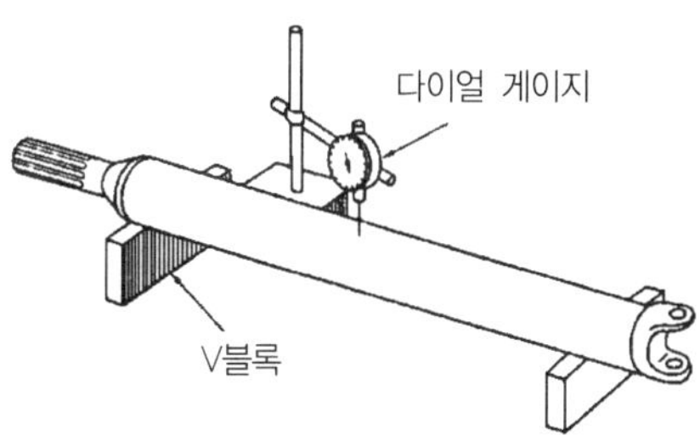

그림 6-51. 추진축 휨 점검

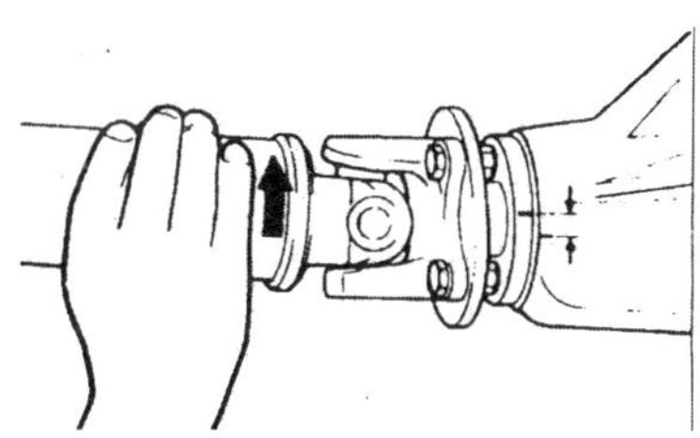

그림 6-52. 스파이더 작동 점검

4.2. 자재이음 분해정비

① 추진축을 바이스에 고정한다.

② 추진축과 요크부에 결합마크를 표시한다.

③ 플라스틱 해머 또는 고무 해머를 이용하여 스파이더를 가볍게 두드려 캡을 분리하고 스냅링을 분리한다.

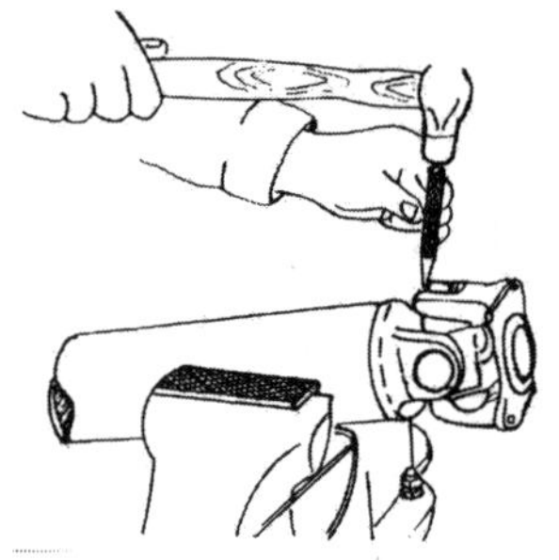

그림 6-53. 결합마크 표시

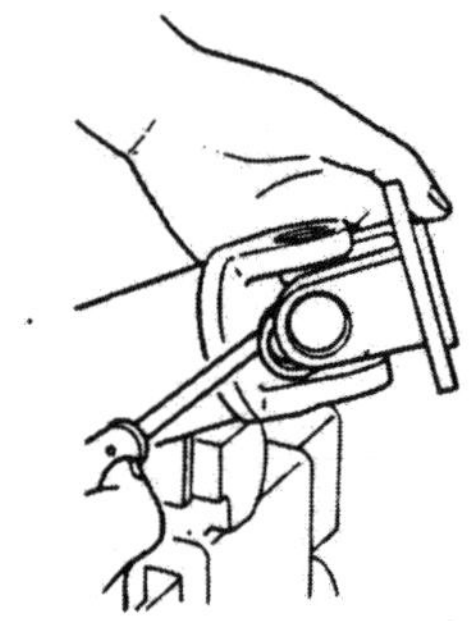

그림 6-54. 캡 및 스프링 탈거

④ 플라스틱 해머 또는 고무 해머를 이용하여 요크부를 두드려 베어링을 분리한다.

⑤ 요크를 분리한다.

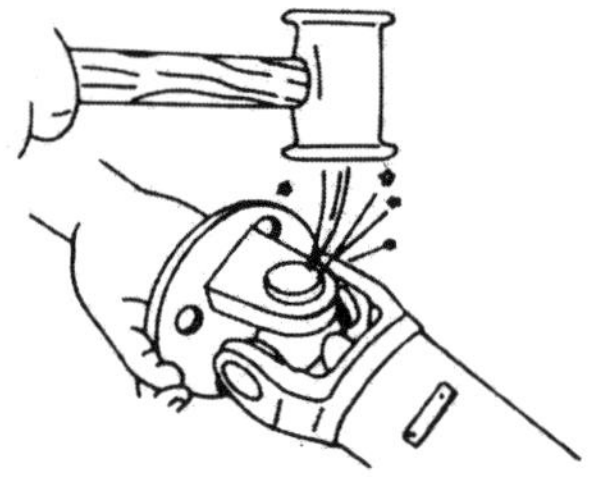

그림 6-55. 요크부 분리

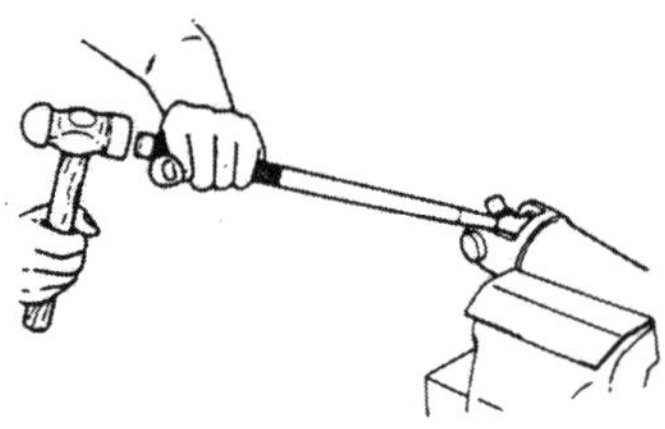

그림 6-56. 베어링 분리

⑥ 환봉과 해머를 이용하여 십자축 베어링을 분리한다.

⑦ 스파이더를 분리한다.

⑧ 조립은 분해의 역순으로 한다.

학습정리

1. 드라이브 축과 액슬의 구조와 작동 원리를 설명할 수 있다.
2. 드라이브 축과 액슬을 분해, 점검, 조립할 수 있다.
3. 축과 액슬 점검에 대하여 항목과 내용을 설명할 수 있다.

총괄평가

1. 전륜구동 자동차에서 등속 조인트를 탈거하고, 작업 순서를 작성하시오.

2. 전륜구동 자동차에서 등속 조인트의 점검사항을 기록하시오.

3. 후륜구동 자동차에서 추진축을 분해하고, 작업순서를 작성하시오.

4. 후륜구동 자동차에서 유니버설 조인트를 분해하고, 작업순서를 작성하시오.

자기진단평가표

■ 점검항목(Check Lists)

다음 표는 자동차 정비시 해당 업무를 수행하는 데 필요한 능력수준을 스스로 확인할 수 있는 점검항목입니다. 본인의 평소 수준을 생각하여, 해당하는 항목에 √표시를 할 것.

■ 실습 내용

자동차 동력전달장치   부품

영 역	문항	우수하다	보통이다	미흡하다
실습 준비	1. 실습 태도와 교재 등이 준비되어 있다.	③	②	①
	2. 관련 공구 및 장비의 용어를 이해한다.	③	②	①
	3. 관련 실습의 부품의 용어와 기능을 설명할 수 있다.	③	②	①
정비 실습	1. 관련 정비 지침서를 이해할 수 있다.	③	②	①
	2. 관련 정비 부품을 점검할 수 있다.	③	②	①
	3. 관련부품을 교환 할 수 있다.	③	②	①
	4. 교환 후 관련 부품을 점검 할 수 있다.	③	②	①
정비 실습평가	1. 실습 내용을 설명할 수 있다.	③	②	①
정비 실습정리	1. 실습 내용을 관련 문서로 작성할 수 있다.	③	②	①
	2. 실습 후 관련 공구를 정리 정돈 할 수 있다.	③	②	①

■ 예상 작업시간(시간   분)

CHAPTER

Ⅶ 동력전달 바퀴와 타이어

학습목표

① 휠(바퀴)와 타이어의 구조와 작동원리를 이해할 수 있다.
② 휠과 타이어를 분해, 점검 및 조립할 수 있다.
③ 휠과 타이어의 이상 유무를 판정하여 정비능력을 키울 수 있다.

사용공구 및 내용

휠, 타이어, 걸레

정비부품 및 장비

자동차, 일반 공구세트, 휠 발란싱 머신, 타이어 탈부착기

안전 및 주의사항

① 기관을 운전하면서 점검, 조립할 때는 회전 부분에 몸이나 옷이 닿지 않도록 해야 한다.
② 각 부품을 분해한 다음 세척할 때는 적정한 솔벤트로 닦은 다음 압축 공기로 건조시켜야 하며 수건 등으로 닦아서는 안 된다.
③ 조인트와 변속기가 손상되지 않도록 하기 위해 프라이바를 사용한다. 이 때 프라이바를 너무 깊이 끼울 경우 오일 시일에 손상을 줄 수 있다.
④ 드라이브 샤프트 조인트는 특수 그리스를 사용해야 하므로 다른 종류의 그리스를 첨가하지 않는다.
⑤ 제작사의 정비 지침서를 참고하여 점검 및 정비를 해야 한다.

과 제 사 항

※주어진 항목에 맞게 기입하시오.

1. ________부품 정비 실습에 필요한 공구 및 장비를 기입하시오.
   - 개인 공구

   - 공용 공구 및 측정 장비

   - 정비 장비

   - 개인 안전 장비 및 장비

2. ________부품 정비실습에 사용할 부품의 주요 명칭과 기능을 설명하시오.
   - 부품의 명칭

   - 부품의 기능

   - 부품의 주요 점검항목

01 휠 및 타이어

1.1. 프런트 휠 얼라인먼트

프런트 휠 얼라인먼트를 점검하기 위해 휠 얼라인먼트 테스터를 이용할 때 항상 차량은 수평상태로 하고 조향휠은 직진상태로 놓는다. 점검하기 전에 프런트 서스펜션과 스티어링 장치를 정상조건으로 하고 휠 및 타이어의 기울기를 자유롭게 한 다음 규정 압력으로 조인다.

1.2. 토인

1.2.1. 토인 측정방법

① 타이어를 잭을 이용하여 들어 올린 상태에서 타이어 중앙 부분에 분필을 이용하여 원둘레에 금을 긋고 스크라이버로 중심선을 긋는다.

② 타이어를 턴테이블을 사용하지 않고 수평인 장소에 직진 상태로 한다.

③ 토인 게이지의 침봉을 허브 중심 높이와 같게 조정한다.

④ 마이크로미터를 0점에 맞춘 후 바의 길이를 조정하여 타이어 뒤쪽의 중심선에 맞도록 설치한 후 고정시킨 후 토인 게이지를 앞쪽으로 이동한다.

⑤ 마이크로미터 반대쪽 검침 봉을 타이어 중심선에 먼저 맞춘 후 게이지의 마이크로미터를 회전시켜 침봉이 타이어 중심선에 오도록 이동시킨 후 눈금을 판독한다.

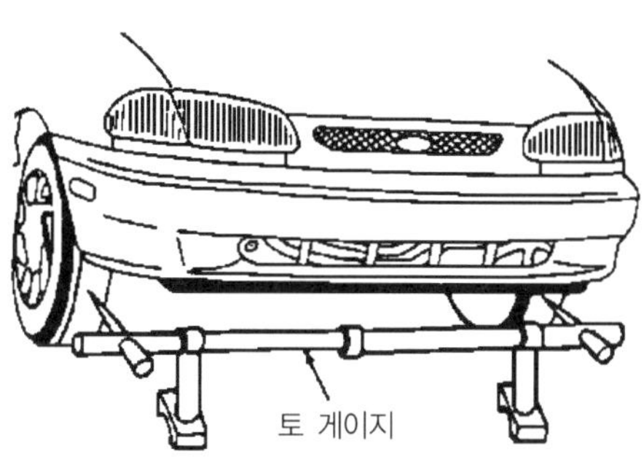

그림 7-1. 토인 측정게이지

1.2.2. 토인 게이지 눈금 읽는 방법

① 시계 반대방향으로 회전시키면 늘어난다.

12mm+0.4mm= 12.4mm

② 7mm는 보이지만 6mm(짝수)

6mm+1.2mm= 7.2mm

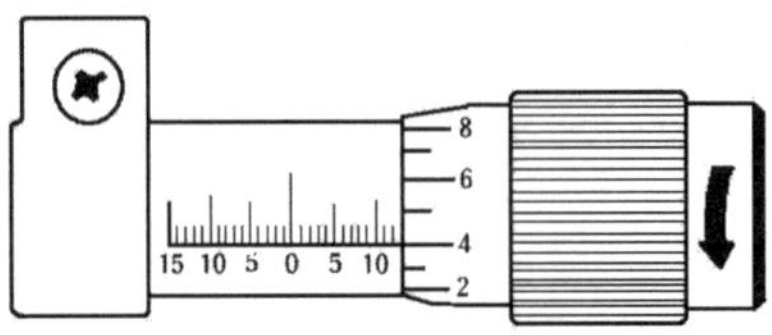

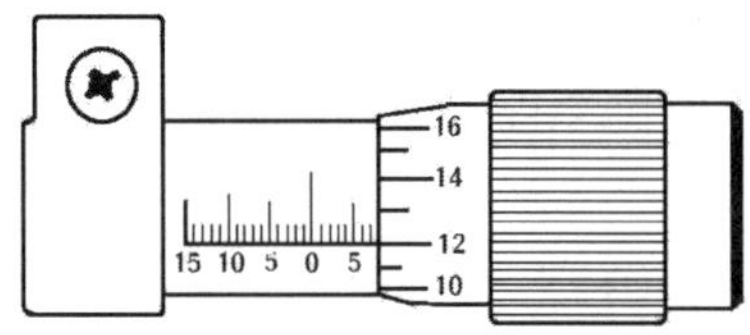

③ 시계방향으로 회전시키면 축소된다. 또한 딤블 숫자를 역으로 읽는다.

5mm−0.3mm(2.0−1.7)= 4.7mm

④ 9mm를 지났지만 8mm(짝수)를 읽는다. 또한 딤블 숫자를 역으로 읽는다.

8mm+1.6mm(2.0−0.4)= 9.6mm

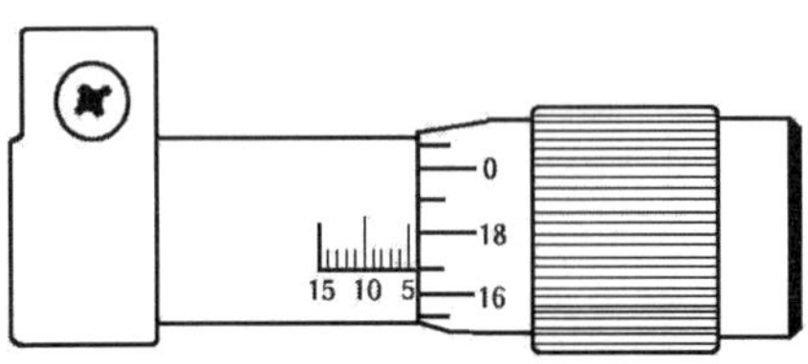

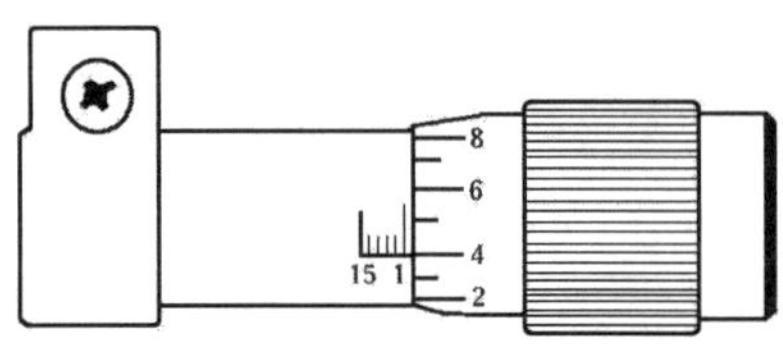

1.2.3. 토인조정

토인은 타이로드 턴 버클의 회전에 의해서 조정되며 좌측 프런트 휠의 토인은 차의 우측으로 타이로드를 돌려 감소시킬 수 있다. 토우의 변화는 그림 7-54와 같이 같은 양으로 좌·우측 휠의 타이로드를 돌려 조정한다. 토인의 규정치는 해당차량의 정비지침서를 참고로 하여 조정하도록 한다. 이때 토인 조정은 그림 7-3과 같이 타이로드를 좌·우로 같은 양을 돌려서 조정한다. 토인을 조정할 때 벨로우즈의 꼬임을 방지하기 위해 바깥쪽 벨로우즈 클립을 느슨하게 한다. 조정한 다음에 타이로드 엔드 록크 너트를 확실하게 조이고 벨로우즈 클립을 재 장착한다.

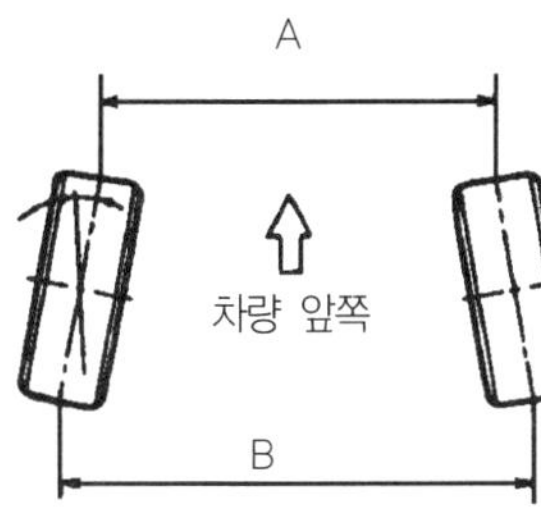

그림 7-2. 토인의 규정치

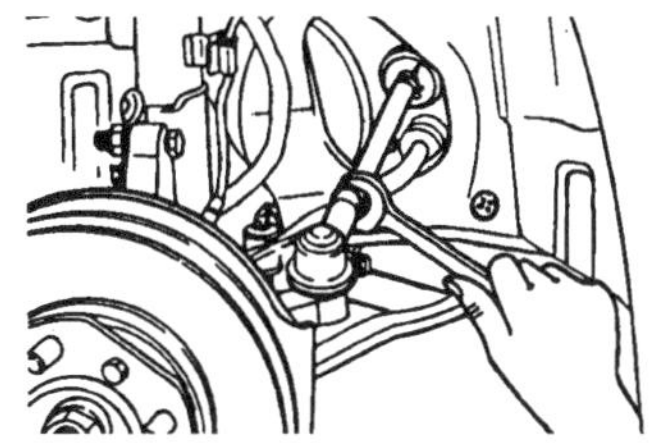

그림 7-3. 타이로드를 좌우로 돌려 조정

1.3. 캠버

스트러트 어셈블리와 함께 조합된 너클은 차량을 생산할 때 규정 캠버로 조립되었기 때문에 조정이 필요 없으나 이너 샤프트를 풀어 심으로 조정하는 방식도 있다. 캠버 규정치를 알고자 할 때는 해당 차량의 정비 지침서를 참고로 한다.

1.3.1. 캠버 측정방법

① 바퀴를 턴테이블에 올린 후 직진 상태에 있도록 하고 턴테이블의 핀을 제거한 다음 각도 판의 지침을 0점에 맞춘다.

② 바퀴의 그리스 캡을 떼어내고 휠 허브를 깨끗이 닦고 휠 허브의 접촉면이 손상되어 있지 않은가 점검한다.

③ 게이지 보호 판을 떼어내고 포터블 게이지의 센터 핀을 스핀들의 중심과 일치시켜 휠 허브에 충격이 없도록 접촉시킨다.

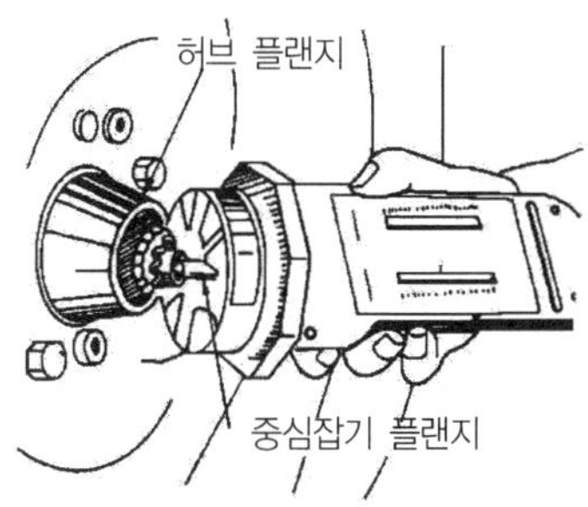

그림 7-4. 캠버 캐스터 게이지 설치

④ 수평의 기포를 중앙의 라인 내에 위치하도록 좌우로 조정하여 게이지가 수평이 되도록 한다.

⑤ 캠버의 기포 중앙의 눈금을 읽는다.

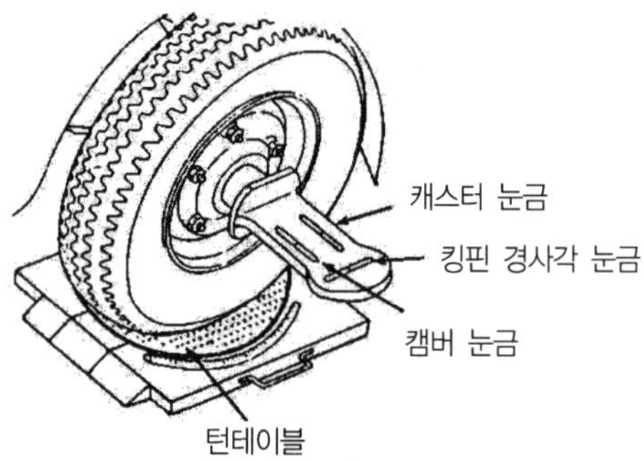

그림 7-5. 캠버 측정

1.3.2. 캠버 조정

① 맥퍼슨 형식은 조정할 수 없는 구조로 되어 있으므로 쇽업소버, 로워암 볼 등을 점검하여 불량하면 교환한 후 재점검한다.

② 심으로 조정하는 형식 : 갤로퍼, 포터와 같은 형식은 이너 샤프트 너트를 조금 풀고 그림에서 A, B양쪽에 심을 넣으면 -(부)의 캠버가 되고 심을 빼면 +(정)의 캠버가 된다.

③ 편심 캠으로 조정하는 형식은 아래 볼 조인트의 너트를 조금 푼 후 편심 부싱을 회전시켜 조정한다.

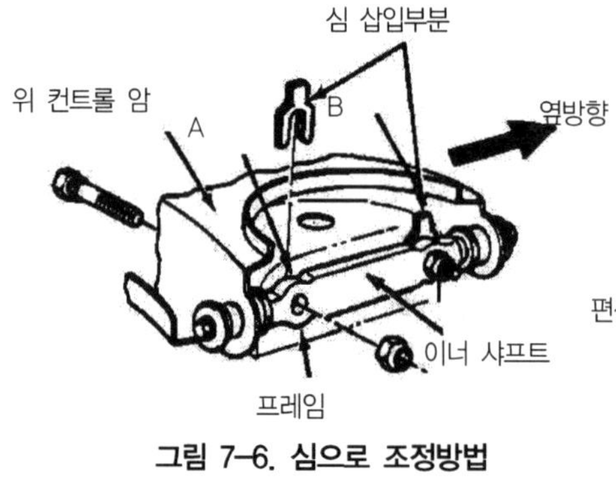

그림 7-6. 심으로 조정방법

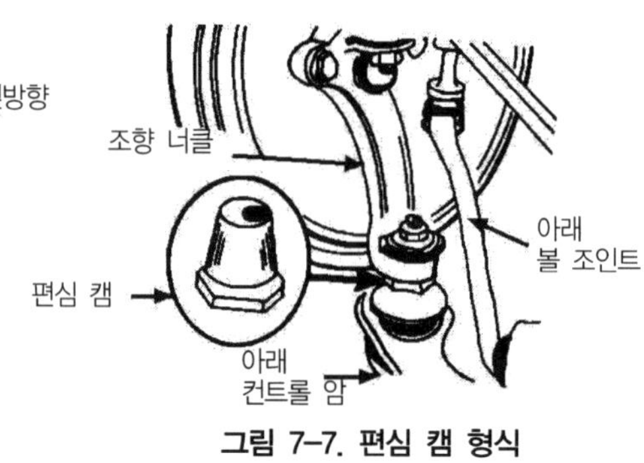

그림 7-7. 편심 캠 형식

1.4. 캐스터

캐스터는 차량을 생산할 때 규정 캐스터로 조립되었으므로 조정이 필요 없다. 해당 차량의 정비 지침서를 참고로 하여 규정값이 규정값 이내에 있지 않으면 손상부품을 교환한다. 그림 7-8은 캐스터를 나타내는 것이다.

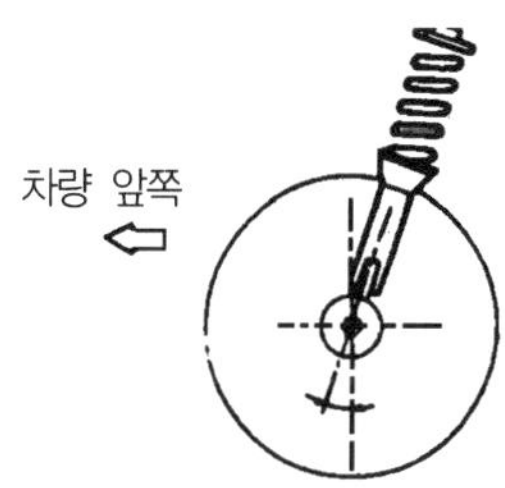

그림 7-8. 캐스터의 형상

1.4.1. 캐스터 측정방법

① 바퀴를 직진 상태에 있도록 하고 턴테이블의 고정 핀을 제거한 다음 각도 판의 지침을 0에 맞춘다.

② 바퀴의 그리스 캡을 떼어내고 휠 허브를 깨끗이 닦고 휠 허브의 접촉면의 손상여부를 점검한다.

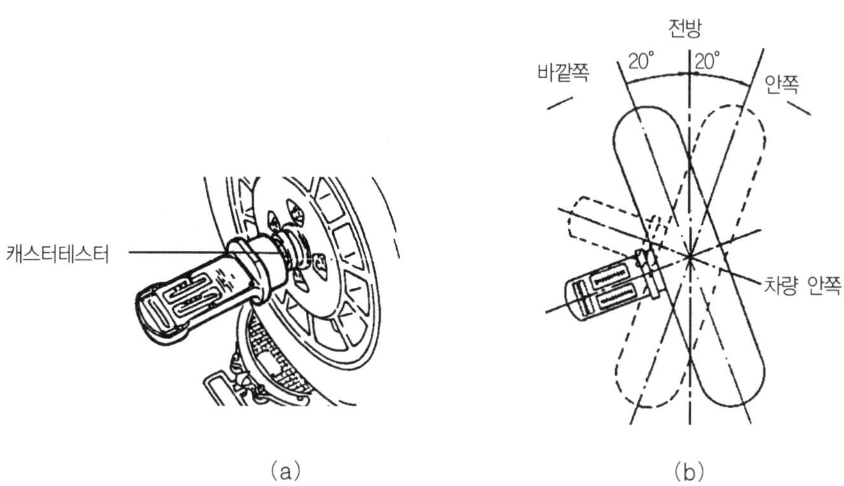

(a) (b)

그림 7-9. 캐스터 측정

③ 게이지 보호판을 떼어내고 포터블 게이지의 센터 핀을 스핀들의 중심과 일치시켜 휠 허브의 충격이 없도록 접촉시킨다.

④ 턴테이블의 지침을 0점에 일치시킨 다음 턴테이블의 각도를 바퀴의 앞 부분을 바깥쪽으로 20° 회전 시킨 후 게이지를 좌우로 움직여 수평기포를 중심으로 오도록 조정한 다음 캐스터 게이지의 0점을 조정한다.

⑤ 바퀴의 앞부분을 안쪽으로 회전시켜 각도판의 0점을 지나 안쪽으로 20° 회전(바깥쪽 20° → 0° → 20°)시킨 후 게이지의 수평 기포를 중심에 오도록 조정한다.

⑥ 캐스터 기포 중앙의 눈금을 읽는다.

1.4.2. 캐스터 조정

① 맥퍼슨 차량들은 캠버와 같이 조정할 수 없는 구조이나 스트럿바가 있는 경우에는 스트럿바로 조정한다.

② 심으로 조정하는 형식은 이너 샤프트 너트를 조금 풀고 그림에서 심을 A에서 빼거나 B에 넣거나 반대로 B에서 빼어서 A에 넣으면 +(정)의 캐스터가 되고, A에서 빼내어 B에 넣으면 -(부)의 캐스터가 된다.

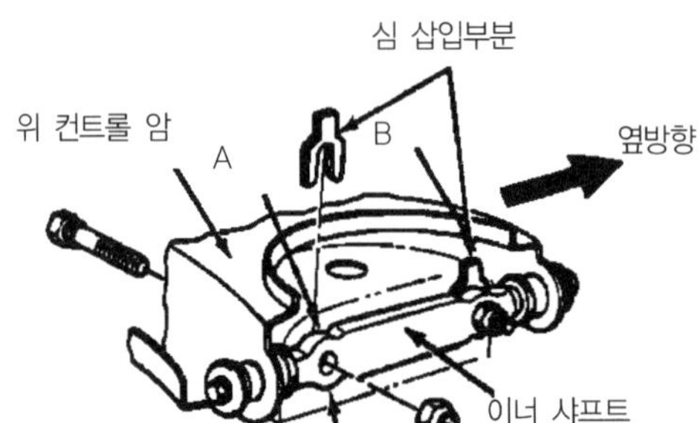

그림 7-10. 심 조정 방식

③ 스트럿바로 조정하는 방식은 크로스 멤버의 이중 너트를 풀고 길이를 짧게하면 +(정)의 캐스터가 되고 스트럿바의 길이를 길게하면 -(부)의 캐스터가 된다.

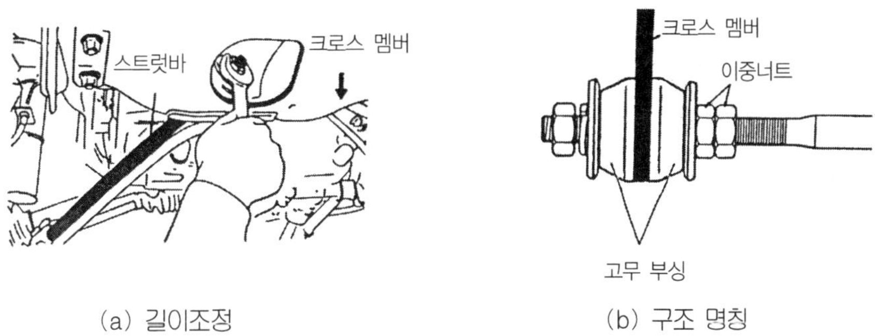

그림 7-11. 스트럿바로 조정

1.5. 킹핀 경사각

킹핀 경사각은 캠버와 함께 조향 핸들의 조작력을 작게 하며, 바퀴의 시미를 방지하고 앞바퀴 복원성을 주어 직진 위치로 쉽게 되돌아가게 한다.

1.5.1. 킹핀 경사각의 측정

① 앞바퀴를 직진 상태로 하고 좌우 턴테이블의 고정 핀을 빼낸 다음 각도판의 지침을 0점에 맞춘다.

② 바퀴의 그리스 캡을 떼어내고 깨끗이 닦은 후 휠 허브의 접촉면이 손상되어 있지 않는 가 점검한다.

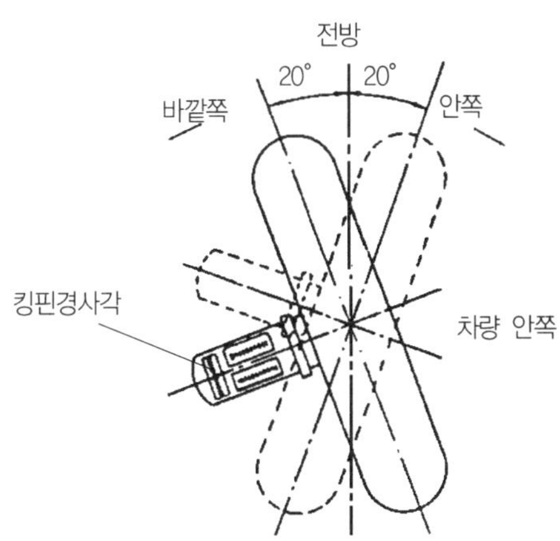

그림 7-12. 킹핀 경사각 측정

③ 포터블 게이지의 셀프 센터링 플런저를 스핀들의 중심과 일치시켜 게이지를 허브에 설치한다.

④ 턴테이블의 지침을 0점에 일치시킨 다음 턴테이블의 각도를 보면서 바퀴의 앞부분을 바깥쪽으로 20° 회전시킨 킹핀 게이지의 0점을 조정한다(좌·우 차륜 구분하여 0점 조정한다).

⑤ 바퀴의 앞부분을 직진 상태로 회전 시켜 턴테이블의 지침을 0점으로 했을 때 수포가 가리키는 눈금을 읽는다.

02 리어 휠 얼라인먼트

2.1. 토인 점검

해당 차량의 정비 지침서를 참고로 하여 토인의 규정값을 확인한다. 이때 리어 서스펜션 암 "B"의 체결 볼트는 반드시 양쪽을 같은 양만큼 돌린다. 그림 7-13, 6-14와 같이 캠 볼트는 중심 위치에서 좌우 90° 범위 내에서 조정한다.

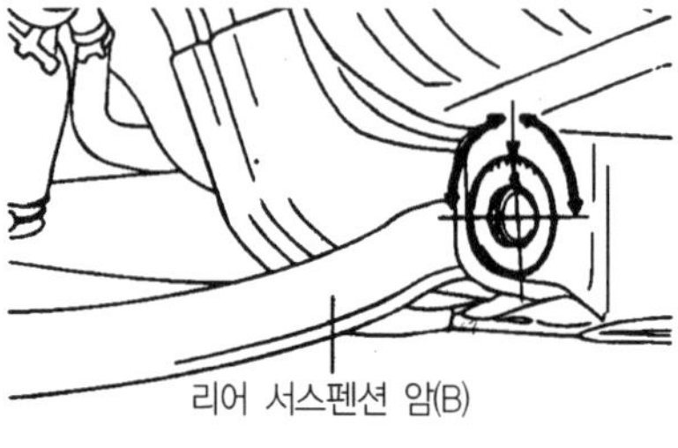

그림 7-13. 리어 서스펜션 캠 볼트 조정

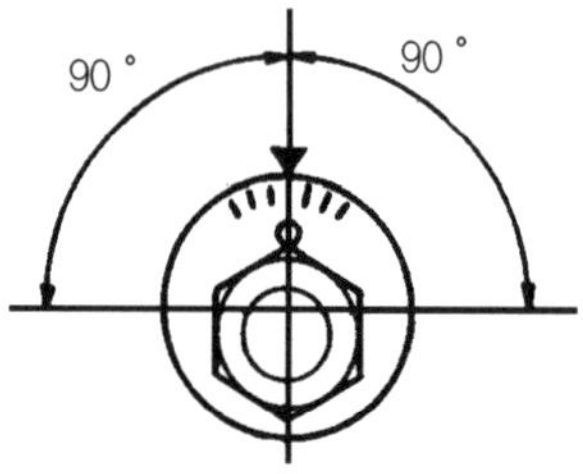

그림 7-14. 캠 볼트 조정

2.2. 타이어 마모

① 타이어의 트레드 깊이를 측정한다. 트레드 깊이는 한계치가 약 1.6mm이다.

② 그림 7-15와 같이 트레드 깊이가 한계치 이하이면 타이어를 교환한다. 이 때 트레드 깊이가 1.6mm 이하이면 마모 한계 표시가 나타난다.

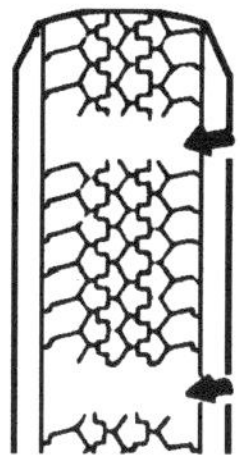

그림 7-15. 타이어 마모상태

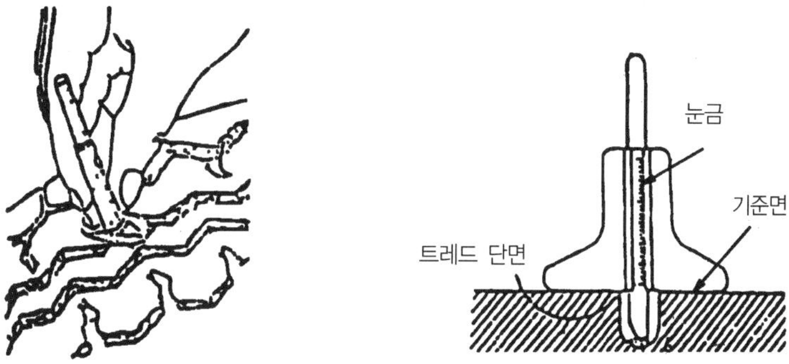

(a) (b)

그림 7-16. 타이어 트레드 마모 한도점검

2.3. 휠 런아웃

① 차량을 들어올리고 잭 스탠드로 지지한다.

② 그림 7-17과 같이 다이얼 게이지로 휠 런아웃을 측정한다.

③ 만일 휠 런 아웃이 과도하면 휠을 교환한다.

한 계 치		횡 측	종 측
런 아웃 (mm)	스틸휠	0.6	1.0
	알루미늄 휠	0.3	0.3

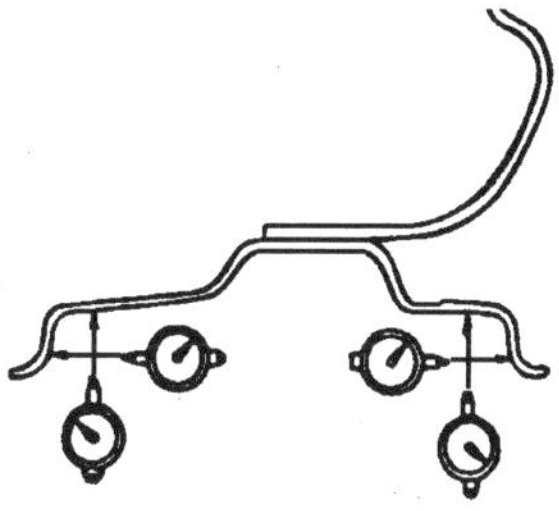

그림 7-17. 휠 런아웃 측정방법

2.4. 휠 너트 조임

2.4.1. 조임 토크

스틸 휠 및 알루미늄 합금 휠의 조임 토크는 해당차량의 정비지침서를 참고로 한다. 임팩트 렌치를 사용할 경우 최종 조임 토크는 토크 렌치를 사용하여 규정된 토크로 조인다.

2.4.2. 조임 순서

휠 너트는 그림 7-18과 같이 대각선 방향으로 조인 다음 재확인한다.

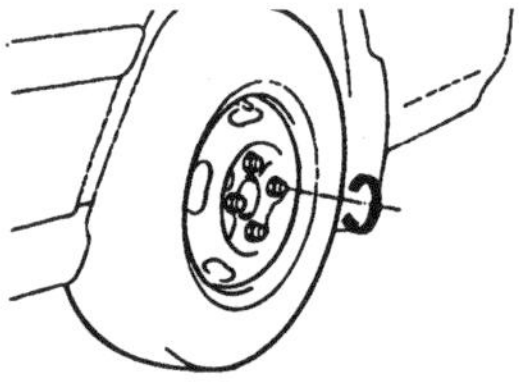

그림 7-18. 휠 너트 조임

03 최대 조향각과 최소 회전반경

3.1. 최대 조향각

평탄한 장소에서 측정 차량의 앞바퀴를 잭으로 들어 조향 핸들 직진상태에서 턴테이블 게이지를 0점에 고정 시킨 후 앞바퀴를 조용히 내려놓고 턴테이블 게이지의 고정핀을 제거한 후 조향핸들을 우측 또는 좌측으로 끝까지 돌리고 그 때의 눈금을 읽는다.

3.2. 최소 회전반경

평탄한 장소에서 측정 차량의 조향 핸들을 직진 상태에서 앞바퀴의 중심과 뒷바퀴 중심의 거리인 축거를 줄자를 이용하여 측정하고 외측 타이어 바퀴 조향각을 측정한 다음 공식에 준하여 산출한다. 자동차 안전기준에서 최소 회전 반경은 12m 이내로 정해져 있다.

$$R = \frac{L}{\sin\alpha} + r$$

R : 최소회전반경(m)
L : 축거(m)
sinα : 외측바퀴 조향각
r : 타이어 중심선과 볼 조인트 중심 간의 거리(m)

04 타이어 교환

① 타이어의 공기를 뺀다.
② 타이어의 고무판에 놓고 윙을 타이어 비드에 댄 후 윙 브래킷 페달을 밟아 림으로부터 타이어가 자유로워질 때까지 타이어를 수축한다.
③ 타이어를 테이블 위에 올려놓는다.
④ 죠 작동용 페달을 밟아 타이어를 고정시킨다.

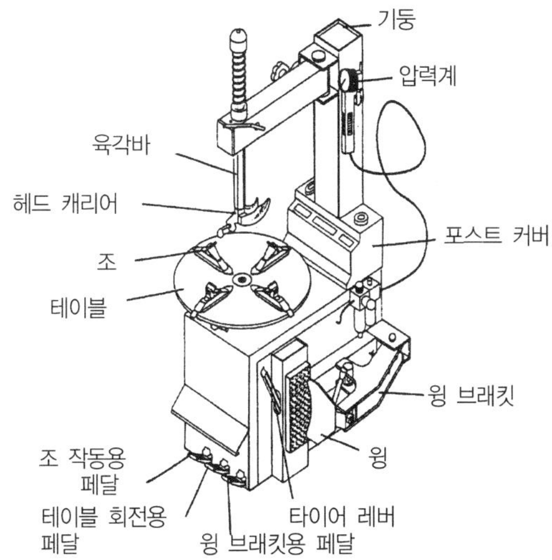

그림 7-19. 타이어 교환기

⑤ 스크루를 돌려 헤드 캐리어가 림으로부터 3~4mm떨어지게 육각바를 내린 후 고정시킨다.

⑥ 림과 타이어 비드부에 비눗물을 바른다.
⑦ 타이어 레버로 비드를 들어올린다.

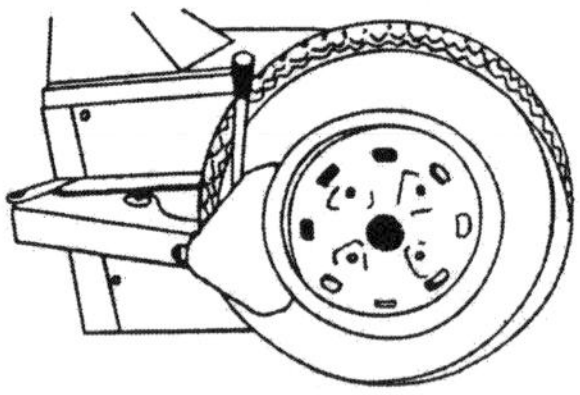
그림 7-20. 윙으로 타이어 수축

그림 7-21. 타이어 레버설치

⑧ 테이블 회전용 페달을 밟아 회전시키면 타이어가 림과 분리된다.

학습정리

1. 휠 타이어의 구조 및 작동원리를 설명할 수 있다.
2. 휠 타이어를 점검하고, 정비할 수 있다.
3. 휠 타이어의 정비 항목과 내용을 설명할 수 있다.

종괄평가

1. 휠의 규격과 종류를 설명하시오.

2. 타이어의 규격과 종류를 설명하시오.

3. 타이어 정비작업에서 점검하고, 판정하시오.

4. 타이어를 차량에서 분리하고, 장착하시오.

5. 타이어의 적정 공기압과 적정 마모에 대하여 설명하시오.

자기진단평가표

■ 점검항목(Check Lists)

다음 표는 자동차 정비시 해당 업무를 수행하는 데 필요한 능력수준을 스스로 확인할 수 있는 점검항목입니다. 본인의 평소 수준을 생각하여, 해당하는 항목에 √표시를 할 것.

■ 실습내용

자동차 동력전달장치 부품

영역	문항	우수하다	보통이다	미흡하다
실습 준비	1. 실습 태도와 교재 등이 준비되어 있다.	③	②	①
	2. 관련 공구 및 장비의 용어를 이해한다.	③	②	①
	3. 관련 실습의 부품의 용어와 기능을 설명할 수 있다.	③	②	①
정비 실습	1. 관련 정비 지침서를 이해할 수 있다.	③	②	①
	2. 관련 정비 부품을 점검할 수 있다.	③	②	①
	3. 관련부품을 교환 할 수 있다.	③	②	①
	4. 교환 후 관련 부품을 점검 할 수 있다.	③	②	①
정비 실습평가	1. 실습 내용을 설명할 수 있다.	③	②	①
정비 실습정리	1. 실습 내용을 관련 문서로 작성할 수 있다.	③	②	①
	2. 실습 후 관련 공구를 정리 정돈할 수 있다.	③	②	①

■ 예상 작업시간(　　시간　　분)

CHAPTER Ⅷ

NCS 교육평가

[NCS 교육평가 목록표]

순번	제출 서류	제출 부수	비고
1	교과목 명세서	1부	
2	강의계획서	1부	
3	교과목 평가계획서	1부	
4	진단평가서	00명	수강자전원
5	진단평가 종합결과표	1부	
6	직무능력 평가서	1부	과정평가 1, 2, 3, 4차
7	직무능력성취도평가서(총괄)	1부	
8	직무능력 평가 원본	00명	본 교재

01 교과목 명세서

교 과 목 명	자동차 섀시실습	과목구분	학 점	이론/실습
직 무 명	자동차 섀시정비능력	전공선택	3	1/3
이 수 학 기	1학기	※ NCS 분류체계 기계 – 자동차제조 – 자동차정비		
선 수 과 목				
직업기초능력	자기개발과 인성 → 경력개발 능력			
교 과 개 요	동력전달장치, 현가장치, 조향장치, 제동장치를 포함하는 자동차 섀시분야의 이론을 정립하고 실습을 통하여 졸업 후 취업시 현장 실무정비를 위한 기초지식을 습득한다.			

교과목표	※ 능력단위	
자동차 섀시의 구조 및 기초실습을 통하여 졸업 후 현장실무 및 국가자격시험에 대비한 적응능력을 배양한다.	능력단위명	코 드
	클러치정비	1506030301_14v2

※능력단위요소 (학습주제)	교과내용	시수
클러치점검 및 진단하기	작업절차에 따라 클러치장치를 점검하고 확인하여 정상작동 여부와 고장원인을 파악할 수 있다.	2
클러치 조정하기	차종에 따른 조정부품들의 규정치를 확인하여 적정한 장비를 사용하여 초기 설정 범위 값으로 조정할 수 있다.	2
클러치 교환하기	클러치장치 관련 부품들의 점검 · 진단결과에 따라 클러치 교환을 할 수 있다.	2
클러치 수리하기	클러치장치 관련 부품들의 점검 · 진단결과에 따라 클러치 수리를 할 수 있다.	1
클러치 검사하기	정비지침서에 따라 클러치장치의 세부점검 목록을 확인하여 클러치를 검사할 수 있다.	1

교수학습법 (해당칸에 "○" 입력)	이론강의	실 습	발 표	토 론	팀 프로젝트	캡스톤 디자인	포트 폴리오	기 타
	○	○			○		○	

※능력단위요소	평가항목 (과정 · 결과평가)	평가방법												
		A	B	C	D	E	F	G	H	I	J	K	L	M
클러치점검 및 진단하기	-유압식 클러치 구조 및 작동에 대한 지식 -클러치 고장현상별 진단능력 -점검 · 진단의 정확도를 높이기 위한 책임의식 함양	○	○	○									○	
클러치 조정하기	-클러치 페달 자유간극 조정능력 -조정기술 향상을 위한 적극적인 태도	○	○	○									○	
클러치 교환하기	-클러치 구성부품 및 위치 파악 능력 -클러치장치 부품교환 능력 -교환기술 향상을 위한 적극적 태도	○	○	○									○	
클러치 수리하기	-클러치 구성부품 점검능력 -클러치부품 규정치 파악능력 -수리 완성도를 높이기 위한 책임의식 함양	○	○	○									○	
클러치 검사하기	-클러치장치 검사능력 -검사기술 향상을 위한 적극적인 태도 -안전수칙 준수 및 작업장 정리정돈	○	○	○									○	

A. 포트폴리오 B. 문제해결시나리오 C. 서술형시험 D. 논술형 시험 E. 사례연구 F. 평가자 질문 G. 평가자 체크리스트 H. 피평가자 체크리스트 I. 일지/저널 J. 역할연기 K. 구두발표 L. 작업장평가 M. 기타

기자재	실습용 자동차, 정비공구, 리프터, 에어 콤프레서, 프로젝터

교 과 목 명	자동차 섀시실습	과목구분	학 점	이론/실습
직 무 명	자동차 섀시정비능력	전공선택	3	1/3
이 수 학 기	1학기	※ NCS 분류체계 기계 - 자동차제조 - 자동차정비		
선 수 과 목				
직업기초능력	자기개발과 인성→경력개발 능력			
교 과 개 요	동력전달장치, 현가장치, 조향장치, 제동장치를 포함하는 자동차 섀시분야의 이론을 정립하고 실습을 통하여 졸업 후 취업시 현장 실무정비를 위한 기초지식을 습득한다.			

교과목표	※ 능력단위	
	능력단위명	코드
자동차 섀시의 구조 및 기초실습을 통하여 졸업 후 현장실무 및 국가자격시험에 대비한 적응능력을 배양한다.	수동변속기정비	1506030302_14v2

※능력단위요소 (학습주제)	교과내용	시수
수동변속기 점검 및 진단하기	정비지침서에 따라 수동변속기장치의 세부점검 목록을 확인하여 고장원인을 파악할 수 있다.	2
수동변속기 조정하기	차종에 따라 조정부품·오일의 규정치를 확인하고 초기설정 범위 값으로 조정할 수 있다.	2
수동변속기 교환하기	정비지침서에 따라 수동변속기장치의 수동변속기 교환작업을 수행할 수 있다	2
수동변속기 수리하기	정비지침서에 따라 수동변속기장치의 수동변속기 수리작업을 수행할 수 있다	1
수동변속기 검사하기	정비지침서에 따라 수동변속기장치의 수동변속기 수리작업을 수행할 수 있다	1

교수학습법 (해 당 칸 에 "O" 입력)	이론 강의	실 습	발 표	토 론	팀 프로젝트	캡스톤 디자인	포트 폴리오	기 타
	O	O					O	

※능력단위요소	평가항목 (과정 · 결과평가)	평가방법												
		A	B	C	D	E	F	G	H	I	J	K	L	M
수동변속기 점검 및 진단하기	-수동변속기 구조 및 작동 원리 -수동변속기 고장 현상별 진단능력 -수동변속기 점검능력 -점검 및 진단향상을 위한 적극적인 태도	○	○	○									○	
수동변속기 조정하기	-수동변속기 고장현상별 조정능력 -조정능력 향상을 위한 적극적인 태도 -조정의 정밀성을 높이기 위한 책임의식 함양	○	○	○									○	
수동변속기 교환하기	-수동변속기 관련 공구사용 방법 숙지 -수동변속기 위치 및 탈부착순서 숙지 -수동변속기 탈거 및 조립 능력 -교환기술 향상을 위한 적극적인 태도	○	○	○									○	
수동변속기 수리하기	-수동변속기 구성품 역할을 숙지 -수동변속기 분해조립 능력 -수리향상을 위한 적극적인 태도	○	○	○									○	
수동변속기 검사하기	-수동변속기 구성품 역할과 작동원리에 대한 지식 -수동변속기 검사능력 -검사기술 향상을 위한 적극적인 태도 -안전수칙 준수 및 작업장 정리정돈	○	○	○									○	

A. 포트폴리오 B. 문제해결시나리오 C. 서술형시험 D. 논술형시험 E. 사례연구 F. 평가자 질문
G. 평가자 체크리스트 H. 피평가자 체크리스트 I. 일지/저널 J. 역할연기 K. 구두발표
L. 작업장평가 M. 기타

기자재	실습용 자동차, 정비공구, 리프터, 에어 콤프레서, 프로젝터

<table>
<tr><td>교 과 목 명</td><td>자동차 섀시실습</td><td>과목구분</td><td>학 점</td><td>이론/실습</td></tr>
<tr><td>직 무 명</td><td>자동차 섀시정비능력</td><td>전공선택</td><td>3</td><td>1/3</td></tr>
<tr><td>이 수 학 기</td><td>1학기</td><td colspan="3" rowspan="2">※ NCS 분류체계
기계 - 자동차제조 - 자동차정비</td></tr>
<tr><td>선 수 과 목</td><td></td></tr>
<tr><td>직업기초능력</td><td>자기개발과 인성→경력개발 능력</td><td colspan="3"></td></tr>
<tr><td>교 과 개 요</td><td colspan="4">동력전달장치, 현가장치, 조향장치, 제동장치를 포함하는 자동차 섀시분야의 이론을 정립하고 실습을 통하여 졸업 후 취업시 현장 실무정비를 위한 기초지식을 습득한다.</td></tr>
</table>

<table>
<tr><td colspan="2">교과목표</td><td colspan="2">※ 능력단위</td></tr>
<tr><td colspan="2" rowspan="2">자동차 섀시의 구조 및 기초실습을 통하여 졸업 후 현장실무 및 국가자격시험에 대비한 적응능력을 배양한다.</td><td>능력단위명</td><td>코 드</td></tr>
<tr><td>드라이브라인정비</td><td>1506030305_14v2</td></tr>
</table>

※능력단위요소 (학습주제)	교과내용	시 수
드라이브라인 점검 및 진단하기	정비지침서에 따라 드라이브라인의 세부 점검목록을 확인하여 고장 원인파악을 할 수 있다.	0.5
드라이브라인 교환하기	정비지침서에 따라 드라이브라인의 교환작업을 수행할 수 있다.	2
드라이브라인 수리하기	정비지침서에 따라 드라이브라인의 수리작업을 수행할 수 있다.	0.5
드라이브라인 검사하기	정비지침서에 따라 작업 후 드라이브라인장치의 작동상태·소음여부, 오일누유, 장치 성능을 검사할 수 있다.	0.5

교수학습법 (해 당 칸 에 "O" 입력)	이론 강의	실 습	발 표	토 론	팀 프로젝트	캡스톤 디자인	포트 폴리오	기 타
	○	○					○	

※능력단위요소	평가항목 (과정 · 결과평가)	평가방법												
		A	B	C	D	E	F	G	H	I	J	K	L	M
드라이브라인 점검 및 진단하기	-드라이브라인의 작동원리에 대한 지식 -자재이음과 슬립이음에 대한 지식 -드라이브라인의 이음 및 소음의 원인파악에 대한 기술 -드라이브라인의 작동상태 점검기술 -점검 및 진단 향상을 위한 적극적인 태도	○	○	○									○	
드라이브라인 교환하기	-드라이브라인의 교환기술 -특수공구 사용능력 -교환기술향상을 위한 적극적인 태도	○	○	○									○	
드라이브라인 수리하기	-드라이브라인의 수리기술 -특수공구 사용능력 -수리 향상을 위한 적극적인 태도	○	○	○									○	
드라이브라인 검사하기	-드라이브라인의 검사능력 -드라이브라인의 이음 및 소음의 원인 파악능력 -검사향상을 위한 적극적인 태도 -안전수칙 준수 및 작업장 정리정돈	○	○	○									○	

A. 포트폴리오 B. 문제해결시나리오 C. 서술형시험 D. 논술형시험 E. 사례연구 F. 평가자 질문
G. 평가자 체크리스트 H. 피평가자 체크리스트 I. 일지/저널 J. 역할연기 K. 구두발표
L. 작업장평가 M. 기타

기자재	실습 용자동차, 정비공구, 리프터, 에어 콤프레서, 프로젝터

교 과 목 명	자동차 섀시실습	과목구분	학 점	이론/실습
직 무 명	자동차 섀시정비능력	전공선택	3	1/3
이 수 학 기	1학기	※ NCS 분류체계 기계 - 자동차제조 - 자동차정비		
선 수 과 목				
직업기초능력	자기개발과 인성→경력개발 능력			
교 과 개 요	동력전달장치, 현가장치, 조향장치, 제동장치를 포함하는 자동차 섀시분야의 이론을 정립하고 실습을 통하여 졸업 후 취업시 현장 실무정비를 위한 기초지식을 습득한다.			

교과목표	※ 능력단위	
자동차 섀시의 구조 및 기초실습을 통하여 졸업 후 현장실무 및 국가자격시험에 대비한 적응능력을 배양한다.	능력단위명	코 드
	휠 및 타이어정비	1506030306_14v2

※능력단위요소 (학습주제)	교과내용	시 수
휠 및 타이어 진단하기	정비지침서에 따라 휠·타이어를 파악하고 관련 장치의 작동상태를 점검하고 확인할 수 있다.	0.5
휠 및 타이어 조정하기	정비지침서에 따라 휠·타이어의 평형상태를 확인·측정장비를 활용하여 조정하고 공기압을 측정하여 규정값으로 조정할 수 있다.	0.5
휠 및 타이어 교환하기	휠·타이어장치에 관련된 진단내용에 따라 휠·타이어 교환작업을 할 수 있다.	2
휠 및 타이어 수리하기	휠·타이어장치에 관련된 진단내용에 따라 휠·타이어 수리작업을 할 수 있다.	0.5
휠 및 타이어 검사하기	정비지침서에 따라 작업 후 휠·타이어의 성능 및 작동상태를 확인할 수 있다.	0.5

교수학습법 (해 당 칸 에 "O" 입력)	이론 강의	실 습	발 표	토 론	팀 프로젝트	캡스톤 디자인	포트 폴리오	기 타
	○	○			○		○	

※능력단위요소	평가항목 (과정 · 결과평가)	평가방법												
		A	B	C	D	E	F	G	H	I	J	K	L	M
휠 및 타이어 진단하기	-타이어에 발생하는 이상 현상에 대한 지식 -휠 · 타이어의 구조에 대한 지식 -타이어 및 휠 점검능력 -안전수칙 준수 및 작업장 정리정돈 -점검 및 진단향상을 위한 적극적인 태도	○	○	○									○	
휠 및 타이어 조정하기	-휠 · 타이어의 평형에 대한 지식 -타이어 공기압 조정능력 -휠 · 타이어 평형 조정능력 -조정능력 향상을 위한 적극적인 태도	○	○	○									○	
휠 및 타이어 교환하기	-휠 · 타이어의 교환에 대한 지식 -관련 장비 사용능력 -타이어 및 휠 교환능력 -교환기술 향상을 위한 적극적인 태도	○	○	○									○	
휠 및 타이어 수리하기	-타이어 및 휠 수리능력 -수리 향상을 위한 적극적인 태도	○	○	○									○	
휠 및 타이어 검사하기	-타이어 및 휠 검사능력 -검사기술 향상을 위한 적극적인 태도 -안전수칙 준수 및 작업장 정리정돈	○	○	○									○	

A. 포트폴리오 B. 문제해결시나리오 C. 서술형시험 D. 논술형 시험 E. 사례연구 F. 평가자 질문
G. 평가자 체크리스트 H. 피평가자 체크리스트 I. 일지/저널 J. 역할연기 K. 구두발표
L. 작업장평가 M. 기타

기자재	실습용 자동차, 정비공구, 리프터, 에어 콤프레서, 프로젝터

교 과 목 명	자동차 섀시실습	과목구분	학 점	이론/실습
직 무 명	자동차 섀시정비능력	전공선택	3	1/3
이 수 학 기	1학기	※ NCS 분류체계 기계-자동차제조-자동차정비		
선 수 과 목				
직업기초능력	자기개발과 인성→경력개발 능력			
교 과 개 요	동력전달장치, 현가장치, 조향장치, 제동장치를 포함하는 자동차 섀시분야의 이론을 정립하고 실습을 통하여 졸업 후 취업시 현장 실무정비를 위한 기초지식을 습득한다.			

교과목표	※ 능력단위	
	능력단위명	코 드
자동차 섀시의 구조 및 기초실습을 통하여 졸업 후 현장실무 및 국가자격시험에 대비한 적응능력을 배양한다.	차동장치정비	1506030307_14v2

※능력단위요소 (학습주제)	교과내용	시 수
차동장치 점검 및 진단하기	정비지침서에 따라 차동장치의 세부 점검목록을 확인하여 고장원인을 파악하고 분석 할 수 있다.	0.5
차동장치 조정하기	차종에 따라 조정부품·규정치를 확인하고 관련 장비를 사용하여 초기설정 범위 값으로 조정할 수 있다.	0.5
차동장치 교환하기	정비지침서에 따라 차동장치 장치의 교환목록을 확인하여 교환 작업을 수행할 수 있다.	2
차동장치 수리하기	정비지침서에 따라 차동장치 장치의 교환목록을 확인하여 수리 작업을 수행할 수 있다.	0.5
차동장치 검사하기	정비지침서에 따라 안전절차에 따라 작업 후 차동장치의 작동상태, 장치 성능을 검사할 수 있다.	0.5

교수학습법 (해당 칸에 "O" 입력)	이론 강의	실 습	발 표	토 론	팀 프로젝트	캡스톤 디자인	포트 폴리오	기 타
	○	○					○	

※능력단위요소	평가항목 (과정 · 결과평가)	평가방법												
		A	B	C	D	E	F	G	H	I	J	K	L	M
차동장치 점검 및 진단하기	-차동장치 원리와 작동의 상태 파악 -차동장치 점검 및 진단방법 에 대한 지식 -차동장치 내부적인 고장 원인 분석능력	○	○	○									○	
차동장치 조정하기	-정비지침서 조정값에 대한 지식 -차동장치 조정(백래시) 절차의 내용에 대한지식 -차동장치 조정기술 -올바른 공구선택 및 사용	○	○	○									○	
차동장치 교환하기	-차동장치 교환절차에 대한 지식 -차동장치 교환 능력기술 -차동장치 교환에 따른 부속물(프로라, 드래인샤프트 등) 탈부착 능력 -적정 공구선택 및 사용	○	○	○									○	
차동장치 수리하기	-차동장치 수리절차의 대한 지식 -차동장치 동력전달 상태 진단 기술 -차동장치 분해, 조립에 대한 기술 -차동장치 수리(기어교체, 베어링 교체) 대한 기술 -안전작업 수칙 준수	○	○	○									○	
차동장치 검사하기	-차동장치 검사에 대한 지식 -작업 후 차동장치 검사(소음, 진동) 대한 기술 -작업후 차동장치 동력 전달 상태 진단기술 - 안전작업 수칙 및 청결성 준수	○	○	○									○	

A. 포트폴리오 B. 문제해결시나리오 C. 서술형시험 D. 논술형시험 E. 사례연구 F. 평가자 질문
G. 평가자 체크리스트 H. 피평가자 체크리스트 I. 일지/저널 J. 역할연기 K. 구두발표
L. 작업장평가 M. 기타

기자재	실습용 자동차, 정비공구, 리프터, 에어 콤프레서, 프로젝터

교 과 목 명	자동차 섀시실습	과목구분	학 점	이론/실습
직 무 명	자동차 섀시정비능력	전공선택	3	1/3
이 수 학 기	1학기	※ NCS 분류체계 기계 - 자동차제조 - 자동차정비		
선 수 과 목				
직업기초능력	자기개발과 인성→경력개발 능력			
교 과 개 요	동력전달장치, 현가장치, 조향장치, 제동장치를 포함하는 자동차 섀시분야의 이론을 정립하고 실습을 통하여 졸업 후 취업시 현장 실무정비를 위한 기초지식을 습득한다.			

교과목표	※ 능력단위	
	능력단위명	코 드
자동차 섀시의 구조 및 기초실습을 통하여 졸업 후 현장실무 및 국가자격시험에 대비한 적응능력을 배양한다.	유압식 현가장치정비	1506030308_14v2

※능력단위요소 (학습주제)	교과내용	시수
현가장치 점검 및 진단하기	정비지침서에 따라 유압식 현가장치의 세부점검을 통하여 작동상태를 파악하고 고장원인을 분석할 수 있다.	1
현가장치 교환하기	정비지침서에 따라 유압식 현가장치의 교환 목록을 확인하고 관련 공구를 사용하여 교환작업을 수행할 수 있다.	2
현가장치 검사하기	정비지침서에 따라 작업 후 유압식 현가장치의 작동 상태·장치 성능을 검사할 수 있다.	1

교수학습법 (해당 칸에 "O" 입력)	이론 강의	실 습	발 표	토 론	팀 프로젝트	캡스톤 디자인	포트 폴리오	기타
	○	○					○	

※능력단위요소	평가항목 (과정 · 결과평가)	평가방법												
		A	B	C	D	E	F	G	H	I	J	K	L	M
현가장치 점검 및 진단하기	-유압장치 원리와 작동의 상태 파악 -유압장치 점검 및 진단방법에 대한 지식 -유압장치 내부적인 고장 원인 분석능력 기술 -유압장치 소음 및 작동상태 판단능력 기술 -안전작업 수칙 준수	○	○	○									○	
현가장치 교환하기	-유압장치 교환절차의 내용에 대한 지식 -유압장치 교환능력 및 교환에 따른 부속물 탈부착 능력 기술 -유압장치 작동상태 진단 기술 -안전작업 수칙준수 및 청결성 유지 -적정 공구선택 및 사용	○	○	○									○	
현가장치 검사하기	-작업 후 유압장치 검사에 대한 기술 -작업 후 유압장치 작동 상태 진단기술 -위험을 해소하려는 태도	○	○	○									○	

A. 포트폴리오 B. 문제해결시나리오 C. 서술형시험 D. 논술형시험 E. 사례연구 F. 평가자 질문
G. 평가자 체크리스트 H. 피평가자 체크리스트 I. 일지/저널 J. 역할연기 K. 구두발표
L. 작업장평가 M. 기타

기자재	실습용 자동차, 정비공구, 리프터, 에어 콤프레서, 프로젝터

교 과 목 명	자동차 섀시실습	과목구분	학점	이론/실습
직 무 명	자동차 섀시정비능력	전공선택	3	1/3
이 수 학 기	1학기	※ NCS 분류체계 기계 - 자동차제조 - 자동차정비		
선 수 과 목				
직업기초능력	자기개발과 인성→경력개발 능력			
교 과 개 요	동력전달장치, 현가장치, 조향장치, 제동장치를 포함하는 자동차 섀시 분야의 이론을 정립하고 실습을 통하여 졸업 후 취업시 현장 실무정비를 위한 기초지식을 습득한다.			

교과목표	※ 능력단위	
	능력단위명	코드
자동차 섀시의 구조 및 기초 실습을 통하여 졸업 후 현장 실무 및 국가자격시험에 대비한 적응 능력을 배양한다.	조향장치정비	1506030310_14v2

※능력단위요소 (학습주제)	교과내용	시수
조향장치 점검 및 진단하기	정비지침서에 따라 조향장치의 세부점검을 통하여 고장원인을 파악하고 분석할 수 있다.	1
조향장치 조정하기	차종에 따라 조정부품·규정치를 확인하여 관련장비를 사용하여 초기 설정 범위 값으로 조정할 수 있다.	1
조향장치 교환하기	정비지침서에 따라 조향장치의 교환 목록을 확인하고 관련공구를 사용하여 교환작업을 수행할 수 있다.	4
조향장치 수리하기	정비지침서에 따라 조향장치의 교환 목록을 확인하고 관련공구를 사용하여 수리작업을 수행할 수 있다.	1
조향장치 검사하기	정비지침서에 따라 작업 후 유압식 현가장치의 작동상태·장치 성능을 검사할 수 있다.	1

교수학습법 (해 당 칸 에 "O" 입력)	이론 강의	실 습	발 표	토 론	팀 프로젝트	캡스톤 디자인	포트 폴리오	기타
	O	O			O		O	

※능력단위요소	평가항목 (과정 · 결과평가)	평가방법												
		A	B	C	D	E	F	G	H	I	J	K	L	M
조향장치 점검 및 진단하기	-조향장치 구조 및 작동상태에 대한지식 -조향장치 고장 현상별 진단 능력 -안전수칙 준수 및 작업장 정리정돈 -점검 및 진단향상을 위한 적극적인 태도	○	○	○									○	
조향장치 조정하기	-조향장치 구성부품 단품 점검능력 -조향장치 구성부품 및 위치 파악 능력 -조정기술 향상을 위한 적극적인 태도	○	○	○									○	
조향장치 교환하기	-조향장치 구성부품 및 위치 파악 능력 -조향장치 장치 교환 능력 -교환기술 향상을 위한 적극적인 태도	○	○	○									○	
조향장치 수리하기	-조향장치 부품 규정치 파악 능력 -안전수칙 준수 및 수리 향상을 위한 적극적인 태도	○	○	○									○	
조향장치 검사하기	-조향장치 장치 검사 능력 -검사기술 향상을 위한 적극적인 태도 -안전수칙 준수 및 작업장 정리 정돈	○	○	○									○	

A. 포트폴리오 B. 문제해결시나리오 C. 서술형시험 D. 논술형 시험 E. 사례연구 F. 평가자 질문 G. 평가자 체크리스트 H. 피평가자 체크리스트 I. 일지/저널 J. 역할연기 K. 구두발표 L. 작업장평가 M. 기타

기자재	실습용 자동차, 정비공구, 리프터, 에어 콤프레서, 프로젝터

<table>
<tr><td>교 과 목 명</td><td>자동차 섀시실습</td><td>과목구분</td><td>학점</td><td>이론/실습</td></tr>
<tr><td>직 무 명</td><td>자동차 섀시정비능력</td><td>전공선택</td><td>3</td><td>1/3</td></tr>
<tr><td>이 수 학 기</td><td>1학기</td><td colspan="3" rowspan="2">※ NCS 분류체계
기계 - 자동차제조 - 자동차정비</td></tr>
<tr><td>선 수 과 목</td><td></td></tr>
<tr><td>직업기초능력</td><td>자기개발과 인성→경력개발 능력</td><td colspan="3"></td></tr>
<tr><td>교 과 개 요</td><td colspan="4">동력전달장치, 현가장치, 조향장치, 제동장치를 포함하는 자동차 섀시분야의 이론을 정립하고 실습을 통하여 졸업 후 취업시 현장 실무정비를 위한 기초지식을 습득한다.</td></tr>
</table>

<table>
<tr><td rowspan="2">교과목표</td><td colspan="2">※ 능력단위</td></tr>
<tr><td>능력단위명</td><td>코 드</td></tr>
<tr><td>자동차 섀시의 구조 및 기초실습을 통하여 졸업 후 현장실무 및 국가자격시험에 대비한 적응능력을 배양한다.</td><td>휠 얼라이먼트</td><td>1506030312_14v2</td></tr>
</table>

※능력단위요소 (학습주제)	교과내용	시수
휠 얼라인먼트 점검 및 진단하기	정비지침서에 따라 휠 얼라인먼트의 세부점검을 통해 진단하고 고장원인을 진단할 수 있다.	1
휠 얼라인먼트 조정하기	정비지침서에 따라 휠 얼라인먼트를 관련 장비를 사용하여 조정을 할 수 있다.	2
휠 얼라인먼트 확인 관련부품 교환하기	현가 및 조향장치에서 학습	0
휠 얼라인먼트 확인 관련부품 수리하기	현가 및 조향장치에서 학습	0
휠 얼라인먼트 검사하기	정비지침서에 따라 고장진단장비를 사용하여 검사할 수 있다.	1

<table>
<tr><td rowspan="2">교수학습법
(해당칸에 “○” 입력)</td><td>이론 강의</td><td>실 습</td><td>발 표</td><td>토 론</td><td>팀 프로젝트</td><td>캡스톤 디자인</td><td>포트 폴리오</td><td>기타</td></tr>
<tr><td>○</td><td>○</td><td></td><td></td><td></td><td></td><td>○</td><td></td></tr>
</table>

※능력단위요소	평가항목 (과정 · 결과평가)	평가방법												
		A	B	C	D	E	F	G	H	I	J	K	L	M
휠 얼라인먼트 점검 및 진단하기	-휠 얼라인먼트 구조에 대한 지식 -휠 얼라인먼트 작동상태 숙지 -휠 얼라인먼트 고장현상별 진단능력 -휠 얼라인먼트 상태 파악 능력 -안전수칙 준수	○	○	○									○	
휠 얼라인먼트 조정하기	-휠 얼라인먼트 조정능력 -안전수칙 준수	○	○	○									○	
휠 얼라인먼트 확인 관련부품 교환하기		○	○	○									○	
휠 얼라인먼트 확인 관련부품 수리하기		○	○	○									○	
휠 얼라인먼트 검사하기	-휠 얼라인먼트장치 검사능력 -검사기술 향상을 위한 적극적인 태도 -안전수칙 준수	○	○	○									○	

A. 포트폴리오 B. 문제해결시나리오 C. 서술형시험 D. 논술형시험 E. 사례연구 F. 평가자 질문
G. 평가자 체크리스트 H. 피평가자 체크리스트 I. 일지/저널 J. 역할연기 K. 구두발표 L. 작업장평가
M. 기타

기자재	실습용 자동차, 정비공구, 리프터, 에어 콤프레서, 프로젝터

교 과 목 명	자동차 섀시실습	과목구분	학 점	이론/실습
직 무 명	자동차 섀시정비능력	전공선택	3	1/3
이 수 학 기	1학기	※ NCS 분류체계 기계 – 자동차제조 – 자동차정비		
선 수 과 목				
직업기초능력	자기개발과 인성→경력개발 능력			
교 과 개 요	동력전달장치, 현가장치, 조향장치, 제동장치를 포함하는 자동차 섀시분야의 이론을 정립하고 실습을 통하여 졸업 후 취업시 현장 실무정비를 위한 기초지식을 습득한다.			

교과목표	※ 능력단위	
	능력단위명	코 드
자동차 섀시의 구조 및 기초실습을 통하여 졸업 후 현장실무 및 국가자격시험에 대비한 적응능력을 배양한다.	제동장치점검	1506030313_14v2

※능력단위요소 (학습주제)	교과내용	시수
제동장치 점검 및 진단하기	정비지침서에 따라 작업 후 제동장치의 작동 상태를 검사할 수 있다	1
제동장치 조정하기	- 차종에 따른 규정치를 확인하여 초기범위 값으로 조정할 수 있다. - 오일을 교환하고 공기빼기를 할 수 있다.	1
제동장치 교환하기	정비지침서에 따라 제동장치의 교환 목록을 확인하고 관련공구를 사용하여 교환작업을 수행할 수 있다.	4
제동장치 수리하기	정비지침서에 따라 제동장치의 교환 목록을 확인하고 관련공구를 사용하여 수리작업을 수행할 수 있다.	1
제동장치 검사하기	정비지침서에 따라 작업 후 제동장치의 작동 상태 · 장치 성능을 검사할 수 있다.	1

교수학습법 (해 당 칸 에 "O" 입력)	이론 강의	실 습	발 표	토 론	팀 프로젝트	캡스톤 디자인	포트 폴리오	기타
	○	○					○	

※능력단위요소	평가항목 (과정 · 결과평가)	평가방법												
		A	B	C	D	E	F	G	H	I	J	K	L	M
제동장치 점검 및 진단하기	-유압식 제동장치 고장시 차량 이상 현상에 대한 지식 -제동장치 점검, 검사 및 진단절차 및 내용에 대한 지식 -유압식 제동장치 관련 작동상태 및 진동, 소음 진단 능력 -유압식 제동장치 유압전달 이상 유무 진단 능력 -유압식 제동장치 전용오일 오염상태 및 누유 판단 능력 -기술 향상을 위한 적극적인 태도	○	○	○									○	
제동장치 조정하기	-유압식 제동장치 유격, 작동거리 등 조정기술 -유압식 제동장치 관련 부품 조정을 위한 장비 및 수공구 사용 기술 -기술향상을 위한 적극적인 태도	○	○	○									○	
제동장치 교환하기	-유압식 제동장치 교환, 정비를 위한 적정장비 및 공구선택, 사용능력 -유압식 제동장치 부품별 탈· 부착능력 -기술향상을 위한 적극적인 태도	○	○	○									○	
제동장치 수리하기	-정비지침서에 따른 유압식 제동장치 수리방법에 대한 지식 -유압식 제동장치 수리를 위한 적정장비 및 공구선택, 사용능력	○	○	○									○	
제동장치 검사하기	-유압식 제동장치 검사절차 및 내용에 대한 지식 -작업이 끝난 후 완성도를 검사하는 기술 -기술향상을 위한 적극적인 태도 -안전수칙 준수 및 작업장 정리정돈	○	○	○									○	

A. 포트폴리오 B. 문제해결시나리오 C. 서술형시험 D. 논술형시험 E. 사례연구 F. 평가자 질문 G. 평가자 체크리스트 H. 피평가자 체크리스트 I. 일지/저널 J. 역할연기 K. 구두발표 L. 작업장평가 M. 기타

기자재	실습용자동차, 정비공구, 리프터, 에어콤프레서, 프로젝터

02 강의계획서

직 무	능력단위/책무(Duty)	능력단위코드
자동차정비	클러치정비	1506030301_14v2
	수동변속기정비	1506030302_14v2
	드라이브라인정비	1506030305_14v2
	휠 및 타이어정비	1506030306_14v2
	차동장치정비	1506030307_14v2
	유압식 현가장치정비	1506030308_14v2
	조향장치정비	1506030310_14v2
	휠 얼라인먼트 정비	1506030312_14v2
	제동장치정비	1506030313_14v2

교과목 명(영어명)	학점/시간	대상 학과	학년/학기	강의실
자동차 섀시실습(Automotive Chassis Practice)				자동차관 섀시실습실

교과구분			
	전공	☑ NCS 기반 ◻ 전공 ◻ 전공기초 ◻ 자격증 기반 ◻ 기타( )	
	교양	◻ 핵심교양	◻ 의사소통 ◻ 수리 ◻ 문제해결 ◻ 자기개발 ◻ 자원관리 ◻ 대인관계
		◻ 선택교양	◻ 정보 ◻ 기술 ◻ 조직이해 ◻ 직업윤리 ◻ 일반

담당교수	소속학과	교 수 명	연 락 처(연구실 / H.P)	e-mail
		홍 길 동		

교육목표(학습목표)	자동차 섀시의 구조 및 기초실습을 통하여 졸업 후 현장실무 및 국가자격시험에 대비한 적응 능력을 배양한다.

교육학습 방법	이론강의	실 습	발 표	토 론	팀프로젝트	캡스톤디자인	포트폴리오	기타
	○	○					○	

교육장소(시 설)	일반강의실	전용실습실	컴퓨터실습실	외부교육시설	기 타
	○	○			

교재(NCS 학습 모듈)				
	학 습 모 듈 개 발 여 부	◻ 개발 ☑ 미개발	학습모듈 사용여부	◻ 사용 ☑ 미사용
	주 교 재	자동차 섀시정비실습 (학습모듈번호:)		
	참 고 교 재			

평가방법	A	B	C	D	E	F	G	H	I	J	K	L	M
	○	○	○									○	

A. 포트폴리오 B. 문제해결시나리오 C. 서술형시험 D. 논술형시험 E. 사례연구
F. 평가자 질문 G. 평가자 체크리스트 H. 피평가자 체크리스트 I. 일지/저널
J. 역할연기 K. 구두발표 L. 작업장평가 M. 기타 ※ 세부내용은 평가계획서에 기술됨

직무 평가 방법	종류	출 석	직무능력평가(과정평가)				사전학습평가		합 계
			1차	2차	3차	4차	1차	2차	
	비율	20%	15%	15%	15%	15%	10%	10%	100%

구분 및 방법:
① 평가는 과목의 특성에 따라 정할 수 있다. 단, 출석점수는 제외한다.
② 성적분포 비율은 A, B학점 합이 70% 이하여야 하며, A학점은 50%를 넘지 못한다.
③ 결과평가(중간, 기말)를 실시하지 않을 경우 정상수업을 진행하여야 함
④ 성적분포 비율은 A, B학점 합이 70% 이하여야 하며, A학점은 50%를 넘지 못한다.

주차별 학습내용				
주차	관련 능력단위요소 ※(학습주제)	수행준거 ※(학습목표)	수업 내용 ◎(K: 지식, S: 기술, A: 태도)	비 고
1	□클러치 점검 및 진단하기 □클러치 조정하기	-클러치시스템을 이해하고 구성 부품 및 작동원리를 설명 할 수 있다. -진단장비 및 차량상태를 확인하고 고장유무를 판단할 수 있다. -클러치 오일 규정치를 확인하고 교환할 수 있다(공기빼기 포함). -클러치 유격확인 및 조정이 가능하다.	■K -클러치작동에 대한 지식 -클러치 점검조정, 검사절차 및 내용에 대한 지식 ■S -작동유 오염상태 및 누유 판단기술 -클러치 페달 유격 조정기술 -동력전달상태(충격, 소음, 슬립, 진동) 진단기술 ■A -기술적 위험을 적극적으로 해소하려는 태도 -안전수칙 준수 의지	
2	□클러치 교환하기 □클러치 수리하기 □클러치 검사하기	-장치의 진단결과 고장난 부품을 교환이 가능하다. -차량상태에서 고장난 클러치를 탈거하고 신품을 부착할 수 있다. -유압회로 및 배선도에 의해 회로 검사를 하고 고장난 부위를 수리할 수 있다. -작업을 완료한 후 정상적인 작동을 진단기 및 시운전을 통하여 확인할 수 있다.	■K -클러치의 교환수리의 절차에 대한 지식 -클러치 점검조정, 검사절차 및 내용에 대한 지식 ■S -클러치 정비를 위한 적정장비 공구사용 능력 -작업의 완성도 검사기술 ■A -기술적 위험을 적극적으로 해소하려는 태도 -안전수칙 준수 의지	
3	□수동변속기 점검 및 진단하기 □수동변속기 조정하기 □수동변속기 교환하기 □수동변속기 수리하기 □수동변속기 검사하기	-수동변속기시스템을 이해하고 구성부품 및 작동원리를 설명할 수 있다. -진단장비 및 차량상태를 확인하고 고장유무를 판단할 수 있다. -수동변속기 오일 규정치를 확인하고 교환할 수 있다. -수동변속기 레버 링키지 작동 및 조정이 가능하다. -변속기어의 각종 유격 및 틈새 조정이 가능하다.	■K -수동변속기 작동원리에 대한 지식 -수동변속기 점검조정, 검사절차 및 내용에 대한 지식 -수동변속기의 교환 수리의 절차에 대한 지식 -수동변속기 점검 조정, 검사절차 및 내용에 대한 지식 ■S -수동변속기 오일 오염상태 및 적정량 판단기술 -동력전달상태(충격, 소음, 슬립, 진동) 진단기술	

주차	관련 능력단위요소 ※(학습주제)	수행준거 ※(학습목표)	수업 내용 ◎(K: 지식, S: 기술, A: 태도)	비 고
3	□ 수동변속기 점검 및 진단하기 □ 수동변속기 조정하기 □ 수동변속기 교환하기 □ 수동변속기 수리하기 □ 수동변속기 검사하기	-장치의 진단결과 고장난 부품을 교환이 가능하다. -차량상태에서 고장난 변속기를 탈거하고 신품을 부착할 수 있다. -회로 및 배선도에 의해 검사를 하고 고장난 부위를 수리 할 수 있다. -작업을 완료한 후 정상적인 작동을 진단기 및 시운전을 통하여 확인할 수 있다.	-수동변속기 정비를 위한 적정장비 공구 사용 능력 -작업의 완성도 검사기술 ■A -기술적 위험을 적극적으로 해소하려는 태도 -안전수칙 준수 의지	
4	□ 드라이브라인 점검 및 진단하기 □ 드라이브라인 조정하기 □ 드라이브라인 교환하기 □ 드라이브라인 수리하기 □ 드라이브라인 검사하기	-드라이브라인시스템을 이해하고 구성부품 및 작동원리를 설명할 수 있다. -진단장비 및 차량상태를 확인하고 고장유무를 판단할 수 있다. -드라이브라인 링키지 작동 및 조정이 가능하다. -차량상태에서 고장난 부품을 탈거하고 신품을 부착할 수 있다. -회로 및 배선도에 의해 검사를 하고 고장난 부위를 수리할 수 있다. -작업을 완료한 후 정상적인 작동여부와 성능을 매뉴얼에 따라 확인할 수 있다.	■K -드라이브라인 작동원리에 대한 지식 -드라이브라인 점검조정, 검사절차 및 내용에 대한 지식 -드라이브라인 교환 수리의 절차에 대한 지식 ■S -드라이브라인 충격, 소음, 진동 진단기술 -드라이브라인 정비를 위한 적정장비 공구 사용능력 -작업의 완성도 검사기술 ■A -기술적 위험을 적극적으로 해소하려는 태도 -안전수칙 준수 의지 -작업공정 중 청결성 이행 의지	직무 능력 평가 1차
5	□ 차동장치 점검 및 진단하기 □ 차동장치 조정하기 □ 차동장치 교환하기 □ 차동장치 수리하기 □ 차동장치 검사하기	-차동장치시스템을 이해하고 구성부품 및 작동원리를 설명할 수 있다. -점검 및 진단을 매뉴얼에 따라 실시하고 이상 유무를 판단할 수 있다. -차종에 따른 조정부품의 규정치를 확인하고 초기 설정 범위로 조정이 가능하다. -관련된 지식과 올바른 공구 사용으로 교환이 가능하다. -진단내용을 근거로 고장부위수리가 가능하다. -고장의 정확한 진단 및 수리 후 점검이 가능하다.	■K -차동장치 작동에 대한 지식 -차동장치의 교환 수리의 절차에 대한 지식 -차동장치 점검조정, 검사절차 및 내용에 대한 지식 ■S -차동장치 오일 오염상태 및 적정량 판단기술 -차동장치 작동상태 및 진동, 소음, 마모, 슬립 진단기술 -차동장치 정비를 위한 적정장비 및 공구사용 능력 -작업의 완성도 검사기술 ■A -기술적 위험을 적극적으로 해소하려는 태도 -안전수칙 준수 의지 -작업공정 중 청결성 이행 의지	피드백 (향상/심화교육)

주차	관련 능력단위요소 ※(학습주제)	수행준거 ※(학습목표)	수업 내용 ◎(K: 지식, S: 기술, A: 태도)	비 고
6	□ 휠 및 타이어 진단하기 □ 휠 및 타이어 조정하기 □ 휠 및 타이어 교환하기 □ 휠 및 타이어 수리하기 □ 휠 및 타이어 검사하기	-휠 및 타이어의 시스템을 이해하고 구성부품 및 작동원리를 설명할 수 있다. -진단장비 및 차량상태를 확인하고 이상 유무를 판단할 수 있다. -휠 및 타이어 관련 규정치를 확인하고 조정할 수 있다. -휠 및 타이어, 압력게이지를 교체할 수 있다. -타이어의 이상 유무를 확인하여 수리가 가능하다. -작업을 완료한 후 정상적인 작동을 검사 매뉴얼에 의해 확인할 수 있다.	■ K -휠 및 타이어(모니터링 포함)에 대한 지식 -휠 및 타이어의 교환 수리의 절차에 대한 지식 -휠 및 타이어 점검 조정, 검사절차 및 내용에 대한 지식 ■ S -타이어에 정적, 동적 진동 진단기술 -작업의 완성도 검사기술 -휠 및 타이어 정비를 위한 적정장비 공구 사용능력 -타이어 공기압력 센서 검사기술 ■ A -기술적 위험을 적극적으로 해소하려는 태도 -안전수칙 준수 의지 -작업공정 중 청결성 이행 의지	직무 능력 평가 2차
7	□ 현가장치 점검 및 진단하기 □ 현가장치 조정하기	-현가장치시스템을 이해하고 구성부품 및 작동원리를 설명할 수 있다. -현가장치 점검 및 진단이 작업순서에 따라 가능하다. -차종에 따른 조정부품의 규정치를 확인하고 초기 설정 범위로 조정이 가능하다.	■ K -현가장치 작동에 대한 지식 -현가장치 점검조정, 검사절차 및 내용에 대한 지식 ■ S -현가장치 오일 누유판단 기술 -현가장치 작동상태 및 진동, 소음, 승차감 진단기술 ■ A -기술적 위험을 적극적으로 해소하려는 태도 -안전수칙 준수 의지 -작업공정 중 청결성 이행의지	
8	중간평가	작업형 평가		
9	□ 현가장치 교환하기 □ 현가장치 수리하기 □ 현가장치 검사하기	-관련된 지식과 올바른 공구사용으로 교환이 가능하다. -진단내용을 근거로 고장부위 수리가 가능하다. -고장의 정확한 진단 및 수리 후 점검이 가능하다.	■ K -현가장치의 교환수리의 절차 및 내용에 대한 지식 -현가장치 점검조정, 검사절차 및 내용에 대한 지식 ■ S -현가장치 정비를 위한 적정장비 및 공구사용 능력 -작업의 완성도 검사기술 ■ A -기술적 위험을 적극적으로 해소하려는 태도 -안전수칙 준수 의지 -작업공정 중 청결성 이행의지	직무 능력 평가 3차

주차	관련 능력단위요소 ※(학습주제)	수행준거 ※(학습목표)	수업 내용 ◎(K: 지식, S: 기술, A: 태도)	비 고
10	▯조향장치 점검 및 진단하기 ▯조향장치 조정하기	-조향장치시스템을 이해하고 구성부품 및 작동원리를 설명할 수 있다. -조향장치 점검 및 진단이 작업순서에 따라 가능하다. -차종에 따른 조정부품의 규정치를 확인하고 초기 설정범위로 조정이 가능하다.	■K -조향장치 작동에 대한 지식 -조향장치 점검조정, 검사절차 및 내용에 대한 지식 ■S -조향장치 작동상태 판단기술 -조향장치 오일양과 상태, 누유, 압력, 공기유입 판단기술 ■A -기술적 위험을 적극적으로 해소하려는 태도 -안전수칙 준수 의지 -작업공정 중 청결성 이행의지	피드백(향상/심화교육)
11	▯조향장치 교환하기 ▯조향장치 수리하기 ▯조향장치 검사하기	-관련된 지식과 올바른 공구사용으로 교환이 가능하다. -진단내용을 근거로 고장부위 수리가 가능하다. -고장의 정확한 진단 및 수리 후 점검이 가능하다.	■K -조향장치의 교환 수리의 절차 및 내용에 대한 지식 ■S -조향장치 작동상태 및 진동, 소음, 진단기술 -조향장치 정비를 위한 적정장비 및 공구사용 능력 -작업의 완성도 검사기술 ■A -기술적 위험을 적극적으로 해소하려는 태도 -안전수칙 준수 의지 -작업공정 중 청결성 이행의지	직무능력평가 3차
12	▯휠 얼라인먼트 점검 및 진단하기 ▯휠 얼라인먼트 조정하기 ▯휠 얼라인먼트 확인관련 부품 교환하기 ▯휠 얼라인먼트 확인 관련 부품 수리하기 ▯휠 얼라인먼트 검사하기	-정비지침서에 따라 휠 얼라인먼트의 점검을 통해 진단하고 고장원인을 알아낼 수 있다. -정비지침서에 따라 휠 얼라인먼트를 관련 장비를 사용하여 조정을 할 수 있다. -조정이 끝난 뒤 장비를 사용하여 검사할 수 있다.	■K -휠 얼라인먼트 구조에 대한 지식 -휠 얼라인먼트 작동상태 숙지 ■S -휠 얼라인먼트 고장현상별 진단능력 -휠 얼라인먼트 상태파악 능력 -휠 얼라인먼트 조정능력 ■A -기술적 위험을 적극적으로 해소하려는 태도 -안전수칙 준수 의지 -작업공정 중 청결성 이행 의지	

주차	관련 능력단위요소 ※(학습주제)	수행준거 ※(학습목표)	수업 내용 ◎(K: 지식, S: 기술, A: 태도)	비 고
13	□ 제동장치 점검 및 진단하기 □ 제동장치 조정하기	-제동장치 시스템을 이해하고 구성부품 및 작동원리를 설명할 수 있다. -제동장치 점검 및 진단이 작업 순서에 따라 가능하다. -차종에 따른 조정부품의 규정치를 확인하고 초기 설정범위로 조정이 가능하다.	■K -제동장치 작동에 대한 지식 -제동장치 점검조정, 검사절차 및 내용에 대한 지식 ■S -제동장치 오일 누유판단 기술 -제동장치 작동상태 및 진동, 소음, 승차감 진단기술 ■A -기술적 위험을 적극적으로 해소하려는 태도 -안전수칙 준수 의지 -작업공정 중 청결성 이행의지	피드백 (향상/심화교육)
14	□ 제동장치 교환하기 □ 제동장치 수리하기 □ 제동장치 검사하기	-관련된 지식과 올바른 공구사용으로 교환이 가능하다. -진단내용을 근거로 고장부위 수리가 가능하다. -고장의 정확한 진단 및 수리 후 점검이 가능하다.	■K -제동장치의 교환 수리의 절차 및 내용에 대한 지식 -제동장치 점검조정, 검사절차 및 내용에 대한 지식 ■S -제동장치 정비를 위한 적정장비 및 공구사용 능력 -작업의 완성도 검사기술 ■A -기술적 위험을 적극적으로 해소하려는 태도 -안전수칙 준수 의지 -작업공정 중 청결성 이행의지	
15	기말 평가	작업형 평가		직무 능력 평가 4차

03 교과목 평가계획서

교과목 평가 계획서

교과목명	자동차 섀시실습	담당교수	
직무(Job)	자동차정비/ 자동차 섀시정비능력	능력단위명 (코드)	클러치정비(1506030301_14v2)
			수동변속기정비(1506030302_14v2)
			드라이브라인정비(1506030305_14v2)
			휠 및 타이어정비(1506030306_14v2)
			차동장치정비(1506030307_14v21)
			유압식 현가장치정비(1506030308_14v2)
			조향장치정비(1506030310_14v2)
			휠 얼라인먼트 정비(1506030312_14v2)
			제동장치정비(1506030313_14v2)

	구 분	배점	평가방법 및 내용
평가개요	진 단 평 가	-	클러치 학습성과를 달성하는데 필요한 사전지식을 평가한다.
	출 석 평 가	20%	매주 수업의 출결 사항을 확인한다.
	사 전 학 습 평 가	10%	동력전달 장치의 사전수업 준비를 위한 예습상태를 점검하고 평가한다.
	직무능력평가 1차 (과정평가 1, 2차)	30%	동력전달장치의 실습 내용 및 보고서로 평가한다.
	사 전 학 습 평 가	10%	자동차 주행장치의 사전수업 준비를 위한 예습상태를 점검하고 평가한다.
	직무능력평가 2차 (과정평가 3, 4차)	30%	자동차 주행장치의 실습내용 및 보고서로 평가한다.
평가유형	A. 포트폴리오 B. 문제해결시나리오 C. 서술형시험 D. 논술형시험 E. 사례연구 F. 평가자 질문 G. 평가자 체크리스트 H. 피평가자 체크리스트 I. 일지/저널 J. 역할연기 K. 구두발표 L. 작업장평가 M. 기타		

평가영역	세부내용
진단평가	■ 평가시기 : 섀시 각 시스템 시작 전 ■ 평가영역 : 자동차 섀시의 공통기초, 작업계획하기, 준비하기, 시스템 특징 기술하기, 산업기사 실기시험 문제 미리보기 ■ 평가방법 : 서술형 평가 ■ 평가시 고려사항 : 인터넷 및 학습자료를 통해 최대한 많은 정보를 기술한다. ■ 평가결과 활용계획 : 교수학습계획을 수정·보완하고 수업의 질 개선에 활용한다.
직무능력평가 1 (과정평가 1, 2차)	■ 관련 능력단위요소 : 정비실습 및 결과 보고서 작성 ■ 평가시기 : 5~6주차 ■ 평가내용 [과정평가 1] -클러치의 페달 및 유압시스템의 점검 및 정비를 할 수 있다. -클러치 교환을 위한 변속기를 차량에서 탈거하고 단품점검 및 교환을 할 수 있다. -클러치 교환 및 수리를 완료하고 정상적인 작동을 확인할 수 있다. -수동변속기의 분해 조립을 할 수 있다. -수동변속기의 고장부위를 수리할 수 있다. -작업을 완료 후 정상적인 작동을 확인할 수 있다. [과정평가 2] -드라이브라인의 세부점검 목록을 통하여 고장을 찾아낼 수 있다. -드라이브라인의 수리와 교환작업이 가능하다. -드라이브라인의 작동상태, 오일누유, 장치 성능을 검사할 수 있다. -차동장치의 세부점검 목록을 통하여 고장을 찾아낼 수 있다. -차동장치의 수리와 교환작업이 가능하다. -차동장치의 작동상태, 오일누유, 장치 성능을 검사할 수 있다. ■ 평가방법 : 서술형 및 작업형 평가 ■ 평가시 고려사항 -매뉴얼에 따른 작업순서를 정확히 이행하는지 평가한다. -올바른 공구사용과 안전수칙을 준수하였는지 평가한다. -작업복 및 안전장비 착용 유무를 확인한다. ■ 향상/심화교육시기 : 5~6주차
직무능력평가 2 (과정평가 3, 4차)	■ 관련 능력단위요소 : 정비실습 및 결과 보고서 작성 ■ 평가시기 : 13~14주차 ■ 평가내용 [과정평가 3차] -휠 및 타이어를 진단장비 및 차량상태를 확인하고 이상 유무를 판단할 수 있다. -휠 및 타이어 관련 규정치를 확인하고 조정할 수 있다. -휠 및 타이어, 압력게이지를 교체할 수 있다. -타이어의 이상 유무를 확인하여 수리가 가능하다. -작업을 완료한 후 정상적인 작동을 검사 매뉴얼에 의해 확인할 수 있다 -현가장치 점검 및 진단이 작업순서에 따라 가능하다.

평가영역	세부내용
직무능력평가 2 (과정평가 3. 4차)	-현가장치 차종에 따른 조정부품의 규정치를 확인하고 초기 설정 범위값으로 조정이 가능하다. -현가장치 정비시 관련된 지식과 올바른 공구사용으로 교환이 가능하다. -현가장치 진단내용을 근거로 고장부위 수리가 가능하다. -현가장치 고장의 정확한 진단 및 수리 후 점검이 가능하다. [과정평가 4차] -조향장치의 세부점검을 통하여 고장원인을 파악하고 분석할 수 있다. -차종에 따라 조정부품, 규정치를 확인하여 관련 장비를 사용하여 초기 설정 범위값으로 조정할 수 있다. - 조향장치의 교환목록을 확인하고 관련공구를 사용하여 교환 및 수리작업을 수행할 수 있다. -유압식 현가장치의 교환 수리작업 후 작동상태·장치 성능을 검사할 수 있다. -휠 얼라인먼트의 세부점검을 통해 진단하고 고장원인을 진단할 수 있다. -휠 얼라인먼트를 관련 장비를 사용하여 조정을 할 수 있다. -제동장치를 정비지침서에 따라 장비를 사용하여 검사할 수 있다. -차종에 따른 규정치를 확인하여 초기범위 값으로 조정할 수 있다. -오일을 교환하고 공기빼기를 할 수 있다. -제동장치의 교환목록을 확인하고 관련공구를 사용하여 교환 및 수리작업을 수행할 수 있다. -교환 수리작업 후 제동장치의 작동상태·장치 성능을 검사할 수 있다. ■ 평가방법 : 서술형 및 작업장평가 ■ 평가 시 고려사항 : -매뉴얼에 따른 작업순서를 정확히 이행하는지 평가한다. -올바른 공구사용과 안전수칙을 준수하였는지 평가한다. -작업복 및 안전장비 착용 유무를 확인한다. ■ 향상/심화교육시기 : 14~15주차
평가 미달자 향상계획	평가점수가 60점 미만인 성취수준 미달자는 향상교육을 실시한 후 재평가를 한다.

04 진단평가서

<table>
<tr><td>담당교수</td><td></td><td>교과목명</td><td>자동차 섀시실습</td></tr>
<tr><td rowspan="3">학 번</td><td rowspan="3"></td><td rowspan="9">능력단위명
(능력단위코드
)</td><td>클러치 정비(1506030301_14v2)</td></tr>
<tr><td>수동변속기 정비(1506030302_14v2)</td></tr>
<tr><td>드라이브라인 정비(1506030305_14v2)</td></tr>
<tr><td rowspan="3">이 름</td><td rowspan="3"></td><td>휠 및 타이어 정비(1506030306_14v2)</td></tr>
<tr><td>차동장치 정비(1506030307_14v21)</td></tr>
<tr><td>유압식 현가장치 정비(1506030308_14v2)</td></tr>
<tr><td rowspan="3">평가일자</td><td rowspan="3">년 월 일</td><td>조향장치 정비(1506030310_14v2)</td></tr>
<tr><td>휠 얼라인먼트 정비(1506030312_14v2)</td></tr>
<tr><td>제동장치 정비(1506030313_14v2)</td></tr>
</table>

영역(능력단위요소)	진단 문항	판 정		
		우수	보통	미흡
클러치점검 및 진단하기	1. 클러치시스템을 이해하고 구성부품 및 작동원리를 설명할 수 있다.			
클러치조정하기	2. 클러치 유격 확인 및 조정이 가능하다.			
클러치 교환하기	3. 장치의 진단결과 고장난 부품을 교환이 가능하다.			
클러치 수리하기	4. 유압회로 및 배선도에 의해 회로검사를 하고 고장난 부위를 수리할 수 있다.			
클러치 검사하기	5. 작업을 완료한 후 정상적인 작동을 진단기 및 시운전을 통하여 확인할 수 있다.			
수동변속기 점검 및 진단하기	6. 수동변속기시스템을 이해하고 구성부품 및 작동원리를 설명할 수 있다.			
수동변속기 조정하기	7. 수동변속기레버 링키지 작동 및 조정이 가능하다.			
수동변속기 교환하기	8. 장치의 진단결과 고장난 부품을 교환이 가능하다.			
수동변속기 수리하기	9. 회로 및 배선도에 의해 검사를 하고 고장난 부위를 수리할 수 있다.			
수동변속기 검사하기	10. 작업을 완료한 후 정상적인 작동을 진단기 및 시운전을 통하여 확인할 수 있다.			
드라이브라인 점검 및 진단하기	11. 진단장비 및 차량상태를 확인하고 고장유무를 판단할 수 있다.			
드라이브라인 조정하기	12. 드라이브라인 링키지 작동 및 조정이 가능하다.			
드라이브라인 교환하기	13. 차량상태에서 고장난 부품을 탈거하고 신품을 부착할 수 있다.			
드라이브라인 수리하기	14. 고무 부트 교환 및 그리스 충전이 가능하다.			
드라이브라인 검사하기	15. 작업을 완료한 후 정상적인 작동여부와 성능을 매뉴얼에 따라 확인할 수 있다.			
휠 및 타이어 진단하기	16. 진단장비 및 차량상태를 확인하고 이상 유무를 판단할 수 있다.			

영역(능력단위요소)	진단 문항	판 정		
		우수	보통	미흡
휠 및 타이어 조정하기	17. 휠 및 타이어 관련 규정치를 확인하고 조정할 수 있다.			
휠 및 타이어 교환하기	18. 휠 및 타이어, 압력게이지를 교체할 수 있다.			
휠 및 타이어 수리하기	19. 타이어의 이상유무를 확인하여 수리가 가능하다.			
휠 및 타이어 검사하기	20. 작업을 완료한 후 정상적인 작동을 검사 매뉴얼에 의해 확인할 수 있다.			
차동장치 점검 및 진단하기	21. 점검 및 진단을 매뉴얼에 따라 실시하고 이상 유무를 판단할 수 있다.			
차동장치 조정하기	22. 차종에 따른 조정부품의 규정치를 확인하고 초기 설정 범위 값으로 조정이 가능하다.			
차동장치 교환하기	23. 관련된 지식과 올바른 공구 사용으로 교환이 가능하다.			
차동장치 수리하기	24. 진단내용을 근거로 고장부위 수리가 가능하다.			
차동장치 검사하기	25. 고장의 정확한 진단 및 수리 후 점검이 가능하다.			
현가장치 점검 및 진단하기	26. 현가장치 점검 및 진단이 작업순서에 따라 가능하다.			
현가장치 조정하기	27. 차종에 따른 조정부품의 규정치를 확인하고 초기 설정 범위 값으로 조정이 가능하다.			
현가장치 교환하기	28. 관련된 지식과 올바른 공구 사용으로 교환이 가능하다.			
현가장치 수리하기	29. 진단내용을 근거로 고장부위 수리가 가능하다.			
현가장치 검사하기	30. 고장의 정확한 진단 및 수리 후 점검이 가능하다.			
조향장치 점검 및 진단하기	31. 조향장치 점검 및 진단이 작업순서에 따라 가능하다.			
조향장치 조정하기	32. 차종에 따른 조정부품의 규정치를 확인하고 초기 설정 범위 값으로 조정이 가능하다.			
조향장치 교환하기	33. 관련된 지식과 올바른 공구 사용으로 교환이 가능하다.			
조향장치 수리하기	34. 진단내용을 근거로 고장부위 수리가 가능하다.			
휠 얼라인먼트 점검 및 진단하기	35. 휠 얼라인먼트를 계측기에 의해 점점하고 이상 유무를 알아낼 수 있다.			

영역(능력단위요소)	진단 문항	판 정		
		우수	보통	미흡
휠 얼라인먼트 조정하기	36. 점검된 휠 얼라인먼트를 규정값으로 조정이 가능하다.			
휠 얼라인먼트 검사하기	37. 조정이 끝난 뒤 차량의 합격유무를 결정할 수 있다.			
조향장치 검사하기	38. 고장의 정확한 진단 및 수리 후 점검이 가능하다.			
제동장치 점검 및 진단하기	39 제동장치 점검 및 진단이 작업순서에 따라 가능하다.			
제동장치 조정하기	40. 차종에 따른 조정부품의 규정치를 확인하고 초기 설정 범위 값으로 조정이 가능하다.			
제동장치 교환하기	41. 관련된 지식과 올바른 공구 사용으로 교환이 가능하다.			
제동장치 수리하기	42. 진단내용을 근거로 고장부위 수리가 가능하다.			
제동장치 검사하기	43. 고장의 정확한 진단 및 수리 후 점검이 가능하다.			

05 진단평가 종합 결과표

별지 세로 서식

06 직무능력 평가서

직무능력평가서 [1]차			
담 당 교 수		교과목명	자동차섀시실습
학 번		능력단위명 (능력단위코드)	클러치 정비(050603030111)
이 름			수동변속기 정비(050603030211)
평 가 일 자	년 월 일		

영역(능력단위요소)	평가내용(수행준거)	판 정	
		Y	N
클러치점검 및 진단하기	1. 클러치시스템을 이해하고 구성부품 및 작동원리를 설명 할 수 있다.	7	0
클러치 조정하기	2. 클러치 오일 규정치를 확인하고 교환할 수 있다(공기빼기 포함).		
	3. 클러치 유격 확인 및 조정이 가능하다.		
클러치 교환하기	4. 장치의 진단결과 고장난 부품을 교환이 가능하다.		
	5. 차량상태에서 고장난 클러치를 탈거하고 신품을 부착할 수 있다.		
클러치 수리하기	6. 유압회로 및 배선도에 의해 회로검사를 하고 고장난 부위를 수리할 수 있다.		
클러치 검사하기	7. 작업을 완료한 후 정상적인 작동을 진단기 및 시운전을 통하여 확인할 수 있다.		
수동변속기 점검 및 진단하기	8. 수동변속기시스템을 이해하고 구성부품 및 작동원리를 설명할 수 있다.	7	0
수동변속기 조정하기	9. 수동변속기 오일 규정치를 확인하고 교환할 수 있다.		
	10 수동변속기 레버 링키지 작동 및 조정이 가능하다.		
	11. 변속기어의 각종 유격 및 틈새 조정이 가능하다.		
수동변속기 교환하기	12. 장치의 진단결과 고장난 부품을 교환이 가능하다.		
수동변속기 수리하기	13. 회로 및 배선도에 의해 검사를 하고 고장난 부위를 수리할 수 있다.		
수동변속기 검사하기	14. 작업을 완료한 후 정상적인 작동을 진단기 및 시운전을 통하여 확인할 수 있다.		
소 계	70%	14	0

영역(능력단위요소)	평가내용(K/S/A)	평가점수
클러치점검 및 진단하기	•클러치 작동원리에 대한 지식	3
	•작동유 오염상태 및 누유 판단기술 •동력전달상태(충격, 소음, 슬립, 진동)진단기술	
	•기술적 위험을 적극적으로 해소하려는 태도	
클러치 조정하기	•클러치의 교환, 수리의 절차 및 내용에 대한 지식	
	•클러치 페달 유격 조정기술	
	•안전수칙 준수 의지	
클러치 교환하기	•클러치의 교환, 수리의 절차 및 내용에 대한 지식	
	•클러치 정비를 위한 적정장비 및 공구 사용능력	
	•안전수칙 준수 의지	
클러치 수리하기	•클러치의 교환, 수리의 절차 및 내용에 대한 지식	
	•작동유 오염 상태 및 누유 판단기술	
	•안전수칙 준수 의지	
클러치 검사하기	•클러치의 점검, 조정, 검사절차 및 내용에 대한 지식	
	•작업의 완성도 검사기술	
	•기술적 위험을 적극적으로 해소하려는 태도	
수동변속기 점검 및 진단하기	•수동변속기 작동원리에 대한 지식 •동력전달상태, 충격, 소음, 슬립 진단기술	3
	•수동변속기 오일 오염상태 및 적정량 판단기술	
	•기술적 위험을 적극적으로 해소하려는 태도	
수동변속기 조정하기	•수동변속기의 점검, 조정, 검사절차 및 내용에 대한 지식	
	•수동변속기 정비를 위한 적정장비 및 공구 사용능력	
	•안전수칙 준수 의지	
수동변속기 교환하기	•수동변속기의 교환, 수리의 절차 및 내용에 대한 지식	
	•수동변속기 정비를 위한 적정장비 및 공구 사용능력	
	•안전수칙 준수 의지	
수동변속기 수리하기	•수동변속기의 교환, 수리의 절차 및 내용에 대한 지식	
	•수동변속기 정비를 위한 적정장비 및 공구 사용능력	
	•안전수칙 준수 의지	
수동변속기 검사하기	•수동변속기의 점검, 조정, 검사절차 및 내용에 대한 지식	
	•작업의 완성도 검사기술	
	•기술적 위험을 적극적으로 해소하려는 태도	
소 계	30%	6
합 계	100%	20

대학교 년 학기 직무능력평가문제지			
교과목 : 자동차 섀시실습	담당교수 :	차 수 : 1차	점 수 :
학 과 : 자동차공학과	학 번 :	성 명 :	성적확인 :

■ 과제 수행방법

작업형 실습 보고서 평가(섀시실습보고서 1, 2, 3, 4, 5, 6, 7)

■ 과제물 제목

직무능력을 평가할 수 있는 과제

1. 클러치 점검, 진단하기
2. 클러치 조정 및 수리(교환) 검사하기
3. 수동변속기 점검, 진단하기
4. 수동변속기 수리 검사하기

■ 평가기준

1. 수행 준거 기준으로 양호 불량에 따른 배점 제시(1차 배점 총 20점)
2. 기준 예
   1) 수동변속기의 점검 및 진단으로 고장을 찾아내는 능력
      우수 3점, 보통 2점, 미흡 0점.
      (수행 준거 "Y" 는 보통, 우수, "N" : 미흡 판정함)

직무능력평가서 [2]차

담 당 교 수		교과목명	자동차섀시실습
학 번		능력단위명 (능력단위코드)	드라이브라인 정비(05060305)
이 름			차동장치 정비(0506030307)
평 가 일 자	년 월 일		

영역(능력단위요소)	평가내용(수행준거)	판정	
		Y	N
드라이브라인 점검 및 진단하기	1. 진단장비 및 차량상태를 확인하고 고장유무를 판단할 수 있다.	3.5	0
드라이브라인 조정하기	2. 드라이브라인 링키지 작동 및 조정이 가능하다.		
드라이브라인 교환하기	3. 차량상태에서 고장난 부품을 탈거하고 신품을 부착할 수 있다.		
드라이브라인 수리하기	4. 고무 부트 교환 및 그리스 충전이 가능하다.		
드라이브라인 검사하기	5. 작업을 완료한 후 정상적인 작동여부와 성능을 매뉴얼에 따라 확인할 수 있다.		
차동장치 점검 및 진단하기	1. 점검 및 진단을 매뉴얼에 따라 실시하고 이상 유무를 판단할 수 있다.	3.5	0
차동장치 조정하기	2. 차종에 따른 조정부품의 규정치를 확인하고 초기 설정 범위 값으로 조정이 가능하다.		
차동장치 교환하기	3. 관련된 지식과 올바른 공구 사용으로 교환이 가능하다.		
차동장치 수리하기	4. 진단내용을 근거로 고장부위 수리가 가능하다.		
차동장치 검사하기	5. 고장의 정확한 진단 및 수리 후 점검이 가능하다.		
소 계	70%	0	0

영역(능력단위요소)	평가내용(K/S/A)	평가점수
드라이브라인 점검 및 진단하기	•드라이브라인의 점검, 조정, 검사절차 및 내용에 대한 지식	1.5
	•드라이브라인의 충격, 진동, 소음, 진단기술	
	•기술적 위험을 적극적으로 해소하려는 태도	
드라이브라인 조정하기	•드라이브라인의 점검, 조정, 검사절차 및 내용에 대한 지식	
	•드라이브라인의 충격, 진동, 소음, 진단기술	
	•기술적 위험을 적극적으로 해소하려는 태도	
드라이브라인 교환하기	•드라이브라인의 교환, 수리의 절차 및 내용에 대한 지식	
	•드라이브라인의 정비를 위한 적정 장비 및 공구 사용능력	
	•안전수칙 준수 의지	
드라이브라인 수리하기	•드라이브라인의 교환, 수리의 절차 및 내용에 대한 지식	
	•드라이브라인의 정비를 위한 적정 장비 및 공구 사용능력	
	•안전수칙 준수 의지	
드라이브라인 검사하기	•드라이브라인의 점검, 조정, 검사절차 및 내용에 대한 지식	
	•작업의 완성도 검사기술	
	•작업공정 중 청결성 이행 의지	
차동장치 점검 및 진단하기	•차동장치의 점검, 조정, 검사절차 및 내용에 대한 지식	1.5
	•차동장치 작동상태 및 진동, 소음, 마모, 슬립 진단기술	
	•기술적 위험을 적극적으로 해소하려는 태도	
차동장치 조정하기	•차동장치의 점검, 조정, 검사절차 및 내용에 대한 지식	
	•차동장치 오일 오염 상태 및 적정량 판단기술	
	•기술적 위험을 적극적으로 해소하려는 태도	
차동장치 교환하기	•차동장치의 교환, 수리의 절차 및 내용에 대한 지식	
	•차동장치의 정비를 위한 적정 장비 및 공구 사용능력	
	•안전수칙 준수 의지	
차동장치 수리하기	•차동장치의 교환, 수리의 절차 및 내용에 대한 지식	
	•차동장치의 정비를 위한 적정 장비 및 공구 사용능력	
	•안전수칙 준수 의지	
차동장치 검사하기	•차동장치의 점검, 조정, 검사절차 및 내용에 대한 지식	
	•작업의 완성도 검사기술	
	•작업공정 중 청결성 이행 의지	
소 계	30%	2
합 계	100%	10

대학교 년 학기 직무능력평가문제지			
교과목 : 자동차 섀시실습	담당교수 :	차 수 : 2차	점 수 :
학 과 : 자동차공학과	학 번 :	성 명 :	성적확인 :

■ 과제 수행방법

작업형 실습 보고서 평가(섀시실습보고서 8, 9, 10, 11)

■ 과제물 제목

직무능력을 평가할 수 있는 과제

1. 드라이브라인 점검, 진단하기
2. 드라이브라인 조정 및 수리(교환) 검사하기
3. 차동장치 점검, 진단하기
4. 차동장치 조정 및 수리(교환) 검사하기

■ 평가기준

1. 수행 준거 기준으로 양호 불량에 따른 배점 제시(2차 배점 총 10점)
2. 기준 예
   1) 수동변속기의 점검 및 진단으로 고장을 찾아내는 능력
      우수 5점, 보통 3점, 미흡 1점.
      (수행 준거 "Y" 는 보통, 우수, "N" : 미흡 판정함)

직무능력평가서 [3]차

담 당 교 수		교과목명	자동차섀시실습
학 번		능력단위명 (능력단위코드)	차동장치정비(050603030711)
이 름			유압식 현가장치정비(050603030811)
평 가 일 자	년 월 일		

영역(능력단위요소)	평가내용(수행준거)	판정	
		Y	N
휠 및 타이어 진단하기	1. 진단장비 및 차량상태를 확인하고 이상 유무를 판단할 수 있다.	4	0
휠 및 타이어 조정하기	2. 휠 및 타이어 관련 규정치를 확인하고 조정할 수 있다.		
휠 및 타이어 교환하기	3. 휠 및 타이어, 압력게이지를 교체할 수 있다.		
휠 및 타이어 수리하기	4. 타이어의 이상 유무를 확인하여 수리가 가능하다.		
휠 및 타이어 검사하기	5. 작업을 완료한 후 정상적인 작동을 검사 매뉴얼에 의해 확인할 수 있다.		
현가장치 점검 및 진단하기	6. 현가장치 점검 및 진단이 작업순서에 따라 가능하다.	5	0
현가장치 조정하기	7. 차종에 따른 조정부품의 규정치를 확인하고 초기 설정 범위 값으로 조정이 가능하다.		
현가장치 교환하기	8. 관련된 지식과 올바른 공구 사용으로 교환이 가능하다.		
현가장치 수리하기	9. 진단내용을 근거로 고장부위 수리가 가능하다.		
현가장치 검사하기	10. 고장의 정확한 진단 및 수리 후 점검이 가능하다.		
소 계	70%	0	0

영역(능력단위요소)	평가내용(K/S/A)	평가점수
휠 및 타이어 진단하기	•휠 및 타이어의 점검, 조정, 검사절차 및 내용에 대한 지식	1
	•타이어에 정적 동적 진동, 진단기술	
	•기술적 위험을 적극적으로 해소하려는 태도	
휠 및 타이어 조정하기	•휠 및 타이어의 교환, 수리의 절차 및 내용에 대한 지식	
	•타이어 공기압력 센서 검사기술	
	•기술적 위험을 적극적으로 해소하려는 태도	
휠 및 타이어 교환하기	•휠 및 타이어의 교환, 수리의 절차 및 내용에 대한 지식	
	•휠 및 타이어의 정비를 위한 적정 장비 및 공구 사용능력	
	•안전수칙 준수 의지	
휠 및 타이어 수리하기	•휠 및 타이어의 교환, 수리의 절차 및 내용에 대한 지식	
	•휠 및 타이어의 정비를 위한 적정 장비 및 공구 사용능력	
	•안전수칙 준수 의지	
휠 및 타이어 검사하기	•휠 및 타이어의 점검, 조정, 검사절차 및 내용에 대한 지식	
	•작업의 완성도 검사기술	
	•작업공정 중 청결성 이행 의지	
현가장치 점검 및 진단하기	•유압식 현가장치의 점검, 검사절차 및 내용에 대한 지식	2
	•유압식 현가장치 오일 누유 상태 판단기술	
	•기술적 위험을 적극적으로 해소하려는 태도	
현가장치 조정하기	•유압식 현가장치의 점검 및 조정에 대한 지식	
	•유압식 현가장치 작동상태 및 진동, 소음, 승차감 진단기술	
	•기술적 위험을 적극적으로 해소하려는 태도	
현가장치 교환하기	•유압식 현가장치의 교환, 수리의 절차 및 내용에 대한 지식	
	•유압식 현가장치의 정비를 위한 적정 장비 및 공구 사용능력	
	•안전수칙 준수 의지	
현가장치 수리하기	•유압식 현가장치의 교환, 수리의 절차 및 내용에 대한 지식	
	•유압식 현가장치의 정비를 위한 적정 장비 및 공구 사용능력	
	•안전수칙 준수 의지	
현가장치 검사하기	•유압식 현가장치의 교환, 수리의 절차 및 내용에 대한 지식	
	•작업의 완성도 검사기술 •유압식 현가장치의 점검, 검사절차 및 내용에 대한 지식	
	•작업공정 중 청결성 이행 의지	
소 계	30%	3
합 계	100%	12

대학교 년 학기 직무능력평가문제지			
교과목 : 자동차 섀시실습	담당교수 :	차 수 : 3차	점 수 :
학 과 : 자동차공학과	학 번 :	성 명 :	성적확인 :

■ 과제 수행방법

작업형 실습 보고서 평가(섀시실습보고서 12, 13, 14, 15, 16)

■ 과제물 제목

직무능력을 평가할 수 있는 과제

1. 휠 및 타이어 점검, 진단하기
2. 휠 및 타이어 조정 및 수리(교환) 검사하기
3. 현가장치 점검, 진단하기
4. 현가장치 조정 및 수리(교환) 검사하기

■ 평가기준

1. 수행 준거 기준으로 양호 불량에 따른 배점 제시(3차 배점 총 12점)
2. 기준 예
   1) 수동변속기의 점검 및 진단으로 고장을 찾아내는 능력
      우수 5점, 보통 3점, 미흡 1점.
      (수행 준거 "Y" 는 보통, 우수, "N" : 미흡 판정함)

직무능력평가서 [4]차

담당교수		교과목명	자동차섀시실습
학번		능력단위명 (능력단위코드)	조향장치 정비(050603031111)
이름			휠 얼라인먼트 정비(0506030312)
			제동장치 정비(0506030314)
평가일자	년 월 일		

영역(능력단위요소)	평가내용(수행준거)	판정	
		Y	N
조향장치 점검 및 진단하기	1. 조향장치 점검 및 진단을 매뉴얼에 따라 실시하고 이상 유무를 판단할 수 있다.	5	0
조향장치 조정하기	2. 차종에 따른 조정부품의 규정치를 확인하고 초기 설정 범위 값으로 조정이 가능하다.		
조향장치 교환하기	3. 관련된 지식과 올바른 공구 사용으로 교환이 가능하다.		
조향장치 수리하기	4. 진단내용을 근거로 고장부위 수리가 가능하다.		
조향장치 검사하기	5. 고장의 정확한 진단 및 수리 후 점검이 가능하다.		
휠 얼라인먼트 점검 및 진단하기	6. 정비지침서에 따라 휠 얼라인먼트의 세부점검을 통해 진단하고 고장원인을 진단 할 수 있다.	3	0
휠 얼라인먼트 조정하고 검사하기	7. 휠 얼라인먼트를 관련 장비를 사용하여 조정을 하고 검사할 수 있다.		
제동장치 점검 및 진단하기	8. 제동장치 점검 및 진단이 작업순서에 따라 가능하다.	5	0
제동장치 조정하기	9. 차종에 따른 조정부품의 규정치를 확인하고 초기 설정 범위 값으로 조정이 가능하다.		
제동장치 교환하기	10. 관련된 지식과 올바른 공구 사용으로 교환이 가능하다.		
제동장치 수리하기	11. 진단내용을 근거로 고장부위 수리가 가능하다.		
제동장치 검사하기	12. 고장의 정확한 진단 및 수리 후 점검이 가능하다.		
소 계	70%	13	0

영역(능력단위요소)	평가내용(K/S/A)	평가점수
조향장치 점검 및 진단하기	•차동장치의 점검, 조정, 검사절차 및 내용에 대한 지식	2
	•차동장치 작동상태 및 진동, 소음, 마모, 슬립 진단기술	
	•기술적 위험을 적극적으로 해소하려는 태도	
조향장치 조정하기	•차동장치의 점검, 조정, 검사절차 및 내용에 대한 지식	
	•차동장치 오일 오염상태 및 적정량 판단기술	
	•기술적 위험을 적극적으로 해소하려는 태도	
조향장치 교환하기	•차동장치의 교환, 수리의 절차 및 내용에 대한 지식	
	•차동장치의 정비를 위한 적정 장비 및 공구 사용능력	
	•안전수칙 준수 의지	
조향장치 수리하기	•차동장치의 교환, 수리의 절차 및 내용에 대한 지식	
	•차동장치의 정비를 위한 적정 장비 및 공구 사용능력	
	•안전수칙 준수 의지	
조향장치 검사하기	•차동장치의 점검, 조정, 검사절차 및 내용에 대한 지식	
	•작업의 완성도 검사기술	
	•작업공정 중 청결성 이행 의지	
휠 얼라인먼트 점검하고 조정하기	•얼라인먼트의 이해 및 조정방법의 이해	1
	•얼라인먼트 장비 다루는 기술(센서 부착 및 측정기술)	
	•안전수칙 준수 의지	
제동장치 점검 및 진단하기	•유압식 현가장치의 점검, 검사절차 및 내용에 대한 지식	2
	•유압식 현가장치 오일 누유상태 판단기술	
	•기술적 위험을 적극적으로 해소하려는 태도	
제동장치 조정하기	•유압식 현가장치의 점검 및 조정에 대한 지식	
	•유압식 현가장치 작동상태 및 진동, 소음, 승차감 진단기술	
	•기술적 위험을 적극적으로 해소하려는 태도	
제동장치 교환하기	•유압식 현가장치의 교환, 수리의 절차 및 내용에 대한 지식	
	•유압식 현가장치의 정비를 위한 적정 장비 및 공구 사용능력	
	•안전수칙 준수 의지	
제동장치 수리하기	•유압식 현가장치의 교환, 수리의 절차 및 내용에 대한 지식	
	•유압식 현가장치의 정비를 위한 적정 장비 및 공구 사용능력	
	•안전수칙 준수 의지	
제동장치 검사하기	•유압식 현가장치의 교환, 수리의 절차 및 내용에 대한 지식	
	•작업의 완성도 검사기술 •유압식 현가장치의 점검, 검사절차 및 내용에 대한 지식	
	•작업공정 중 청결성 이행 의지	
소 계	30%	5
합 계	100%	18

<table>
<tr><td colspan="4">대학교 년 학기 직무능력평가문제지</td></tr>
<tr><td>교과목 : 자동차 섀시실습</td><td>담당교수 :</td><td>차 수 : 4차</td><td>점 수 :</td></tr>
<tr><td>학 과 : 자동차공학과</td><td>학 번 :</td><td>성 명 :</td><td>성적확인 :</td></tr>
</table>

■ 과제 수행방법

작업형 실습보고서 평가
(섀시실습보고서 17, 18, 19, 20, 21, 22, 23, 24, 25, 26, 27)

■ 과제물 제목

직무능력을 평가할 수 있는 과제

1. 조향장치 점검, 진단하기
2. 조향장치 교환 및 조정 및 수리 검사하기
3. 휠 얼라인먼트 점검 조정하기, 검사하기
4. 제동장치 점검 및 진단하기
5. 제동장치 수리, 교환, 검사하기

■ 평가기준

1. 수행 준거 기준으로 양호 불량에 따른 배점 제시(4차 배점 총 18점)
2. 기준 예
   1) 수동변속기의 점검 및 진단으로 고장을 찾아내는 능력
      우수 5점, 보통 3점, 미흡 1점.
      (수행 준거 "Y" 는 보통, 우수, "N" : 미흡 판정함)

07 직무능력 성취도 평가서(총괄)

별지서식